2023年版

全国二级建造师执业资格考试一次通关

机电工程管理与实务

一次通关

品思文化专家委员会　组织编写

董美英　主　编

王　洋　副主编

中国建筑工业出版社

图书在版编目（CIP）数据

机电工程管理与实务一次通关 / 品思文化专家委员会组织编写；董美英主编；王洋副主编. —北京：中国建筑工业出版社，2022.12

2023年版全国二级建造师执业资格考试一次通关

ISBN 978-7-112-28314-9

Ⅰ. ①机… Ⅱ. ①品… ②董… ③王… Ⅲ. ①机电工程－工程管理－资格考试－自学参考资料 Ⅳ. ①TH

中国国家版本馆CIP数据核字（2023）第017429号

责任编辑：李笑然

责任校对：张　颖

2023年版全国二级建造师执业资格考试一次通关

机电工程管理与实务一次通关

品思文化专家委员会　组织编写

董美英　主　编

王　洋　副主编

*

中国建筑工业出版社出版、发行（北京海淀三里河路9号）

各地新华书店、建筑书店经销

北京建筑工业印刷厂制版

北京君升印刷有限公司印刷

*

开本：787毫米×1092毫米　1/16　印张：25¼　字数：579千字

2023年2月第一版　2023年2月第一次印刷

定价：**72.00**元

ISBN 978-7-112-28314-9

（40243）

品思文化专家委员会

（按姓氏笔画排序）

王　洋　龙炎飞　吕亮亮　刘　丹　许名标

张少帅　张少华　胡宗强　董美英

前 言

为了更好地帮助广大考生复习应考，提高考试通过率，我们专门组织国内顶级名师，依据最新版考试大纲和考试用书的要求，对各门课程的历年考情、核心考点、考题设计等进行了全面的梳理和剖析，精心编写了二级建造师执业资格考试一次通关辅导丛书，丛书共分五册，分别为《建设工程施工管理一次通关》《建设工程法规及相关知识一次通关》《建筑工程管理与实务一次通关》《机电工程管理与实务一次通关》《市政公用工程管理与实务一次通关》。本套丛书在体例上独树一帜，能够帮助考生轻松掌握所有核心考点，非常适合没有充足时间学习考试用书的考生。

《机电工程管理与实务一次通关》主要包括以下四个部分：

1. "导学篇"——分析了2020—2022年度真题考点及分值分布、命题规律、题型分析、答题技巧及复习方法，为考生提供清晰的复习思路，突出重点、把握规律，帮助制定系统全面的复习计划。

2. "核心考点升华篇"——①"考情分析"：归纳各章节近三年核心考点及分值分布，让考生清晰了解知识点；②"核心考点分析"：按照章节顺序，提炼每节核心考点提纲，针对各个核心考点，结合真题或模拟题，总结各种典型考法，深入剖析核心考点，使考生全面了解考试命题意图、明晰解题思路；③"经典真题及预测题"：针对每个核心考点，以单选、多选分别罗列的形式，按照教材章节顺序，精选若干典型真题及预测题，使考生全面扎实掌握各个知识点。

3. "近年真题篇"——提供了2022、2021年考试真题，让考生全面了解考试内容，提前体验考试场景，尽快进入考试状态。

4. "模拟预测篇"——以最新考试大纲要求和最新命题信息为导向，参考历年试题核心考点分布情况，精编2套全真模拟试卷。两套试题覆盖全部核心考点，力求预测2023年命题新趋势，帮助广大考生准确把握考试命题规律。

本系列丛书具有以下三大特点：

1. "全"——对历年的二建考试真题进行了全面梳理和精选，对2020—2022年核心考点进行了全面归纳和剖析，点睛考点，总结考法，指明思路；每个核心考点都配套了历年典型真题和模拟题，帮助考生消化考点内容，加深对知识点的理解，拓宽解题思路，提高答题技巧；结合核心考点，精心编写模拟预测试卷并对难点进行解析，帮助考生进一步巩固知识点。

2. “新”——严格依据最新版考试大纲和考试用书，充分体现 2023 年考试趋势；体例新颖，每一核心考点均总结各种考法，并对其进行精准剖析，理清解题思路，提炼答题技巧，每章附经典真题及模拟强化练习并逐一解析，使考生能举一反三，尽快适应 2023 年的考试要求。

3. “简”——核心知识点罗列清晰，在涵盖所有考点的前提下，简化考试用书内容，使考生一目了然，帮助考生在短时间内将考试用书由厚变薄、轻松掌握考点，节省了时间。

本书在编写过程中得到了诸多行内专家的指点，在此一并表示感谢！由于时间仓促、水平有限，书中难免有疏漏和不当之处，敬请广大考生批评指正。

愿我们的努力能够帮助大家顺利通过考试！

目 录

导 学 篇

核心考点升华篇

近年真题篇

模拟预测篇

导 学 篇

微信扫一扫
免费看导学课

一、近三年考点分值统计

2020—2022 年度真题考点分值分布

考题范围	题型	2022 年	2021 年	2020 年
机电工程施工技术	选择题	23	23	27
	案例题	35	36	46
机电工程施工管理	选择题	7	7	8
	案例题	40	40	29
机电工程项目施工相关法规与标准	选择题	10	10	5
	案例题	5	4	5
合计		120	120	120

二、命题规律

机电工程管理与实务这门课，满分为 120 分，其中：单项选择题 20 题，每题 1 分，共 20 分；多项选择题 10 题，每题 2 分，共 20 分；案例分析和实务操作题 4 题，每题 20 分，共 80 分。考试成绩实行两年为一个周期滚动的管理办法，合格标准由各省自行确定，最高不超过 72 分。

我们分析了 10 多年的建造师考试真题，发现实务科目的命题规律可以总结如下：

历年真题今又来，高频考点反复考；

基础知识定成败，偏题只为压分来。

案例出题讲套路，分值比重有规律；

三管三控年年遇，工艺流程配上图。

实务案例虽关键，单选多选莫忽略；

重点内容背五遍，保你一次能通关！

一道典型的案例题包括：背景、事件、问题。

背景：以某一机电工程实例为背景。例如以石油化工工程为背景，考查管道焊接、容器吊装等；以电力工程为背景，考查发电设备安装、输电线路架设、变压器安装试验等；以机电安装工程为背景，考查通风空调、建筑电气、消防、电梯等。

事件：在某一施工阶段中发生几个事件，如在招标投标、施工准备、进场施工、竣工验收、工程保修等阶段，发生合同索赔、安全事故、质量事故、进度延误、成本失控、归档资料缺失、违法违规行为等事件。

问题：通常结合事件的描述设置 4 个问题，4 个问题涉及考试用书的不同章节。在案例题中考查频率比较高的章节有：第一章中的起重技术、焊接技术、设备、管道、电气、通风空调等；第二章中的合同、安全、质量、进度、招标投标、试运行等；第三章中的特种设备、质量验收等。

俗话说："得案例者得实务，得实务者得建造师证书"。对大多数考生来说，案例是制约考试能否通过的关键。所以在导学篇中，我们着重从案例的题型分析、答题技巧、复习方法三个方面讲一讲。

三、题型分析

实务操作和案例分析题（以下简称案例题）的基本题型，有以下几种：

1. 简答题

简答题是考试中出现较多的一种题型，主要考查考生对理论知识点的掌握。简答题的问法和考试用书中知识点的标题几乎一模一样，一般只要看清楚题干，不需要看案例背景就能直接作答，答案几乎也是考试用书知识点的原话。此类题目考查的内容通常为含有3～5条关键句或关键词的知识点。

题型举例：

• 索赔成立的三个必要条件是什么？

• 在降低噪声和控制光污染方面，项目部应采取哪些措施？

• 有预紧力要求的螺纹连接件常用的紧固方法有哪几种？

此类题型的应对办法：多背考点。尽量结合图片、原理理解记忆，不容易遗忘。注意，背考点内容的同时还需要背标题或熟读标题，知道自己背的是什么。因为考试时的题干基本就是所背知识点的标题。

2. 补缺题

补缺题也是考查考试用书知识点的原话，但在案例背景中列举了几点内容，问还应该补充哪些内容。因为案例背景中会有和考试用书知识点相关的词语提示，比简答题要简单一点。此类题目考查的内容通常为含有5条以上关键句或关键词的知识点。

题型举例：

• 汽轮机转子还应有哪些测量？

• 变压器交接试验还应补充哪些项目？

• 施工方案技术交底还应包括哪些内容？

此类题型的应对办法：跟简答题一样。另外，此类题型涉及的知识点通常内容较多，不容易记完整，可以利用口诀等办法串联关键词。

3. 分析题

分析题的难度比简答或补缺题大，又分为简答型、改错型、判断型、识图型、综合型。

（1）简答型分析题，本质上是简答题，也就是说答案其实就是考试用书中知识点的原话，但因为问法和考试用书中知识点的标题不同，导致答题经验少或对知识点不熟悉的考生没有联想到正确的知识点，以至于答偏。

题型举例：

• 在变压器高压试验过程中，A公司应采取哪些安全措施？（考查交接试验注意事项）

• 压缩机固定后在试运转前有哪些工序？（考查机械设备的施工程序）

• 沟底铺设一层细沙后，直埋电缆工程的相关工作还有哪些？

此类题型的应对办法：考试时沉着冷静，多点耐心分析题干，抽丝剥茧找线索，分析题目考查的真正知识点。

（2）改错型分析题，通常先让指出不妥之处，再写出正确的做法。也有的只问不妥之处，或只问正确的做法。

题型举例：

• 找出罐内清根作业中不符合安全规定之处，并阐述正确的做法。

• 指出灯具安装的错误之处，并简述正确做法。

• 在事件 2 中，项目部是如何整改的？

此类题型的应对办法：充分利用案例背景。让指“不妥之处”，可以先抄写背景原话，在后面加上“不妥”；让写“正确做法”，可以根据错误之处，从相反方向回答。

回答此类问题时，要看清到底问了几问，问的是“不妥之处”还是“正确做法”，又或是都要作答？最好从“不妥之处”和“正确之处”两个层次解答。

（3）判断型分析题，通常先问某种行为是否合理、是否正确，再说明理由。

题型举例：

• 在起重机竣工资料报验时，监理工程师的做法是否正确？说明理由。

• 要求外省施工单位需提前审核通过后方可参与投标是否合理？说明理由。

• A 公司不同意 B 公司与 C 公司拟签施工专业分包合同是否妥当？说明理由。

此类题型的应对办法：关键在于前半问“是否正确”的判断，如果这半问判断对了，即使后面的理由说错了，前半问仍然得分。但如果前半问判断错了，整道题不得分。

判断“是否正确”时，如果拿不准，可以借助背景的描述，比如事件发生后，结果是良性的，可能就是正确的，反之，就是错误的。另外，千万不能出现“不完全正确”“部分不妥”等模棱两可的答案，也不可以把“正确”和“不正确”两种都答上去。

说明理由时，可以采用“三句话”模板回答：第一句话，“该做法违背了有关法规（规范）的规定”；第二句话，抄背景原话或背景重点关键词，并结合所学进行分析；第三句话，回答考试用书相关知识点。

（4）识图型分析题，属于实务操作题，考查比较多的是第一章的施工技术要求。把一个或多个知识点揉在一个图形中，综合考查。

题型举例：

• 指出图中屋顶排烟风机安装不合格项，应如何改正？

• 图中，母线槽安装有哪些不符合规范要求？写出符合规范要求的做法。

• 图中的插座接线会有什么不良后果？画出正确的插座保护接地线连接的示意图。

此类题型的应对办法：复习第一章的施工技术要求时，多结合图形，锻炼文字与图形之间的转换能力。考试时，重视背景线索，重视图中所有的文字、数字信息。

（5）综合型分析题，难度较大，需要用考试用书上的一或两个知识点来解决背景中发生的实际问题。答案是综合性的，通常既需要用到背景中的条件，又需要结合教材中的知识点。而且不是教材知识点的一段原话直接抄上去，而需要自己提炼总结。

题型举例：

• 根据背景资料分析可能引起压缩机振动大的原因，应由哪个单位承担责任？

• 补偿器两侧的空调水立管上应安装何种形式的支架？补偿器应如何调整？使其处于何种状态？

此类题型的应对办法：采用背景＋考试用书的方式回答。关键还是在于分析所考查的是哪个知识点。

4. 计算题

机电实务中，计算题一般只考查 1～2 问，而且比较简单，计算量并不大，主要涉及工期或费用的索赔计算、成本计算等。

题型举例：

• 根据事件，计算 A 公司可向业主索赔的费用和工期。

• 列式计算本工程的计划成本及项目总成本降低率。

此类题型的应对办法：一定要列出计算步骤，分开列算式，不能列总式写出计算结果，另外计算结果要注明单位。如果有小数点，要保留到小数点后两位。

四、答题技巧

1. 做案例题，先读问题再看背景。如何读问题不容易答偏？看清题意，找出问题中的全部关键词，结合背景分析考查哪一章哪一节哪个知识点。另外，判断题目是哪种题型？看清题目有几问？要一问一答，有问必答，先问先答，后问后答。

2. 如何读背景更高效？通常一个问题对应背景中的一段话，所以带着问题的关键词到背景中找相同字眼。读背景时，重点关注的有事件描述，其次是：工程内容、合同约定、时间、地点（环境）、人物等。还要注意背景中的转折字眼，如“但是”“立即”，甚至有的标点符号都是线索。

作答时，多利用背景中的关键词，比如背景中用的“建设单位”，作答时，就不要用“业主”“甲方”等词。有的题目一开始不会做，说不定抄背景原话能找到灵感。而且有的题目，答案就是背景原话。

3. 如何作答更容易得高分？做到两个规范：一、答题语言要规范，尽量用考试用书中的书面语答题，严禁口语作答。二、答题格式要规范，多列①②③分条论述，多分行。书写要端正，卷面整洁，减少涂改，易得印象分。

多答不扣分，阅卷老师只会找跟答案有关的关键词、采分点，找到采分点就给分。所以，多答的部分不影响得分。但如果能确保答案正确，最好不要展开作答，答案要简洁明了，答到考查点即可，不能洋洋洒洒。多写关键词、短句，而不写长句。

4. 一般而言，在做案例题的头 10 分钟，心情最为紧张。因此，前 10 分钟，只做自己会的题目，不碰不熟悉的题。所以看题的顺序是跳过案例背景先看问题，把自己熟悉的不需要案例背景信息的简答题，先一一找出来作答。

5. 不明确用到什么规范的时候就用“强制性条文”或者“有关法规”代替，在回答问题时，只要有可能，就在答题的内容前加上这样一句话：根据有关法规，或根据强制性条文。通常这是得分点之一。

6. 看清楚答题区域，每个案例题均有指定的答题位置，写错位置不得分。答题不要离密封线太近，否则试卷扫描时，会丢失部分答案，影响得分。还要注意：答题纸的每一页都有填写考生姓名、准考证号的区域。

五、复习方法

1. 制定学习计划。三门课中实务是最难的，是决定考试能否通过的关键科目，所以考生需多安排时间来复习。复习过程可分为四个阶段：

第一阶段：泛读考试用书。利用1～2天把考试用书从头到尾快速通读一遍，不求甚解，不懂的就跳过去，只为对总体内容有所了解。

第二阶段：基础攻坚。这一阶段最重要，需要约1个月时间，通过历年真题，分析哪些是考试重点。然后精读考试用书，前后对比，不求熟背，重在理解。同时需在脑海中建立知识体系，做到随机提问时，能快速判断出是哪一章哪一节哪一目的知识点。

第三阶段：强化巩固。这个阶段也需要1个月时间，在前一阶段的基础上，把书读薄，对重要知识点反复复习，强化记忆。这个阶段，必须配合做题，可以边看书边做题，全部看完书以后，再做几套模拟题。通过做题巩固知识点；通过做题领会答题技巧，提升做题速度。

第四阶段：冲刺突击。放在考前最后半个月，查漏补缺，突击重要考点；回顾错题，模考练习，找到考试的感觉。

2. 及时反复复习。著名的艾宾浩斯“遗忘曲线”告诉我们，人在学习中的遗忘是有规律的，遗忘的速度是先快后慢，所学知识在一天后，如不抓紧复习，就只剩下原来的25%。随着时间的推移，遗忘的速度减慢，遗忘的数量也减少。所以在强化巩固阶段，当天看的内容，第二天一定要复习一遍，及时巩固；一周后再复习第二遍；一个月后再复习第三遍，这样就可以保持长久不遗忘。

3. 制作知识卡片。一些重要的、容易遗忘的知识点可以制成知识卡片，随身携带，利用零碎时间进行复习。比如重要的施工程序，一些容易混淆的、重要的数字，前后有关联的知识点。

考生只要能扎扎实实地按照以上方法复习，肯定能一次通关！

核心考点升华篇

2H310000　机电工程施工技术

微信扫一扫
查看更多考点视频

本章考情分析

本章可能考查的题型有单项选择题、多项选择题、实务操作和案例分析题（以下简称案例题）。总分值在 60 分左右（有时高达 70 分），案例题一般考查 6～8 问，必考 1～2 道图形实务操作题，重点考查管道、设备、电气、空调等。本章涉及面广、知识点多，成为制约考生能否通过考试的重点和难点。

2020—2022 年度真题考点分值分布

命题点	2022 年			2021 年			2020 年		
	单选题	多选题	案例题	单选题	多选题	案例题	单选题	多选题	案例题
2H311010　机电工程常用材料		2			2		1		
2H311020　机电工程常用工程设备		2			2		1		
2H312010　机电工程测量技术		2			2		1		
2H312020　机电工程起重技术		2			2			2	
2H312030　机电工程焊接技术		2			2			2	5
2H313010　机械设备安装工程施工技术	1			1		4		2	6
2H313020　电气安装工程施工技术	1		10	1				2	
2H313030　管道工程施工技术	1		5	1				2	10
2H313040　动力和发电设备安装技术	1			1		5		2	
2H313050　静置设备及金属结构的制作与安装技术	1			1		5		2	
2H313060　自动化仪表工程安装技术	1			1			1		
2H313070　防腐蚀与绝热工程施工技术	1			1					

续表

命题点	2022 年			2021 年			2020 年		
	单选题	多选题	案例题	单选题	多选题	案例题	单选题	多选题	案例题
2H313080　炉窑砌筑工程施工技术									
2H314010　建筑管道工程施工技术	1			1				2	
2H314020　建筑电气工程施工技术	1		5	1				2	10
2H314030　通风与空调工程施工技术	1		5	1		6		2	15
2H314040　建筑智能化工程施工技术	1			1			1		
2H314050　消防工程施工技术	1		10	1			1		
2H314060　电梯工程施工技术	1			1		16	1		
合计	13	10	35	13	10	36	7	20	46
	58			59			73		

本章核心考点分析

2H311000　机电工程常用材料及工程设备

本节知识点零碎，但通常只考查 2 道选择题，分值少，不做重点要求。

2H311010　机电工程常用材料

核心考点提纲

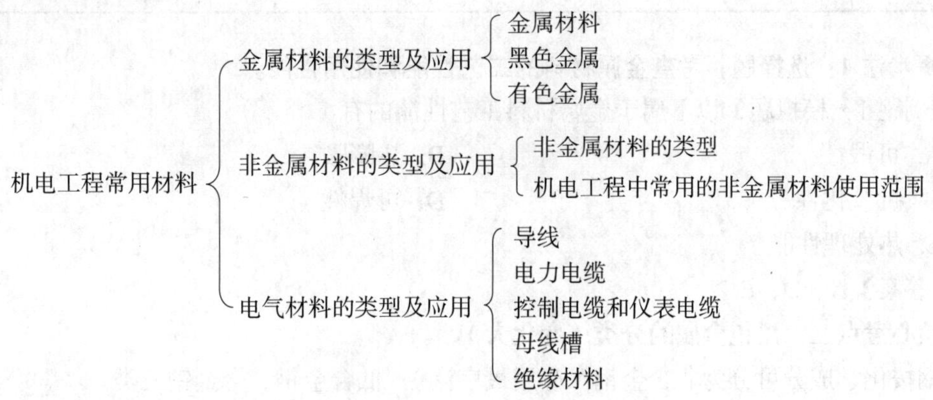

核心考点可考性提示

<table>
<tr><th colspan="3">核心考点</th><th>2023年可考性提示</th></tr>
<tr><td rowspan="4">2H311011　金属材料的类型及应用</td><td>金属材料</td><td>金属材料的性能</td><td>★★★</td></tr>
<tr><td rowspan="2">黑色金属</td><td>分类</td><td>★★</td></tr>
<tr><td>机电工程常用的钢产品</td><td>★★★</td></tr>
<tr><td colspan="2">有色金属</td><td>★</td></tr>
<tr><td rowspan="3">2H311012　非金属材料的类型及应用</td><td rowspan="2">非金属材料的类型</td><td>非金属材料的类型</td><td>★</td></tr>
<tr><td>高分子材料（塑料、橡胶）</td><td>★★</td></tr>
<tr><td colspan="2">机电工程中常用的非金属材料使用范围</td><td>★★★</td></tr>
<tr><td rowspan="5">2H311013　电气材料的类型及应用</td><td colspan="2">导线</td><td>★</td></tr>
<tr><td colspan="2">电力电缆</td><td>★★</td></tr>
<tr><td colspan="2">控制电缆和仪表电缆</td><td>★</td></tr>
<tr><td colspan="2">母线槽</td><td>★★</td></tr>
<tr><td colspan="2">绝缘材料</td><td>★</td></tr>
</table>

核心考点剖析

2H311011　金属材料的类型及应用

核心考点一　金属材料的性能（新增考点）

<table>
<tr><td colspan="2">工艺性能</td><td>金属材料在加工制造过程中，即在冷、热加工条件下表现出来的性能。
包括：铸造性能、可焊性、可锻性、热处理性能、切削加工性等</td></tr>
<tr><td rowspan="4">使用性能</td><td colspan="2">在使用条件下，金属材料表现出来的性能</td></tr>
<tr><td>机械性能</td><td>强度、塑性、硬度、冲击韧性、多次冲击抗力和疲劳极限等</td></tr>
<tr><td>化学性能</td><td>耐腐蚀性、抗氧化性等</td></tr>
<tr><td>物理性能</td><td>密度（比重）、熔点、热膨胀性、磁性、电学性能</td></tr>
</table>

◆考法1：选择题，考查金属材料的工艺性能和使用性能。

【例题1·模拟题】以下属于金属材料工艺性能的有（　　）。

A. 可锻性　　B. 热膨胀性

C. 抗氧化性　　D. 可焊性

E. 热处理性能

【答案】A、D、E

核心考点二　黑色金属的分类（变化大）

钢按化学成分可分为非合金钢（应用最广泛）、低合金钢、合金钢三类。

非合金钢的分类：

按钢中碳的质量分数分类	低碳钢（W_c < 0.25%）、中碳钢（0.25 ≤ W_c ≤ 0.60%）、高碳钢（W_c > 0.60%）
按钢的用途分类	碳素结构钢（用于制作机械零件、工程结构件，属于低、中碳钢）、碳素工具钢（用于制作刀具、量具和模具，属于高碳钢）
按钢的主要质量等级分类	普通质量非合金钢、优质非合金钢、特殊质量非合金钢
按冶炼方法不同分类	转炉钢、电炉钢
按冶炼时脱氧程度分类	沸腾钢、镇静钢、半镇静钢、特殊镇静钢

◆考法 1：选择题，考查黑色金属的分类。

【例题 1·模拟题】以下非合金钢属于按冶炼时脱氧程度分类的有（　　）。

A. 转炉钢　　B. 沸腾钢

C. 电炉钢　　D. 镇静钢

E. 低碳钢

【答案】B、D

核心考点三　机电工程常用的钢产品（新增考点）

碳素结构钢	牌号表示方法：由屈服强度字母 Q，屈服强度数值（单位为 MPa）、质量等级符号（A、B、C、D，依次质量提高）、脱氧方法符号（F—沸腾钢，Z—镇静钢，TZ—特殊镇静钢）四部分按顺序组成
	应用：主要用于一般工程结构和普通机械零件。碳素结构钢通常热轧成各种型材，一般不经热处理而直接使用
优质碳素结构钢	牌号表示方法：用钢中平均含碳量的万分数表示钢号。例如：08 钢，表示平均含碳量（W_c）= 0.08% 的钢
	主要用于机械零件，一般都要经过热处理后使用
锅炉钢	有良好的焊接性能、一定的高温强度和耐碱性腐蚀、耐氧化等。常用的锅炉钢有平炉冶炼的低碳镇静钢或电炉冶炼的低碳钢
不锈钢	不锈钢按热处理后的显微组织又可分为五大类：铁素体不锈钢、马氏体不锈钢、奥氏体不锈钢、奥氏体-铁素体不锈钢及沉淀硬化不锈钢
耐热钢	耐热钢按其正火组织可分为：奥氏体耐热钢、马氏体耐热钢、铁素体耐热钢及珠光体耐热钢等

◆考法 1：选择题，考查机电工程常用的钢产品。

【例题 1·模拟题】主要用于机械零件，一般都要经过热处理后使用的是（　　）。

A. 不锈钢　　B. 优质碳素结构钢

C. 耐热钢　　D. 碳素结构钢

【答案】B

【例题 2·模拟题】关于 Q235AF，说法正确的是（　　）。

A. 这是一种优质碳素钢　　B. 屈服强度≥ 235MPa

C. A 代表质量等级最高　　　　　　　　　　D. F 代表脱氧程度

【答案】D

核心考点四　有色金属

有色金属	又称为非铁金属，是铁、锰、铬以外的所有金属的统称。铝、镁、钛、铜、锆、镍、钴、锌、锡、铅等有色金属
铝及铝合金	1. 铸造铝合金 2. 变形铝及铝合金 3. 铝及铝合金管材 4. 铝及铝合金建材型材 铝合金建筑型材可分为：基材、阳极氧化型材、电泳涂漆型材、喷粉型材、隔热型材。 隔热型材常被称为断桥铝合金，它是以低热导率的非金属材料连接铝合金建筑型材制成的具有隔热、隔冷功能的复合材料
贵重金属	贵金属主要指金、银和铂族金属

◆考法 1：选择题，考查有色金属的分类。

【例题 1 · 2021 年真题】下列金属中，属于有色金属的有（　　）。

A. 铱　　　　　　　　　　B. 钍

C. 锰　　　　　　　　　　D. 镅

E. 钠

【答案】A、B、D、E

【解析】按照“有色金属是铁、锰、铬以外的所有金属”来选择。

2H311012　非金属材料的类型及应用

核心考点一　非金属材料的类型

高分子材料	也称为聚合物材料，是一类以高分子化合物为基体，再配以其他添加剂所构成的材料。按特性可分为橡胶、纤维、塑料、高分子胶粘剂、高分子涂料和高分子基复合材料等
无机非金属材料	普通（传统）的非金属材料：主要是指硅酸盐材料，如水泥、玻璃、陶瓷和耐火材料等。 特种（新型）的无机非金属材料：主要有先进陶瓷、非晶态材料、人工晶体、无机涂层、无机纤维等

◆考法 1：选择题，考查非金属材料的类型。

【例题 1 · 模拟题】下列材料中，属于高分子材料的有（　　）。

A. 水泥　　　　　　　　　　B. 橡胶

C. 涂料　　　　　　　　　　D. 塑料

E. 胶粘剂

【答案】B、C、D、E

【解析】高分子材料的共性是柔软高弹、质量轻，反之，无机非金属材料的特点是坚硬、质量重。根据该特点，可以判断 A 选项属于无机非金属材料。

核心考点二　高分子材料（塑料、橡胶）

<table>
<tr><td rowspan="3">塑料</td><td>通用塑料：一般指产量大、用途广、成型性好、价格便宜的塑料。有四大品种，即聚乙烯（PE）、聚丙烯（PP）、聚氯乙烯（PVC）、聚苯乙烯（PS）。
（1）聚乙烯（PE）
聚乙烯是典型的热塑性塑料。
（2）聚丙烯（PP）
改性的聚丙烯可模塑成保险杠、防擦条、汽车方向盘、仪表盘及车内装饰件等，大大减轻车身自重，达到了节约能源的目的。
（3）聚氯乙烯（PVC）
由于具有成本低廉和自阻燃的特性，故在建筑领域里用途广泛，尤其是在下水道管材、塑钢门窗、板材、人造皮革、PVC 膜、包装材料、各种口径的硬管、异型管、波纹管、电线套管、涂层制品、泡沫制品、PVC 透明片材等方面用途最为广泛。由于聚氯乙烯的最大特点是阻燃，因此被广泛用于防火。但是聚氯乙烯在燃烧过程中会释放出氯化氢和其他有毒气体。
（4）聚苯乙烯（PS）
在电气方面更是良好的绝缘材料和隔热保温材料，可以制作各种仪表外壳、灯罩、光学化学仪器零件、透明薄膜、电容器介质层等</td></tr>
<tr><td>工程塑料：通常是指已大规模工业化生产的、应用范围较广的 5 种塑料，即聚酰胺（尼龙，PA）、聚碳酸酯（聚碳，PC）、聚甲醛（POM）、聚酯（主要是 PBT）及聚苯醚（PPO）。
聚酰胺（PA）广泛应用于代替铜等金属在机械、化工、仪表、汽车等工业中制造轴承、齿轮、泵叶及其他零件。
聚碳酸酯（PC）层压板广泛用于银行、使馆、拘留所和公共场所的防护窗，用于飞机舱罩，照明设备、工业安全挡板和防弹玻璃。
聚甲醛（POM）是一种性能优良的工程塑料，在国外有“夺钢”“超钢”之称。POM 以低于其他许多工程塑料的成本，正在替代一些传统上被金属所占领的市场，如替代锌、黄铜、铝和钢制作许多部件。
聚酯（PBT）在开发初期主要用于汽车制造中代替金属部件，后由于阻燃型玻璃纤维增强 PBT 等品种的问世，大量用于制作电器制品，如电视机用变压器部件等。
聚苯醚［PPO 和 MPPO（PPO 的共聚物）］主要用于做汽车仪表板、散热器格子、扬声器格栅、控制台、保险盒、继电器箱、连接器、轮罩。电子电器工业上广泛用于制造连接器、线圈绕线轴、开关继电器、调谐设备、大型电子显示器、可变电容器、蓄电池配件、话筒等零部件。可做复印机、计算机系统，打印机、传真机等外装件和组件。另外可做照相机、计时器、水泵、鼓风机的外壳和零部件、无声齿轮、管道、阀体、外科手术器具、消毒器等医疗器具零部件</td></tr>
<tr><td>特种塑料：聚苯硫醚（PPS）、聚酰亚胺（PI）、聚砜（PSF）、聚醚酮（PEK）、液晶聚合物（LCP）等</td></tr>
<tr><td>橡胶</td><td>按来源可分为天然橡胶和合成橡胶，按性能和用途可分为通用橡胶和特种橡胶。
（1）通用橡胶。如天然橡胶、丁苯橡胶、顺丁橡胶、氯丁橡胶等；
（2）特种橡胶。如硅橡胶、氟橡胶、聚氨酯橡胶、丁腈橡胶等</td></tr>
</table>

◆考法 1：选择题，考查塑料的分类和应用。

【例题 1 · 模拟题】以下属于通用塑料的有（　　）。

A. 聚甲醛　　B. 聚丙烯

C. ABS 塑料　　D. 聚苯乙烯

E. PVC 塑料

【答案】B、D、E

【解析】属于通用塑料的都是“聚 ** 烯”，E 选项中的 PVC 是聚氯乙烯。A、C 选项属于工程塑料。

【例题 2 · 模拟题】通常用于代替金属部件制作零部件的塑料有（　　）。

A. 聚苯乙烯　　B. 聚酰胺

C. 聚丙烯　　D. 聚酯

E. 聚氯乙烯

【答案】B、D

【解析】能代替金属材料的塑料必然是工程塑料，所以可以用排除法排除选项 A、C、E，因为这都是通用塑料，主要用于日常生活中的制品。

◆考法 2：选择题，考查橡胶的分类。

【例题 3 · 模拟题】下列橡胶中，属于普通橡胶的是（　　）。

A. 丁苯橡胶　　B. 氟橡胶

C. 丁腈橡胶　　D. 硅橡胶

【答案】A

【解析】普通橡胶中，除了通用橡胶之外，名称中都有“丁”字；特种橡胶中，除了“丁腈橡胶”，其他名称中都没有“丁”字。所以只需要记住丁腈橡胶是特种橡胶，就很好区分了。

核心考点三　机电工程中常用的非金属材料使用范围

<table>
<tr><td>砌筑材料</td><td colspan="2">包括：耐火黏土砖、普通高铝砖、轻质耐火砖、耐火水泥、硅藻土质隔热材料、轻质黏土砖、石棉绒（优质）、石棉水泥板、矿渣棉、蛭石和浮石等，一般用于各类型炉窑砌筑工程等</td></tr>
<tr><td>绝热材料</td><td colspan="2">包括：膨胀珍珠岩类、离心玻璃棉类、超细玻璃棉类、微孔硅酸壳、矿棉类、岩棉类、泡沫塑料类等，常用于保温、保冷的各类容器、管道、通风空调管道等绝热工程</td></tr>
<tr><td>防腐材料</td><td colspan="2">包括：陶瓷制品、油漆及涂料、塑料制品、橡胶制品、玻璃钢及其制品等</td></tr>
<tr><td rowspan="4">非金属风管</td><td>玻璃纤维复合风管</td><td>适用于：中压以下的空调系统；
不适用：高压、洁净空调、酸碱性环境和防排烟系统以及相对湿度 90% 以上的系统</td></tr>
<tr><td>酚醛复合风管</td><td>适用于：低、中压空调系统及潮湿环境；
不适用：高压及洁净空调、酸碱性环境和防排烟系统</td></tr>
<tr><td>聚氨酯复合风管</td><td>适用于：低、中、高压洁净空调系统及潮湿环境；
不适用：酸碱性环境和防排烟系统</td></tr>
<tr><td>硬聚氯乙烯风管</td><td>适用于：洁净室含酸碱的排风系统</td></tr>
<tr><td rowspan="4">塑料及复合材料水管</td><td>硬聚氯乙烯管</td><td>特点：内壁光滑阻力小、不结垢，无毒、无污染，耐腐蚀。使用温度不大于 40℃，故为冷水管。抗老化性能好、难燃，可采用橡胶圈柔性接口安装。
应用：给水管道（非饮用水）、排水管道、雨水管道</td></tr>
<tr><td>氯化聚氯乙烯管</td><td>特点：高温机械强度高，适于受压的场合。
应用：冷热水管、消防水管系统、工业管道系统</td></tr>
<tr><td>无规共聚聚丙烯管</td><td>特点：无毒，无害，不生锈，不腐蚀，有高度的耐酸性和耐氯化物性。适合采用直埋暗敷方式，水流阻力小。
应用：饮用水管、冷热水管</td></tr>
<tr><td>丁烯管</td><td>特点：有较高的强度，韧性好，无毒。
应用：饮用水、冷热水管。特别适用于薄壁、小口径压力管道</td></tr>
</table>

续表

塑料及复合材料水管	交联聚乙烯管	特点：无毒，卫生，透明。 应用：地板辐射供暖系统的盘管
	铝塑复合管	特点：安全无毒，耐腐蚀，不结垢，流量大，阻力小，寿命长，柔性好，弯曲后不反弹，安装简单。 应用：饮用水，冷热水管
	塑复铜管	特点：无毒，长期使用温度范围宽（-70～100℃），比铜管保温性能好。 应用：工业及生活饮用水，冷热水输送管道

◆考法 1：选择题，考查常用的非金属材料的使用范围。

【例题 1 • 2022 年真题】下列管材中，可作为饮用水管道的有（　　）。

A. 铝塑复合管　　B. 丁烯管

C. 硬聚氯乙烯管　　D. 塑复铜管

E. 无规共聚聚丙烯管

【答案】A、B、D、E

【解析】硬聚氯乙烯管有两个应用与其他管不同，只能用于冷水管，不能用于热水管；只能用于给水管道（非饮用水）、排水管道、雨水管道等，不能用于饮用水管。

【例题 2 • 2012 年真题】适用于低、中、高压空调系统及潮湿环境的风管是（　　）。

A. 酚醛复合风管　　B. 玻璃纤维复合风管

C. 聚氨酯复合风管　　D. 硬聚氯乙烯风管

【答案】C

2H311013　电气材料的类型及应用

核心考点一　导线

类型	分类及应用
裸导线	没有绝缘层，散热好，可输送较大电流。常用的有圆单线、裸绞线和型线等。 裸绞线有铜绞线、铝绞线和钢芯铝绞线等，主要用于架空线路，具有良好的导电性能和足够的机械强度。钢芯铝绞线用于各种电压等级的长距离输电线路，抗拉强度大。铝绞线一般用于短距离电力线路。 型线有铜母线、铝母线和扁钢等。矩形硬铜母线（TMY 型）和硬铝母线（LMY 型）用于变配电系统中的汇流排装置和车间低压架空母线等。扁钢用于接地线和接闪线，常用的扁钢规格有 25×4、25×6、40×4 等。 例如，TMY-100×10，表示为硬铜母线宽 100mm、厚 10mm
绝缘导线	低压供电线路及电气设备的连线，多采用绝缘导线。按绝缘层材料来分有聚氯乙烯绝缘导线、橡皮绝缘导线等。在建筑工程中多采用聚氯乙烯绝缘铜导线（BV）。 例如，BV-0.5kV-1.5mm^2，表示塑料铜芯线，额定电压 500V，截面 1.5mm^2； 例如，BVV-0.5kV-2×1.5mm^2，表示塑料护套铜芯线，额定电压 500V，2 芯，截面 1.5mm^2

◆考法 1：选择题，考查仪表电缆的应用。

【例题 1 • 模拟题】下列用于长距离输电线路的导线是（　　）。

A. 铜绞线　　　　B. 铝绞线
C. 钢芯铝绞线　　　　D. 圆单线

【答案】C

【解析】“铝”质量轻，用于输电线路可减轻重量，“钢芯”机械强度高，所以长距离输电线路选用“钢芯铝绞线”。

核心考点二　电力电缆

电缆按用途分有电力电缆、通信电缆、控制电缆和信号电缆等；按绝缘材料分有纸绝缘电缆、橡胶绝缘电缆、塑料绝缘电缆等；电缆还分为阻燃电缆和耐火电缆。电缆的结构主要有三个部分，即线芯、绝缘层和保护层，保护层又分为内保护层和外保护层。电气工程中应用最广泛的是电力电缆。

按其采用的绝缘材料分为聚氯乙烯绝缘电力电缆、交联聚乙烯绝缘电力电缆、橡胶绝缘电力电缆和纸绝缘电力电缆等。具有聚氯乙烯绝缘或聚氯乙烯护套的电缆，安装时的环境温度不宜低于 0℃。

电缆的构造

钢带铠装电缆（VV_{22}）

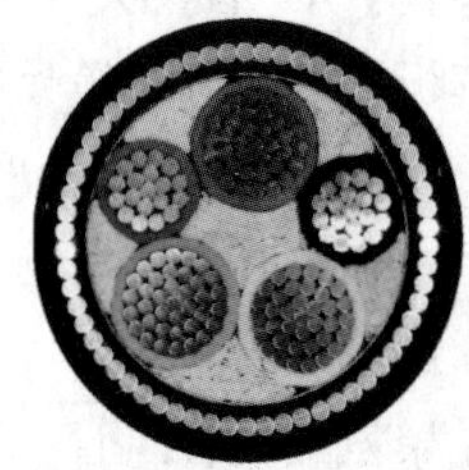
钢丝铠装电缆（VV_{32}）

阻燃电缆	是指残焰或残灼在限定时间内能自行熄灭的电缆。 根据电缆阻燃材料的不同，阻燃电缆分为含卤阻燃电缆及无卤低烟阻燃电缆。无卤低烟电缆是指由不含卤素（F、Cl、Br、I、At）、不含铅、镉、铬、汞等物质的胶料制成，燃烧时产生的烟尘较少，且不会发出有毒烟雾，燃烧时的腐蚀性较低，因此对环境产生危害很小。阻燃电缆分为 A、B、C 三个类别，A 类最高。 无卤低烟的聚烯烃材料主要采用氢氧化物作为阻燃剂，其特性是容易吸收空气中的水分（潮解）。潮解的结果是绝缘层的体积电阻系数大幅下降
耐火电缆	是指在火焰燃烧情况下能够保持一定时间安全运行的电缆。分 A、B 两种类别，A 类是在火焰温度 950～1000℃时，能持续供电时间 90min；B 类是在火焰温度 750～800℃时，能持续供电时间 90min。 当耐火电缆用于电缆密集的电缆隧道、电缆夹层中，或位于油管、油库附近等易燃场所时，应首先选用 A 类耐火电缆。除上述情况外且电缆配置数量少时，可采用 B 类耐火电缆。 耐火电缆大多用作应急电源的供电回路。 耐火电缆不能当作耐高温电缆使用。为降低电缆接头在火灾事故中的故障概率，在安装中应尽量减少接头数量，以保证线路在火灾中能正常工作。如果需要做分支接线，应对接头做好防火处理
氧化镁电缆	氧化镁电缆的材料是无机物，铜和氧化镁的熔点分别为 1038℃和 2800℃，防火性能特佳；耐高温（电缆允许长期工作温度达 250℃，短时间或非常时期允许接近铜熔点温度）、防爆、载流量大、防水性能好、机械强度高、寿命长、具有良好的接地性能等优点，但价格贵、工艺复杂、施工难度大。在油灌区、重要木结构公共建筑、高温场所等耐火要求高且经济性可以接受的场合，可采用氧化镁电缆

分支电缆 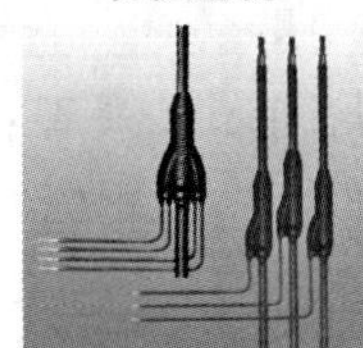	分支电缆是按设计要求，由工厂预先将分支线制造在主干电缆上，分支线截面和长度是根据设计要求决定，极大缩短了施工周期，大幅度减少材料费用和施工费用，保证了配电的安全性和可靠性。 分支电缆常用的有交联聚乙烯绝缘聚氯乙烯护套铜芯电力电缆（YJV 型）、交联聚乙烯绝缘聚乙烯护套铜芯电力电缆（YJY 型）和无卤低烟阻燃耐火型辐照交联聚乙烯绝缘聚烯烃护套铜芯电力电缆（WDZN-YJFE 型）等类型电缆。 订购分支电缆时，应根据建筑电气设计图确定各配电柜位置，提供主电缆的型号、规格及总有效长度；各分支电缆的型号、规格及各段有效长度；各分支接头在主电缆上的位置（尺寸）；安装方式（垂直沿墙敷设、水平架空敷设等）；所需分支电缆吊头、横梁吊挂等附件型号、规格和数量

◆考法 1：选择题，考查各种电力电缆的特点、分类和应用。

【例题 1 · 2020 年真题】关于氧化镁电缆特性的说法，错误的是（　　）。

A. 氧化镁绝缘材料是无机物　　B. 电缆允许工作温度可达 250℃

C. 燃烧时会发出有毒的烟雾　　D. 具有良好的防水和防爆性能

【答案】C

【解析】如果电缆燃烧时会发出有毒的烟雾，是不可能用于生产的。

【例题 2 · 模拟题】订购分支电缆时，应根据建筑电气设计施工图来提供（　　）。

A. 主电缆的型号规格及长度　　B. 主电缆上的分支接头位置

C. 分支电缆型号规格及长度　　D. 分支接头的尺寸大小要求

E. 分支电缆的外直径和重量

【答案】A、B、C

【解析】订购分支电缆时，应根据建筑电气设计图确定各配电柜位置，提供主电缆的型号、规格及总有效长度；各分支电缆的型号、规格及各段有效长度；各分支接头在主电缆上的位置（尺寸）；安装方式；所需分支电缆吊头、横梁吊挂等附件型号、规格和数量。

核心考点三　控制电缆和仪表电缆

控制电缆	控制电缆用于电气控制系统和配电装置的二次系统。二次电路的电流较小，因此芯线截面通常在 $10mm^2$ 以下，控制电缆的线芯多采用铜导体，其芯线组合有同心式和对绞式。 控制电缆按其绝缘层材质，分为聚氯乙烯、聚乙烯和橡胶。其中以聚乙烯电性能最好，可应用于高频线路。 塑料绝缘控制电缆：如 KVV、KVVP 等。主要用于交流 500V、直流 1000V 及以下的控制、信号、保护及测量线路。 如 KVVP 用于敷设室内、电缆沟等要求屏蔽的场所；如 KVV_{22} 等用于敷设在电缆沟、直埋地等能承受较大机械外力的场所；如 KVVR、KVVRP 等敷设于室内要求移动的场所
仪表电缆	（1）仪表用电缆：如 YVV、YVVP 等，适用于仪器仪表及其他电气设备中的信号传输及控制线路。 （2）阻燃型仪表电缆：如 ZRC-YVVP、ZRC-YYJVP、ZRC-YEVP 等，阻燃仪表电缆具有防干扰性能高、电气性能稳定，能可靠地传送数字信号和模拟信号，兼有阻燃等特点，所以广泛应用于电站、矿山和石油化工等部门的检测和控制系统上。常固定敷设于室内、隧道内、管道中或户外托架中

◆考法 1：选择题，考查控制电缆或仪表电缆的特点。

【例题 1 · 2015 年真题】下列关于控制电缆的说法，正确的是（　　）。

A. 芯线截面积一般在 10mm² 以下　　　　B. 线芯材质多采用钢导体

C. 芯线的绞合主要采用对绞线　　　　　　D. 允许的工作温度为 95℃

E. 绝缘层材质可采用聚乙烯

【答案】A、E

【解析】B 选项不正确，线芯多用铜导体；C 选项不正确，主要采用同心式绞合；D 选项不正确，允许的工作温度为 65℃。C、D 选项涉及的内容现在考试用书上没有了。

核心考点四　母线槽

分类	空气型	母线之间接头用铜片软接过渡，接头之间体积过大，占用了一定空间，应用较少。空气型母线槽不能用于垂直安装，因存在烟囱效应 外壳 空气 铜排
	紧密型	采用插接式连接，具有体积小、结构紧凑、运行可靠、传输电流大、便于分接馈电、维护方便等优点，可用于树干式供电系统，在高层建筑中得到广泛应用。紧密型母线槽散热效果较差，防潮性能较差，在施工时容易受潮及渗水，造成相间绝缘电阻下降。可能产生较大的噪声
	高强度	外壳做成瓦沟形式，使母线槽机械强度增加，解决了大跨度安装无法支撑吊装的问题。母线之间有一定的间距，线间通风良好，相对紧密式母线槽而言，其防潮和散热功能有明显的提高；由于线间有一定的空隙，使导线的温升下降，这样就提高了过载能力，并减少了磁振荡噪声。但它产生的杂散电流及感抗要比紧密式母线槽大得多，因此在同规格比较时，它的导电排截面必须比紧密式母线槽大
	耐火型	专供消防设备电源的使用，其外壳采用耐高温不低于 1100℃的防火材料，隔热层采用耐高温不低于 300℃的绝缘材料，耐火时间有 60min、90min、120min、180min，满负荷运行可达 8h 以上
选用		（1）高层建筑的垂直输配电应选用紧密型母线槽，可防止烟囱效应。应急电源应选用耐火型母线槽，且不准释放出危及人身安全的有毒气体。 （2）大容量母线槽可选用散热好的紧密型母线槽，若选用空气型母线槽，应采用只有在专用工作场所才能使用的 IP30 的外壳防护等级。 （3）母线槽接口相对较容易受潮，选用母线槽时应注意其防护等级。对于不同的安装场所，应选用不同外壳防护等级母线槽。一般室内正常环境可选用防护等级为 IP40 的母线槽，消防喷淋区域应选用防护等级为 IP54 或 IP66 的母线槽。 （4）母线槽不能直接和有显著摇动和冲击振动的设备连接，应采用软接头加以连接

◆考法 1：选择题，考查母线槽的分类和选用。

【例题 1 · 模拟题】在高层建筑中不能用于垂直安装的母线槽是（　　）。

A. 空气型母线槽　　　　B. 插接型母线槽

C. 紧密型母线槽　　　　D. 加强型母线槽

【答案】A

核心考点五　绝缘材料

按物理状态来分	可以分为气体绝缘材料、液体绝缘材料和固体绝缘材料。 （1）气体绝缘材料：有空气、氮气、二氧化硫和六氟化硫（SF_6）等。 （2）液体绝缘材料：有变压器油、断路器油、电容器油、电缆油等。 （3）固体绝缘材料
按化学性质不同	可分为无机绝缘材料、有机绝缘材料和混合绝缘材料。 （1）无机绝缘材料：有云母、石棉、大理石、瓷器、玻璃和硫黄等。 （2）有机绝缘材料：有矿物油、虫胶、树脂、橡胶、棉纱、纸、麻、蚕丝和人造丝等。 （3）混合绝缘材料

◆考法 1：选择题，考查绝缘材料的分类。

【例题 1 · 2020 年真题】下列材料中，不属于有机绝缘材料的有（　　）。

A. 云母　　B. 石棉

C. 硫磺　　D. 橡胶

E. 矿物油

【答案】A、B、C

【解析】区分有机与无机绝缘材料，类似于区分高分子材料与无机非金属材料，利用特征记忆："有机"绝缘材料柔软质轻且易燃，反之属于无机绝缘材料。但无机绝缘材料中有一个特例"硫磺"，需要特别记住。另外，要看清题干问的是"不属于"。

2H311020　机电工程常用工程设备

核心考点提纲

机电工程常用工程设备
- 通用工程设备的分类和性能
  - 泵、风机、压缩机的分类和性能参数
  - 连续输送设备的分类
- 专用工程设备的分类和性能
- 电气工程设备的分类和性能
  - 电动机的分类和性能
  - 变压器的分类和性能
  - 高、低压电器及成套装置的分类和性能
  - 电工测量仪器仪表的分类和性能

核心考点可考性提示

核心考点		2023 年可考性提示
2H311021　通用工程设备的分类和性能	泵、风机、压缩机的分类和性能参数	★★★
	连续输送设备的分类	★★
2H311022　专用工程设备的分类和性能	专用工程设备的分类和性能	★★★
2H311023　电气工程设备的分类和性能	电动机的分类和性能	★★★

续表

核心考点		2023年可考性提示
2H311023　电气工程设备的分类和性能	变压器的分类和性能	★★
	高、低压电器及成套装置的分类和性能	★
	电工测量仪器仪表的分类和性能	★

核心考点剖析

2H311021　通用工程设备的分类和性能

核心考点一　泵、风机、压缩机的分类和性能参数

		分类和性能参数
泵	分类	1. 按照泵的工作原理和结构形式可分为：容积式泵、叶轮式泵。 （1）容积式泵。根据运动部件运动方式的不同分为往复泵和回转泵两类，往复泵有活塞泵、柱塞泵等；回转泵有齿轮泵、螺杆泵和叶片泵等。 柱塞泵　齿轮泵　螺杆泵　叶片泵 （2）叶轮式泵。根据泵的叶轮和流道结构特点的不同，叶轮式泵分为离心泵、轴流泵和旋涡泵等。 2. 按照输送介质分为清水泵、杂质泵、耐腐蚀泵等。 3. 按照吸入方式分为单吸泵和双吸泵。 4. 按照叶轮数目分为单级泵和多级泵
	性能	泵的性能参数主要有：流量、扬程、功率、效率、转速等。 例如，一幢30层（98m高）的高层建筑，其消防水泵的扬程应在130m以上
风机	分类	1. 按照气体在旋转叶轮内部流动方向，可分为：离心式风机、轴流式风机、混流式风机。 2. 按照结构形式可分为：单级风机、多级风机。 3. 按照排气压强的不同可分为：通风机、鼓风机、压气机
	性能	风机的主要性能参数有：流量（又称为风量）、全风压、动压、静压、功率、效率、转速、比转速等
压缩机	分类	1. 按照所压缩的气体不同可分为：空气压缩机、氧气压缩机、氨压缩机、天然气压缩机。 2. 按照压缩气体方式可分为：容积式压缩机和动力式压缩机两大类。按结构形式和工作原理，容积式压缩机可分为往复式、回转式压缩机；动力式压缩机可分为轴流式、离心式和混流式压缩机。 3. 按照压缩次数可分为：单级压缩机、两级压缩机、多级压缩机
	性能	压缩机的性能参数有：容积、流量、吸气压力、排气压力、工作效率、噪声等

◆考法1：选择题，考查泵、风机、压缩机的分类。

【例题1·2020年真题】下列风机中，属于按照排气压强划分的是（　　）。

A. 通风机　　　　B. 混流式风机

C. 轴流式风机　　　　D. 单级风机

【答案】A

【解析】B、C 选项是按气体在旋转叶轮内部流动方向划分的；D 选项是按结构形式划分的。

【例题 2 · 2015 年真题】按压缩气体的方式分类，属于速度型压缩机的有（　　）。

A. 轴流式　　　　B. 螺杆式

C. 转子式　　　　D. 离心式

E. 混流式

【答案】A、D、E

◆考法 2：选择题，考查泵、风机、压缩机的性能参数。

【例题 3 · 2021 年真题】泵的主要参数有（　　）。

A. 功率　　　　B. 级数

C. 流量　　　　D. 扬程

E. 效率

【答案】A、C、D、E

核心考点二　连续输送设备的分类

有挠性牵引件	带式输送机、板式输送机、刮板式输送机、提升机、架空索道等
无挠性牵引件	螺旋输送机、辊子输送机、振动输送机、气力输送机等

◆考法 1：选择题，考查连续输送设备的分类。

【例题 1 · 2021 年一级真题】下列输送机中，具有挠性牵引件的有（　　）。

A. 带式输送机　　　　B. 刮板输送机

C. 悬挂输送机　　　　D. 小车输送机

E. 螺旋输送机

【答案】A、B、C、D

【解析】可以选择记住其中一种，排除法选择另外一种。

2H311022　专用工程设备的分类和性能

核心考点一　专用工程设备的分类和性能

发电设备	火力发电设备	包括：承压蒸汽锅炉机组、汽轮发电机组、工业自动化仪表、管道及系统、水处理及制氢设备和系统
	核电设备	包括：核岛设备、常规岛设备、辅助系统设备。常规岛设备包括：汽轮机、发电机、凝汽器、汽水分离再热器、给水加热器、除氧器、阀门、水泵、输变电设备、起吊设备、高压电动机
发电设备	塔式太阳能光热发电设备	包括：镜场设备（包括反射镜和跟踪设备）、集热塔（吸热塔）、热储存设备、热交换设备和发电常规岛设备
	光伏发电系统	分为：独立光伏发电系统、并网光伏发电系统和分布式光伏发电系统

续表

石油化工设备	反应设备（R）	反应器、反应釜、分解锅、聚合釜等
	换热设备（E）	管壳式余热锅炉、热交换器、冷却器、冷凝器、蒸发器等
	分离设备（S）	分离器、过滤器、集油器、缓冲器、洗涤器等
	储存设备（C）	各种形式的储槽、储罐等
冶金设备	轧制设备	包括：拉坯机、结晶器、中间包设备、板材轧机、轧管机、无缝钢管自动轧管机、型材轧机和矫直机等
	炼钢设备	包括：转炉、电弧炉、钢包精炼炉、钢包真空精炼炉、真空吹氧脱碳炉、连续铸钢机械设备等
	选矿设备	包括：破碎设备、筛分设备、磨矿设备、选别设备等
建材设备	水泥设备	包括：回转窑、生料磨、煤磨、水泥磨（一窑三磨）
	浮法玻璃生产线	包括：玻璃熔窑、锡槽、退火窑及冷端的切装系统

◆考法1：选择题，考查专用设备的分类。

【例题1·2014真题】下列石油化工专用设备中，属于分离设备的有（　　）。

A. 分解锅　　B. 集油器

C. 蒸发器　　D. 洗涤器

E. 冷凝器

【答案】B、D

【解析】A选项属于反应设备，发生化学反应的即是反应设备，“分解”“聚合”都是一种化学过程。C、E选项属于换热设备，热流体和冷流体互相换热就是换热设备，冷流体在蒸发器中吸热蒸发成气体，热流体在冷凝器中放热凝结成液体。

【例题2·2020年真题】下列属于火力发电设备的是（　　）。

A. 集热塔　　B. 发电岛设备

C. 汽水分离再热器　　D. 承压蒸汽锅炉

【答案】D

【解析】A、B选项属于塔式太阳能光热发电设备，C选项属于核电设备的常规岛设备。

2H311023　电气工程设备的分类和性能

核心考点一　电动机的分类和性能

直流电动机	优点：较大的启动转矩和良好的启动、制动性能，在较宽范围内实现平滑调速；缺点：结构复杂、价格高。 应用：常用于拖动对调速要求较高的生产机械
同步电动机	优点：转速恒定及功率因数可调；缺点：结构较复杂、价格较贵。 应用：拖动恒速运转的大、中型低速机械

续表

异步电动机	优点：结构简单、制造容易、价格低廉、运行可靠、维护方便、坚固耐用等。 缺点：与直流电动机相比，其启动性和调速性能较差；与同步电动机相比，其功率因数不高，在运行时必须向电网吸收滞后的无功功率，对电网运行不利。 应用：是现代生产和生活中使用最广泛的一种电动机

◆考法 1：选择题，考查电动机的性能。

【例题 1 · 模拟题】异步电动机与同步电动机相比，其缺点是（　　）。

A. 结构较复杂　　B. 功率因数低

C. 价格较贵　　D. 启动麻烦

【答案】B

【解析】A、C 选项不正确，异步电动机结构简单，价格低。D 选项是异步电动机跟直流电动机比较的缺点。

【例题 2 · 模拟题】启动转矩大，并可实现平滑调速的电动机是（　　）。

A. 直流电动机　　B. 同步电动机

C. 三相异步电动机　　D. 单相异步电动机

【答案】A

核心考点二　变压器的分类和性能

分类	根据变换电压不同	升压变压器、降压变压器
	根据冷却方式不同	干式、油浸式、油浸风冷式
	根据相数不同	单相变压器、三相变压器
	根据每相绕组数不同	双绕组变压器、三绕组变压器、自耦变压器等
	根据用途不同	电力变压器、电炉变压器、整流变压器、电焊变压器、船用变压器、量测变压器等
性能	主要技术参数有：额定容量、额定电压、额定电流、空载电流、短路损耗、空载损耗、短路阻抗、连接组别等	

◆考法 1：选择题，考查变压器的分类和性能。

【例题 1 · 2019 年真题】下列变压器中，不属于按用途分类的是（　　）。

A. 电力变压器　　B. 油浸变压器

C. 整流变压器　　D. 量测变压器

【答案】B

【解析】按变压器的用途不同分为电力变压器、电炉变压器、整流变压器、电焊变压器、船用变压器、量测变压器等。B 选项属于变压器按冷却方式的分类。

【例题 2 · 模拟题】变压器的主要技术参数有（　　）。

A. 额定容量　　B. 连接方式

C. 短路阻抗　　D. 容积

E. 功率

【答案】A、C

【解析】B选项不正确，正确参数是连接组别；D、E选项是机械设备的性能参数，变压器的参数是容量，而不是容积。

核心考点三　高、低压电器及成套装置的分类和性能

高压电器及成套装置	交流电压1000V、直流电压1500V以上的电器
低压电器及成套装置	交流电压1000V、直流电压1500V及以下的电器产品
二者性能	主要有：通断、保护、控制和调节四大功能

◆考法1：选择题，考查高、低压电器及成套装置的分类和性能。

【例题1·模拟题】对于高压电器及成套装置的性能描述正确的是（　　）。

A. 开通、保护、控制、调节　　B. 通断、保护、控制、调节

C. 通断、保护、控制、纠偏　　D. 开通、保护、控制、纠偏

【答案】B

核心考点四　电工测量仪器仪表的分类和性能

分类	指示仪表：能够直读被测量的大小和单位的仪表
	比较仪器：把被测量与度量器进行比较后确定被测量的仪器
性能	性能由被测量对象来决定

◆考法1：选择题，考查电工测量仪器仪表的分类和性能。

【例题1·模拟题】电工测量仪器仪表的性能由（　　）决定。

A. 电压　　B. 功率

C. 相位　　D. 测量对象

【答案】D

2H312000　机电工程专业技术

本节通常考查3道选择题、1～2问案例题，考生需要重点掌握的内容是：起重技术、焊接技术，这两个目考查案例题的频率非常高。

2H312010　机电工程测量技术

核心考点提纲

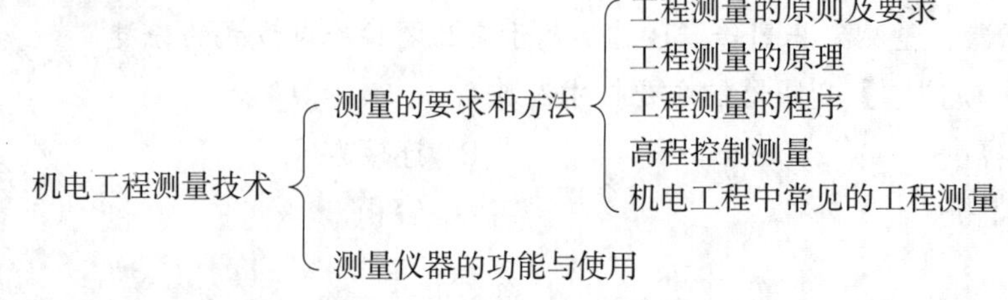

核心考点可考性提示

核心考点		2023 年可考性提示
2H312011　测量的要求和方法	工程测量的原则及要求	★
	工程测量的原理	★
	工程测量的程序	★
	高程控制测量	★★★
	机电工程中常见的工程测量	★★★
2H312012　测量仪器的功能与使用		★★★

核心考点剖析

2H312011　测量的要求和方法

核心考点一　工程测量的原则及要求

原则	工程测量应遵循“由整体到局部，先控制后细部”的原则
要求	（1）以工程为对象，做好控制点布测，保证将设计的建（构）筑物位置正确地测设到地面上。 （2）保证测设精度，减少误差累积，满足设计要求。 （3）检核是测量工作的灵魂。 检核分为：仪器检核、资料检核、计算检核、放样检核和验收检核

◆考法 1：选择题，考查工程测量的原则及要求。

【例题 1 · 2018 年真题】工程测量的核心是（　　）。

A. 测量精度　　B. 设计要求

C. 减少误差累积　　D. 检核

【答案】D

核心考点二　工程测量的原理

水准测量原理	利用水准仪和水准标尺，根据水平视线原理测定两点高差的测量方法	
	高差法	采用水准仪和水准尺测定待测点与已知点之间的高差，通过计算得到待定点的高程的方法。（一对一）
	仪高法	采用水准仪和水准尺，只需计算一次水准仪的高程，就可以简便地测算几个前视点的高程。（一对多） 例如：当安置一次仪器，同时需要测出数个前视点的高程时，使用仪高法比较方便。所以，在工程测量中仪高法被广泛应用。 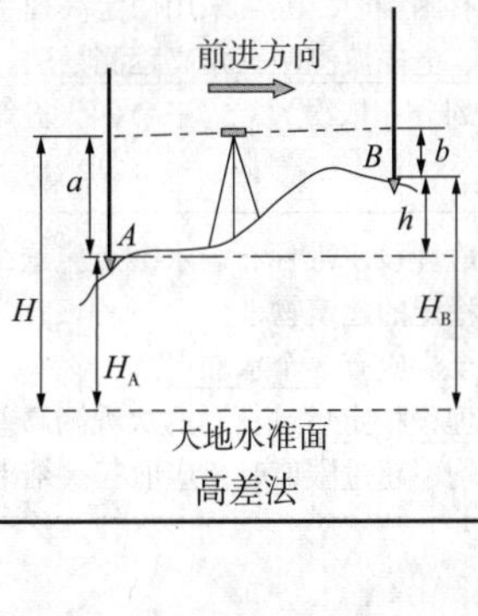 高差法 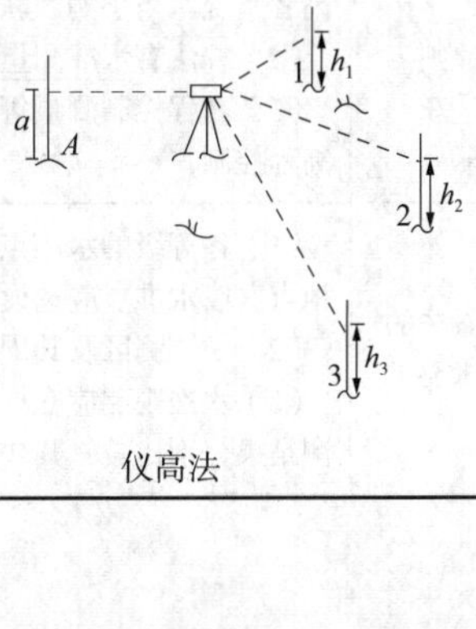　　仪高法

续表

基准线测量原理	利用经纬仪和检定钢尺，根据两点成一直线原理测定基准线	
	保证量距精度的方法	返测丈量，当全段距离量完之后，尺端要调头，读数员互换，按同法进行返测往返丈量一次为一测回，一般应测量两测回以上。量距精度以两测回的差数与距离之比表示
	安装基准线的设置	平面安装基准线不少于纵横两条
	标高基准点的设置	相邻安装基准点高差应在 0.5mm 以内
	沉降观测点的设置	沉降观测采用二等水准测量方法。例如，对于埋设在基础上的基准点，在埋设后就开始第一次观测，随后的观测在设备安装期间连续进行

◆考法 1：选择题，考查工程测量的原理。

【例题 1 · 2015 年真题】水准测量采用高差法，待定点的高程是通过（　　）。

A. 调整水准仪调试得出　　B. 计算得出

C. 水准尺度直接读出　　D. 微调补偿器得出

【答案】B

【例题 2 · 2016 年真题】埋设在基础上的沉降观测点，第一次观测应在（　　）进行。

A. 观测点埋设后　　B. 设备底座就位后

C. 设备安装完成后　　D. 设备调整后

【答案】A

核心考点三　工程测量的程序

工程测量的基本程序	建立测量控制网→设置纵横中心线→设置标高基准点→设置沉降观测点→安装过程测量控制→实测记录等

◆考法 1：选择题，考查工程测量的程序。

【例题 1 · 2020 年真题】机电安装工程测量的基本程序内容中，不包括（　　）。

A. 设置纵横中心线　　B. 仪器校准或检定

C. 安装过程测量控制　　D. 设置标高基准点

【答案】B

核心考点四　高程控制测量

布设原则	（1）测区的高程系统，宜采用国家高程基准。在已有高程控制网的地区进行测量时，可沿用原高程系统。当小测区联测有困难时，亦可采用假定高程系统。 （2）方法有水准测量法、电磁波测距三角高程测量法。常用的是水准测量法。 （3）高程控制测量等级划分：依次为二、三、四、五等。各等级视需要，均可作为测区的首级高程控制
水准测量法的主要技术要求	（1）各等级的水准点，应埋设水准标石。水准点应选在土质坚硬、便于长期保存和使用方便的地点。墙水准点应选设于稳定的建筑物上。 （2）一个测区及其周围至少应有 3 个水准点。 （3）水准观测应在标石埋设稳定后进行。两次观测高差较大，超限时应重测。当重测结果与原测结果分别比较，其较差均不超过限值时，应取三次结果的平均数

◆**考法 1：选择题，考查高程控制测量。**

【例题 1·模拟题】高程控制网的测量方法有电磁波测距三角高程测量和（　　）。

A. 导线测量　　B. 水准测量

C. 三边测量　　D. 三角测量

【答案】B

【例题 2·模拟题】关于水准测量法的主要技术要求，下列说法不正确的是（　　）。

A. 水准点应选在土质坚硬、便于长期保存和使用方便的地点

B. 墙水准点应选设于稳定的建筑物上

C. 一个测区及其周围至少应有 3 个水准点

D. 标石埋设后应立即进行水准观测

【答案】D

【解析】水准观测应在标石埋设稳定后进行。与沉降观测不同，沉降观测应在埋设后，立刻进行第一次观测。另外，C 选项的"3 个水准点"也容易设置成错误选项。

核心考点五　机电工程中常见的工程测量

单体设备基础的测量（变化大）	1. 基础划线及高程测量 （1）单体设备基础划线 单机设备要根据建筑结构的主要柱基中心线，按设计提供的坐标位置，测量出设备基础中心线，并将纵横中心线固定在中心标板上或用墨线画在基础上，作为安装基准中心线。 （2）单体设备的高程测量 安装单位接受由土建移交的标高基准点，将标高基准点引测到设备基础附近方便测量的地方。作为下步设备安装时标高测量的基准点并埋设标高基准点。 （3）精度控制 1）测量放线尽量使用同一台设备、同一人进行测量。 2）机械设备定位基准的面、线或点与安装基准线的平面位置和标高的允许偏差，对于单体设备来讲平面位置允许偏差为 ±10mm，标高偏差为＋20～−10mm。 3）设备基础中心线必须进行复测，两次测量的误差不应大于 5mm。 4）对于埋设有中心标板的重要设备基础，其中心线应由中心标板引测，同一中心标点的偏差不应超过 ±1mm。 5）每组设备基础，均应设立临时标高控制点。标高控制点的精度，对于一般的设备基础，其标高偏差，应在 ±2mm 以内；对于与传动装置有联系的设备基础，其相邻两标高控制点的标高偏差，应在 ±1mm 以内。 2. 中心标板和基准点的埋设 （1）中心标板 1）埋设中心标板的方法 ① 中心标板应埋设在中心线的两端，并且标板的中心要大约在中心线上。 ② 中心标板露出基础表面的高度为 4～6mm。 ③ 在用混凝土浇灌中心标板之前，要先用水冲洗基础，以使新浇灌的混凝土能与原基础结合。 ④ 埋设中心标板时，应使用高标号灰浆浇灌固定。如果可能，应焊在基础的钢筋上。 ⑤ 埋设中心标板的灰浆全部凝固后，由测量人员测出中心线点并投在中心标板上，投点（冲眼）的直径为 1～2mm，并在投点的周围用红铅油画一圆圈，作为明显的标记。 2）中心标板的埋设形式 ① 在基础表面埋设。 ② 在跨越沟道的凹下处埋设。 ③ 在基础边缘埋设。

续表

单体设备基础的测量（变化大）	（2）基准点 在设备的基础上埋设坚固的金属件（通常用50～60m长的铆钉），并根据厂房的标准零点测出它的标高作为安装设备时测量标高的依据，称为基准点。 中心标板和基准点可在浇筑基础混凝土时配合土建埋设，也可在基础上预留埋设中心标板和基准点的孔洞，待基础养护期满后再埋设，但预留孔的大小要合适，并且要下大上小，位置适当
管道工程的测量	管道工程测量的主要内容包括中线测量、纵、横断面测量及施工测量。 1. 管道中线测量 管道中线测量的主要工作内容是测设管道的主点（起点、终点和转折点）、标定里程桩和加桩等。 （1）管线主点的测设 1）根据控制点测设管线主点（用极坐标法或交会法进行测设）。 2）根据地面上已有建筑物测设管线主点（用直角坐标法或图解法测设）。 （2）里程桩和加桩 为了测定管线长度和测绘纵、横断面图，沿管道中心线自起点每50m钉一里程桩。在50m之间地势变化处要钉加桩。里程桩和加桩的里程桩号以该桩到管线起点的中线距离来确定。管线的起点，给水管道以水源作为起点；排水管道以下游出水口作为起点；煤气、热力管道以供气方向作为起点。 2. 管道工程施工测量 （1）管道工程施工测量的准备工作 1）熟悉设计图纸资料。 2）勘察施工现场。 3）绘制施测草图。 4）确定施测精度。 （2）地下管道施工测量 管道施工中的测量工作，主要是控制管道的中线和高程位置。 方法有：龙门板法、平行轴腰桩法。 当现场条件不便采用坡度板时，对精度要求较低的管道，可采用平行轴腰桩法来测设坡度控制桩
长距离输电线路钢塔架（铁塔）基础施工的测量	（1）长距离输电线路定位并经检查后，可根据起、止点和转折点及沿途障碍物的实际情况，测设钢塔架基础中心桩。中心桩测定后，一般采用十字线法或平行基线法进行控制，控制桩应根据中心桩测定。 （2）钢尺量距时，其丈量长度不宜大于80m，同时，不宜小于20m。 （3）架空送电线路钢塔之间的弧垂综合误差不应超过确定的裕度值。 （4）大跨越档距测量。在大跨越档距之间，通常采用电磁波测距法或解析法测量

◆考法1：选择题，考查单体设备基础的测量。

【例题1·2012年真题】设备安装基准线应按（　　）来测定。

A. 设备中心线　　　　B. 建筑基础中心线

C. 建筑物的定位轴线　　　　D. 设备基础中心线

【答案】C

【例题2·模拟题】关于单体设备基础测量时，中心标板和基准点的埋设，说法错误的是（　　）。

A. 可在浇筑基础混凝土时配合土建埋设

B. 可预留孔洞待基础养护期满后再埋设

C. 预留孔的大小要合适，并且要上大下小

D. 中心标板可在基础表面也可在基础边缘埋设

【答案】C

◆考法 2：选择题，考查管道工程的测量。

【例题 3·2021 年真题】管道工程施工测量的准备工作包括（　　）。

A. 熟悉设计图纸资料　　B. 勘察施工现场

C. 绘制施测草图　　D. 编制测量报告

E. 确定施测精度

【答案】A、B、C、E

【解析】此题可以用排除法，“编制测量报告”肯定是测量结束后，而不可能是准备工作。

【例题 4·2022 年真题】进行管道工程测量时，可作为管线起点的有（　　）。

A. 给水管道的水源处　　B. 排水管道下游出水口

C. 煤气管道的用气点　　D. 排水管道上游进水口

E. 热力管道的供气点

【答案】A、B、E

◆考法 3：选择题，考查长距离输电线路钢塔架基础施工的测量。

【例题 5·模拟题】输电线路钢塔架档距约 320m，其基础施工时的档距测量应采用（　　）。

A. 十字线法　　B. 电磁波测距法

C. 钢尺量距法　　D. 平行基线法

【答案】B

【解析】档距约 320m，是大跨越档距，所以应用电磁波测距法或解析法。不能选 C 选项，因为其测量长度范围为 20～80m；A、D 选项是根据中心桩测定控制桩的方法。

2H312012　测量仪器的功能与使用

核心考点一　测量仪器的功能与使用

测量仪器	功能和应用
水准仪	测量标高和高程。 （1）用于建筑工程测量控制网标高基准点的测设及厂房、大型设备基础沉降观察的测量。 （2）用于连续生产线设备测量控制网标高基准点的测设及安装过程中对设备安装标高的控制测量
经纬仪	测量水平角和竖直角。 用来测量纵、横轴线（中心线）以及垂直度的控制测量等
全站仪	具有角度测量、距离（斜距、平距、高差）测量、三维坐标测量、导线测量、交会定点测量和放样测量等多种用途。 采用全站仪进行水平距离测量，主要应用于建筑工程平面控制网水平距离的测量及测设、安装控制网的测设、建安过程中水平距离的测量等

续表

测量仪器	功能和应用
电磁波测距仪	按其所采用的载波分类：用微波段的无线电波作为载波的微波测距；用激光作为载波的激光测距仪；用红外光作为载波的红外测距仪
激光测量仪器	（1）激光准直仪和激光指向仪 两者构造相近，用于沟渠、隧道或管道施工、大型机械安装、建筑物变形观测。 （2）激光准直（铅直）仪 1）用于高层建筑、烟囱、电梯等施工过程中的垂直定位及以后的倾斜观测。 2）用于大直径、长距离、回转型设备同心度的找正测量以及高塔体、高塔架安装过程中同心度的测量控制。 （3）激光经纬仪 用于施工及设备安装中的定线、定位和测设已知角度。 （4）激光水准仪 除具有普通水准仪的功能外，尚可作准直导向之用。 （5）激光平面仪 适用于提升施工的滑模平台、网形屋架的水平控制和大面积混凝土楼板支模、灌注及抄平工作，精确方便、省力省工
全球定位系统（GPS）	GPS 具有全天候、高精度、自动化、高效率等显著特点

◆考法 1：选择题，考查测量仪器的功能与使用。

【例题 1 • 2012 年 6 月真题】安装控制网水平距离的测设常用测量仪器是（　　）。

A. 光学经纬仪　　B. 全站仪

C. 光学水准仪　　D. 水平仪

【答案】B

【例题 2 • 2012 年 10 月真题】控制设备安装标高的常用测量仪器是（　　）。

A. 光学水准仪　　B. 激光准直仪

C. 全站仪　　D. 光学经纬仪

【答案】A

【例题 3 • 2014 年真题】常用于设备安装定线定位和测设已知角度的仪器是（　　）。

A. 激光准直仪　　B. 激光经纬仪

C. 激光指向仪　　D. 激光水准仪

【答案】B

◆考法 2：案例题，考查测量仪器的功能与使用。根据所给参数或使用场合，选择仪器。

【例题 4 • 模拟题】管道的起点、止点、转折点的坐标和管顶标高应选择什么仪器测量?

【参考答案】管道的起点、止点、转折点的坐标应选择全站仪测量；管顶标高选择水准仪测量。

2H312020　机电工程起重技术

核心考点提纲

机电工程起重技术
- 起重机械与吊具的使用要求
  - 起重机械的分类
  - 轻小型起重设备的使用要求
  - 流动式起重机的使用要求
  - 桅杆起重机的使用要求
  - 吊索、吊耳、卸扣、地锚使用要求
- 吊装方法和吊装方案的选用要求
  - 常用的吊装方法
  - 吊装方案的评价和选择
  - 吊装专项施工方案管理
  - 流动式起重机的参数及应用

核心考点可考性提示

核心考点		2023 年可考性提示
2H312021　起重机械与吊具的使用要求	起重机械的分类	★
	轻小型起重设备的使用要求	★★★
	流动式起重机的使用要求	★★★
	桅杆起重机的使用要求	★
	吊索、吊耳、卸扣、地锚使用要求	★★
2H312022　吊装方法和吊装方案的选用要求	常用的吊装方法	★
	吊装方案的评价和选择	★
	吊装专项施工方案管理	★★★
	流动式起重机的参数及应用	★★★

核心考点剖析

2H312021　起重机械与吊具的使用要求

核心考点一　起重机械的分类

轻小型起重设备	千斤顶、滑车、起重葫芦、卷扬机、多种叉车等
起重机	可分为：桥架型起重机、臂架型起重机、缆索型起重机三大类。 （1）桥架型起重机主要有：梁式起重机、桥式起重机、门式起重机、半门式起重机等。

续表

<table>
<tr><td>起重机</td><td>  
梁式起重机　桥式起重机　门式起重机
（2）臂架型起重机主要有：门座起重机和半门座起重机、塔式起重机、流动式起重机、铁路起重机、桅杆起重机、悬臂起重机等。
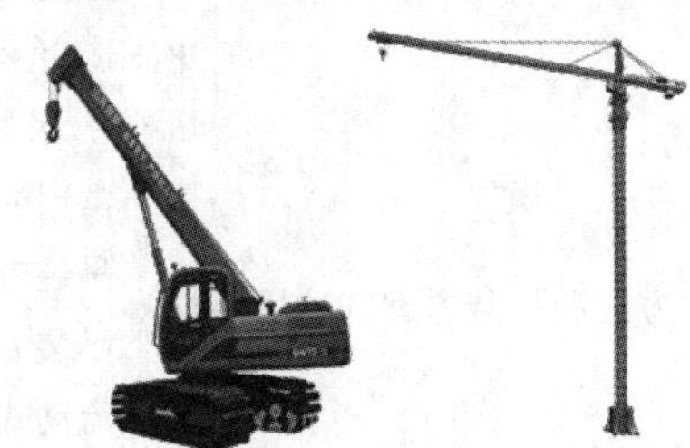 
流动式起重机　塔式起重机　门座起重机</td></tr>
<tr><td>非常规起重机</td><td>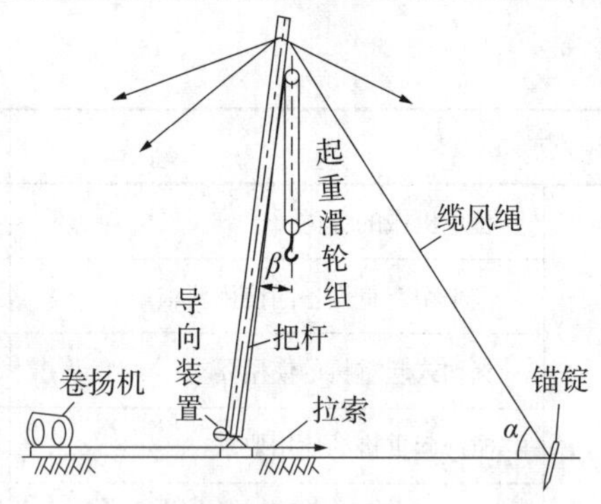

桅杆式起重机

门架起重机
桅杆起重机（以下简称桅杆）由桅杆本体、动力－起升系统、稳定系统组成；稳定系统主要包括缆风绳、地锚等</td></tr>
</table>

◆**考法 1：选择题，考查起重机械的分类。**

【例题 1·模拟题】下列起重机中，属于臂架型起重机的有（　　）。

A. 塔式起重机　B. 桅杆起重机

C. 桥式起重机　D. 门座起重机

E. 门式起重机

【答案】A、B、D

【解析】C、E 选项属于桥架型起重机。臂架型起重机都有一个悬伸出来可以旋转或俯仰的臂架；而桥架型起重机都有一个像“桥”或“门”一样的水平桥架。注意 D、E 选项很容易混淆。

核心考点二　轻小型起重设备的使用要求

千斤顶	（1）千斤顶必须安放于稳固、平整、结实的基础上，通常应在座下垫以木板或钢板，以加大承压面积，防止千斤顶下陷或歪斜。

续表

千斤顶	（2）千斤顶头部与被顶物之间可垫以薄木板、铝板等软性材料，使其头部与被顶物全面接触，以增加摩擦，防止千斤顶受力后滑脱。 （3）使用千斤顶时，应在其旁边设置保险垫块，随着工件的升降及时调整保险垫块的高度。 （4）当数台千斤顶同时并用时，操作中应保持同步，使每台千斤顶所承受的载荷均小于其额定荷载的 80%。 （5）千斤顶应在允许的顶升高度内工作，不得顶出红色警示线，否则应停止顶升操作。 （6）使用千斤顶作业时，应使作用力通过其承压中心
起重滑车	（1）滑车组动、定（静）滑车的最小距离不得小于 1.5m；跑绳进入滑轮的偏角不宜大于 5°。 （2）滑车组穿绕跑绳的方法有顺穿、花穿、双抽头穿法。当滑车的轮数超过 5 个时，跑绳应采用双抽头方式
卷扬机	（1）起重吊装中一般采用电动慢速卷扬机。选用卷扬机的主要参数有额定载荷、容绳量和额定速度。 （2）使用桅杆吊装时，卷扬机离开的距离必须大于桅杆的长度。 （3）绑缚卷扬机底座的固定绳索应从两侧引出，以防底座受力后移动。卷扬机固定后，应按其使用负荷进行预拉。 （4）由卷筒到第一个导向滑车的水平直线距离应大于卷筒长度的 25 倍，且该导向滑车应设在卷筒的中垂线上，以保证卷筒的入绳角小于 2°。 （5）卷扬机上的钢丝绳应从卷筒底部放出，余留在卷筒上的钢丝绳不应少于 4 圈，以减少钢丝绳在固定处的受力。当在卷筒上缠绕多层钢丝绳时，应使钢丝绳始终顺序地逐层紧缠在卷筒上，最外一层钢丝绳应低于卷筒两端凸缘一个绳径的高度
手拉葫芦	（1）不许有跑链、掉链和卡滞现象。 （2）使用时应将链条摆顺，逐渐拉紧，两吊钩受力在一条轴线上，经检查确认无问题后，再进行起重作业。 （3）手拉葫芦吊挂点承载能力不得低于 1.05 倍的手拉葫芦额定载荷；当采用多台葫芦起重同一工件时，操作应同步，单台葫芦的最大载荷不应超过其额定载荷的 70%。 （4）手拉葫芦在垂直、水平或倾斜状态使用时，手拉葫芦的施力方向应与链轮方向一致，以防卡链或掉链。 （5）如承受负荷的手拉葫芦需停留较长时间，必须将手拉链绑在起重链上，以防自锁装置失灵。 （6）已经使用 3 个月以上或长期闲置未用的手拉葫芦，应进行拆卸、清洗、检查并加注润滑油，对于存在缺件、结构损坏或机件严重磨损等情况必须经修复或更换后，方可使用

◆考法 1：选择题，考查轻小型起重设备的使用要求。容易考查综合选择题。

【例题 1 · 2014 年真题】关于千斤顶使用要求的说法，错误的是（ ）。

A. 垂直使用时，作用力应通过承压中心

B. 水平使用时，应有可靠支撑

C. 随着工件的升降，不得调整保险垫块的高度

D. 顶部应有足够的工作面积

【答案】C

【解析】使用千斤顶时，应在其旁边设置保险垫块，随着工件的升降及时调整保险垫块的高度。

【例题 2 · 2021 年真题】关于卷扬机安装使用的说法，正确的有（ ）。

A. 卷扬机应安装在桅杆长度的距离之内

B. 绑缚卷扬机底座的固定绳索应从两侧引出

C. 由卷筒到第一个导向滑车的水平直线距离应大于卷筒长度的25倍

D. 余留在卷筒上的钢丝绳最小为2圈

E. 钢丝绳应顺序逐层紧缠在卷筒上，最外一层钢丝绳应低于卷筒两端凸缘一个绳径的高度

【答案】B、C、E

【解析】没有A选项这种要求；D选项，正确说法是“余留在卷筒上的钢丝绳不应少于4圈”。

核心考点三　流动式起重机的使用要求

一般要求	（1）单台起重机吊装的计算载荷应小于其额定载荷。 （2）起重机应根据其性能选择合理的工况。 （3）起重机吊装站立位置的地基承载力应满足使用要求。 （4）吊臂与设备外部附件的安全距离不应小于500mm。 （5）起重机、设备与周围设施的安全距离不应小于500mm。 （6）起重机提升的最小高度应使设备底部与基础或地脚螺栓顶部至少保持200mm的安全距离。 （7）两台起重机作主吊吊装时，吊重应分配合理，单台起重机的载荷不宜超过相关起重规范规定的额定载荷比例
流动式起重机对地基的要求	（1）流动式起重机必须在水平坚硬地面上进行吊装作业。吊车的工作位置（包括吊装站位置和行走路线）的地基应根据给定的地质情况或测定的地面耐压力为依据，采用合适的方法（一般施工场地的土质地面可采用开挖回填夯实的方法）进行处理。 （2）处理后的地面应做耐压力测试，地面耐压力应满足吊车对地基的要求
汽车起重机使用要求	（1）汽车式起重机支腿应完全伸出。 （2）严禁超载作业。不准斜拉斜吊物品，不准抽吊交错挤压的物品，不准起吊埋在土里或冻粘在地上的物品。 （3）起重机作业时，转台上不得站人。汽车起重机行驶时，上车操纵室禁止坐人。 （4）起重作业时，起重臂下严禁站人，在重物上有人时不准起吊重物
履带式起重机使用要求	（1）履带式起重机负载行走，应按说明书的要求操作，必要时应编制负载行走方案。 （2）吊装人员应考试合格，取得《特种设备安全管理和作业人员证》，含有作业项目包括起重机指挥Q1和起重机司机Q2

◆考法1：选择题，考查流动式起重机的使用要求。

【例题1·2020年真题】关于履带式起重机安全作业的说法，正确的有（　　）。

A. 履带最大接地比压小于地面承载力　　B. 定期检验报告应在有效期内

C. 负载行走应按说明书的要求操作　　D. 转场安拆均不需要检查验收

E. 双机抬吊各承载小于额定载荷80%

【答案】A、B、C、E

【解析】D选项，履带式起重机转场安拆时需要检查验收。

◆考法2：案例题，考查流动式起重机的地基要求；履带式起重机的使用要求。

【例题2·2018年真题】250t履带式起重机进行大型工艺设备吊装作业时，对吊车的工作位置地面有哪些要求？

【参考答案】流动式起重机必须在水平坚硬地面上进行吊装作业。吊车的工作位置（包括吊装站位置和行走路线）的地基应采用合适的方法（一般施工场地的土质地面可采用开

挖回填夯实的方法）进行处理。

核心考点四　桅杆起重机的使用要求

桅杆起重机的使用要求	（1）桅杆使用应具备质量和安全合格的文件：制造质量证明书；制造图、使用说明书；载荷试验报告；安全检验合格证书。 （2）桅杆应严格按照使用说明书的规定使用。 （3）桅杆的使用长度应根据吊装设备、构件的高度确定。桅杆的直线度偏差不应大于长度的 1/1000，总长偏差不应大于 20mm

◆考法 1：选择题，考查桅杆起重机的使用要求。

【例题 1 • 模拟题】桅杆使用应具备质量和安全合格的文件包括（　　）。

A. 制造质量证明书　　B. 锚点布置图

C. 使用说明书　　D. 载荷试验报告

E. 安全检验合格证书

【答案】A、C、D、E

【解析】B 选项，正确的是“制造图”。

核心考点五　吊索、吊耳、卸扣、地锚使用要求

吊索		（1）吊索选用钢丝绳的安全系数应大于或等于 6。 （2）钢丝绳在绕过不同尺寸的销轴或滑轮时，其强度能力应根据不同的弯曲情况重新确定。 （3）钢丝绳环索（吊装带）在下列情况之一时，不得使用： ① 禁吊标志处绳端露出且无法修复； ② 绳股产生松弛或分离，且无法修复； ③ 钢丝绳出现断丝、断股、钢丝挤出、单层股钢丝绳绳芯挤出、钢丝绳直径局部减小、绳股挤出或扭曲、扭结等缺陷； ④ 无标牌
卸扣		（1）不得超载使用，无标记的卸扣不得使用。 （2）卸扣表面应光滑，不得有毛刺、裂纹、尖角、夹层等缺陷，不得利用焊接的方法修补卸扣的缺陷。 （3）卸扣使用前应进行外观检查，发现有永久变形或裂纹应报废。 （4）使用卸扣时，只应承受纵向拉力
地锚	使用范围	（1）全埋式地锚适用于有开挖条件的场地。全埋式地锚可以承受较大的拉力，多在大型吊装中使用。 （2）压重式活动地锚适用于地下水位较高或土质较软等不便深度开挖的场地。小型压重式活动地锚承受的力不大，多在中、小型工程的吊装作业中使用
	使用要求	（1）根据受力条件和施工区域的土质情况选用合适的地锚结构。 （2）在施工中，利用已有建筑物作为地锚，如混凝土基础、混凝土构筑物等，应进行强度验算并采取可靠的防护措施，并获得建筑物设计单位的书面认可。 （3）无论采用何种地锚形式，都必须进行承载试验，并应有足够大的安全裕度，以确保地锚的稳定性和起重作业的安全

注：该考点中有新增或变化内容。

◆考法 1：选择题，考查吊索、卸扣、地锚使用要求。容易考综合选择题。

【例题 1 • 2021 年真题】关于起重卸扣的使用要求，正确的有（　　）。

A. 按额定负荷标记选用　　B. 无标记的不得使用

C. 可用焊接的方法修补　　D. 永久变形后应报废

E. 只应承受纵向的拉力

【答案】A、B、D、E

【解析】不得利用焊接的方法修补卸扣的缺陷。

2H312022　吊装方法和吊装方案的选用要求

核心考点一　常用的吊装方法

按吊装工艺方法分	应用
滑移法	主要针对自身高度较高、卧态位置待吊、竖立就位的高耸设备或结构。例如，石油化工厂中的塔类设备、火炬塔架等设备或高耸结构，以及包括电视发射塔、桅杆、钢结构烟囱塔架等
吊车抬送法	应用广泛，石油化工厂中的塔类设备的吊装，目前大多采用本方法
旋转法	又称扳转法吊装。主要针对特别高、重的设备和高耸塔架类结构的吊装，例如，石化厂吊装大型塔器类工艺设备、大型火炬塔架和构件等
无锚点推吊法	适用于施工现场障碍物较多，场地特别狭窄，周围环境复杂，设置缆风绳、锚点困难，难以采用大型桅杆进行吊装作业的基础在地面的高、重型设备或构件，特别是老厂扩建施工
集群液压千斤顶整体提升（滑移）吊装法	适用于大型设备与构件。如大型屋盖、网架、钢天桥（廊）、电视塔钢桅杆天线等的吊装、大型龙门起重机主梁和设备整体提升、大型电视塔钢桅杆天线整体提升、大型机场航站楼、体育场馆钢屋架（盖）整体滑移等
高空斜承索吊运法	适用于在超高空吊装中、小型设备、山区的上山索道。如上海东方明珠高空吊运设备
液压顶升法	用于油罐的倒装、电厂发电机组安装等

◆考法 1：选择题，考查常用的吊装方法。

【例题 1 · 2009 年真题】在山区的上山索道中，吊运设备多使用（　　）。

A. 滑移吊装法　　B. 超高空斜承索吊装法

C. 万能杆件吊装法　　D. 旋转吊装法

【答案】B

【例题 2 · 2012 年 6 月真题】大型龙门起重机设备吊装，宜选用的吊装方法是（　　）。

A. 旋转吊装法

B. 超高空斜承索吊运设备吊装法

C. 计算机控制集群液压千斤顶整体吊装法

D. 气压顶升法

【答案】C

核心考点二　吊装方案的评价和选择

设备吊装方案编制的基本原则（新增）	（1）以吊装安全为前提； （2）以技术可靠、工艺成熟为基础； （3）以吊装效益为追求目标

续表

吊装方案的评价和选择	（1）可行性论证； （2）安全性分析； （3）进度分析； （4）成本分析

◆考法1：选择题，考查吊装方案的编制原则或选择。

【例题1·模拟题】设备吊装方案编制的基本原则不包括（　　）。

A. 以吊装安全为前提　　B. 以技术可靠、工艺成熟为基础

C. 以吊装速度为目标　　D. 以吊装效益为追求目标

【答案】C

核心考点三　吊装专项施工方案管理

起重吊装及起重机械安装拆卸工程划分范围

危大工程	（1）采用非常规起重设备、方法，且单件起吊重量在10kN及以上的起重吊装工程。 （2）采用起重机械进行安装的工程。 （3）起重机械安装和拆卸工程
超过一定规模的危大工程	（1）采用非常规起重设备、方法，且单件起吊重量在100kN（10t）及以上的起重吊装工程。 （2）起重量300kN（30t）及以上，或搭设总高度200m及以上，或搭设基础标高在200m及以上的起重机械安装和拆卸工程

注：非常规起重设备、方法包括：采用自制起重设备、设施进行起重作业；2台（或以上）起重设备联合作业；流动式起重机带载行走；采用滑轨、滑排、滚杠、地牛等措施进行设备水平位移；采用绞磨、卷扬机、葫芦、液压千斤顶等进行提升；人力起重工程。

专项施工方案的审批

	专项施工方案的审批程序
危大工程不分包时	施工单位技术负责人签字→项目总监理工程师审核签字（2总签字）
危大工程分包时	分包单位技术负责人签字→总承包单位技术负责人签字→项目总监理工程师审核签字（3总签字）
超危大工程不分包时	施工单位组织专家论证→施工单位技术负责人签字→项目总监理工程师审核签字
超危大工程分包时	总承包单位组织专家论证→分包单位技术负责人签字→总承包单位技术负责人签字→项目总监理工程师审核签字

◆考法1：选择题，考查起重吊装方案管理。

【例题1·2015年真题】吊装工程专项方案专家论证会应由（　　）组织。

A. 建设单位　　B. 设计单位

C. 监理单位　　D. 施工总承包单位

【答案】D

【例题2·模拟题】采用非常规起重设备、方法，且单件起吊重量在（　　）及以上的起重吊装工程；起重量（　　）及以上起重设备安装工程的吊装方案，施工单位应当组

织专家对专项方案进行论证，再经施工企业技术负责人审批。

A. 10kN，30kN　　　　B. 10kN，100kN

C. 50kN，100kN　　　　D. 100kN，300kN

【答案】D

◆考法 2：案例分析题，考查专项施工方案的审批程序。要求会区分“危大”和“超危大”工程。

【例题 3·模拟题】

背景节选：

北方某公司投资建设一蜡油深加工工程，经招标，由 A 施工单位总承包。其中，A 施工单位将单位工程压缩机厂房及其附属机电设备、设施分包给 B 安装公司。压缩机厂房为双跨网架顶结构，房顶有一台汽液交换设备。B 安装公司拟将网架顶分为 4 片，每片网架重 12t，在地面组装后采用滑轮组提升、水平移位的方法安装就位；房顶汽液交换器重量 10t，采用汽车起重机吊装。

【问题】分析说明 B 安装公司分包的工程中，有哪些吊装方案属于危险性较大的专项工程施工方案？这些方案应如何进行审核和批准？

【参考答案】网架吊装安装施工方案、汽液交换器吊装施工方案属于危险性较大的专项工程施工方案。其中网架吊装安装施工方案中，网架吊装是采用非常规起重设备、方法，且单件起吊重量在 100kN（相当于 10t）及以上的起重吊装工程，属于超过一定规模的危险性较大的专项工程。

汽液交换器吊装施工方案由 B 安装公司技术部门组织审核，单位技术负责人签字，并经总承包单位技术负责签字，然后报监理单位，由项目总监理工程师审核签字。网架吊装安装施工方案还应由总承包 A 施工单位组织召开专家论证会。

【解析】答题思路：背景中“汽液交换器重量 10t，采用汽车起重机吊装”属于常规吊装，不需要专家论证；“每片网架重 12t，在地面组装后采用滑轮组提升、水平移位的方法安装就位”是非常规吊装，且单件重量超过 10t，所以需要专家论证。因为这是分包工程，所以方案审批是三级审批：分包技术负责人、总承包技术负责人、总监。

【备注】考试中经常遇到的各级主要负责人的称谓。

单位负责人	或称企业负责人，是某单位的法定代表人（法人），如施工单位负责人，建设单位负责人，设计单位负责人
单位技术负责人	或称企业技术负责人、单位总工程师、单位总工，是整个集团公司的技术方面的总负责人，并不是每天都驻某一个项目现场
项目负责人	或称项目经理，是某一项目的进度、质量、安全等各项事务的总责任人
项目技术负责人	或称项目总工程师、项目总工，是某一项目技术方面的总负责人
项目专业技术负责人	或称专业工程师，仅负责某一分项技术，如土建、设备、管道、电气等专业技术负责人。单位技术负责人＞项目技术负责人＞项目专业技术负责人
总监理工程师	或称总监，全面负责、主持某一项目的监理机构工作，相当于监理单位的项目经理

续表

监理工程师	或称专业监理工程师，负责实施某一专业或某一方面的监理工作，如土建、水电、园林监理工程师

核心考点四　流动式起重机的参数及应用

基本参数	（1）流动式起重机（简称吊车）的基本参数，指作为选择吊车和制定吊装技术方案的重要依据的吊车性能数据，主要有额定起重量、最大工作半径（幅度）和最大起升高度。 （2）在特殊情况下，还需了解起重机的起重力矩、支腿最大压力、轮胎最大载荷、履带接地最大比压和抗风能力
特性曲线	（1）起重机的特性曲线是反映流动式起重机的起重能力随臂长、工作半径的变化而变化的规律和反映流动式起重机的起升高度随臂长、工作半径变化而变化的规律的曲线称为起重机的特性曲线。 （2）大型吊车特性曲线已图表化。例如，吊车各种工况下的作业范围（或起升高度－工作范围）图和载荷（起重能力）表等
选用步骤	1. 收集吊装技术参数 计算载荷：$Q_j = k_1 \times k_2 \times Q$，$k_1$ 是动载荷系数；k_2 是不均衡载荷系数；Q 是吊装载荷（包括设备重量和吊索具重量）。 2. 选择起重机 3. 制订吊装工艺 4. 安全性验算 （1）验算在选定的工况下，吊车的支腿、配重、吊臂和吊具、被吊物等与周围建筑物的安全距离。 （2）多台吊车联合吊装时，决定其计算载荷的因素有：吊装载荷，不均衡载荷系数。 （3）单台起重机吊装的计算载荷应小于其额定载荷。 （4）两台起重机作为主吊吊装时，吊重应分配合理，单台起重机的载荷不超过其额定载荷的 80%，必要时应采取平衡措施。 （5）两台或两台以上流动式起重机做主吊抬吊同一工件，每台起重机的吊装载荷不得超过其额定起重能力的 75%。 5. 确定起重机工况参数

◆考法 1：选择题，考查流动式起重机的基本参数或特性曲线。

【例题 1·2019 年真题】流动式起重机特性曲线已图表化的有（　　）。

A. 各种工况下作业范围图　　B. 起升高度和工作范围图

C. 各种工况下主臂仰角图　　D. 各种工况下起重能力表

E. 臂长与作业半径匹配表

【答案】A、B、D、E

【解析】A 选项和 B 选项含义相同，D 选项和 E 选项含义相同。因此 A、B、D、E 选项正确。

◆考法 2：案例简答题，考查流动式起重机的基本参数或选用步骤。

【例题 2·模拟题】用 500t 汽车吊吊装风力发电机组时，应考虑吊车的哪些参数？

【参考答案】应考虑：额定起重量、最大工作半径（幅度）、最大起升高度、支腿最大压力、抗风能力等参数。

2H312030 机电工程焊接技术

核心考点提纲

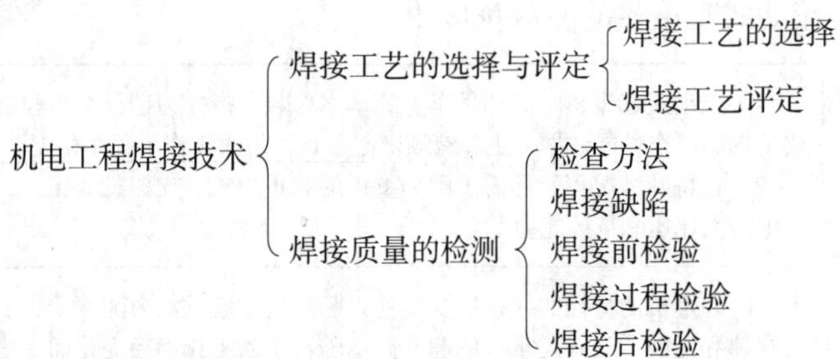

核心考点可考性提示

核心考点		2023 年可考性提示
2H312031 焊接工艺的选择与评定	焊接工艺的选择	★★★
	焊接工艺评定	★★
2H312032 焊接质量的检测	检查方法	★★★
	焊接缺陷	★
	焊接前检验	★
	焊接过程检验	★★
	焊接后检验	★★★

核心考点剖析

2H312031 焊接工艺的选择与评定

核心考点一 焊接工艺的选择

焊接准备	焊接性分析	（1）钢结构工程焊接难度分为 A 级（易）、B 级（一般）、C 级（较难）、D 级（难），其影响因素包括：板厚、钢材分类、受力状态、钢材碳当量。 （2）非合金钢：非合金钢焊接性很好，其适用于焊条电弧焊、钨极惰性气体保护电弧焊、熔化极气体保护电弧焊、自保护药芯焊丝电弧焊、埋弧焊、气电立焊、螺柱焊和气焊方法。 （3）铝及铝合金：铝和氧的化学结合力很强，易产生未熔合、未焊透、夹渣、气孔缺陷
	焊工	从事下列焊缝焊接工作的焊工，应当按照本细则考核合格，持有《特种设备安全管理和作业人员证》(注意：不是《特种作业操作证》)： （1）承压类设备的受压元件焊缝、与受压元件相焊的焊缝、受压元件母材表面堆焊。 （2）机电类设备的主要受力结构（部）件焊缝、与主要受力结构（部）件相焊的焊缝。 （3）熔入前两项焊缝内的定位焊缝

续表

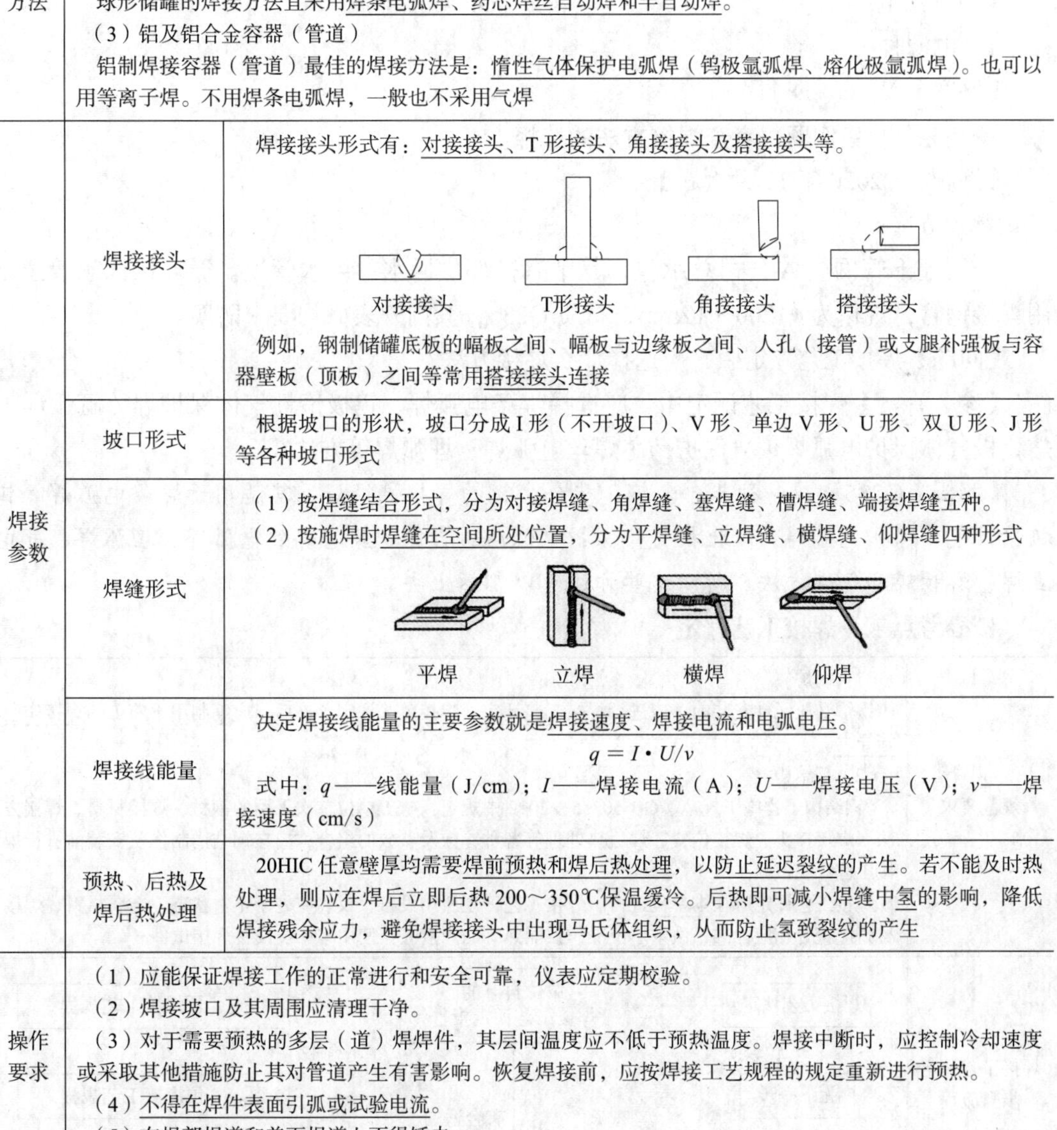

焊接方法		（1）锅炉 ① 结构允许时应当采用氩弧焊打底。 ② 锅炉受压元件不应采用电渣焊。 （2）球罐 球形储罐的焊接方法宜采用焊条电弧焊、药芯焊丝自动焊和半自动焊。 （3）铝及铝合金容器（管道） 铝制焊接容器（管道）最佳的焊接方法是：惰性气体保护电弧焊（钨极氩弧焊、熔化极氩弧焊）。也可以用等离子焊。不用焊条电弧焊，一般也不采用气焊
焊接参数	焊接接头	焊接接头形式有：对接接头、T 形接头、角接接头及搭接接头等。 对接接头　T形接头　角接接头　搭接接头 例如，钢制储罐底板的幅板之间、幅板与边缘板之间、人孔（接管）或支腿补强板与容器壁板（顶板）之间等常用搭接接头连接
	坡口形式	根据坡口的形状，坡口分成 I 形（不开坡口）、V 形、单边 V 形、U 形、双 U 形、J 形等各种坡口形式
	焊缝形式	（1）按焊缝结合形式，分为对接焊缝、角焊缝、塞焊缝、槽焊缝、端接焊缝五种。 （2）按施焊时焊缝在空间所处位置，分为平焊缝、立焊缝、横焊缝、仰焊缝四种形式 平焊　立焊　横焊　仰焊
	焊接线能量	决定焊接线能量的主要参数就是焊接速度、焊接电流和电弧电压。 $q = I \cdot U/v$ 式中：q——线能量（J/cm）；I——焊接电流（A）；U——焊接电压（V）；v——焊接速度（cm/s）
	预热、后热及焊后热处理	20HIC 任意壁厚均需要焊前预热和焊后热处理，以防止延迟裂纹的产生。若不能及时热处理，则应在焊后立即后热 200～350℃保温缓冷。后热即可减小焊缝中氢的影响，降低焊接残余应力，避免焊接接头中出现马氏体组织，从而防止氢致裂纹的产生
操作要求		（1）应能保证焊接工作的正常进行和安全可靠，仪表应定期校验。 （2）焊接坡口及其周围应清理干净。 （3）对于需要预热的多层（道）焊焊件，其层间温度应不低于预热温度。焊接中断时，应控制冷却速度或采取其他措施防止其对管道产生有害影响。恢复焊接前，应按焊接工艺规程的规定重新进行预热。 （4）不得在焊件表面引弧或试验电流。 （5）在根部焊道和盖面焊道上不得锤击

◆考法 1：选择题，考查焊接工艺的选择。

【例题 1 • 2021 年真题】关于焊接操作要求的说法，正确的有（　　）。

A. 定位焊缝不得熔入正式焊缝　　B. 不得在焊接坡口内试验电流

C. 盖面焊道不得锤击清除应力　　D. 焊机电流表未校验不得使用

E. 焊接中断时应控制冷却速度

【答案】C、D、E

【解析】定位焊是为装配和固定焊件接头的位置而进行的焊接，是可以熔入正式焊缝的，所以 A 选项不正确。不得在“焊件表面”试验电流，所以 B 选项不正确。

【例题 2 · 模拟题】决定焊接线能量的主要参数有（　　）。

A. 焊接速度　　　　B. 焊接方法

C. 电弧电压　　　　D. 焊接电流

E. 电源种类

【答案】A、C、D

◆考法 2：案例题，考查焊接方法的选择。

【例题 3 · 2020 年 12 月真题】

背景节选：

全厂地下管网由 A 公司总承包，其中有循环供回水、雨水管道。循环供回水管道采用焊接钢管，规格为 ϕ1200×12mm，材质 Q235，其内外表面均要求防腐。

【问题】焊接工艺评定中，应选择什么焊接方法？

【参考答案】焊接工艺评定中，应选择焊条电弧焊、钨极惰性气体保护焊（氩弧焊）、熔化极气体保护电弧焊、自保护药芯焊丝电弧焊、埋弧焊等方法。

【解析】Q235，是一种非合金钢，非合金钢的焊接性很好，其适用于焊条电弧焊、钨极惰性气体保护电弧焊、熔化极气体保护电弧焊、自保护药芯焊丝电弧焊、埋弧焊、气电立焊、螺柱焊和气焊方法。所以这些方法可以都答上去。

核心考点二　焊接工艺评定

规范要求	（1）锅炉 锅炉受压元件安装前，应进行焊接工艺评定。焊接工艺评定合格后，应编制用于施工的焊接作业指导书。 （2）钢结构 《钢结构工程施工规范》GB 50755—2012 中规定：施工单位首次采用的钢材、焊接材料、焊接方法、焊接接头、焊接位置、焊后热处理等各种参数及参数的组合，应在钢结构制作及安装前进行焊接工艺评定试验。 焊接工艺评定应在本单位进行。焊接工艺评定所用设备、仪表应处于正常状态，金属材料、焊接材料应符合相应标准，由本单位操作技能熟练的焊接人员使用本单位设备焊接试件
焊接工艺评定步骤流程	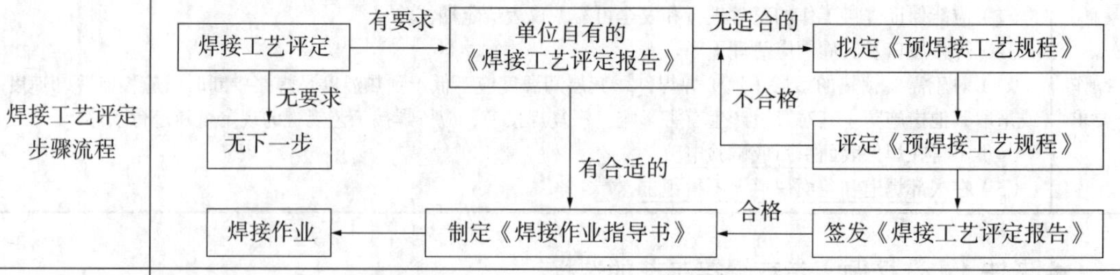
焊接工艺评定规则	各种焊接方法的专用评定规则 （1）按接头、填充金属、焊接位置、预热（后热）、气体、电特性、技术措施分别对各种焊接方法的影响程度可分为重要因素、补加因素和次要因素。 （2）当改变任何一个重要因素时，都需重新进行焊接工艺评定。 （3）当增加或变更任何一个补加因素时，则可按照增加或变更的补加因素，增焊冲击韧性试件进行试验。 （4）当增加或变更次要因素时，不需要重新评定，但需重新编制预焊接工艺规程

◆**考法 1：选择题，考查焊接工艺评定。**

【例题 1 · 2021 年真题】关于焊接工艺评定的说法，正确的有（　　）。

A. 管道工艺评定的目的在于验证用此工艺能否得到具有合格力学性能的完好焊接接头

B. 钢结构施工中，针对首次采用的焊接材料，施工单位应在施工前进行焊接工艺评定试验

C. 焊接工艺评定可以委托其他单位进行

D. 焊接工艺评定的试件可由外单位熟练焊工按照本单位拟定的评定规程完成试件焊接

E. 当焊接方法的次要因素变更时，不需要重新评定

【答案】A、B、E

【解析】选项 C、D，正确的说法是：焊接工艺评定应在本单位进行。应由本单位操作技能熟练的焊接人员使用本单位设备焊接试件。

◆**考法 2：案例题，考查焊接工艺评定资料的管理。**

【例题 2 · 模拟题】某施工单位首次使用某管材，其焊接工艺评定有何要求？

【参考答案】（1）首次使用的焊接材料，焊接前必须进行焊接工艺评定，签发《焊接工艺评定报告》。（2）工艺评定合格后，应编制《焊接作业指导书》。（3）《焊接作业指导书》应在工程施焊之前发给焊工。

2H312032　焊接质量的检测

核心考点一　检查方法

锅炉	锅炉受压元件及其焊接接头质量检验，包括外观检验、无损检测、化学成分分析、通球试验、力学性能检验
容器（储罐）	钢制焊接储罐焊接接头的外观检查、无损检测、严密性试验（罐底的所有焊缝）、煤油渗漏（浮顶）、充水试验
管道	（1）GA 类长输管道线路施工焊接接头检验包括：外观检查、无损检测、力学性能、压力试验和严密性试验。 （2）GB 类公用管道和 GC 类工业管道安装焊接接头检查方法包括：目视检查、无损检测、耐压试验和泄漏试验。 （3）GD 类动力管道对接接头检查方法包括：目视检查、无损检测、光谱分析、硬度检验、金相检验

◆**考法 1：选择题，考查检查方法。**

【例题 1 · 2020 年真题】GC2 管道安装时，焊缝检验的方法包括（　　）。

A. 目视检测　　　　B. 无损检测

C. 光谱分析　　　　D. 强度试验

E. 金相检验

【答案】A、B、D

【解析】GB 类公用管道和 GC 类工业管道安装焊接接头检查方法包括：目视检查、无损检测、耐压试验和泄漏试验。C、E 选项属于 GD 类管道的焊缝检验方法。强度试验即

耐压试验（压力试验），也是正确选项，但考试时按照多选题宁缺毋滥的原则，D 选项最好不选。

该考点的记忆方法：先记住所有焊接接头检查方法都包括外观（目视）检查、无损检测；再记特殊的检查方法，比如锅炉的通球试验、储罐的充水试验、GD 类管道的光谱分析、硬度检验、金相检验等。

核心考点二　焊接缺陷

焊接缺陷的分类	（1）按缺陷的形态可分为：平面型缺陷（如裂纹、未熔合等）；体积型缺陷（如气孔、夹渣等）。 （2）按缺陷位置不同分为：表面缺陷（如焊缝尺寸不符合要求，咬边、表面气孔、表面夹渣、表面裂纹、焊瘤、弧坑等）；内部缺陷（如气孔、夹渣、裂纹、未熔合、偏析、显微组织不符合要求等）。 裂纹：是焊缝中最危险的缺陷，大部分焊接构件的破坏由此产生 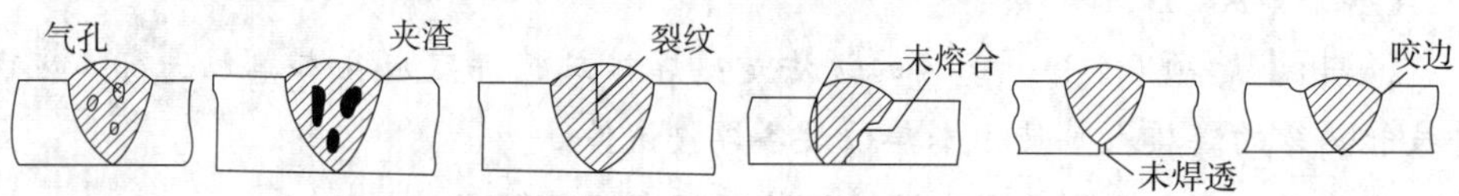

◆**考法 1：选择题，考查焊接缺陷。**

【例题 1·模拟题】下列属于平面型缺陷的有（　　）。

A. 气孔　　B. 夹渣

C. 裂纹　　D. 未熔合

E. 未焊透

【答案】C、D

◆**考法 2：案例题，考查焊接缺陷。**

【例题 2·2020 年真题】

背景节选：

监理工程师在检查钢结构一级焊缝表面质量时，发现存在咬边、未焊满、根部收缩、弧坑裂纹等质量缺陷，要求项目部加强焊工的培训并对焊工的资质进行再次核查。

【问题】钢结构的一级焊缝中还可能存在哪些表面质量缺陷？

【参考答案】钢结构的一级焊缝还可能存在的表面质量缺陷：表面裂纹、表面气孔、焊瘤、夹渣、电弧擦伤等。

核心考点三　焊接前检验

焊接前检验	1. 基本要求（人机料法环） 焊工：应取得相应的资格，获得了焊接工艺（作业）指导书，并接受了技术交底。 焊接环境：热熔焊机和电熔焊机正常的工作范围为 −10～＋40℃。焊接作业区风速手工电弧焊超过 8m/s，气体保护焊及药芯焊丝电弧焊风速超过 2m/s 时，应采取挡风措施。焊接作业区的相对湿度不得大于 90%。 2. 钢结构焊缝检验方案 （1）焊接前，应根据施工图、施工方案、施工规范规定的焊缝质量检查等级编制检验和试验方案，经项目技术负责人批准并报监理工程师备案。 （2）焊缝检验方案应包括检验批的划分、抽样检验的抽样方法、检验项目、检验方法、检验时机及相应的验收标准等

续表

焊接过程检验	焊工操作焊条电弧焊时，检查其执行的焊接工艺参数包括：焊接方法、焊接材料、焊接电流、焊接电压、焊接速度、电流种类、极性、焊接层（道）数、焊接顺序
焊接后检验	1. 目视检测 2. 无损检测 表面无损检测方法通常是指磁粉检测和渗透检测；内部无损检测方法通常是射线检测和超声波检测。 对有延迟裂纹倾向的接头（如：低合金高强钢、铬钼合金钢），无损检测应在焊接完成24h后进行。 3. 热处理 局部加热热处理的焊缝应进行硬度检验。 4. 理化和力学性能检验 5. 强度试验 焊缝的强度试验及严密性试验应在射线检测或超声波检测及热处理后进行。 6. 其他 （1）焊缝焊完后应在焊缝附近做焊工标记或其他标记。低温用钢、不锈钢及有色金属不得使用硬印标记。 （2）焊接施工检查记录至少应包括：焊工资格认可记录、焊接检查记录、焊缝返修检查记录。 （3）要求无损检测和焊缝热处理的焊缝，应在设备排版图或管道轴测图上标明焊缝位置、焊缝编号、焊工代号、无损检测方法、无损检测焊缝位置、焊缝补焊位置、热处理和硬度检验的焊缝位置

◆考法1：选择题，考查焊接前检验。

【例题1·2020年真题】焊接作业时，焊工遵循的作业文件有（　　）。

A. 焊接作业指导书　　B. 焊接工艺评定报告

C. 技术交底的记录　　D. 焊缝检验方案

E. 焊缝热处理方案

【答案】A、C、D

【解析】根据焊接前检验，焊工应取得相应的资格，获得了焊接工艺（作业）指导书，并接受了技术交底。所以A、C选项正确。另外，钢结构焊接前应制定焊缝检验方案，所以正确选项是A、C、D。

◆考法2：选择题，考查焊接过程检验。

【例题2·2019年真题】下列参数中，属于焊条电弧焊焊接过程中应控制的工艺参数有（　　）。

A. 焊接电流　　B. 焊接电压

C. 焊接速度　　D. 坡口尺寸

E. 焊接层数

【答案】A、B、C、E

【解析】焊工操作焊条电弧焊时，检查其执行的焊接工艺参数包括：焊接方法、焊接材料、焊接电流、焊接电压、焊接速度、电流种类、极性、焊接层（道）数、焊接顺序。因此正确选项是A、B、C、E，而坡口尺寸在焊接过程中是不可以更改的。

◆考法 3：选择题，考查焊接后检验。

【例题3·模拟题】对有延迟裂纹倾向的接头，无损检测应在焊接完成（　　）后进行。

A. 6h　　B. 12h

C. 24h　　D. 36h

【答案】C

【解析】对有延迟裂纹倾向的接头（如：低合金高强钢、铬钼合金钢），无损检测应在焊接完成 24h 后进行。

◆考法 4：案例题，考查焊接检验。

【例题 4·模拟题】

背景节选：

A 公司总承包某扩建项目的机电安装工程，该地区风多雨少。A 公司除自己承担主装置区设备安装外，非标制作、安装工程、防腐工程等均分包给具有相应施工资质的 B 分包商施工。B 分包商在露天采用 CO_2 气体保护焊进行非标结构焊接时，被 A 公司质检员制止。

【问题】说明质检员在露天制作场地制止分包商继续作业的理由。应采取哪些措施以保证焊接质量？

【参考答案】制止的理由：因该地区常刮风（风速超过 2m/s），露天采用 CO_2 气体保护焊未采取任何防风措施，不能保证焊接质量。措施：采取有效防风措施，如搭设防风棚；将组对好的非标构件运到封闭空间内（室内）进行焊接。

2H313000　工业机电工程安装技术

本节通常考查 7～8 道选择题、3～4 问案例题，需要重点掌握的内容是：机械设备安装技术、电气工程安装技术、管道工程安装技术，这是案例考查的重中之重。另外，静置设备、动力设备也有可能出案例。

2H313010　机械设备安装工程施工技术

核心考点提纲

- 机械设备安装工程施工技术
  - 机械设备安装程序和要求
    - 机械设备安装的一般程序
    - 机械设备安装的一般要求
  - 机械设备安装精度的控制
    - 影响设备安装精度的因素
    - 设备安装精度的控制

核心考点可考性提示

核心考点		2023 年可考性提示
2H313011　机械设备安装程序和要求	机械设备安装的一般程序	★★

续表

核心考点			2023年可考性提示
2H313011　机械设备安装程序和要求	机械设备安装的一般要求	基础测量放线	★
		基础检查验收	★
		垫铁设置	★★
		设备安装调整	★★★
		设备固定与灌浆	★
		零部件清洗与装配	★★★
		试运转和工程验收	★
2H313012　机械设备安装精度的控制	影响设备安装精度的因素		★★★
	设备安装精度的控制		★★

核心考点剖析

2H313011　机械设备安装程序和要求

核心考点一　机械设备安装的一般程序

机械设备安装的一般程序	施工准备→设备开箱检查→基础测量放线→基础检查验收→垫铁设置→设备吊装就位→设备安装调整→设备固定与灌浆→设备零部件清洗与装配→润滑与设备加油→设备试运转→工程验收（见下图）

设备开箱检查

基础测量放线、检查验收

垫铁设置

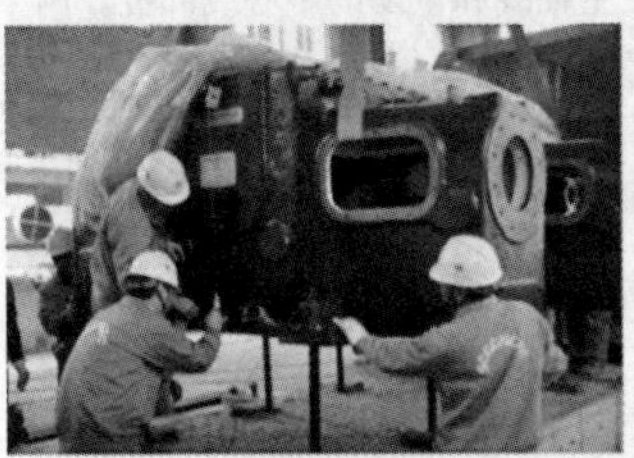
设备吊装就位

设备安装调整

设备固定与灌浆

设备零部件清洗与装配

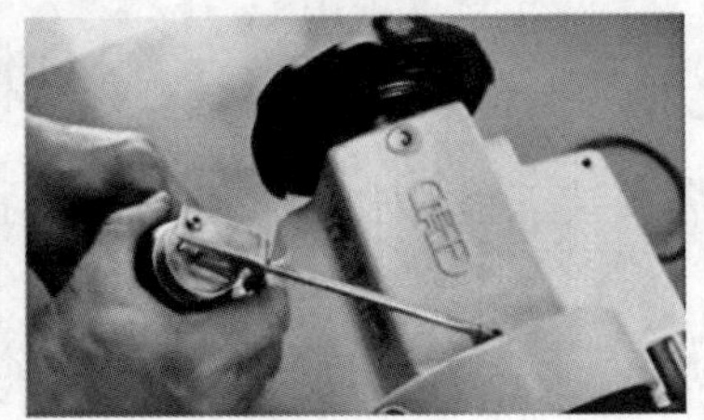
润滑与设备加油

设备试运转

◆**考法 1：选择题，考查机械设备安装的一般程序。**

【例题 1 · 2012 年真题】设备吊装就位的紧后工序是（　　）。

A. 设备清洗　　B. 设备灌浆

C. 设备安装调整　　D. 垫铁安装

【答案】C

◆**考法 2：案例题，考查机械设备安装的一般程序。**

【例题 2 · 2021 年真题】

背景节选：

专项施工方案审批通过后，安装公司对施工人员进行方案交底，在压缩机底座吊装固定后，进行压缩机部件的组装调整，重点是对压缩机轴瓦、轴承等运动部件的间隙进行调整和压紧调整等，保证了压缩机安装质量。

【问题】依据解体设备安装一般程序，压缩机固定后在试运转前有哪些工序？

【参考答案】压缩机固定后在试运转前有：（1）压缩机零部件的清洗与装配，（2）压缩机的润滑与加油。

核心考点二　基础测量放线

设定基准线和基准点的原则	通常应遵循下列原则： （1）安装、检测、使用方便； （2）有利于保持而不被毁损； （3）刻划清晰、容易辨识
基准线和基准点的设置要求	（1）机械设备就位前，按工艺布置图并依据测量控制网或相关建筑物轴线、边缘线、标高线，划定安装的基准线和基准点。 （2）对于与其他设备有机械联系的机械设备，应划定共同的安装基准线和基准点
永久基准线和基准点的设置要求	（1）在较长的安装期间和生产检修使用时，需要长期保留的基准线和基准点，则设置永久中心标板和永久基准点，最好采用铜材或不锈钢材制作，用普通钢材制作需采取防腐措施，例如涂漆或镀锌。 （2）永久中心标板和基准点的设置通常是在主轴线和重要的中心线部位。例如：烧结机的主轴线（纵向中心线）和头部大星轮轴线（横向中心线）

◆**考法 1：选择题，考查基础测量放线。**

【例题 1 · 2014 年真题】机电设备安装设定基准线和基准点应遵循的原则有（　　）。

A. 安装、检测、使用方便　　B. 有利于保持而不被毁损

C. 不宜设在同一个基础上　　D. 关联设备不应相互采用

E. 刻划清晰、容易辨识

【答案】A、B、E

【例题 2 · 2014 年真题】设备安装工程的永久基准点使用的材料，最好采用（　　）。

A. 钢铆钉　　B. 木桩

C. 普通角钢　　D. 铜棒

【答案】D

核心考点三　基础检查验收

验收内容	验收要求
混凝土强度	（1）由基础施工单位或监理单位提供设备基础质量合格证明文件，包括基础养护时间及混凝土强度是否符合设计要求。 （2）设备基础有预压和沉降观测要求时，应经预压合格，并有预压和沉降观测详细记录。如汽轮发电机组、透平压缩机组、大型储罐等
基础位置、几何尺寸	（1）设备安装前按照规范允许偏差对设备基础位置和几何尺寸进行复检。 （2）基础的位置、几何尺寸测量检查主要包括：基础的坐标位置，不同平面的标高，平面外形尺寸，凸台上平面外形尺寸和凹穴尺寸，平面的水平度，基础的铅垂度，地脚螺栓预留孔的中心位置、深度和孔壁铅垂度等
基础外观质量	（1）基础外表面应无裂纹、空洞、掉角、露筋。 （2）油污、碎石、泥土、积水等清除干净。 （3）地脚螺栓预留孔内无露筋、凹凸等缺陷。 （4）放置垫铁的基础表面平整，中心标板和基准点埋设牢固、标记清晰、编号准确
预埋地脚螺栓	（1）直埋地脚螺栓中心距、标高及露出基础长度符合设计或规范要求，中心距应在其根部和顶部沿纵、横两个方向测量，标高应在其顶部测量。 （2）T 形头地脚螺栓光杆部分和基础板刷防锈漆。 （3）安装胀锚地脚螺栓的基础混凝土强度不得小于 10MPa，基础混凝土或钢筋混凝土有裂缝的部位不得使用胀锚地脚螺栓
质量通病	设备基础常见质量通病： （1）基础上平面标高超差。 （2）预埋地脚螺栓的位置、标高超差。 （3）预留地脚螺栓孔深度超差（过浅）

◆考法 1：选择题，考查基础检查验收的内容。

【例题 1 · 2022 年真题】下列设备中，其安装基础不需设置沉降观测点的是（　　）。

A. 汽轮发电机　　　　B. 大型锻压机

C. 透平压缩机　　　　D. 80m^3 储油罐

【解析】这一题有陷阱。设备基础需要预压和沉降观测的，如汽轮发电机组、透平压缩机组、大型储罐等。“80m^3 储油罐”不属于“大型”储罐，不需要沉降观测。

◆考法 2：案例题，考查基础检查验收的内容、资料。

【例题 2 · 模拟题】

背景节选：

某厂新建一条大型汽车生产线建设工程，由具有施工总承包一级（房建、机电）资质的 A 公司总承包。

A 公司在设备基础位置和几何尺寸及外观、预埋地脚螺栓验收合格后，即开始了 4000t 压机设备的安装工作。因查验 4000t 压机设备基础验收资料不齐，项目监理工程师下发了暂停施工的“监理工作通知书”。

【问题】对 4000t 压机基础验收时还应提供哪些合格证明文件和详细记录？

【参考答案】还应提供：（1）设备基础质量合格证明文件；（2）预压记录；（3）沉降观测的详细记录。也可以答上：（4）设备基础的位置、几何尺寸、外观质量的合格证明文件；（5）预埋地脚螺栓验收合格证明文件。

【解析】答题思路：根据背景中“设备基础位置和几何尺寸及外观、预埋地脚螺栓验收”这句跟考试用书类似的话，想到这是考机械设备的基础验收。基础验收的内容包括：（1）混凝土强度；（2）基础的位置和几何尺寸；（3）基础外观质量；（4）预埋地脚螺栓。每项内容验收合格都应该提供合格证明文件。又因 4000t 压机是重要设备，还需提供预压和沉降记录。

核心考点四　垫铁设置

垫铁设置应符合要求	（1）每组垫铁的面积应符合现行国家标准（“通用规范”）的规定。 （2）垫铁与设备基础之间应接触良好；每组垫铁应放置整齐平稳，接触良好。 （3）每个地脚螺栓旁边至少应有一组垫铁，并应设置在靠近地脚螺栓和底座主要受力部位下方。 （4）设备底座有接缝处的两侧，应各设置一组垫铁，每组垫铁的块数不宜超过 5 块。 （5）放置平垫铁时，厚的宜放在下面，薄的宜放在中间，垫铁的厚度不宜小于 2mm。设备调平后，每组垫铁均应压紧。 （6）垫铁端面应露出设备底面外缘，平垫铁宜露出 10～30mm，斜垫铁宜露出 10～50mm，垫铁组伸入设备底座底面的长度应超过设备地脚螺栓的中心。 （7）除铸铁垫铁外，设备调整完毕后各垫铁相互间用定位焊焊牢

◆考法 1：选择题，综合考查垫铁设置的要求。

【例题 1 • 2015 年真题】下列关于垫铁设置的说法，符合规范要求的有（　　）。

A. 每个地脚螺栓旁边至少应有一组垫铁

B. 垫铁不得设置在底座主要承受力部位

C. 设备底座接缝处的两侧各设置一组垫铁

D. 每组垫铁的块数不宜超过 5 块

E. 设备调平后，垫铁应与设备底座点焊牢固

【答案】A、C、D

【解析】B 选项：垫铁应设置在底座主要受力部位的下方；E 选项：垫铁与垫铁之间点焊；但垫铁与设备底座之间不允许点焊。

◆考法 2：案例实操题，考查垫铁设置的要求。

【例题 2 • 2021 年真题】

背景节选：

某安装公司承接一项火力发电厂机电安装工程，工程内容包括：锅炉、汽轮发电机组、厂变配电站、化学水系统安装等。安装公司项目部在汽轮发电机组设备安装过程检查中发现垫铁组布置位置存在问题，布置如下图所示。

【问题】图中垫铁布置位置存在什么问题？应如何改正？

【参考答案】（1）垫铁距离太远，不符合规范，改正：垫铁组间距离为 500～1000mm。（2）垫铁未露出设备底座外缘，改正：平垫露出 10～30mm，斜垫露出 10～50mm。

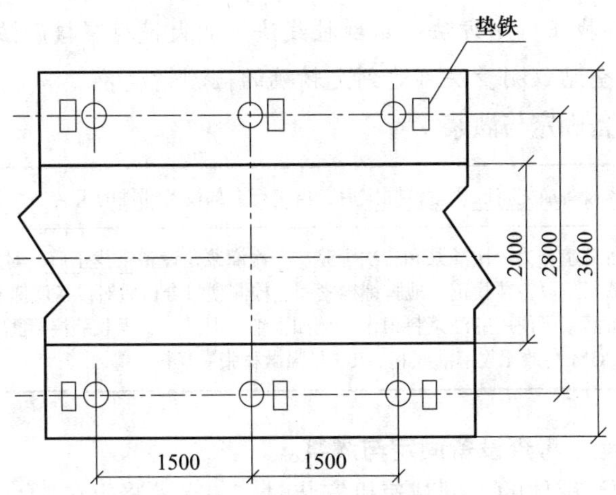

设备基础垫铁布置示意图

核心考点五　设备安装调整（三找：找平、找正、找标高）

设备找平	（1）通常在设备精加工面上选择测点，用水平仪进行测量，通过调整垫铁高度将其调整到设计或规范规定的水平状态。 （2）有立柱加工面或垂直加工面的设备，设备水平度要求是以垂直度来保证的。 （3）有的设备或部件，需要按一定的斜度要求处于倾斜状态，是由度量水平的差值计算；或用专用斜度规、角度样板间接检测
设备找正	（1）中心线调整。安装中通过移动设备的方法，使设备以其指定的基线对准设定的基准线，包含对基准线的平行度、垂直度和同轴度要求，使设备的平面坐标位置沿水平纵横方向符合设计或规范要求。 （2）常用设备找正检测方法：钢丝挂线法、放大镜观察接触法、导电接触讯号法；高精度经纬仪、精密全站仪测量法，可达到更精确的检测精度
设备找标高	（1）标高调整。通过调整垫铁高度，使设备的位置沿垂直方向符合设计或规范要求。 （2）设备找标高的基本方法是利用精密水准仪，通过基准点来测量控制
设备找平、找正、找标高的测点	测点选择的部位：一般选择在设计或设备技术文件指定的部位；设备的主要工作面；部件上加工精度较高的表面；零部件间的主要结合面；支承滑动部件的导向面；轴承座剖分面、轴颈表面、滚动轴承外圈

◆考法 1：选择题，考查找平、找正、找标高的定义、方法和仪器。

【例题 1·2009 年真题】设备安装中，将其纵向中心线和横向中心线与基准线的偏差控制在设计允许范围内的调整称为（　　）。

A. 找平　　B. 找标高

C. 找中心　　D. 找正

【答案】D

【例题 2·2020 年真题】设备找正时，常用的检测方法有（　　）。

A. 钢丝挂线法　　B. 放大镜观察接触法

C. 显微镜观察法　　D. 高精度经纬仪测量法

E. 导电接触讯号法

【答案】A、B、D、E

【解析】常用设备找正检测方法：钢丝挂线法、放大镜观察接触法、导电接触讯号法；高精度经纬仪、精密全站仪测量法可达到更精确的检测精度。

核心考点六　设备固定与灌浆

设备固定	对于解体设备应先将底座就位固定后，再进行上部设备部件的组装
设备灌浆	（1）设备灌浆分为一次灌浆和二次灌浆。一次灌浆是设备粗找正后，对地脚螺栓预留孔进行的灌浆。二次灌浆是设备精找正、地脚螺栓紧固、检测项目合格后对设备底座和基础间进行的灌浆。 （2）设备灌浆可使用的灌浆料很多，例如：细石混凝土、无收缩混凝土、微膨胀混凝土和其他灌浆料（如 CGM 高效无收缩灌浆料、RG 早强微膨胀灌浆料）等

◆考法 1：选择题，考查设备固定与灌浆。

【例题 1・模拟题】解体的大型减速机安装时，一次灌浆应在（　　）进行。

A. 底座就位后　　B. 底座粗找正后

C. 整体粗找正后　　D. 底座精找正后

【答案】B

【解析】题干中的关键词是“解体”。一次灌浆是设备粗找正后，对地脚螺栓预留孔进行的灌浆。解体设备是先将底座就位固定后，再进行上部设备部件的组装。所以正确答案是 B 选项。

核心考点七　零部件清洗与装配

<table>
<tr><td>零部件装配主要程序</td><td colspan="2">（1）由小到大、从简单到复杂进行组合件装配；
（2）由组合件进行部件装配；
（3）先主机后辅机，由部件进行总装配</td></tr>
<tr><td rowspan="4">常见的零部件装配</td><td colspan="2">常见的零部件装配有：螺栓或螺钉连接紧固；键、销、胀套装配；联轴器、离合器、制动器装配；滑动轴承、滚动轴承装配；传动带、链条、齿轮装配；密封件装配等</td></tr>
<tr><td>螺纹连接件装配</td><td>有预紧力要求的螺纹连接常用紧固方法：定力矩法、测量伸长法、液压拉伸法、加热伸长法</td></tr>
<tr><td>过盈配合件装配</td><td>过盈配合件的装配方法，一般采用压入装配、低温冷装配和加热装配法，而在安装现场，主要采用加热装配法</td></tr>
<tr><td>对开式滑动轴承装配</td><td>对开式滑动轴承的安装过程，包括轴承的清洗、检查、刮研、装配、间隙调整和压紧力的调整。
（1）轴瓦的刮研
一般先刮下瓦，后刮上瓦；刮研应在设备精平后进行，刮研时应将轴上所有零件装上直到轴瓦与轴颈的接触点数不应低于规范的要求。
（2）轴承的安装
轴承的安装包括轴瓦与轴承座和轴承盖的安装。安装轴承座时，必须把轴瓦装在轴承座上，再按轴瓦的中心进行调整，在同一传动轴上的所有轴承的中心应在同一轴线上。</td></tr>
</table>

续表

常见的零部件装配	对开式滑动轴承装配	（3）轴承间隙的检测及调整 顶间隙：轴颈与轴瓦的顶间隙可用压铅法检查，铅丝直径不宜大于顶间隙的 3 倍。 侧间隙：轴颈与轴瓦的侧间隙采用塞尺进行测量，塞尺塞入间隙的长度不应小于轴颈直径的 1/4，若侧间隙太小，可刮削瓦口进行调整，而间隙稍大则影响不大。 轴向间隙：对受轴向负荷的轴承还应检查轴向间隙。用塞尺或千分表测量 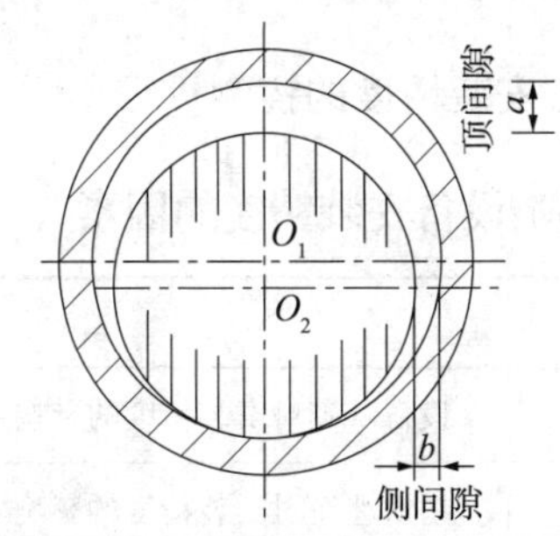

◆**考法 1：选择题，考查常见零部件的装配。**

【例题 1·2016 年真题】下列装配方法中，属于过盈配合件装配方法的有（　　）。

A. 压入装配法　　B. 锤击法

C. 低温冷装配法　　D. 加热装配法

E. 铰孔装配法

【答案】A、C、D

【解析】过盈配合件的装配方法，一般采用压入装配、低温冷装配和加热装配法，而在安装现场，主要采用加热装配法。因此本题正确选项为 A、C、D。

◆**考法 2：案例题，考查常见零部件的装配。**

【例题 1·2020 年真题】制冷机组滑动轴承间隙要测量哪几个项目？分别用什么方法测量？

【参考答案】（1）制冷机组滑动轴承间隙要测量的有：顶间隙测量、侧间隙测量、轴向间隙测量。（2）分别用压铅法、塞尺、千分表测量。

核心考点八　试运转和工程验收

设备试运转	设备试运转应按安装后的调试、单体试运转、无负荷联动试运转和负荷联动试运转四个步骤进行。 设备单体试运转的顺序是：先手动，后电动；先点动，后连续；先低速，后中、高速。
工程验收	（1）机械设备安装工程的验收程序一般按单体试运转、无负荷联动试运转和负荷联动试运转三个步骤进行。 （2）无负荷单体和联动试运转规程由施工单位负责编制，并负责试运转的组织、指挥和操作，建设单位及相关方人员参加。负荷单体和联动试运转规程由建设单位负责编制，并负责试运转的组织、指挥和操作。

◆**考法 1：选择题，考查试运行和工程验收。**

【例题 1·2012 年真题】机械设备无负荷联合试运行由（　　）组织实行。

A. 施工单位　　B. 监理单位

C. 建设单位　　D. 制造单位

【答案】A

【解析】强调“无负荷”试运行时，由施工单位负责，强调“负荷”试运行时，由建设单位负责。比如：单纯问“单机试运行”由谁负责，答施工单位；问“联动试运行”由谁负责，答建设单位；但如果问“无负荷联动试运行”由谁负责，看到“无负荷”，答施工单位；问“负荷单机试运行”由谁负责，看到“负荷”，答建设单位。

2H313012　机械设备安装精度的控制

核心考点一　影响设备安装精度的因素

因素	影响（原因）
设备基础	设备基础对安装精度的影响主要是强度和沉降
垫铁埋设	垫铁埋设对安装精度的影响主要是承载面积和接触情况。垫铁的有效面积不够，或接触不好，可能导致设备振动超标
设备灌浆	设备灌浆对安装精度的影响主要是强度和密实度。一、二次灌浆的强度不够、不密实，会造成地脚螺栓和垫铁出现松动引起安装偏差发生变化
地脚螺栓	地脚螺栓对安装精度的影响主要是紧固力和垂直度。地脚螺栓紧固力不够，或安装不垂直，会引起设备安装位置发生变化
测量误差	测量误差对安装精度的影响主要是仪器精度、基准精度、技能水平和责任心（操作误差）
设备制造与解体设备的装配	（1）设备制造对安装精度的影响主要是加工精度和装配精度。 （2）解体设备的装配精度将直接影响设备的运行质量。 ① 解体设备的装配精度包括：各运动部件之间的相对运动精度，配合面之间的配合精度和接触质量。 ② 各运动部件之间的相对运动精度。现场组装大型设备各运动部件之间的相对运动精度包括直线运动精度、圆周运动精度、传动精度等
环境因素	环境因素对安装精度的影响主要是基础温度变形、设备温度变形和恶劣环境场所

◆考法 1：选择题，考查影响设备安装精度的因素。

【例题 1 • 2015 年真题】设备基础的质量因素中，影响安装精度的主要因素是（　　）。

A. 浇筑方式和时间　　B. 沉降和强度

C. 表面积和平整度　　D. 温度和湿度

【答案】B

【例题 2 • 2018 年真题】现场组装的大型设备，各运动部件之间的相对运动精度不包括（　　）。

A. 直线运动精度　　B. 圆周运动精度

C. 传动精度　　D. 配合精度

【答案】D

【解析】现场组装大型设备各运动部件之间的相对运动精度包括：直线运动精度、圆周运动精度、传动精度等。

◆**考法 2：案例简答题，考查影响设备安装精度的因素。**

【例题 3 · 2021 年真题】压缩机的装配精度包括哪些方面？

【参考答案】解体设备的装配精度包括：（1）各运动部件之间的相对运动精度；（2）配合面之间的配合精度；（3）配合面之间的接触质量。

◆**考法 3：案例分析题，考查影响设备安装精度的因素。**

【例题 4 · 2015 年真题】

背景节选：

某安装公司总承包氮氢压缩分厂全部机电安装工程，其中氮氢压缩机为多段活塞式，工作压力为 32MPa。

试运行阶段，一台压缩机振动较大，经复查土建无施工质量问题，基础无下沉；设备制造质量全部合格；复查安装记录：垫铁设置合理且按规定定位焊接，一、二次灌浆均符合质量要求，测量仪器精度合格，各环境因素对安装无影响，建设单位要求安装公司进一步认真复查并处理。

【问题】根据背景资料分析可能引起压缩机振动大的原因，应由哪个单位承担责任？

【参考答案】压缩机振动大的原因有：（1）安装（操作）误差（或联轴器找正偏差）超过规定要求；（2）地脚螺栓紧固力不够；（3）地脚螺栓不垂直。

属于安装原因，应由安装公司（施工单位）承担责任，并予以处理。

【解析】不能简单地认为回答两个词："地脚螺栓""操作误差"就够了。要注意问题的问法，是问"原因"，而不是问"因素"，原因是一句话，因素是一个词。需要具体说出地脚螺栓的什么原因。

核心考点二　设备安装精度的控制

（1）从人、机、料、法、环等方面着手，尤其强调人的因素。
（2）必要时为抵消过大的装配或安装累积误差，在适当位置利用补偿件进行调节或修配

偏差控制要求	有利于抵消设备附属件安装后重量的影响；有利于抵消设备运转时产生的作用力的影响；有利于抵消零部件磨损的影响；有利于抵消摩擦面间油膜的影响
补偿温度变化所引起的偏差	例如：汽轮机、干燥机在运行中通蒸汽，温度比与之连接的发电机、鼓风机、电动机高，在对这类机组的联轴器装配定心时，应考虑温差的影响，控制安装偏差的方向。调整两轴心径向位移时，运行中温度高的一端（汽轮机、干燥机）应低于温度低的一端（发电机、鼓风机、电动机），调整两轴线倾斜时，上部间隙小于下部间隙，调整两端面间隙时选择较大值，使运行中温度变化引起的偏差得到补偿
补偿受力所引起的偏差	例如：带悬臂转动机构的设备，受力后向下和向前倾斜，安装时就应控制悬臂轴水平度的偏差方向和轴线与机组中心线垂直度的方向，使其能补偿受力引起的偏差变化
补偿使用过程中磨损所引起的偏差	安装时间隙选择调整适当，能补偿磨损带来的不良后果

◆**考法 1：选择题，考查设备安装精度的控制。**

【例题 1 · 2021 年真题】汽轮机与发电机的联轴器装配定心时，关于控制安装偏差的

说法，错误的是（   ）。

A. 调整两轴心径向位移时，发电机端应高于汽轮机端

B. 调整两轴线倾斜时，上部间隙大于下部间隙

C. 调整两端面间隙时选择较大值

D. 应考虑补偿温度变化引起的偏差

【答案】B

【解析】调整两轴线倾斜时，上部间隙应小于下部间隙。而选项 A 是正确的，运行中温度高的一端（汽轮机、干燥机）应低于温度低的一端（发电机、鼓风机、电动机），也就是发电机端高于汽轮机端。

2H313020 电气安装工程施工技术

核心考点提纲

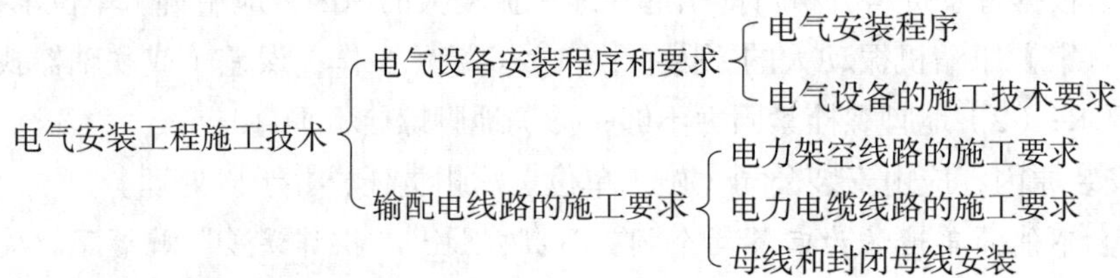

核心考点可考性提示

核心考点			2023 年可考性提示
2H313021 电气设备安装程序和要求	电气安装程序		★★
	电气设备的施工技术要求	电气设备的安装要求	★
		交接试验	★★★
		电气设备通电检查及调整试验	★
		供电系统试运行条件及安全要求	★
2H313022 输配电线路的施工要求	电力架空线路的施工要求	电杆线路的组成及材料要求	★
		横担安装	★
		导线架设	★★
		线路试验	★★
	电力电缆线路的施工要求	电缆导管敷设的施工要求	★★
		电缆直埋敷设要求	★★★
		电缆沟或隧道内电缆敷设的要求	★★
		电缆（本体）敷设的要求	★★
		电力电缆敷设线路施工的注意事项	★★★

续表

核心考点			2023年可考性提示
2H313022 输配电线路的施工要求	母线和封闭母线安装	母线安装的要求	★★★
		封闭母线安装的要求	★★★

核心考点剖析

2H313021 电气设备安装程序和要求

核心考点一 电气安装程序

一般程序	埋管、埋件→设备安装→电线、电缆敷设→回路接通→检查、试验、调试→通电试运行→交付使用
油浸式电力变压器的施工程序	开箱检查→二次搬运→设备就位→吊芯检查→附件安装→滤油、注油→交接试验→验收。 油浸式电力变压器是否需要吊芯检查，应根据变压器的大小、制造厂规定、存放时间和运输过程中有无异常而确定
成套配电设备的安装程序	成套配电设备的安装程序：开箱检查→二次搬运→安装固定→母线安装→二次回路连接→试验调整→送电运行验收

◆考法1：选择题，考查电气安装程序。

【例题1·模拟题】成套配电设备安装时，柜体安装固定的紧后工序是（　　）。

A. 母线安装　　B. 试验调整

C. 二次回路连接　　D. 送电运行验收

【答案】A

◆考法2：案例分析题，考查油浸电力变压器的施工程序。

【例题2·2011年真题】

背景节选：

某机电工程公司承接了一座110kV变电站建设项目，工期一年。变压器经开箱检验后就位，紧接着进行吊芯检查、附件安装、注油和整体密封性试验，但在通电过程中烧毁。

【问题】分析变压器烧毁的施工原因。

【参考答案】变电器烧毁的施工原因有：（1）变压器受潮（短路）；（2）未滤油；（3）安装过程中没有进行绝缘检测（检查）；（4）没有做交接（耐压）试验。

【例题3·2012年真题】

背景节选：

变压器施工前，A公司编制了油浸电力变压器的施工方案。变压器施工中，施工人员按下列工序进行工作：开箱检查→二次搬运→设备就位→附件安装→注油→送电前检查→送电运行。在送电过程中，变压器烧毁。经查，是电气施工人员未严格按施工方案要求的工序实施，少做了几道工序。A公司更换变压器后，严格按变压器施工方案中制定的安装程序实施。

【问题】在变压器安装过程中，A公司少做了哪几道工序？

【参考答案】A公司少做了：（1）吊芯检查、（2）滤油、（3）绝缘测试、（4）交接试验等工序。

核心考点二　电气设备的安装要求

紧固件及绝缘油	电气设备安装用的紧固件应采用镀锌制品或不锈钢制品。 绝缘油应经严格过滤处理，其电气强度及介质损失角正切值和色谱分析等试验合格后才能注入设备
单体设备的安装要求	（1）互感器安装就位后，应该将各接地引出端子良好接地。暂时不使用的电流互感器二次线圈应短路后再接地。 （2）断路器及其操作机构联动应无卡阻现象，分、合闸指示正确，开关动作正确可靠。 （3）电抗器安装要使线圈的绕向符合设计要求。 （4）电容器的放电回路应完整且接地刀闸操作灵活
成套配电设备的安装要求	（1）基础型钢安装允许偏差应符合规范要求。基础型钢露出最终地面高度宜为10mm，但手车式柜体的基础型钢露出地面的高度应按产品技术说明书执行。基础型钢的两端与接地干线应焊接牢固。 （2）柜体间及柜体与基础型钢的连接应牢固，不应焊接固定。 （3）成列安装柜体时，宜从柜体一侧向另一侧安装；柜体安装允许偏差应符合规范要求。 （4）手车单元接地触头可靠接地：手车推进时接地触头比主触头先接触，手车拉出时接地触头比主触头后断开。 （5）同一功能单元、同一种形式的高压电器组件插头的接线应相同，能互换使用

◆考法1：选择题，考查电气设备的安装要求。

【例题1·2019年真题】绝缘油注入油浸电气设备前，绝缘油应进行试验的项目有（　　）。

A. 电气强度试验　　B. 直流耐压试验

C. 介质损失角正切值试验　　D. 局部放电试验

E. 色谱分析

【答案】A、C、E

【解析】绝缘油应经严格过滤处理，其电气强度及介质损失角正切值和色谱分析等试验合格后才能注入设备。因此选项A、C、E正确。

核心考点三　交接试验

内容	通常交接试验的内容：测量绝缘电阻、交流耐压试验、测量直流电阻、直流耐压试验、泄漏电流测量、绝缘油试验、线路相位检查等。 （1）油浸电力变压器的交接试验内容：绝缘油试验，测量绕组连同套管的直流电阻，测量变压器绕组的绝缘电阻和吸收比，测量铁芯及夹件的绝缘电阻，检查所有分接的变比，检查三相变压器组别，非纯瓷套管试验，测量绕组连同套管的介质损耗因数，绕路连同套管交流耐压试验等。 （2）真空断路器的交接试验内容：测量绝缘电阻，测量每相导电回路电阻，交流耐压试验，测量断路器的分合闸时间，测量断路器的分合闸同期性，测量断路器合闸时触头弹跳时间，测量断路器的分合闸线圈绝缘电阻及直流电阻，测量断路器操动机构试验。 （3）六氟化硫断路器交接试验内容：测量绝缘电阻，测量每相导电回路电阻，交流耐压试验，测量断路器的分合闸时间，测量断路器的分合闸速度，测量断路器的分合闸线圈绝缘电阻及直流电阻，测量断路器操动机构试验，测量断路器内六氟化硫气体含水量。 （4）电力电缆的交接试验内容：测量绝缘电阻、交流耐压试验、测量直流电阻、直流耐压试验及泄漏电流测量、线路相位检查等

注意事项	（1）在高压试验设备和高电压引出线周围，均应装设遮拦并悬挂警示牌。 （2）进行高电压试验时，操作人员与高电压回路间应具有足够的安全距离。例如：电压等级6～10kV，不设防护栏时，最小安全距离为0.7m。 （3）高压试验结束后，应对直流试验设备及大电容的被测试设备多次放电，放电时间至少1min以上。 （4）断路器的交流耐压试验应在分、合闸状态下分别进行。 （5）成套设备进行耐压试验时，宜将连接在一起的各种设备分离开来单独进行。 （6）做直流耐压试验时，试验电压按每级0.5倍额定电压分阶段升高，每阶段停留1min，并记录泄漏电流

◆**考法1：选择题，考查交接试验的内容或注意事项。**

【例题1·2020年真题】关于电气设备交接试验的说法，正确的有（　　）。

A. 在高压试验设备周围应装设遮拦并悬挂警示牌

B. 10kV高压试验，不设防护栏时的最小安全距离为0.7m

C. 高压试验结束后，应对直流试验设备及大电容被测试设备多次放电

D. 断路器的交流耐压试验应在分、合闸状态下分别进行

E. 成套设备进行耐压试验时，宜对成套设备一起进行

【答案】A、B、C、D

【解析】成套设备进行耐压试验时，宜将连接在一起的各种设备分离开来单独进行。所以E选项错误。

◆**考法2：案例题：考查交接试验的内容。**

【例题2·2021年真题】

背景节选：

升压站安装完成后，进行了变压器交接试验，试验内容见下表，监理认为试验内容不全，项目部补充了交接试验项目，通过验收。

变压器交接试验内容

序号	试验内容	试验部位
1	吸收比	绕组
2	变比测试	绕组
3	组别测试	绕组
4	绝缘电阻	绕组、铁芯及夹件
5	介质损耗因数	绕组连同套管
6	非纯瓷套管试验	套管

【问题】变压器交接试验还应补充哪些项目？

【参考答案】变压器交接试验还应补充的项目：绝缘油试验，绕组连同套管交流耐压试验，绕组连同套管直流电阻测量。

◆**考法 3：案例题，考查交接试验的注意事项。**

【例题 3 · 2012 年真题】

背景节选：

在变压器高压试验中，加强了安全措施，并对变压器高压试验采取了专门的安全技术措施，试验合格后送电运行验收。

【问题】在变压器高压试验过程中，A 公司应采取哪些安全措施？

【参考答案】变压器高压试验过程中，A 公司应采取的安全措施有：

（1）在高压试验设备和高压引线周围，应装设遮拦并悬挂警示牌；

（2）操作人员与高压回路之间应具有足够的安全距离；

（3）高压试验结束后，应对直流试验设备及大电容的被测试设备多次放电，放电时间至少 1min 以上。

【解析】这是简答型分析题，由于问法和该知识点的标题“交接试验的注意事项”不一样，所以有的考生看到“安全措施”，以为考查的是安全管理。找线索时要全面、准确，比如从背景和问题中的“变压器”“高压试验”“专门的安全技术措施”等词，应该能较容易地分析出来这是考查第一章的电气工程，而电气工程中的知识点中，能与高压试验有关的就是交接试验了，进而准确定位知识点。

核心考点四　电气设备通电检查及调整试验

通电检查及调整试验	要先进行二次回路通电检查，然后再进行一次回路通电检查
二次回路通电检查注意事项	（1）应将需检验回路与已运行回路以及暂不检验的回路之间的连线断开，以免引起误动作。暂不检验的二次回路熔断器应全部取下。 （2）进行二次回路动作检查时，不应使其相应的一次回路（如母线、断路器、隔离开关等）带有运行电压。 （3）接通二次回路电源之前，应再次测定二次回路的绝缘电阻和直流电阻，确保无接地或短路存在
通电检查步骤	（1）受电系统的二次回路试验合格，其保护定值已按实际要求整定完毕。受电系统的设备和电缆绝缘良好。安全警示标志和消防设施已布置到位。 （2）按已批准的受电作业指导书，组织新建电气系统变压器高压侧接受电网侧供电，通过配电柜按先高压后低压、先干线后支线的原则逐级试通电。 （3）试通电后，系统工作正常，可进行新建工程的试运行

◆**考法 1：选择题，考查电气设备通电检查及调整试验。**

【例题 1 · 模拟题】关于二次回路的通电检查，下列说法正确的是（　　）。

A. 先进行一次回路通电检查，再进行二次回路通电检查

B. 检验回路的熔断器应全部取下

C. 二次回路动作检查时，不应使其相应的一次回路带有运行电压

D. 接通二次回路电源之前，应确保已接地

【答案】C

【解析】A 选项，要先进行二次回路通电检查，然后再进行一次回路通电检查；B 选项，是暂不检验的二次回路熔断器全部取下；D 选项，接通二次回路电源之前，应确保无

接地或短路存在。

核心考点五　供电系统试运行条件及安全要求

试运行的条件	（1）电气设备安装完整齐全，连接回路接线正确、齐全、完好。 （2）供电回路应核对相序无误，电源和特殊电源应具备供电条件。 （3）电气设备应经通电检查，供电系统的保护整定值已按设计要求整定完毕。 （4）环境整洁，应有的封闭已做好
试运行的安全防范要求	防止电气开关误动作的措施可靠。 例如：高压开关柜闭锁保护装置必须完好可靠，常规的"五防联锁"是防止误合、误分断路器；防止带负荷分、合隔离开关；防止带电挂地线；防止带电合接地开关；防止误入带电间隔

◆考法 1：选择题，考查电气装置试运行的条件。

【例题 1 · 模拟题】高压开关柜的安装要求中，不属于"五防"要求的是（　　）。

A. 防止无负荷合隔离开关　　B. 防止带电合接地开关

C. 防止带电挂地线　　D. 防止误入带电间隔

【答案】A

【解析】"五防联锁"是防止误合、误分断路器；防止带负荷分、合隔离开关；防止带电挂地线；防止带电合接地开关；防止误入带电间隔。

2H313022　输配电线路的施工要求

室外的输配电线路的主要形式是电力架空线路和电力电缆线路。室内的输配电线路主要形式是母线和电缆线路。

核心考点一　电杆线路的组成及材料要求

电杆	按电杆用途和受力情况分为 6 种杆： （1）耐张杆。用于线路换位处及线路分段，承受断线张力和控制事故范围。 （2）转角杆。用于线路转角处，在正常情况下承受导线转角合力；事故断线情况下承受断线张力。 （3）终端杆。用于线路起止两端，承受线路一侧张力。 （4）分支杆。用于线路中间需要分支的地方。 （5）跨越杆。用于线路上有河流、山谷、特高交叉物等地方。 （6）直线杆。用在线路直线段上，支持线路垂直和水平荷载并具有一定的顺线路方向的支持力  转角杆　终端杆　分支杆　跨越杆　直线杆
导线	高压架空线的导线大都采用铝、钢或复合金属组成的钢芯铝绞线或铝包钢芯铝绞线，避雷线则采用钢绞线或铝包钢绞线。低压架空线的导线一般采用塑料铜芯线
横担	横担是装在电杆上端，用来固定绝缘子架设导线的，有时也用来固定开关设备或避雷器等。电力架空线路的横担主要是角钢横担、瓷横担等

续表

绝缘子	绝缘子用来支持固定导线，使导线对地绝缘，并还承受导线的垂直荷重和水平拉力。架空线路常用的绝缘子有针式绝缘子、蝶式绝缘子和悬式绝缘子
金具	电杆、横担、绝缘子、拉线等的固定连接需用的一些金属附件称为金具，常用的有M字形抱铁、U字形抱箍、拉线抱箍、挂板、线夹、心形环等
拉线	拉线在架空线路中是用来平衡电杆各方向的拉力，防止电杆弯曲或倾倒，所以在承力杆（转角杆、终端杆）上均须装设拉线。常用的拉线有： （1）普通拉线（尽头拉线），主要用于终端杆上，起拉力平衡作用。 （2）转角拉线，用于转角杆上，起拉力平衡作用。 （3）人字拉线（两侧拉线），用于基础不牢固和交叉跨越高杆或较长的耐张杆中间的直线杆，保持电杆平衡，以免倒杆、断杆。 （4）高桩拉线（水平拉线）用于跨越道路、河道和交通要道处，高桩拉线要保持一定高度，以免妨碍交通 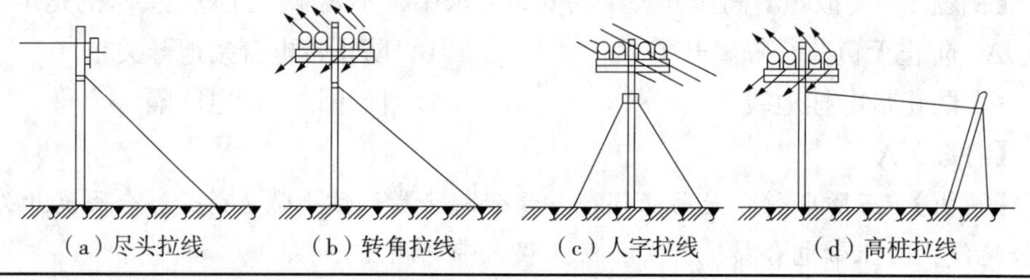 （a）尽头拉线　（b）转角拉线　（c）人字拉线　（d）高桩拉线

◆**考法1：选择题，考查电杆线路的组成及材料要求。**

【例题1·2021年真题】在电力架空线路架设中，不需装设拉线的是（　　）。

A. 跨越杆　　B. 转角杆

C. 耐张杆　　D. 终端杆

【答案】A

【解析】耐张杆和直线杆要设人字拉线；转角杆要设转角拉线；终端杆要设普通拉线。所以正确答案是A选项。

◆**考法2：案例题，考查电杆线路的组成及作用。**

【例题2·2022年真题】背景节选：

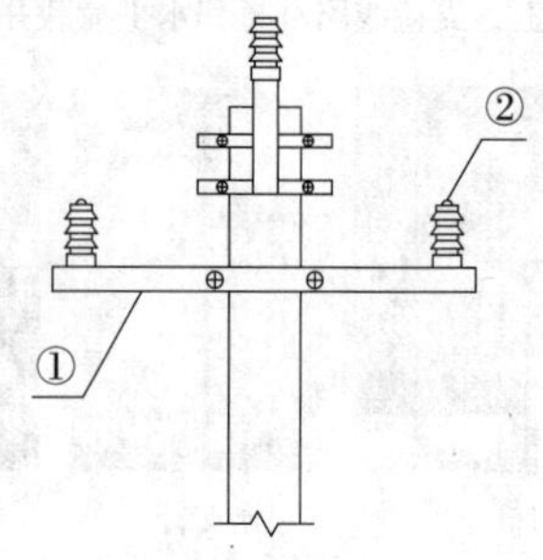

电杆及附件安装示意图

【问题】说明图中①、②部件的名称。有什么作用？

【参考答案】

①是横担。作用：固定绝缘子，固定开关设备（避雷器等）。

② 是绝缘子。作用：支持固定导线，承受导线的垂直荷重（水平拉力）。

核心考点二　横担安装

横担安装	（1）直线金属横担可用 U 形螺栓固定到电杆上。 （2）全瓷式瓷横担的固定处应加软垫
横担安装位置要求	（1）10kV 及以下直线杆的单横担应安装在负荷侧，90° 转角杆（上、下）、分支杆和终端杆采用单横担，应安装在拉线侧。 （2）边相的瓷横担不宜垂直安装，中相瓷横担应垂直地面

◆考法 1：选择题，考查横担安装。

【例题 1 • 2018 年真题】电力架空线路需在横担固定处加装软垫的是（　　）。

A. 转角杆横担　　B. 全瓷式瓷横担

C. 终端杆横担　　D. 耐张杆横担

【答案】B

核心考点三　导线架设

导线连接要求	（1）导线连接应接触良好，其接触电阻不应超过同长度导线电阻的 1.2 倍。 （2）导线连接处应有足够的机械强度，其强度不应低于导线强度的 95%。 （3）在任一档距内的每条导线，只能有一个接头。当跨越铁路、高速公路、通行河流等区域时不得有接头。 （4）不同金属、不同截面的导线，只能在杆上跳线处连接。 （5）导线钳压连接前，要选择合适的连接管，其型号应与导线相符
导线在绝缘子上的固定方法	导线在绝缘子上的固定方法有顶绑法、侧绑法、终端绑扎法、耐张线夹固定导线法等

◆考法 1：选择题，考查导线连接要求。

【例题 1 • 模拟题】有关于架空线路中导线架设的说法，正确的有（　　）。

A. 在一个档距内的每条导线可以有两个接头

B. 导线钳压连接前，要选择合适的连接管

C. 接头处的机械强度不低于导线自身强度的 90%

D. 接头处的电阻不超过同长度导线电阻的 1.5 倍

E. 不同截面的导线，只能在杆上跳线内连接

【答案】B、C、E

【解析】A 选项不正确，在任一档距内的每条导线，只能有一个接头；D 选项不正确，接头处的电阻不超过同长度导线电阻的 1.2 倍。

◆考法 2：案例题，考查导线连接要求。

【例题 2 • 2022 年真题】

背景节选：

电杆及附件安装、导线架设后，在线路试验前，某档距内的一条架空导线因事故造成断线，B 公司用相同规格导线对断线进行了修复（有 2 个接头）。修复后检查，接头处机械强度只有原导线的 80%，接触电阻为同长度导线电阻的 1.5 倍，被 A 公司要求返工，B 公司对断线进行返工修复，施工临时用电工程验收合格。

【问题】本工程的架空导线在断线后的返工修复应达到哪些技术要求？

【参考答案】本工程的架空导线在断线后的返工修复技术要求：

（1）架空导线断线后的导线连接只能有一个接头。

（2）导线连接处的机械强度不应低于导线强度的 95%。

（3）导线连接的接触电阻不应超过同长度导线电阻的 1.2 倍。

核心考点四　线路试验

线路试验	（1）测量线路的绝缘电阻应不小于验收规范规定。 （2）检查架空线各相的两侧相位应一致。 （3）在额定电压下对空载线路的冲击合闸试验应进行 3 次。 （4）杆塔防雷接地线与接地装置焊接，测量杆塔的接地电阻值应符合设计的规定。 （5）导线接头测试可采用红外线测温仪，通过导线接头温度的测量，来检验接头的连接质量

◆考法 1：选择题，考查线路试验和导线连接。

【例题 1 · 2020 年真题】关于电力架空线路架设及试验的说法中，正确的有（　　）。

A. 导线连接电阻不应超过同长度导线电阻的 2 倍

B. 检查架空线各相两侧的相位应一致

C. 在额定电压下对空载线路的冲击合闸试验应进行 3 次

D. 导线连接处的机械强度不应低于导线强度的 90%

E. 检验导线接头的连接质量可用红外线测温仪

【答案】B、C、E

【解析】A 选项，正确的是：导线连接电阻不应超过同长度导线电阻的 1.2 倍；D 选项，正确的是：导线连接处应有足够的机械强度，其强度不应低于导线强度的 95%。

◆考法 2：案例题，考查线路试验。

【例题 2 · 模拟题】电力架空线路安装后，应做哪些试验？

【参考答案】试验包括：（1）测量线路的绝缘电阻；（2）测量杆塔的接地电阻；（3）检查相位；（4）导线接头测试；（5）冲击合闸试验 3 次。

核心考点五　电缆导管敷设的施工要求

电缆排管施工	（1）敷设电力电缆的排管孔径为 150mm。电缆保护管内径大于电缆外径的 1.5 倍。 （2）埋入地下的排管顶部至地面的距离应不小于以下数值：人行道为 500mm；一般地区为 700mm。 （3）在电缆排管直线距离超过 50m 处、排管拐弯处、分支处都要设置排管电缆井。排管通向电缆井应有不小于 0.1% 的坡度，以便管内的水流入电缆井内
电缆穿排管和保护管敷设	（1）敷设在排管内的电缆，应采用铠装电缆。 （2）穿入管中的电缆数量应符合设计要求，交流单芯电缆不得单独穿入钢管内  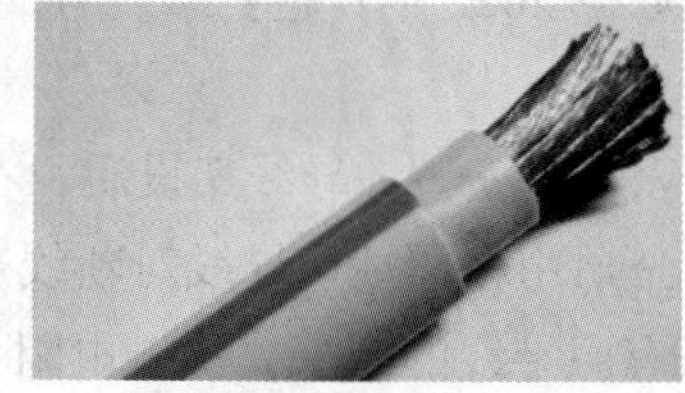 交流单芯电缆

◆考法 1：选择题，考查电缆导管敷设的施工要求。

【例题 1 · 模拟题】关于电缆导管敷设要求的说法，正确的有（　　）。

A. 排管孔径应不小于电力电缆外径的 1.5 倍

B. 埋入地下的电力排管至地面距离应不小于 0.4m

C. 交流三芯电力电缆不得单独穿入钢管内

D. 敷设电力电缆的排管孔径应不小于 100mm

E. 电力排管通向电缆井时应有不小于 0.1% 的坡度

【答案】A、D、E

【解析】排管孔径一般应不小于电缆外径的 1.5 倍，A 选项说法正确；埋入地下排管顶部至地面的距离，人行道处应不小于 500mm，一般地区应不小 700mm，B 选项说法错误；交流单芯电力电缆不得单独穿入钢管内，C 选项说法错误；敷设电力电缆的排管孔径应不小于 100mm，D 选项说法正确；排管通向井坑应有不小于 0.1% 的坡度，E 选项说法正确。因此本题正确选项为 A、D、E。

核心考点六　电缆直埋敷设要求

电缆沟开挖及土方回填	电缆敷设后，上面要铺 100mm 厚的软土或细沙，再盖上混凝土保护板、红砖或警示带，覆盖宽度应超过电缆两侧以外各 50mm，覆土分层夯实 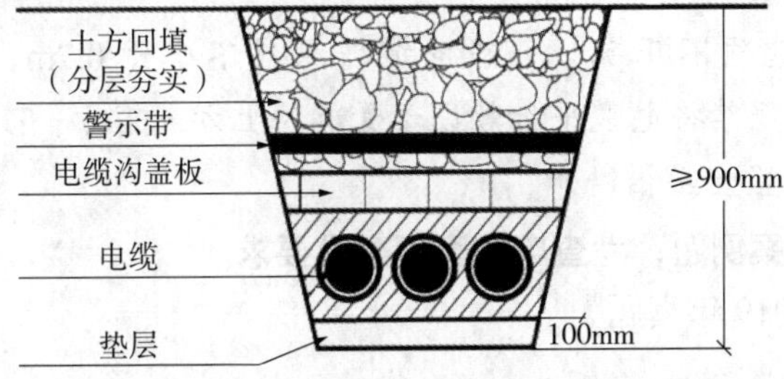
电缆敷设及接头防护的要求	（1）直埋电缆应使用铠装电缆，铠装电缆的两端金属外皮要可靠接地，接地电阻不得大于 10Ω。直埋电缆和水底电缆在敷设前应进行交接试验。 （2）开挖的沟底是松软土层时，可直接敷设电缆，一般电缆埋深应不小于 0.7m，穿越农田时应不小于 1m；如果有石块或硬质杂物要铺设 100mm 厚的软土或细沙。 （3）直埋电缆同沟时，相互距离应符合设计要求，平行距离不小于 100mm，交叉距离不小于 500mm。 （4）直埋电缆的中间接头外面应有防止机械损伤的保护盒（环氧树脂接头盒除外），盒下面应垫以混凝土基础板，长度要伸出接头保护盒两端 600～700mm，进入建筑物前留有足够的电缆余量。 （5）直埋电缆自电缆沟引进隧道、工作井和建筑物时，要穿在管中，并将管口堵塞  直埋电缆铺细沙  保护盒

续表

电缆标桩埋设	直埋电缆在直线段每隔 50～100m 处、电缆接头处、转弯处、进入建筑物等处应设置明显的方位标志或标桩 

◆考法 1：选择题，考查电缆直埋敷设要求。

【例题 1·模拟题】关于电缆直埋敷设要求，说法正确的有（　　）。

A. 直埋电缆的接地电阻不得大于 10Ω

B. 电缆穿越农田时埋深应不小于 0.7m

C. 严禁将电缆交叉敷设于管道的上方或下方

D. 并联敷设的电缆，其接头的位置宜互相对齐

E. 电缆敷设后，上面要铺 100mm 厚的软土或细沙

【答案】A、E

【解析】B 选项不正确，一般电缆埋深应不小于 0.7m，穿越农田时应不小于 1m；C 选项不正确，严禁将电缆平行敷设于管道的上方或下方；D 选项不正确，并联敷设的电缆，其接头的位置宜互相错开。

◆考法 2：案例题，考查电缆直埋敷设要求。

【例题 2·2019 年真题】

背景节选：

某安装公司签订了 20MWp 并网光伏发电项目的施工总承包合同。

施工前，施工方案编制人员向作业人员进行了安全技术交底。光伏场区集电线路设计为 35kV 直埋电缆，根据施工方案要求，采用机械开挖电缆沟，由于沟底有少量碎石，施工人员在沟底铺设一层细沙，完成直埋电缆工程的相关工作。

【问题】沟底铺设一层细沙后，直埋电缆工程的相关工作还有哪些？

【参考答案】沟底铺设一层细沙后，直埋电缆工程相关工作还有：（1）电缆敷设；（2）电缆覆盖 100mm 厚细沙；（3）盖混凝土保护板、红砖或警示带；（4）覆土分层夯实；（5）电缆标桩埋设。

核心考点七　电缆沟或隧道内电缆敷设的要求

电缆沟或隧道内电缆 	（1）高压与低压电力电缆、强电与弱电控制电缆应按顺序分层配置，一般情况宜由上而下配置；电力电缆和控制电缆不宜配置在同一层支架上；交流三芯电力电缆，在普通支吊架上不宜超过 1 层，桥架上不宜超过 2 层。 （2）交流单芯电力电缆，应布置在同侧支架上。 （3）并列敷设的电缆，其相互间的净距应符合设计要求。 （4）电缆沟电缆与热力管道、热力设备之间的净距，平行敷设时不应小于 1m，交叉时不应小于 0.5m；当受条件限制时，应采取隔热保护措施

◆**考法 1：选择题，考查电缆沟或隧道内电缆敷设的要求。**

【例题 1·模拟题】电缆沟或隧道内电缆敷设的要求，说法错误的是（　　）。

A. 各电缆支架的同层横担应在同一水平上

B. 电力电缆和控制电缆应在同一层支架上

C. 高压与低压电力电缆应按顺序分层配置，一般情况宜由上而下配置

D. 电缆与热力管道、热力设备之间的净距，平行敷设时不应小于 1m

【答案】B

【解析】电力电缆和控制电缆不应配置在同一层支架上。

核心考点八　电缆（本体）敷设的要求

施工技术准备	（1）敷设前应按设计和实际路径计算每根电缆的长度，合理安排每盘电缆，减少电缆接头。 （2）电缆封端应严密，并根据要求做电气试验。6kV 以上的橡塑电缆，应做交流耐压试验或直流耐压试验及泄漏电流测试；1kV 及以下的橡塑电缆用 2500V 兆欧表测试绝缘电阻代替耐压试验，电缆绝缘电阻在试验前后无明显变化，并做好记录
电缆施放要求	（1）电缆应从电缆盘上端拉出施放。 （2）人工施放时必须每隔 1.5～2m 放置滑轮一个，电缆从电缆盘上端拉出后放在滑轮上，再用绳子扣住向前拖拉，不得把电缆放在地上拖拉。 （3）用机械牵引敷设电缆时，应缓慢前进，一般速度不超过 15m/min，牵引头必须加装钢丝套 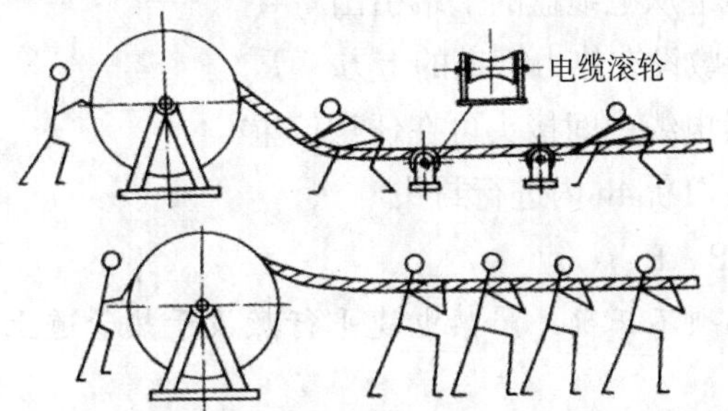
标志牌的装设	（1）应在下列位置挂电缆标志牌：① 电缆终端头处、接头处、分支处；电缆滚轮转弯处、直线段每隔 50～100m 处。② 电缆竖井及隧道的两端；电缆夹层内、井内。 （2）标志牌上应注明线路编号；当无编号时，应写明电缆型号、规格及起讫地点；并联使用的电缆应有顺序号 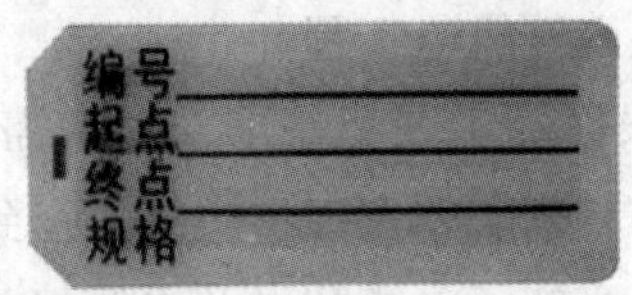

◆**考法 1：选择题，考查电缆（本体）敷设的要求。**

【例题 1·2017 年真题】电缆上装设的标志牌，应注明的内容有（　　）。

A. 线路编号　　B. 电缆型号

C. 电缆规格　　D. 起讫地点

E. 使用年限

【答案】A、B、C、D

【解析】标志牌上应注明线路编号、电缆型号、规格及起讫地点；并联使用的电缆应有顺序号。因此本题正确选项为 A、B、C、D。

核心考点九　电力电缆敷设线路施工的注意事项

电缆敷设顺序要求	（1）应从电缆布置集中点（配电室、控制室）向电缆布置分散点（车间、设备）敷设。 （2）电缆敷设到同一终点的电缆最好是一次敷设。 （3）先敷设线路长、截面大的电缆，后敷设线路短、截面小的电缆；先敷设电力、动力电缆，后敷设控制、通信电缆
电缆断口防护要求	（1）电缆应在切断后 4h 之内进行封头。 （2）塑料绝缘电力电缆应有防潮的封端。 （3）油浸纸质绝缘电力电缆必须铅封；充油电缆切断处必须高于邻近两侧电缆
电缆中间接头要求	（1）并列敷设电缆，有中间接头时宜将接头位置错开。 （2）明敷电缆的中间接头应用托板托置固定。 （3）电力电缆在终端与接头附近宜留有备用长度。 （4）架空敷设的电缆不宜设置中间接头；电缆敷设在水底、导管内、路口、门口、通道狭窄处和与其他管线交叉处不应有接头

◆考法 1：选择题，考查电缆敷设注意事项。

【例题 1 · 2014 年真题】室内电缆敷设时，正确的做法有（　　）。

A. 电力电缆设在控制电缆的上部

B. 敷设时电缆从电缆盘的上端引出

C. 电缆平行敷设在热力管道的上方

D. 并列敷设电缆中间接头可在任意位置

E. 电缆应在切断 4h 内进行封头

【答案】A、B、E

【解析】C 选项不正确，严禁电缆平行敷设于热管道上部；D 选项不正确，应将中间接头位置错开。

◆考法 2：案例题，综合考查电缆敷设的要求。

【例题 2 · 2018 年真题】

背景节选：

某施工单位承建一项建筑机电工程。

施工前，电气工长根据施工图编制了“电缆需用计划”“电缆用量统计表”，作为施工图预算、成本分析和材料采购的依据；电缆盘运到现场并具备敷设条件后，电工班组按照“电缆需用计划”组织实施了电缆敷设及电缆接头制作。

在电缆敷设后的检查中，动力照明电缆和智能化电缆分层独立桥架敷设，发现两种电缆桥架内，都有中间接头，并列电缆的中间接头位置相同。

电气施工班组按照电缆敷设的施工程序完工并经检查合格后，在各回路电缆装设标志牌，进行了质量验收。

【问题】

1. 电工班组按照“电缆需用计划”实施电缆敷设的做法是否正确？合理减少电缆接头的措施有哪些？

2. 指出电缆中间接头位置有哪些错误，如何整改？

【参考答案】

1. 做法错误。合理减少电缆接头的措施：（1）电缆敷设前应按实际敷设路径计算每根电缆的长度；（2）订货时合理安排每盘电缆长度；（3）先敷设长电缆，后敷设短电缆。

2.（1）动力照明电缆错误有：并列敷设的电缆中间接头位置相同；整改：将电缆中间头的位置错开，电缆接头处用绝缘隔板分开。

（2）智能化电缆错误有：在电缆桥架内有中间接头；整改：电缆中间接头应在分线箱（或接线盒）内连接。

核心考点十　母线安装的要求

制作	（1）母线平正。 （2）母线切断。 （3）母线弯曲。 （4）母线钻孔。母线连接处进行钻孔，孔的位置及孔径的大小和数量都必须符合规范规定。螺孔间中心距离的误差，允许为 ±0.5mm，螺孔的直径不应大于螺栓直径 1mm。 （5）母线锉磨与加工。加工后母线的截面积的减少值规定为：铜母线不可超过原截面的 3%，铝母线不可超过原截面的 5%
连接固定	（1）母线在加工后并保持清洁的接触面上涂以电力复合脂。 （2）母线连接时，必须采用规定的螺栓规格。当母线平置时，螺栓应由下向上穿，在其余情况下，螺母应置于维护侧。 （3）螺栓连接的母线两外侧均应有平垫圈，相邻螺栓垫圈间应有 3mm 以上的净距，螺母侧应装有弹簧垫圈或锁紧螺母。 （4）母线的螺栓连接必须采用力矩扳手紧固。 （5）母线采用焊接连接时，母线应在找正及固定后，方可进行母线导体的焊接。 （6）母线与设备连接前，应进行母线绝缘电阻的测试，并进行耐压试验。 （7）母线在支柱绝缘子上的固定方法有：螺栓固定、夹板固定和卡板固定。 （8）母线搭接面处理的要求： ① 铜与铜的连接，在室外、高温且潮湿或对母线有腐蚀性气体的室内必须搪锡，在干燥的室内可直接连接。 ② 铝与铝直接连接。 ③ 铜与铝在干燥的室内，铜端应搪锡；室外或空气相对湿度接近 100% 的室内应采用铜铝过渡板，铜端应搪锡
相色	三相交流母线的相色：A 相为黄色、B 相为绿色、C 相为红色

◆考法 1：选择题，考查母线安装的要求。

【例题 1・模拟题】下列关于母线连接要求，说法错误的是（　　）。

A. 铜与铜在干燥的室内可直接连接　　B. 铜与铜在室外必须搪锡

C. 铝与铝在室外可直接连接　　D. 铜与铝在干燥的室内可直接连接

【答案】D

【解析】铜与铝在干燥的室内铜端应搪锡。C 选项正确，因为铝与铝在室内、室外都是直接连接。

◆考法 2：案例题，考查母线安装的要求。

【例题 2・2019 年真题】

背景节选：

事件 2：室内配电装置的母线采用螺栓连接，作业人员在母线连接处涂了凡士林，母线平置连接时的螺栓由上向下穿，螺栓连接的母线两外侧只有平垫圈，并用普通扳手紧固。

【问题】在事件 2 中，项目部是如何整改的?

【参考答案】在事件 2 中，项目部的整改如下：

（1）母线连接处应涂电力复合脂；

（2）母线平置连接的螺栓应由下向上穿；

（3）螺母侧应装有弹簧垫圈或锁紧螺母；

（4）母线连接螺栓的紧固应采用力矩扳手。

核心考点十一　封闭母线安装的要求

<table>
<tr><td>安装前要求</td><td>封闭母线进场、安装前应做电气试验，绝缘电阻测试不小于 20MΩ；高压封闭母线必须做交流耐压试验，测试结果符合封闭母线产品技术说明书要求</td></tr>
<tr><td>安装与调整</td><td>封闭母线直线段，室内支吊架间距不大于 2m，垂直安装时每 4m 设置弹簧支架</td></tr>
<tr><td>连接</td><td>（1）封闭母线间连接，可采用搭接或插接器。
（2）封闭母线与设备连接，可采用搭接或伸缩节连接。

搭接
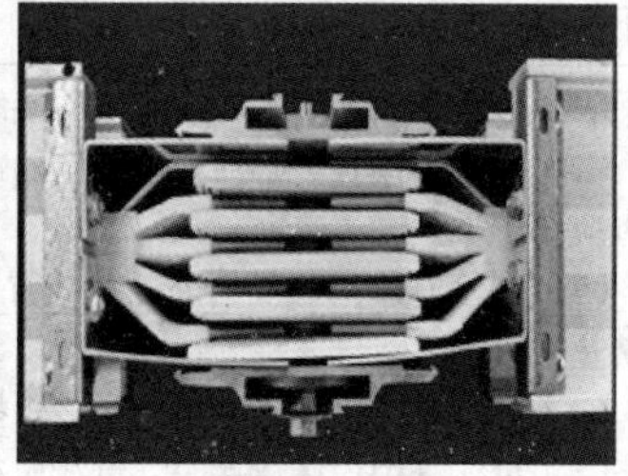
插接器连接
（3）封闭母线在通过建筑变形缝（亦称结构缝，是伸缩缝、沉降缝、防震缝的总称，不同于施工缝、分格缝、后浇带）时，应设置伸缩节；直线段超过 80m 时，应在 50～60m 处设置伸缩节。
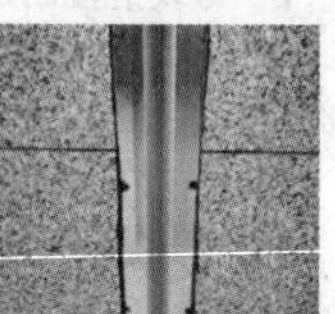
变形缝（伸缩缝、沉降缝、地震缝）
（4）封闭母线需经电气试验合格后，再与设备端子连接；低压母线绝缘电阻测试不得低于 0.5MΩ；高压母线绝缘电阻测试不得低于 20MΩ。（总结：封闭母线安装前、安装后，都需要绝缘电阻测试）</td></tr>
</table>

◆考法 1：选择题，考查封闭母线安装的要求。

【例题 1·模拟题】封闭母线连接要求包括（　　）。

A. 封闭母线间连接，可采用伸缩节连接

B. 直线段超过 80m 时，应设置伸缩节

C. 封闭母线与设备连接，可采用伸缩节连接

D. 高压母线绝缘电阻测试不得低于 20MΩ

E. 封闭母线经过施工缝时，应设置伸缩节

【答案】B、C、D

【解析】A 选项错误，封闭母线间连接，可采用搭接或插接器。E 选项错误，封闭母线在通过建筑变形缝时，应设置伸缩节。看清楚关键词“变形缝”不同于“施工缝”。

2H313030　管道工程施工技术

核心考点提纲

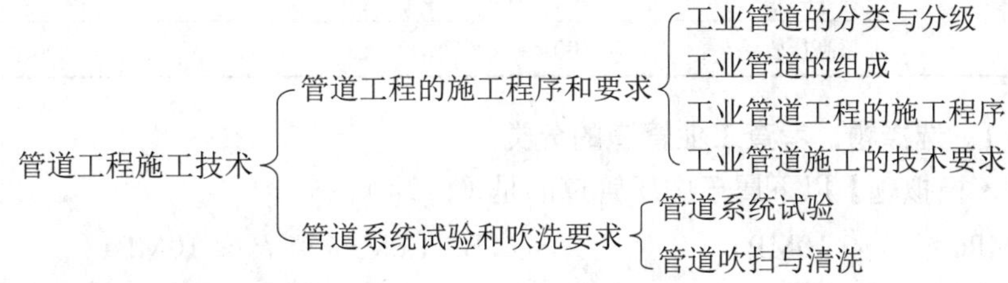

核心考点可考性提示

核心考点			2023 年可考性提示
2H313031　管道工程的施工程序和要求	工业管道的分类与分级		★
	工业管道的组成		★★
	工业管道工程的施工程序		★
	工业管道施工的技术要求	管道施工前应具备的条件	★
		管道元件和材料的检验	★★
		管道加工	★★
		管道安装	★★★
2H313032　管道系统试验和吹洗要求	管道系统试验	压力试验的规定	★★
		压力试验前应具备的条件	★★★
		压力试验替代的规定	★★★
		液压试验实施要点	★★★
		气压试验实施要点	★★
		泄漏性试验	★★★
	管道吹扫与清洗		★★

核心考点剖析

2H313031　管道工程的施工程序和要求

核心考点一　工业管道的分类与分级

按政府监管分类	压力管道	列入《特种设备目录》的压力管道生产（包括设计、制造、安装、改造、修理）实行许可制度
	非压力管道	未列入《特种设备目录》和其他特殊要求的管道。例如：消防水管道、生产循环水管道、雨水管道、排污管道等

续表

按管道设计压力分级 P（MPa）	真空管道	$P < 0$
	低压管道	$0 \leqslant P \leqslant 1.6$
	中压管道	$1.6 < P \leqslant 10$
	高压管道	$10 < P \leqslant 100$
	超高压管道	$P > 100$

◆考法 1：选择题，考查工业管道的分类。

【例题 1 · 模拟题】以下属于中压管道的是（　　）。

A. 1.6MPa $\leqslant P <$ 10MPa　　B. 1.6MPa $< P \leqslant$ 10MPa

C. 10MPa $\leqslant P <$ 100MPa　　D. 10MPa $< P \leqslant$ 100MPa

【答案】B

【解析】利用数轴法记忆此类型的分类，等号在大的数字处。

低压　|　中压　|　高压　|　超高压

1.6MPa　10MPa　100MPa

核心考点二　工业管道的组成

管道组成件	管道组成件是用于连接或装配管道的元件。包括管子、管件、法兰、密封件、紧固件、阀门、安全保护装置以及膨胀节、挠性接头、耐压软管、疏水器、过滤器、管路中的节流装置和分离器等 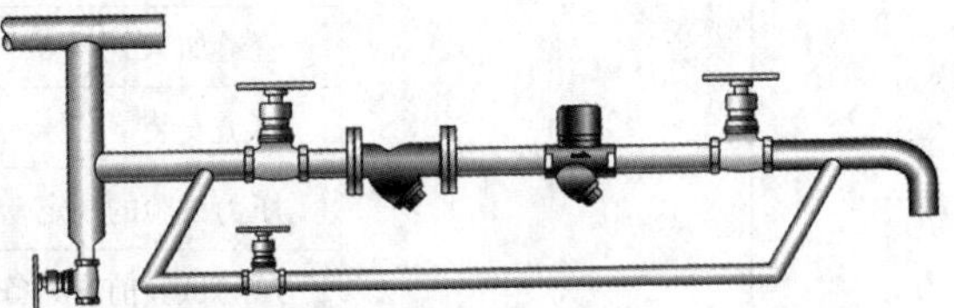
管道支承件	将管道的自重、输送流体的重量、由于操作压力和温差所造成的荷载以及振动、风力、地震、雪载、冲击和位移应变引起的荷载等传递到管架结构上去的管道元件。包括吊杆、弹簧支吊架、恒力支吊架、斜拉杆、平衡锤、松紧螺栓、支撑杆、链条、导轨、锚固件、鞍座、垫板、滚柱、托座、滑动支架、管吊、吊耳、卡环、管夹、U 形夹和夹板等 

◆考法 1：选择题，考查工业管道的组成。

【例题 1 · 2019 年真题】下列管道器件中，属于管道组成件的有（　　）。

A. 过滤器　　B. 密封件

C. 疏水器　　D. 紧固件

E. 锚固件

【答案】A、B、C、D

【解析】管道组成件是用于连接或装配管道的元件，包括管子、管件、法兰、密封件、紧固件、阀门、安全保护装置以及膨胀节、挠性接头、耐压软管、疏水器、过滤器、管路中的节流装置和分离器等。因此 A、B、C、D 选项正确。注意区分“紧固件”和“锚固件”，锚固件属于管道支承件。

紧固件

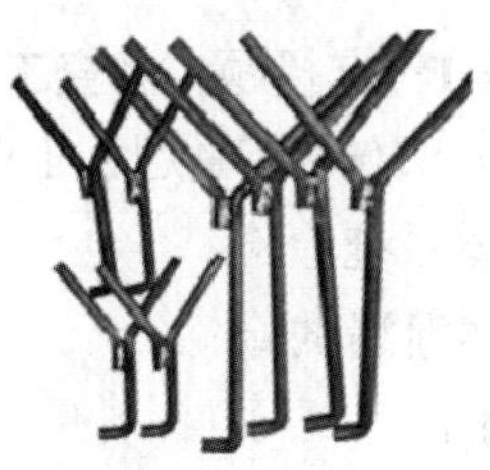

锚固件

◆考法 2：案例题，考查工业管道的组成。

【例题 2 · 2020 年真题】

背景节选：

某新建工业项目的循环冷却水泵站由某安装公司承建，泵站为半地下式钢筋混凝土结构，水泵泵组设计为三用一备，设计的一台 2t×6m 单梁桥式起重机用于泵组设备的检修吊装。该泵站为全厂提供循环冷却水，其中，鼓风机房冷却水管道系统主要材料见下表。

鼓风机房冷却水管道系统主要材料表

序号	名称	型号	规格	数量	备注
1	焊接钢管		DN100/DN50/DN40	120/150/90（m）	
2	截止阀	J41T-16	DN100/DN50/DN40	2/6/12（个）	
3	Y 型过滤器	GL41-16	DN40	3（个）	
4	平焊法兰	PN1.6	DN100/DN50/DN40	4/12/30（副）	
5	六角螺栓		M16×70/M16×65	（略）	
6	法兰垫片		DN100/DN50/DN4	（略）	
7	压制弯头		DN100/DN50/DN40	（略）	
8	异径管		DN100×50/DN100×40	（略）	
9	三通		DN100×50/DN100×40	（略）	
10	管道组合支吊架		组合件	（略）	
11	压力表	Y100，1.6 级	0～1.6MPa	3（块）	

【问题】表中除焊接钢管、截止阀、平焊法兰、异径管、三通，还有哪几种材料属于管道组成件？

【参考答案】表中的管道组成件还有：Y 型过滤器、六角螺栓、法兰垫片、压制弯头、压力表。

核心考点三　工业管道工程的施工程序

施工程序	施工准备→配合土建预留、预埋、测量→管道、支架预制→附件、法兰加工、检验→管段预制→管道安装→管道系统检验→管道系统试验→防腐绝热→系统清洗→资料汇总、绘制竣工图→竣工验收

◆考法1：选择题，考查工业管道工程的施工程序。

【例题1·2009年真题】工业管道施工中，系统清洗工序的紧前工序是（　　）。

A. 管道系统检验　　B. 管道系统试验

C. 气体泄漏试验　　D. 防腐绝热

【答案】D

◆考法2：案例题，考查工业管道工程的施工程序。

【例题2·模拟题】压力管道安装工程中，哪些工序是关键工序？

【参考答案】管道安装的关键工序有：（1）原材料的检验；（2）管道焊接；（3）管道系统检验（无损检测）；（4）管道系统试验等。

核心考点四　管道施工前应具备的条件

管道施工前应具备的条件（人机料法环、交底、告知）	（1）施工人员已按有关规定考核合格。 （2）用于管道施工的机械、工器具应安全可靠；计量器具应检定合格并在有效期内。 （3）施工图纸和相关技术文件应齐全，并已按规定程序进行设计交底和图纸会审。 （4）施工组织设计或施工方案已经批准，已有适宜齐全的焊接工艺评定报告，编制批准了焊接作业指导书，并已进行技术和安全交底。 （5）针对可能发生的生产安全事故，编制批准了应急处置方案。 （6）压力管道施工前，应向工程所在地的市场监督管理部门办理书面告知，并应接受监督单位及检验机构的监督检验。 （7）已办理工程开工文件

◆考法1：案例题，考查工业管道施工前应具的条件。

【例题1·2016年真题】

背景节选：

某单位中标南方沿海42台10万m^3浮顶原油储罐库区建设的总承包项目。配套的压力管道系统分包给具有资质的A公司，无损检测工作由独立第三方B公司承担。

A公司中标管道施工任务后，即组织编制相应的职业健康与环境保护应急预案；与相关单位完成了设计交底和图纸会审；合格的施工机械、工具及计量器具到场后，立即组织管道施工。监理工程师发现管道施工准备工作尚不完善，责令其整改。

【问题】A公司在管道施工前，还应完善哪些工作？

【参考答案】A公司在管道施工前，还应完善的工作有：

（1）向当地质量技术监督部门办理书面告知；（2）编制施工方案并获批准；（3）施工人员已按规定考核合格；（4）完成技术、安全交底；（5）焊接作业指导书已批准。

核心考点五　管道元件和材料的检验

一般检验	（1）管道元件和材料应具有制造厂的产品质量证明文件。 （2）管道元件和材料使用前应核对其材质、规格、型号、数量和标识，进行外观质量和几何尺寸的检查验收，标识应清晰完整。 （3）当对管道元件或材料的性能数据或检验结果有异议时，在异议未解决之前，该批管道元件或材料不得使用
光谱分析	铬钼合金钢、含镍合金钢、镍及镍合金、不锈钢、钛及钛合金材料的管道组成件，应采用光谱分析或其他方法对材质进行复查，并做好标识。材质为不锈钢、有色金属的管道元件和材料，在运输和储存期间不得与碳素钢、低合金钢接触
阀门检验	（1）阀门安装前应进行外观质量检查，阀体应完好，开启机构应灵活，阀杆应无歪斜、变形、卡涩现象，标牌应齐全。 （2）阀门应进行壳体压力试验和密封试验，壳体试验压力和密封试验应以洁净水为介质，不锈钢阀门试验时，水中的氯离子含量不得超过 25ppm。 （3）阀门的壳体试验压力为阀门在 20℃时最大允许工作压力的 1.5 倍，密封试验为阀门在 20℃时最大允许工作压力的 1.1 倍，试验持续时间不得少于 5min，无特殊规定时试验介质温度为 5～40℃，当低于 5℃时，应采取升温措施。 （4）安全阀的校验应按照国家现行标准《安全阀安全技术监察规程》和设计文件的规定进行整定压力调整和密封试验。 （5）安全阀校验应做好记录、铅封，出具校验报告

◆考法 1：选择题，考查阀门检验。

【例题 1 · 模拟题】关于阀门试验说法正确的是（　　）。

A. 阀门的壳体压力试验应取 20℃时最大允许工作压力的 1.2 倍

B. 阀门的密封试验应取 20℃时最大允许工作压力的 1.15 倍

C. 试验持续时间不得少于 5min

D. 不锈钢材质的阀门试验时水中氢离子的含量不得超过 25ppm

【答案】C

【解析】A 选项，压力试验取 1.5 倍；B 选项，密封试验取 1.1 倍；D 选项，应为氯离子的含量。

◆考法 2：案例题，考查阀门检验。

【例题 2 · 2015 年真题】阀门在安装前应检查哪些内容？

【参考答案】阀门安装前检查的内容有：按设计文件核对其型号，压力试验合格；检查阀门填料，其压盖螺栓应留有调节裕量。

核心考点六　管道加工

卷管制作技术要求	（1）卷管同一筒节两纵焊缝间距不应小于 200mm。 （2）卷管组对时，相邻筒节两纵焊缝间距应大于 100mm。 （3）有加固环、板的卷管，加固环、板的对接焊缝应与管子纵向焊缝错开，其间距不应小于 100mm，加固环、板距卷管的环焊缝不应小于 50mm	环焊缝 纵焊缝 200mm 100mm 加固环 筒节 50mm

续表

斜接弯头制作技术要求	（1）斜接弯头的组成形式应符合图示规定。公称尺寸大于 400mm 的斜接弯头可增加中节数量，其内侧的最小宽度不得小于 50mm。 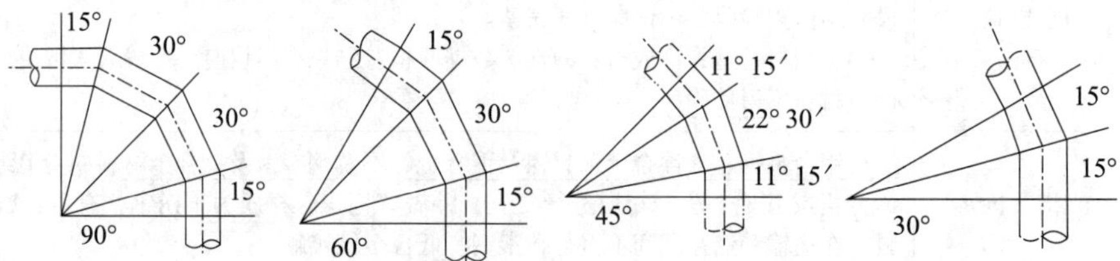 （a）90° 斜接弯头　（b）60° 斜接弯头　（c）45° 斜接弯头　（d）30° 斜接弯头 （2）斜接弯头的焊接接头应采用全焊透焊缝。当公称尺寸大于或等于 600mm 时，宜在管内进行封底焊。 （3）斜接弯头的周长允许偏差应符合下列规定： ① 当公称尺寸大于 1000mm 时，允许偏差为 ±6mm； ② 当公称尺寸等于或小于 1000mm 时，允许偏差为 ±4mm

◆考法 1：案例题，考查斜接弯头制作技术要求。

【例题 1 · 模拟题】某电厂 DN1600 的循环水管道，采用了“二节两头平”的 60° 斜接弯头（见示意图）。

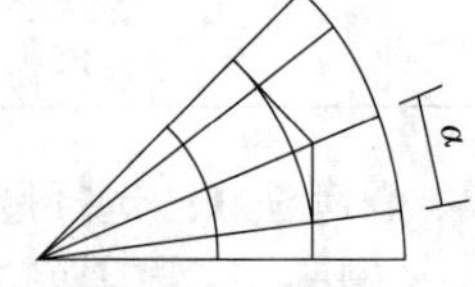

“二节两头平”弯头示意图

【问题】60° 斜接弯头中间管节角度 α 值是多少？上述斜接弯头制作有哪些技术要求？

【参考答案】60° 斜接弯头中间管节角度 α 值是 20°。因为公称尺寸为 1600mm，所以斜接弯头制作的要求：（1）其内侧的最小宽度不得小于 50mm；（2）斜接弯头的焊接接头应采用全焊透焊缝，宜在管内进行封底焊；（3）斜接弯头的周长允许偏差为 ±6mm。

【解析】公称尺寸大于 400mm 的斜接弯头可增加中节数量。所以题中的 60° 斜接弯头增加了一个中节。“二节”是指弯头有两个“中节”；“两头平”是指弯头的两个“端节”。端节角度＝中节角度的一半，所以 60° 的斜接弯头，如果采用的是“二节两头平”，那么其 $\alpha = 60° \div 3 = 20°$。

核心考点七　管道安装

安装前应具备的条件	（1）与管道有关的土建工程已检验合格，满足安装要求，并已办理交接手续。 （2）与管道连接的设备已找正合格，固定完毕。 （3）管道组成件和支承件等已检验合格。 （4）管子、管件、阀门等内部已清理干净，有特殊要求的管道内部质量已符合设计文件的规定。 （5）管道安装前应进行的脱脂、内部防腐或衬里等有关工序已完毕
管道穿越楼板	管道穿越道路、墙体、楼板或构筑物时，应加设套管或砌筑涵洞进行保护，并符合下列规定： （1）管道焊缝不应设置在套管内。 （2）穿过墙体的套管长度不得小于墙体厚度。 （3）穿过楼板的套管应高出楼面 50mm。 （4）穿过屋面的管道应设置防水肩和防雨帽。 （5）管道与套管之间应填塞对管道无害的不燃材料
钢制管道安装	（1）法兰连接应与钢制管道同心，螺栓应能自由穿入。法兰螺栓孔应跨中布置。法兰接头的歪斜不得用强紧螺栓的方法消除。

续表

<table>
<tr><td>钢制管道安装</td><td>（2）法兰连接应使用同一规格螺栓，安装方向应一致。螺栓应对称紧固。螺栓紧固后应与法兰紧贴，不得有楔缝。当需要添加垫圈时，每个螺栓不应超过一个。所有螺母应全部拧入螺栓，且紧固后的螺栓与螺母宜齐平。
（3）当大直径密封垫片需要拼接时，应采用斜口搭接或迷宫式拼接，不得采用平口对接</td></tr>
<tr><td>连接设备的管道安装</td><td>（1）管道与动设备连接（如空压机、制氧机、汽轮机等）时，不得强力对口，使设备承受附加外力。
（2）管道与动设备连接前，应在自由状态下检验法兰的平行度和同心度，偏差应符合规定要求。
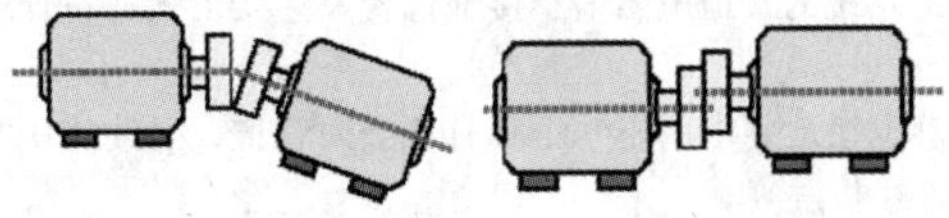
（3）管道系统与动设备最终连接时，应在联轴器上架设百分表监视动设备的位移。
（4）大型储罐的管道与泵或其他有独立基础的设备连接，应在储罐液压（充水）试验合格后安装，或在储罐液压（充水）试验及基础初阶段沉降后，再进行储罐接口处法兰的连接。
（5）管道安装合格后，不得承受设计以外的附加荷载。
（6）管道试压、吹扫与清洗合格后，应对该管道与动设备的接口进行复位检查</td></tr>
<tr><td>阀门安装</td><td>（1）阀门安装前，应按设计文件核对其型号，并应按介质流向确定其安装方向。
（2）当阀门与金属管道以法兰或螺纹方式连接时，阀门应在关闭状态下安装；以焊接方式连接时，阀门应在开启状态下安装，焊缝底层宜采用氩弧焊。当非金属管道采用电熔连接或热熔连接时，接头附近的阀门应处于开启状态。（热开冷关）
（3）安全阀安装应垂直安装；安全阀的出口管道应接向安全地点；在安全阀的进出管道上设置截止阀时，应加铅封，且应锁定在全开启状态</td></tr>
<tr><td>支吊架安装</td><td>（1）支、吊架安装位置应准确，应平整牢固，与管子接触应紧密。
（2）无热位移的管道，其吊杆应垂直安装。有热位移的管道，吊点应设在位移的相反方向，按位移值的 1/2 偏位安装。两根有热位移的管道不得使用同一吊杆。
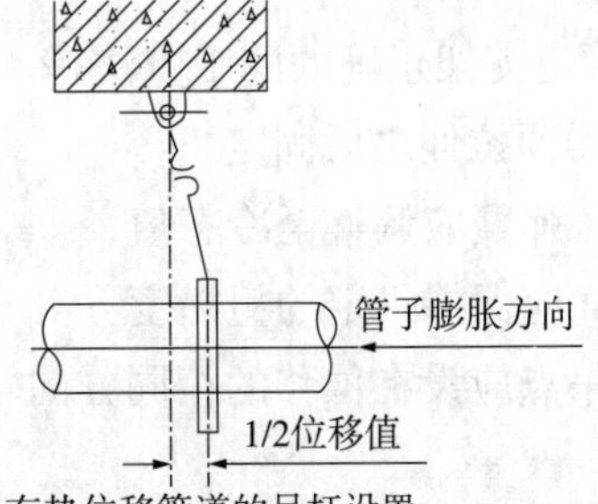

有热位移管道的吊杆设置
（3）固定支架应按设计文件要求或标准图安装，并应在补偿器预拉伸或预压缩之前固定。没有补偿装置的冷、热管道直管段上，不得同时安置 2 个及 2 个以上的固定支架。
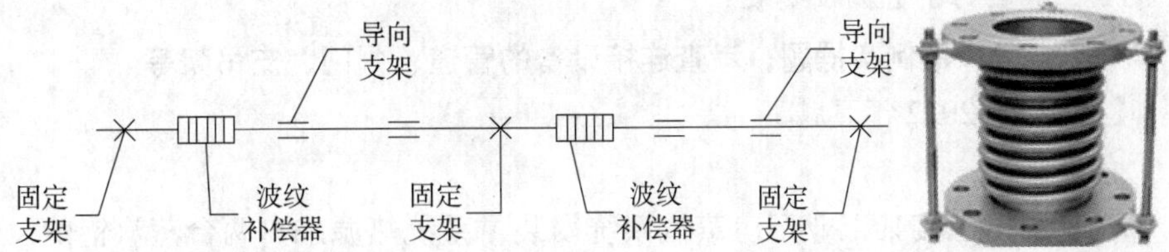

补偿器（膨胀节）
（4）导向支架或滑动支架的滑动面应洁净平整，不得有歪斜和卡涩现象。其安装位置应从支承面中心向位移反方向偏移，偏移量应为位移值的 1/2 或符合设计文件规定，绝热层不得妨碍其位移。
（5）弹簧支、吊架的弹簧高度，应按设计文件规定安装，弹簧应调整至冷态值，并做记录。弹簧的临时固定件，如定位销（块），应待系统安装、试压、绝热完毕后方可拆除</td></tr>
</table>

续表

伴热管安装	（1）伴热管应与主管平行安装，并应能自行排液。当一根主管需多根伴热管伴热时，伴热管之间的相对位置应固定。 （2）水平伴热管宜安装在主管的下方一侧或两侧，或靠近支架的侧面。 （3）伴热管不得直接点焊在主管上。对不允许与主管直接接触的伴热管，伴热管与主管之间应设置隔离垫。伴热管经过主管法兰、阀门时，应设置可拆卸的连接件
静电接地安装	（1）有静电接地要求的管道，当每对法兰或其他接头间电阻值超过 0.03Ω 时，应设导线跨接。 （2）管道系统的接地电阻值、接地位置及连接方式按设计文件的规定，静电接地引线宜采用焊接形式。 （3）有静电接地要求的不锈钢和有色金属管道，导线跨接或接地引线不得与管道直接连接，应采用同材质连接板过渡。 （4）静电接地安装完毕后，必须进行测试，电阻值超过规定时，应进行检查与调整

◆考法 1：选择题，考查管道安装。每一段话都可以考查综合选择题。

【例题 1 • 2013 年真题】关于阀门的安装要求，正确的说法有（　　）。

A. 截止阀门安装时应按介质流向确定其安装方向

B. 阀门与管道以螺纹方式连接时，阀门应处于关闭状态

C. 阀门与管道以焊接连接时，阀门应处于关闭状态

D. 闸阀与管道以法兰方式连接时，阀门应处于关闭状态

E. 安全阀应水平安装以方便操作

【答案】A、B、D

【解析】C 选项不正确，阀门与管道以焊接连接时，阀门应处于开启状态；E 选项不正确，安全阀应垂直安装。

【例题 2 • 模拟题】管道支架正确的施工方法是（　　）。

A. 固定支架在补偿器预拉伸之后固定

B. 弹簧支架的安装，弹簧应调整至冷态值

C. 导向支架的滑动面应保持一定的粗糙度

D. 有热位移管道的吊点应设在位移的相同方向

【答案】B

【解析】A 选项，固定支架应在补偿器预拉伸之前固定；C 选项，导向支架的滑动面应保持平整光滑，不得歪斜卡涩；D 选项，有热位移管道的吊点应设在位移的相反方向，并按照位移值的 1/2 偏位安装。

◆考法 2：案例实操题，考查连接设备的管道、阀门、支吊架等。

【例题 3 • 2022 年真题】

背景节选：

安装公司承接某工业厂房蒸汽系统安装，系统热源来自两台蒸汽锅炉，锅炉单台额定蒸发量 12t/h，锅炉出口蒸汽压力 1.0MPa，蒸汽温度 195℃。蒸汽主管采用 ϕ219×6mm 无缝钢管，安装高度 $H+3.2$m，管道采用 70mm 厚岩棉保温，蒸汽主管全部采用氩弧焊焊接。

安装公司进场后，编制了施工组织设计和施工方案。蒸汽管道支、吊架安装示意图如

下图所示。设计交底时，监理工程师要求修改滑动支架高度、吊架的吊点安装位置。

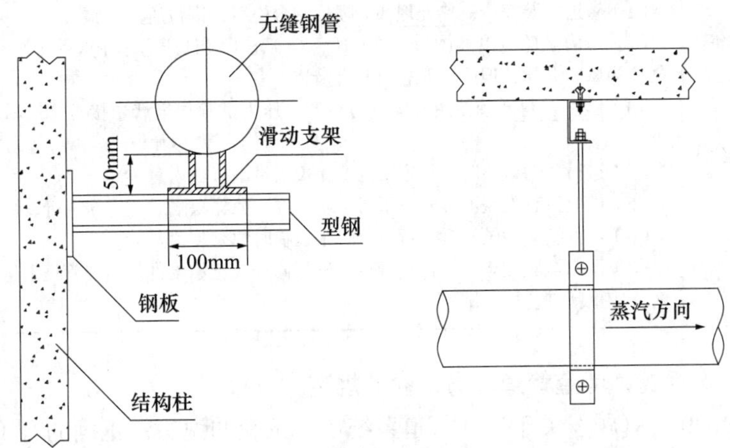

蒸汽管道支、吊架安装示意图

【问题】上图中的滑动支架高度及吊点的安装位置应如何修改?

【参考答案】上图的滑动支架高度及吊点的安装位置修改如下：

（1）滑动支架高度应大于绝热层厚度（＞70mm）。

（2）吊点的安装位置应反向偏移，吊杆反向偏移量为位移值的1/2。

【解析】热力管道的滑动支架高度应稍大于保温层厚度。

【例题4·2020年一级真题】

背景节选：

A公司总承包2×660MW火力发电厂1号机组的建筑安装工程，工程包括：锅炉、汽轮发电机、水处理、脱硫系统等。A公司将水泵、管道安装分包给B公司施工。

B公司在凝结水泵初步找正后，即进行管道连接，因出口管道与设备不同心，无法正常对口，使用手拉葫芦强制调整管道，被A公司制止。B公司整改后，并在联轴节上架设仪表监视设备位移，保证管道与水泵的安装质量。

【问题】A公司为什么制止凝结水管道连接?B公司应如何进行整改?在联轴节上应架设哪种仪表监视设备位移?

【参考答案】（1）制止的原因：凝结水泵初步找正后（管道不同心）不能进行管道连接。

（2）整改：管道应在凝结水泵安装定位（管口中心对齐）后进行连接。

（3）在联轴节上应架设百分表监视设备位移。

2H313032　管道系统试验和吹洗要求

核心考点一　压力试验的规定

根据管道系统不同的使用要求，主要有压力试验、泄漏性试验、真空度试验。

压力试验的规定	压力试验是以液体或气体为介质，对管道逐步加压，达到规定的压力，以检验管道强度和严密性的试验。其有关规定如下：

续表

压力试验的规定	（1）管道安装完毕，热处理和无损检测合格后，进行压力试验。 （2）压力试验应以液体为试验介质，当管道的设计压力小于或等于 0.6MPa 时，可采用气体为试验介质，但应采取有效安全措施。 （3）脆性材料严禁使用气体进行试验，压力试验温度严禁接近金属材料的脆性转变温度。 （4）进行压力试验时，划定禁区，无关人员不得进入。 （5）试验过程发现泄漏时，不得带压处理。消除缺陷后应重新进行试验。 （6）试验结束后及时拆除盲板、膨胀节临时约束装置。 （7）压力试验完毕，不得在管道上进行修补或增添物件。当在管道上进行修补增添物件时，应重新进行压力试验

◆考法 1：选择题，考查管道压力试验的规定。

【例题 1 • 2020 年真题】关于工业管道系统压力试验的说法，正确的有（　　）。

A. 脆性材料管道严禁气压试验
B. 在热处理前完成管道的压力试验
C. 试验合格后应及时填写试验记录
D. 压力试验宜采用液体作为试验介质
E. 严禁在金属材料的脆性转变温度下试压

【答案】A、C、D、E

【解析】应在热处理和无损检测合格后，进行压力试验。

【例题 2 • 2013 年真题】检验管道系统强度和严密性的试验是（　　）。

A. 压力试验
B. 真空度试验
C. 泄漏性试验
D. 致密性试验

【答案】A

◆考法 2：案例题，考查工业管道系统试验的类型。

【例题 3 • 2015 年真题】

背景节选：

某安装公司总承包氮氢压缩分厂全部机电安装工程，其中氮氢压缩机为多段活塞式，工作压力 32MPa。

【问题】压缩机系统的管道，按压力分应属于哪一类？应进行哪些试验？

【参考答案】属于高压管道（高压管道的范围是 $10 < P \leqslant 100$MPa），应进行压力试验、泄漏性试验。

核心考点二　压力试验前应具备的条件

压力试验前应具备的条件	（1）试验范围内的管道安装工程除防腐、绝热外，已按设计图纸全部完成，安装质量符合有关规定。 （2）焊缝及其他待检部位尚未防腐和绝热。 （3）管道上的膨胀节已设置临时约束装置（注意：不是拆除或隔离）。 （4）试验用压力表已校验，并在有效期内，其精度不得低于 1.6 级，表的满刻度值应为被测最大压力的 1.5～2 倍，压力表不得少于 2 块。 （5）符合压力试验要求的液体或气体已备齐。 （6）管道已按试验的要求进行加固。 （7）待试管道与无关系统已用盲板或其他措施隔离。

续表

<table>
<tr><td>压力试验前应具备的条件</td><td>（8）待试管道上的安全阀、爆破片及仪表元件等已拆下或已隔离。

盲板

安全阀

爆破片
（9）试验方案已批准，并已进行技术安全交底。
（10）在压力试验前，相关资料已经建设单位和有关部门复查。例如，管道元件的质量证明文件、管道组成件的检验或试验记录、管道加工和安装记录、焊接检查记录、检验报告和热处理记录、管道轴测图、设计变更及材料代用文件</td></tr>
</table>

◆考法 1：选择题，考查压力试验前应具备的条件。

【例题 1 · 2017 年真题】关于管道系统压力试验前应具备条件的说法，正确的有（　　）。

A. 管道上的膨胀节已设置了临时约束装置

B. 管道防腐及绝热工程已全部结束

C. 符合压力试验要求的液体或气体已经备齐

D. 试验方案已经过批准，并已进行安全交底

E. 至少有 1 块在周检期内检验合格的压力表

【答案】A、C、D

【解析】焊缝及其他待检部位尚未防腐和绝热，B 选项说法错误。压力表不得少于两块，所以 E 选项说法错误。因此本题正确选项为 A、C、D。

◆考法 2：案例题，考查压力试验前应具备的条件。

【例题 2 · 2013 年真题】

背景节选：

A、B、C、D、E 五家施工单位投标竞争一座排压 8MPa 的天然气加压站工程的承建合同。按评标程序，C 施工单位中标。

C 施工单位经过 5 个月的努力，完成了外输气压缩机的就位、解体清洗和调整；完成了电气自动化仪表工程和管道的连接、热处理、管托管架安装及管道系统的涂漆、保温，随后对管道系统组包试压。

管线与压缩机之间的隔离盲板采用耐油橡胶板。试压过程中橡胶板被水压击穿，外输气压缩机的涡壳进水。C 施工单位按质量事故处理程序，更换了盲板并立即组织人员解体压缩机，清理积水，避免了叶轮和涡壳遭受浸湿。由于及时调整了后续工作，未造成项目工期延误。

【问题】

1. 管道系统试压中有哪些不妥之处？

2. 管道系统试压还应具备哪些条件？

【参考答案】

1. 不妥之处有：（1）管道试压前不应进行涂漆、绝热工程；（2）不应采用耐油橡胶板作为管道与压缩机的隔离。

2. 试压前还应具备的条件有：（1）试验用压力表校验合格，压力表不少于 2 块；（2）管道系统上的安全阀、爆破板等已拆除或隔离；（3）中间阀门全开启；（4）有关资料已经建设单位复查；（5）试验方案已批准；（6）进行了技术交底。

【例题 3 · 2020 年一级真题】

背景节选：

不锈钢管道系统安装后，施工人员用洁净水（氯离子含量小于 25ppm）对管道系统进行试压时（见下图），监理工程师认为压力试验条件不符合规范规定，要求整改。

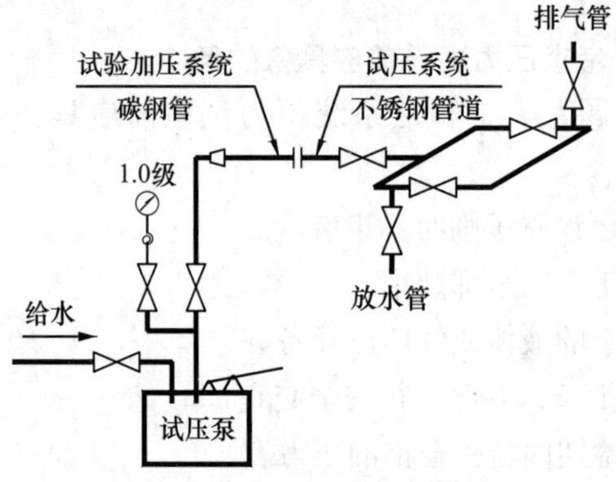

管道系统水压试验示意图

【问题】图中的水压试验有哪些不符合规范规定？写出正确的做法。

【参考答案】图中不符合规范要求：（1）压力表只有 1 块；（2）压力表安装位置错误。

正确做法：（1）压力表不得少于 2 块（增加 1 块）；（2）应在加压系统的第一个阀门后（始端）和系统最高点（排气阀处、末端）各装 1 块压力表。

核心考点三　压力试验替代的规定

压力试验替代的规定	现场条件不允许进行液压和气压试验时，经过设计和建设单位同意，可同时采用下列方法代替压力试验： （1）所有环向、纵向对接焊缝和螺旋缝焊缝应进行 100% 射线检测或 100% 超声检测。 （2）除环向、纵向对接焊缝和螺旋缝焊缝以外的所有焊缝（包括管道支承件与管道组成件连接的焊缝）应进行 100% 渗透检测或 100% 磁粉检测。 （3）由设计单位进行管道系统的柔性分析

◆考法 1：案例题，考查压力试验替代的规定。

【例题 1 · 2020 年一级真题】

背景节选：

由于现场条件限制，有部分工艺管道系统无法进行水压试验，经设计和建设单位同意，允许安装公司对管道环向对接焊缝和组成件连接焊缝采用 100% 无损检测，代替现场水压试验，检测后设计单位对工艺管道系统进行了分析，符合质量要求。

【问题】背景中的工艺管道系统的焊缝应采用哪几种检测方法？设计单位对工艺管道系统应如何分析？

【参考答案】（1）背景中的工艺管道系统的管道环向对接焊缝应采用射线检测（超声检测），组成件的连接焊缝应采用渗透检测（磁粉检测）。

（2）设计单位对工艺管道系统进行柔性分析。

核心考点四　液压试验、气压试验的实施要点

液压试验实施要点	（1）液压试验应使用洁净水，对不锈钢管、镍及镍合金钢管道，或对连有不锈钢管、镍及镍合金钢管道或设备的管道，水中氯离子含量不得超过 25ppm。 （2）试验前，注入液体时应排尽气体。 （3）试验时环境温度不宜低于 5℃，当环境温度低于 5℃时应采取防冻措施。 （4）承受内压的地上钢管道及有色金属管道试验压力应为设计压力的 1.5 倍，埋地钢管道的试验压力应为设计压力的 1.5 倍，且不得低于 0.4MPa。 （5）管道与设备作为一个系统进行试验时，当管道的试验压力等于或小于设备的试验压力时，应按管道的试验压力进行试验；当管道试验压力大于设备的试验压力，并无法将管道与设备隔开，以及设备的试验压力大于按《工业金属管道工程施工规范》GB 50235—2010 工业金属管道工程施工规范计算的管道试验压力的 77% 时，经设计或建设单位同意，可按设备的试验压力进行试验。（按试验压力小的进行） （6）试验缓慢分段升压，待达到试验压力后，稳压 10min，再将试验压力降至设计压力，保持 30min，检查压力表有无压降、管道所有部位有无渗漏
气压试验实施要点	（1）承受内压钢管及有色金属管试验压力应为设计压力的 1.15 倍，真空管道的试验压力应为 0.2MPa。 （2）试验介质应采用干燥洁净的空气、氮气或其他不易燃和无毒的气体。 （3）试验时应装有压力泄放装置，其设定压力不得高于试验压力的 1.1 倍。 （4）试验前，应用空气进行预试验，试验压力宜为 0.2MPa。 （5）试验时，应缓慢升压，当压力升至试验压力的 50% 时，如未发现异常或泄漏现象，继续按试验压力的 10% 逐级升压，每级稳压 3min，直至试验压力。应在试验压力下稳压 10min，再将压力降至设计压力，以发泡剂检验不泄漏为合格

◆考法 1：选择题，考查液压或气压试验的实施要点。

【例题 1·模拟题】由于工艺需要，管道与设备需作为一个系统进行试压，管道的设计压力为 1.8MPa，设备的设计压力为 1.6MPa，试验压力均为设计压力的 1.5 倍，则系统强度试验压力可为（　　）MPa。

A. 2.07　　　　B. 2.25

C. 2.40　　　　D. 2.70

【答案】C

【解析】基本原则：按照试验压力小的试压。设备的试验压力＝1.6MPa×1.5 倍＝2.4MPa，管道的试验压力＝1.8MPa×1.5 倍＝2.7MPa。再确认一下，设备的试验压力是否大于管道试验压力的 77%：2.4＞2.7×77%，所以可以按照设备的试验压力 2.4MPa 试压。

◆考法 2：案例分析题，考查液压或气压试验的实施要点。

【例题 2·2020 年真题】

背景节选：

烟气换热系统补给水管道设计压力为 1.6MPa、DN150 的不锈钢管道。

项目部编制了补给水管道水压试验方案：使用“除盐水”作为试验介质；试压时需缓

慢升压到试验压力 1.84MPa 后，稳压 10min，再将试验压力降至设计压力，稳压 30min 无压降、无渗漏，水压试验为合格。

水压试验前，施工人员在拆除弹簧支架的定位销时，被监理工程师制止。

【问题】指出水压试验方案中存在的错误并改正。为什么弹簧支架定位销的拆除被监理工程师制止？

【参考答案】

（1）错误：试验压力为 1.84MPa 不正确，正确的压力试验值为 2.4MPa。

（2）使用“除盐水”作为试验介质不正确；正确应为采用洁净水为介质，且水中氯离子含量不超过 25ppm。

（3）弹簧支架上的定位销应待系统安装、试压、绝热完毕后方可拆除。

核心考点五　泄漏性试验

泄漏性试验	（1）输送极度和高度危害介质以及可燃介质的管道，必须进行泄漏性试验。 （2）泄漏性试验应在压力试验合格后进行，试验介质宜采用空气。 （3）泄漏性试验压力为设计压力。 （4）泄漏性试验可结合试车一并进行。 （5）泄漏试验应逐级缓慢升压，当达到试验压力，并且停压 10min 后，采用涂刷中性发泡剂的方法，巡回检查阀门填料函、法兰或螺纹连接处、放空阀、排气阀、排水阀等所有密封点有无泄漏

◆考法 1：选择题，考查泄漏性试验的实施要点。

【例题 1 · 2014 年真题】管道系统安装完毕后，给输送介质为（　　）的管道必须进行泄漏性试验。

A. 天然气　　B. 蒸汽

C. 氰化物　　D. 乙炔

E. 煤气

【答案】A、C、D、E

【解析】输送极度和高度危害介质以及可燃介质的管道，必须进行泄漏性试验。蒸汽不属于极度或高度危害介质或可燃介质。

【例题 2 · 模拟题】下列关于泄漏性试验的实施要求中，说法错误的是（　　）。

A. 输送极度危害、高度危害、可燃介质的管道必须进行泄漏性试验

B. 泄漏性试验应在压力试验合格后进行

C. 试验介质宜采用氨气

D. 试验压力取设计压力

【答案】C

【解析】泄漏性试验的介质宜采用空气。有的考生容易把液压试验、气压试验、泄漏性试验记混淆，这里将三者对比如下：

项目	液压试验	气压试验	泄漏性试验
试验介质	洁净水（不锈钢，氯离子 ≤ 25ppm）	干燥洁净的空气、氮气或其他不易燃和无毒的气体	空气

续表

项目	液压试验	气压试验	泄漏性试验
试压压力	设计压力的 1.5 倍	设计压力的 1.15 倍	设计压力
合格标准	缓慢升到试验压力，稳压 10min→降至设计压力，稳压 30min→检查压力表有无压降、管道所有部位有无渗漏	升至试验压力的 50%→按试验压力的 10% 逐级升压，每级稳压 3min→试验压力，稳压 10min→降至设计压力，用发泡剂检验无泄漏为合格	升到试验压力，停压 10min，检查阀门填料函、法兰或螺纹连接处、放空阀、排气阀、排净阀等所有密封点应无泄漏

核心考点六　管道吹扫与清洗

一般规定	1. 管道吹扫与清洗方法应根据对管道的使用要求、工作介质、系统回路、现场条件及管道内表面的脏污程度确定。吹洗方法的选用应符合施工规范的规定。例如： （1）公称直径大于或等于 600mm 的液体或气体管道，宜采用人工清理。 （2）公称直径小于 600mm 的液体管道宜采用水冲洗。 （3）公称直径小于 600mm 的气体管道宜采用压缩空气吹扫。 （4）蒸汽管道应采用蒸汽吹扫。 （5）非热力管道不得采用蒸汽吹扫。 2. 吹扫与清洗的顺序应按主管、支管、疏排管依次进行
水冲洗	1. 水冲洗应使用洁净水。冲洗不锈钢、镍及镍合金钢管道，水中氯离子含量不得超过 25ppm。 2. 水冲洗流速不得低于 1.5m/s，冲洗压力不得超过管道的设计压力。 3. 水冲洗排放管的截面积不应小于被冲洗管截面积的 60%，排水时不得形成负压。 4. 应连续进行冲洗，当设计无规定时，以排出口的水色和透明度与入口水目测一致为合格。管道水冲洗合格后，应及时将管内积水排净，并应及时吹干
空气吹扫	1. 宜利用生产装置的大型空压机或大型储气罐进行间断性吹扫。吹扫压力不得大于系统容器和管道的设计压力，吹扫流速不宜小于 20m/s。 2. 吹扫忌油管道时，气体中不得含油。吹扫过程中，当目测排气无烟尘时，应在排气口设置贴有白布或涂刷白色涂料的木制靶板检验，吹扫 5min 后靶板上无铁锈、尘土、水分及其他杂物为合格
蒸汽吹扫	1. 蒸汽管道吹扫前，管道系统的绝热工程应已完成。 2. 蒸汽管道应以大流量蒸汽进行吹扫，流速不小于 30m/s，吹扫前先行暖管、及时疏水，检查管道热位移。 3. 蒸汽吹扫应按加热→冷却→再加热的顺序循环进行，并采取每次吹扫一根，轮流吹扫的方法
油清洗	1. 润滑、密封、控制系统的油管道，应在机械设备及管道酸洗合格后，系统试运转前进行油冲洗。不锈钢油系统管道宜采用蒸汽吹净后进行油清洗。 2. 油清洗应采用循环的方式进行。每 8h 应在 40～70℃内反复升降油温 2～3 次，并及时更换或清洗滤芯。 3. 当设计文件或产品技术文件无规定时，管道油清洗后采用滤网检验。 4. 油清洗合格后的管道，采取封闭或充氮保护措施

◆考法 1：选择题，考查管道吹扫与清洗方法的实施要点。

【例题 1·2015 年真题】下列工业管道水冲洗实施要点，正确的有（　　）。

A. 冲水流速不得超过 1.5m/s

B. 排水时不得形成负压

C. 排水口的水色和透明度与入口水目测一致

D. 使用洁净水连续进行冲洗

E. 水中氢离子含量不得超过 30ppm

【答案】B、C、D

【解析】A 选项不正确，不得低于 1.5m/s；E 选项不正确，应为氯离子含量。

【例题 2・模拟题】用大流量蒸汽吹扫蒸汽管道时，应（　　）。

A. 清水冲洗　　B. 空气吹扫

C. 及时排水　　D. 先行暖管

E. 检查管道位移

【答案】C、D、E

【解析】因为突然通大流量蒸汽时，管道容易变形，所以要先暖管，检查管道位移；因吹扫时管内外温差大，容易产生大量冷凝水，所以需及时排掉冷凝水。

◆考法 2：案例题，考查管道吹扫与清洗方法的实施要点。

【例题 3・2020 年真题】

背景节选：

某新建工业项目的循环冷却水泵站由某安装公司承建，冷却水系统工程设计对管道冲洗无特别要求。

名称	规格	数量
焊接钢管	DN100/DN50/DN40	120/150/90（m）

【问题】鼓风机房冷却水管道系统冲洗的合格标准是什么？系统冲洗的最低流速为多少？系统冲洗所需最小流量的计算应依据哪个规格的管道？

【参考答案】冷却水管道系统冲洗的合格标准：排出口的水色透明度与入口水目测一致。

系统冲洗的最低流速为 1.5m/s；系统冲洗最小流量必须满足工程中最大直径钢管的最低流速要求，系统冲洗所需最小流量的计算应依据 DN100 钢管。

【解析】有三种规格的管道，所需流量肯定要满足直径最大的管道冲洗需要。

2H313040　动力和发电设备安装技术

核心考点提纲

- 动力和发电设备安装技术
  - 汽轮发电机设备的安装技术要求
    - 汽轮发电机系统主要设备
    - 汽轮机主要设备的安装技术要求
    - 发电机主要设备的安装技术要求
  - 锅炉设备的安装技术要求
    - 锅炉系统主要设备
    - 锅炉系统主要设备的安装技术要求
    - 锅炉热态调试与试运转
  - 光伏与风力发电设备的安装技术要求

核心考点可考性提示

核心考点			2023 年可考性提示
2H313041 汽轮发电机设备的安装技术要求	汽轮发电机系统主要设备	汽轮机的分类和组成	★
		发电机的类型和组成	★
	汽轮机主要设备的安装技术要求	工业小型汽轮机的安装技术要求	★★★
		电站汽轮机主要设备的安装技术要点	★★★
	发电机主要设备的安装技术要求	发电机安装程序	★★
		发电机主要设备的安装技术要点	★★★
2H313042 锅炉设备的安装技术要求	锅炉系统主要设备	锅炉的组成	★★
		汽包、水冷壁的作用	★
	锅炉系统主要设备的安装技术要求	工业锅炉安装技术要点	★★
		电站锅炉主要设备的安装技术要点	★★
	锅炉热态调试与试运转		★★
2H313043 光伏与风力发电设备的安装技术要求	光伏与风力发电设备的安装技术要求		★

核心考点剖析

2H313041 汽轮发电机设备的安装技术要求

核心考点一 汽轮机的分类和组成

分类	按工作原理	冲动式、反动式、速度级
	按热力特性	凝汽式、背压式、抽气式、抽气背压式、多压式
	按主蒸汽压力	低压、中压、高压、超高压、亚临界压力、超临界、超超临界
	按气流方向	轴流式、辐流式、周流（回流）式
组成	（1）汽轮机主要由汽轮机本体设备、蒸汽系统设备、凝结水系统设备、给水系统设备和其他辅助设备组成。 （2）汽轮机本体主要由静止部分和转动部分组成。 静止部分包括汽缸、喷嘴组、隔板、隔板套、汽封、轴承及紧固件等； 转动部分包括动叶栅、叶轮、主轴、联轴器、盘车器、止推盘、危急保安器等	

◆考法 1：选择题，考查汽轮机的分类和组成

【例题 1 · 2011 年真题】汽轮机按热力特性可以划分为（　　）汽轮机

A. 凝汽式　　B. 背压式

C. 抽气式　　D. 多压式

E. 塔式

【答案】A、B、C、D

【例题 2・模拟题】电站汽轮机主要由（　　）等组成。

A. 汽轮机本体　　B. 蒸汽系统设备

C. 凝结水系统设备　　D. 送引风设备

E. 空气预热器

【答案】A、B、C

【解析】D 选项是锅炉的辅助设备，E 选项是锅炉的组成部分。

核心考点二　发电机的类型和组成

<table>
<tr><td rowspan="4">类型</td><td>按原动机分</td><td>汽轮、水轮、柴油、风力和燃气轮发电机</td></tr>
<tr><td>按冷却方式分</td><td>外冷式、内冷式</td></tr>
<tr><td>按冷却介质分</td><td>空气冷却、氢气冷却、水冷却、油冷却</td></tr>
<tr><td>按结构形式分</td><td>旋转磁极式、旋转电枢式</td></tr>
<tr><td>组成</td><td colspan="2">（1）主要由定子和转子两部分组成。
（2）定子主要由机座、定子铁心、定子绕组、端盖等部分组成。
（3）转子主要由转子锻件、激磁绕组、护环、中心环和风扇等组成</td></tr>
</table>

◆考法 1：选择题，考查汽轮机的分类和组成

【例题 1・2013 年真题】用于发电机的冷却介质有（　　）。

A. 空气　　B. 惰性气体

C. 氢气　　D. 水

E. 润滑油

【答案】A、C、D、E

【解析】用于发电机的冷却介质有空气、氢气、水、润滑油。所以正确选项为 A、C、D、E。

核心考点三　工业小型汽轮机的安装技术要求

安装质量控制点	（1）基础检验，划线垫铁安装：复查基础的标高、平面尺寸、孔洞尺寸，保证基础表面平整、无缺陷及垫铁位置合理。 （2）台板、汽缸、轴承座安装：汽缸纵横中心线，设备安装标高等；二次灌浆的强度、密实情况，确保上下部件联结和受热膨胀不致受阻；设备精找正、找平和联轴器对中后，设备底部与基础之间的灌浆强度。 （3）调节油、润滑油系统
凝汽器	凝汽器与低压缸排汽口之间的连接，采用具有伸缩性能的中间连接段，其目的是使汽轮机组运行时其排汽部分不受凝汽器负荷变化的影响。 凝汽器壳体内的管板、低压加热器的安装，在低压缸就位前就应当完成；管束则可以在低压缸就位之后进行穿管和连接。凝汽器组装完毕后，汽侧应进行灌水试验，灌水高度宜在汽封洼窝以下 100mm，维持 24h 应无渗漏
转子	（1）转子安装可以分为：转子吊装、转子测量和转子、汽缸找中心。 （2）转子吊装应使用由制造厂提供并具备出厂试验证书的专用横梁和吊索，否则应进行 200% 的工作负荷试验（时间为 1h）。 （3）转子测量应包括：轴颈椭圆度和不柱度的测量、转子跳动测量（径向、端面和推力盘瓢偏）、转子弯曲度测量

汽缸扣盖	扣盖工作从下汽缸吊入第一个部件开始至上汽缸就位且紧固连接螺栓为止，全程工作应连续进行，不得中断。 汽缸扣盖的程序：吹扫→试扣→检验→抹涂料→正式扣盖→预紧、正式紧固→盘动转子→试启动。 （1）吹扫：用压缩空气吹扫汽缸内各部件及其空隙，确保汽缸内部清洁无杂物、结合面光洁，并保证各孔洞通道部分畅通。 （2）试扣：以便对汽缸内零部件的配合情况全面检查。 （3）检验：试扣空缸要求在自由状态下间隙符合制造厂技术要求；按冷紧要求紧固 1/3 螺栓后，从内外检查 0.05mm 塞尺不入。 （4）试扣检验无问题后，在汽缸中分面均匀抹一层涂料。 （5）正式扣盖。 （6）紧固：一般采用冷紧，对于高压高温部位大直径汽缸螺栓，应采用热紧。紧固之后再盘动转子，听其内部应无摩擦和异常声音。冷紧时，先采用 50%～60% 的规定力矩对汽缸螺栓左右对称进行预紧，然后再用 100% 的规定力矩进行紧固。 （7）试启动：汽轮机第一次启动需要按照制造厂的启动要求进行，合格后完成安装

◆考法 1：选择题，考查汽轮机的安装技术要点。

【例题 1·2020 年真题】工业小型汽轮机安装中，台板、汽缸、轴承座安装质量控制的内容有（　　）。

A. 基础的标高　　B. 汽缸纵横中心线

C. 设备安装标高　　D. 设备精找正找平

E. 联轴器对中

【答案】B、C、D、E

【解析】A 选项“基础”的标高，属于“基础检验，划线垫铁安装”的质量控制点。

◆考法 2：案例题，考查汽轮机的安装技术要点。

【例题 2·模拟题】写出凝汽器汽侧灌水试验的合格标准。轴系中心复找工作应在凝汽器什么状态下进行？

【参考答案】

（1）灌水试验的合格标准：灌水高度宜在汽封洼窝以下 100mm，维持 24h 应无渗漏。

（2）轴系中心复找工作应在凝汽器灌水至运行重量的状态下进行。

核心考点四　电站汽轮机主要设备的安装技术要点

低压缸组合	低压外下缸	后段与前段缸体就位→调整水平、标高、找中心→试组合→清理检查垂直结合面→正式组合。 组合时汽缸找中心的基准可以用激光、拉钢丝、假轴、转子等。目前多采用拉钢丝法
	低压外上缸	试组合→检查水平、垂直结合面间隙→正式组合
	低压内缸	低压内缸就位找正、隔板调整→低压转子吊入汽缸中并定位→通流间隙调整
高、中压缸安装技术要点		（1）汽轮机高、中压缸是整体到货，现场不需要组合装配。汽轮机轴通过铺装在缸体端部的运输环对转子和汽缸的轴向、径向定位，在汽缸就位前要测量运输环轴向和径向的定位尺寸，并以制造厂家的装配记录校核，以检查缸内的转子在运输过程中是否有移动，确保通流间隙不变。

续表

高、中压缸安装技术要点	（2）高压缸或中压缸，目前多数采用上猫爪搁置在轴承支承面上的支承形式。但在高压外缸或中压外缸进行就位、找中时，不可能用上外汽缸及其猫爪来就位、找中，只能用下半汽缸来就位、找中
轴系对轮中心的找正	在轴系对轮中心找正时，首先，要以低压转子为基准；其次，对轮找中心通常都以全实缸状态进行调整；再次，各对轮找中时的开口和高低差符合制造厂技术要求；最后，一般在各不同阶段要进行多次对轮中心的复查和找正。 例如，某工程660MW超临界机组轴系中心找正内容，及其各对轮找中时的开口和高低差预留值分别为：轴系中心找正要进行多次，即：轴系初找，凝汽器灌水至运行重量后的复找，汽缸扣盖前的复找，基础二次灌浆前的复找，基础二次灌浆后的复找，轴系联结时的复找

◆考法1：选择题，考查电站汽轮机的安装技术要点。

【例题1·2015年真题】汽轮机低压外下缸组合时，气缸找中心的基准目前多采用（　　）。

A. 激光法　　B. 拉钢丝法

C. 假轴法　　D. 转子法

【答案】B

【例题2·2014年一级真题】大型汽轮发电机组轴系对轮中心找正时，应以（　　）为基准。

A. 低压转子　　B. 中压转子

C. 高压转子　　D. 电机转子

【答案】A

◆考法2：案例题，考查电站汽轮机的安装技术要点。

【例题3·2016年一级真题】

背景节选：

330MW机组轴系对轮中心初找正后，为缩短机组安装工期，钳工班组提出通过提高对中调整精度等级，在基础二次灌浆前的工序阶段，一次性对轮中心进行复查和找正，被A公司否定。

【问题】针对330MW机组轴系调整，钳工班组还应在哪些工序阶段多次对轮中心进行复查和找正?

【参考答案】还应在：① 凝汽器灌水至运行重量后；② 汽缸扣盖前；③ 基础二次灌浆后；④ 轴系联结时等不同工序阶段多次对轮中心进行复找。

核心考点五　发电机安装程序

发电机安装程序	定子就位→定子及转子水压试验→发电机穿转子→氢冷器安装→端盖、轴承、密封瓦调整安装→励磁机安装→对轮复找中心并连接→整体气密性试验等

◆考法1：选择题，考查发电机安装程序。

【例题1·2020年一级真题】发电机安装程序中，发电机穿转子的紧后工序是（　　）。

A. 端盖及轴承调整安装　　B. 氢冷器安装

C. 定子及转子水压试验　　D. 励磁机安装

【答案】B

核心考点六　发电机主要设备的安装技术要点

定子	发电机定子吊装通常采用液压提升装置吊装、专用吊架吊装和行车改装系统吊装三种方案
转子	（1）发电机转子穿装前进行单独气密性试验。待消除泄漏后，应再经漏气量试验，试验压力和允许漏气量应符合制造厂规定。 （2）发电机转子穿装 ① 发电机转子穿装工作，必须在①完成机务、电气与热工仪表的各项工作后，②对定子和转子进行最后清扫检查，并③经签证后方可进行。 ② 发电机转子穿装方法，常用的有：滑道式方法、接轴的方法、用后轴承座作平衡重量的方法、用两台跑车的方法等。具体机组采用何种方法一般由制造厂在产品说明书上明确说明，并提供专用的工具

◆考法 1：选择题，考查发电机定子吊装的方法。

【例题 1 · 2012 年一级真题】在厂房内吊装大型发电机定子的方法通常有（　　）。

A. 大型流动式起重机组合吊装　　B. 液压提升装置吊装

C. 液压提升平移吊装　　D. 专用吊装架吊装

E. 桥式起重机改装系统吊装

【答案】B、D、E

【解析】发电机定子吊装通常采用液压提升装置吊装、专用吊架吊装和行车改装系统吊装三种方案。"桥式起重机"就是"行车"。

◆考法 2：案例题，考查发电机转子安装的技术要点。

【例题 2 · 2017 年一级真题】

背景节选：

发电机转子到场后，根据施工作业文件及厂家技术文件要求，进行了发电机转子穿装前的气密性试验，重点检查了转子密封情况，试验合格后，采用滑道式方法将转子穿装就位。

【问题】发电机转子穿装常用方法还有哪些？

【参考答案】发电机转子穿装常用方法还有：接轴的方法，用后轴承座作平衡重量的方法，用两台跑车的方法。

2H313042　锅炉设备的安装技术要求

核心考点一　锅炉的组成

锅炉系统主要设备一般包括本体设备、燃烧设备和辅助设备。

本体设备	锅	由汽包（汽水分离器及储水箱）、下降管、集箱（联箱）、水冷壁、过热器、再热器、气温调节装置、排污装置、省煤器及其连接管路的汽水系统组成
	炉	由炉膛（钢架）、炉前煤斗、炉排（炉箅）、分配送风装置、燃烧器、烟道、空气预热器、除渣机等组成

续表

辅助设备	主要由燃料供应系统设备、送引风设备、汽水系统设备、除渣设备、烟气净化设备、仪表和自动控制系统设备等组成

◆考法1：选择题，考查锅炉系统的组成。

【例题1·2010年真题】电站锅炉中的炉是由燃烧器以及（　　）等组成。

A. 炉膛　　B. 过热器

C. 省煤器　　D. 烟道

E. 预热器

【答案】A、D、E

【解析】所谓"锅"是汽水系统，"炉"是燃烧系统。B选项的过热器是将饱和蒸汽加热为过热蒸汽的设备，所以是"锅"。C选项的省煤器是利用高温烟气加热给水的设备，也是"锅"。而E选项的预热器是利用低温烟气预热燃烧用的空气，所以是"炉"。

核心考点二　汽包、水冷壁的作用

汽包作用	（1）既是自然循环锅炉的一个主要部件，同时又是将锅炉各部分受热面，如下降管、水冷壁、省煤器和过热器等连接在一起的构件。 （2）它的储热能力可以提高锅炉运行的安全性。 （3）在负荷变化时，可以减缓气压变化的速度，保证蒸汽品质
水冷壁作用	大容量高温高压锅炉一般均采用膜式水冷壁。 （1）吸收炉膛内的高温辐射热量以加热工质，使烟气得到冷却，保护炉墙。 （2）在蒸发同样多水的情况下，采用水冷壁比采用对流管束节省钢材

◆考法1：选择题，考查汽包、水冷壁的作用。

【例题1·模拟题】下列不属于水冷壁作用的是（　　）。

A. 吸收热量以加热工质　　B. 使烟气得到冷却

C. 保证蒸汽品质　　D. 保护炉墙

【答案】C

核心考点三　工业锅炉安装技术要点

锅炉本体的安装程序	设备的清点检查和验收→基础验收→基础放线→设备搬运及起重吊装→钢架及梯子平台的安装→汽包安装→锅炉本体受热面的安装→尾部受热面的安装→燃烧设备的安装→附属设备安装→热工仪表保护装置安装
整装锅炉的技术安装要点	附件安装。锅炉附件安装主要包括省煤器、鼓风机及风管除尘器、引风机、烟囱以及管道、阀门、仪表、水泵等安全附件的安装。 其中整装锅炉的省煤器为整体组件出厂，安装前应进行水压试验，无渗漏方为合格
汽包安装	施工程序：汽包的划线→汽包支座的安装（汽包吊环的安装）→汽包的吊装→汽包的找正
锅炉本体受热面安装	（1）受热面管子应进行通球试验，合金材质应进行光谱复查。 （2）使用胀接工艺的受热面管，安装前要对管子进行1∶1的放样校管，管口进行退火处理。 （3）使用焊接工艺的受热面，应严格执行焊接工艺评定，受热面组件吊装选择好中心和吊装方法，确定好绑扎位置，不得将绳子捆在管束上，防止吊装时管子变形和损伤

◆**考法 1：选择题，考查工业锅炉安装技术要点。**

【例题 1 • 2020 年真题】下列设备中，属于工业整装锅炉附件的有（　　）。

A. 省煤器　　B. 引风机

C. 风管除尘器　　D. 汽包

E. 水冷壁

【答案】A、C、E

【解析】汽包、水冷壁是锅炉的本体设备。这一题容易漏选 A 选项。

核心考点四　电站锅炉主要设备的安装技术要点

受热面安装的一般程序	设备清点检查→光谱检查→通球试验→联箱找正划线→管子就位对口和焊接
锅炉受热面组合形式	锅炉受热面组合形式是根据设备的结构特征及现场的施工条件来决定的。组件的组合形式包括直立式和横卧式。 直立式组合就是按设备的安装状态来组合支架，将联箱放置在支架上部，管屏在联箱下面组装。其优点在于组合场占用面积少，便于组件的吊装；缺点在于钢材耗用量大，安全状况较差。 横卧式组合就是将管排横卧摆放在组合支架上与联箱进行组合，然后将组合件竖立后进行吊装。其优点就是克服了直立式组合的缺点；其不足在于占用组合场面积多，且在设备竖立时，若操作处理不当则可能造成设备变形或损伤

◆**考法 1：选择题，考查锅炉本体受热面安装。**

【例题 1 • 模拟题】电站锅炉本体受热面组合安装时，设备清点检查的紧后工序是（　　）。

A. 找正划线　　B. 管子就位

C. 对口焊接　　D. 光谱检查

【答案】D

【例题 2 • 2021 年真题】锅炉受热面组件采用直立式的优点是（　　）。

A. 组合场面积大　　B. 便于组件吊装

C. 钢材耗用量小　　D. 安全状况较好

【答案】B

核心考点五　锅炉热态调试与试运转

烘炉	目的：使锅炉砖墙能够缓慢地干燥，在使用时不致损裂。 分类：火焰烘炉、蒸汽烘炉、蒸汽和火焰混合烘炉
煮炉	目的：利用化学药剂在运行前清除锅内的铁锈、油脂和污垢、水垢等，以防止蒸汽品质恶化
蒸汽管路的冲洗与吹洗	范围：包括减温水管系统、锅炉过热器、再热器及过热蒸汽管道吹洗
锅炉试运行	（1）锅炉试运行必须是在烘炉煮炉合格的前提下进行。 （2）在试运行时使锅炉升压：升压应缓慢，尽量减小壁温差。 （3）认真检查人孔、焊口、法兰等部件，如发现有泄漏时应及时处理。 （4）仔细观察各联箱、锅筒、钢架、支架等的热膨胀及其位移是否正常

◆**考法 1：选择题，考查锅炉热态调试与试运转。**

【例题 1 • 模拟题】锅炉蒸汽管道冲洗吹洗范围不包括（　　）。

A. 减温水管道　　　　　　　　　　B. 省煤器

C. 过热蒸汽管道　　　　　　　　　D. 过热器

【答案】B

【解析】吹洗范围包括：①减温水管系统；②过热器；③再热器；④过热蒸汽管道。而省煤器是锅炉中利用高温烟气加热给水的设备，通的是热水，非热力管道不能参与蒸汽吹扫。

2H313043　光伏与风力发电设备的安装技术要求

核心考点一　太阳能与风力发电设备的组成

太阳能发电设备	光伏发电设备	光伏发电设备主要由光伏支架、光伏组件、汇流箱、逆变器、电气设备等组成。光伏支架包括跟踪式支架、固定支架和手动可调支架等
	光热发电设备	光热发电设备包括：集热器设备、热交换器、汽轮发电机等设备组成，其中槽式光热发电的集热器由集热器支架（驱动塔架、支架）、集热器（驱动轴、悬臂、反射镜、集热管、集热管支架、管道支架等）及集热器附件等组成；塔式光热发电的集热设备由定日镜、吸热器钢架和吸热器设备等组成
风力发电设备	风力发电设备主要包括塔筒、机舱、发电机、轮毂、叶片、电气设备等	

◆考法1：选择题，考查太阳能与风力发电设备的组成。

【例题1·2019年真题】光伏发电设备安装的常用支架有（　　）。

A. 固定支架　　　　　　　　　　B. 弹簧支架

C. 可调支架　　　　　　　　　　D. 抗震支架

E. 跟踪支架

【答案】A、C、E

【解析】光伏支架包括跟踪式支架、固定支架和手动可调支架等。弹簧支架、抗震支架，是管道工程中的支架类型。

【例题2·2021年真题】下列设备中，不属于光热发电系统的是（　　）。

A. 汇流箱　　　　　　　　　　B. 定日镜

C. 集热器　　　　　　　　　　D. 热交换器

【答案】A

【解析】汇流箱属于光伏发电设备系统。

2H313050　静置设备及金属结构的制作与安装技术

核心考点提纲

- 静置设备及金属结构的制作与安装技术
  - 静置设备的制作与安装技术要求
    - 钢制焊接常压容器
    - 压力容器
    - 储罐
    - 静设备的检验试验要求
  - 钢结构的制作与安装技术要求
    - 钢结构制作
    - 工业钢结构安装工艺技术

核心考点可考性提示

<table>
<tr><th colspan="3">核心考点</th><th>2023年可考性提示</th></tr>
<tr><td rowspan="6">2H313051　静置设备的制作与安装技术要求</td><td colspan="2">钢制焊接常压容器</td><td>★</td></tr>
<tr><td colspan="2">压力容器</td><td>★★</td></tr>
<tr><td colspan="2">储罐</td><td>★</td></tr>
<tr><td rowspan="3">静设备的检验试验要求</td><td>压力容器产品焊接试件要求</td><td>★★★</td></tr>
<tr><td>储罐的充水试验</td><td>★★★</td></tr>
<tr><td>几何尺寸检验要求</td><td>★★</td></tr>
<tr><td rowspan="4">2H313052　钢结构的制作与安装技术要求</td><td colspan="2">钢结构制作</td><td>★</td></tr>
<tr><td rowspan="3">工业钢结构安装工艺技术</td><td>金属结构安装一般程序</td><td>★★</td></tr>
<tr><td>钢结构紧固连接要求</td><td>★★</td></tr>
<tr><td>钢构件组装和钢结构安装要求</td><td>★★</td></tr>
</table>

核心考点剖析

2H313051　静置设备的制作与安装技术要求

工业机电工程所涉及的主要静置设备包括：钢制焊接常压容器、压力容器、固体料仓、储罐、气柜等。

核心考点一　钢制焊接常压容器

制作技术	焊接工艺评定报告、焊接工艺规程、施焊记录及焊工的识别标记，应保存3年
验收要求	（1）容器出厂质量证明文件应包括三部分： ①产品合格证。 ②容器说明书，至少应包括下列内容：容器特性（包括设计压力、试验压力、设计温度、工作介质）；容器总图；容器主要零部件表；容器热处理状态与禁焊等特殊说明。 ③质量证明书，至少应包括下列内容： 主要零部件材料的化学成分和力学性能； 无损检测结果； 压力试验结果； 与图样不符的项目。 （2）容器铭牌应固定于容器明显的位置。容器铭牌内容应包括：制造单位名称；制造单位对该容器产品的编号；制造日期；设计压力；试验压力；设计温度；容器重量

◆考法1：选择题，考查钢制焊接常压容器的验收要求。

【例题1·模拟题】钢制焊接常压容器的质量证明书包括（　　）。

A. 容器特性　　B. 无损检测结果

C. 热处理状态　　D. 压力试验结果

E. 主要零部件化学成分

【答案】B、D、E

【解析】选项A、C属于容器说明书包括的内容。

核心考点二　压力容器

<table>
<tr><td>分类</td><td>按特种设备目录分类，压力容器分类为：固定式压力容器、移动式压力容器、气瓶和氧舱</td></tr>
<tr><td rowspan="6">安装技术</td><td>安装许可：属于特种设备，施工单位应获得安装资质，安装前办理“施工告知”</td></tr>
<tr><td>安装程序和方法
（1）整体安装：施工准备→吊装就位→找平找正→灌浆抹面→内件安装→检查封闭。
（2）分段（片）安装方法：采用卧装法或立式正（倒）装法施工</td></tr>
<tr><td>卧式容器
（1）设备支座的底面作为安装标高的基准。
（2）设备两侧水平方位线作为水平度的测量基准。
（3）卧式设备滑动端基础预埋板的上表面应光滑平整，不得有挂渣、飞溅物。混凝土基础抹面不得高出预埋板的上表面。检验方法：用水准仪、水平尺现场测量
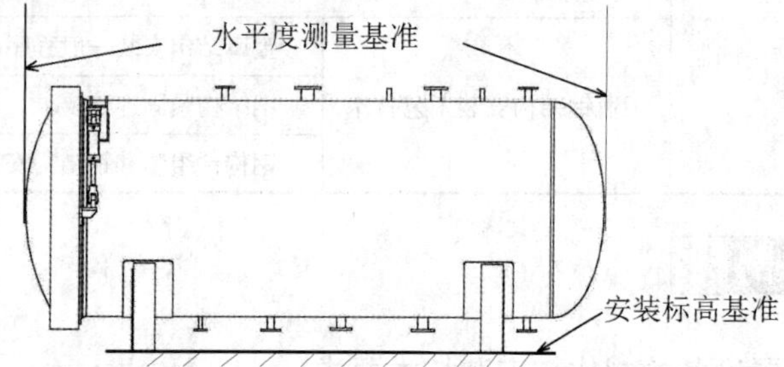
</td></tr>
<tr><td>管壳式换热器
（1）前后应留出抽管束、拆头盖等的拆装空间。
（2）必要时，安装前应进行耐压试验。
（3）现场进行管束抽芯检查后，还应进行耐压试验，图样有规定时还应进行泄漏试验</td></tr>
<tr><td>钢制球形储罐（简称球罐）
（1）散装法：适用于各种规格形式的球罐组装，是目前国内应用最广泛、技术成熟的方法。其施工程序为：施工准备→支柱上、下段组装→赤道带安装→下温带安装→下寒带安装→上温带安装→上寒带安装→上、下极安装→调整及组装质量总体检查。
（2）分带法：宜用于公称容积不大于 2000m^3 的球罐组装。
（3）球罐的焊接顺序：
焊接程序原则：先焊纵缝，后焊环缝；先焊短缝，后焊长缝；先焊坡口深度大的一侧，后焊坡口深度小的一侧。
（4）球罐焊后热处理：
球形罐根据设计图样要求、盛装介质、厚度、使用材料等确定是否进行焊后整体热处理。球形罐焊后热处理应在压力试验前进行
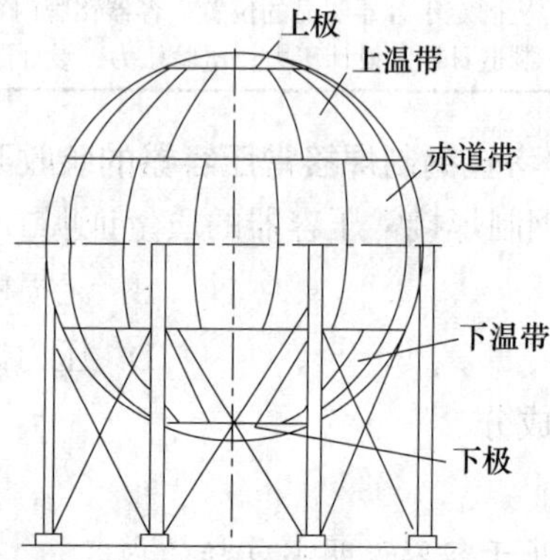
</td></tr>
</table>

◆**考法 1：选择题，考查压力容器。**

【例题 1 · 2021 年真题】卧式不锈钢容器安装的说法中，正确的是（　　）。

A. 设备筒体中心线为安装标高的基准

B. 设备筒体两侧水平方位线为水平度检测基准

C. 滑动端基础预埋板上表面低于基础抹面层上表面

D. 试压水温宜设定为 4℃

【答案】B

【解析】A 选项，设备支座的底面作为安装标高的基准。C 选项，基础抹面不得高出预埋板的上表面，也就是基础预埋板上表面应高于抹面。D 选项，水压试验时，温度不得低于 5℃。所以本题正确选项是 B。

核心考点三　储罐

制作与安装技术	1. 储罐壁板 （1）正装法。大型浮顶罐一般采用正装法施工。 （2）倒装法的施工程序是：施工准备→罐底板铺设→在铺好的罐底板上安装最上圈壁板→制作并安装罐顶→整体提升→安装下一圈壁板→整体提升→……直至最下一圈壁板，依次从上到下地进行安装。 倒装法安装基本是在地面上进行作业，避免了高空作业，保证了安全生产，有利于提高质量和工效，目前在储罐施工中被广泛采用
	2. LNG 储罐 （1）所有用于主液体容器和次液体容器的板材都应分别独立搬运和存放，以使各种材料不会互混。要采取足够的防风保护措施。“低温材料”应做适当标记。 （2）各种临时附件应使用与要附着的材料相同材质，使用相同的焊接工艺进行焊接。临时附件应使用热切割、刨削或打磨的方法除掉。在热切割或刨削焊缝以后，应保留 2mm 材料，并磨平到光滑表面；在除掉临时附件以后，应进行表面无损检测。不允许在薄膜上焊接临时附件。 （3）单容罐、双容罐和全容罐的主液体容器和次液体容器，应保证罐壁最厚板和罐壁最薄板的纵焊缝以及每一种相应的焊接工艺至少各制作一块产品焊接试板

◆**考法 1：选择题，考查储罐制作与安装技术。**

【例题 1 · 模拟题】LNG 储罐安装的说法中，错误的是（　　）。

A. 所有用于主液体容器和次液体容器的板材都应分别独立搬运和存放

B. 各种临时附件应使用与要附着的材料使用不同的焊接工艺进行焊接

C. 不允许在薄膜上焊接临时附件

D. 在热切割或刨削焊缝以后，应保留 2mm 材料，并磨平到光滑表面

【答案】B

【解析】各种临时附件应使用与要附着的材料相同的材质，使用相同的焊接工艺进行焊接。

核心考点四　压力容器产品焊接试件要求

试验目的及方法	为检验产品焊接接头的力学性能和弯曲性能，应制作产品焊接试件，制取试样，进行拉力、弯曲和规定的冲击试验
试件制备	产品焊接试件的材料、焊接和热处理工艺，应在其所代表的受压元件焊接接头的焊接工艺评定合格范围内；

续表

试件制备	产品焊接试件由参与本台压力容器产品的焊工焊接，焊接后打上焊工和检验员代号钢印； 圆筒形压力容器的产品焊接试件，应当在筒节纵向焊缝的延长部分，采用与施焊压力容器相同的条件和焊接工艺同时焊接； 现场组焊的每台球形储罐应制作立焊、横焊、平焊加仰焊位置的产品焊接试件各一块（注意：是3块焊接试件）； 球罐的产品焊接试件应由施焊该球形储罐的焊工在与球形储罐焊接相同的条件和焊接工艺情况下焊接
试件检验	产品焊接试件经外观检查和射线（或超声）检测，如不合格，允许返修，如不返修，可避开缺陷部位截取试样

◆考法1：选择题，考查压力容器产品焊接试件要求。

【例题1·2011年真题】球形罐的产品焊接试板应在（　　），由施焊该球形罐的焊工采用相同条件和焊接工艺进行焊接。

A. 球形罐正式焊前　　B. 焊接球形罐产品的同时

C. 球形罐焊接缝检验合格后　　D. 水压试验前

【答案】B

【例题2·2012年真题】关于压力容器产品焊接试板要求的说法，错误的是（　　）。

A. 产品焊接试板经外观检查

B. 产品焊接试板由焊接产品的焊工焊接

C. 现场组焊的球罐只制作立、横产品焊接试板

D. 产品焊接试板经射线检测

【答案】C

【解析】现场组焊的每台球形储罐应制作立焊、横焊、平焊加仰焊位置的产品焊接试件各一块。

【例题3·2014年真题】关于压力容器焊接试板要求的说法，正确的有（　　）。

A. 试板应采用与施焊压力容器相同的条件和工艺在试验场完成操作

B. 试板应由该压力容器的施焊焊工进行焊接

C. 试板检测不合格，允许返修

D. 不得刻意避开试板焊缝外观不合格的部分截取试样

E. 焊接试板应同炉、同工艺随容器进行热处理

【答案】B、C、E

【解析】A不正确，应与施焊压力容器同时完成；D不正确，可避开缺陷部位截取试样。

核心考点五　储罐的充水试验

基本要求	（1）储罐建造完毕，应进行充水试验。并应检查：罐底严密性，罐壁强度及严密性，固定顶的强度、稳定性及严密性，浮顶及内浮顶的升降试验及严密性，浮顶排水管的严密性等。 （2）进行基础的沉降观测
充水试验前应具备的条件	所有附件及其他与罐体焊接的构件，应全部完工，并检验合格；所有与严密性试验有关的焊缝，均不得涂刷油漆

续表

试验介质及充水	（1）一般情况下，充水试验采用洁净水；特殊情况下，如采用其他液体充水试验，必须经有关部门批准。 （2）对不锈钢罐，试验用水中氯离子含量不得超过25mg/L（25ppm）。试验水温均不低于5℃。 （3）充水试验中应进行基础沉降观测。如基础发生设计不允许的沉降，应停止充水，待处理后，方可继续进行试验。充水和放水过程中，应打开透光孔，且不得使基础浸水

◆考法 1：选择题，考查储罐的充水试验。

【例题 1・2020 年真题】金属浮顶罐充水试验的检验内容主要有（　　）。

A. 罐壁强度　　B. 浮顶升降试验

C. 储罐容积　　D. 排水管严密性

E. 罐底严密性

【答案】A、B、D、E

【例题 2・2018 年真题】下列关于储罐充水试验规定的说法，错误的是（　　）。

A. 充水试验采用洁净水　　B. 试验水温不低于 5℃

C. 充水试验的同时进行基础沉降观测　　D. 放水过程中应关闭透光孔

【答案】D

【解析】充水放水过程中应打开透光孔。

◆考法 2：案例题，考查储罐的充水试验。

【例题 3・2016 年真题】

背景节选：

储罐建造完毕，施工单位编制了充水试验方案，检查罐底的严密性，罐体的强度、稳定性。监理工程师认为检查项目有遗漏，要求补充。

【问题】储罐充水试验中，还要检查哪些项目？

【参考答案】储罐充水试验中，还要检查：（1）浮顶的升降性；（2）浮顶的严密性；（3）浮顶（中心）排水管的严密性；（4）基础的沉降观测。

核心考点六　几何尺寸检验要求

球罐	（1）球罐焊后几何尺寸检查内容包括：壳板焊后的棱角检查，两极间内直径及赤道截面的最大内直径检查，支柱垂直度检查。 （2）零部件安装后的检查，包括人孔、接管的位置、外伸长度、法兰面与管中心轴线垂直度检查
储罐	（1）储罐罐体几何尺寸检查内容包括：罐壁高度偏差，罐壁垂直度偏差，罐壁焊缝棱角度和罐壁的局部凹凸变形，底圈壁板内表面半径偏差。 （2）罐底、罐顶焊接后检查内容包括：罐底焊后局部凹凸变形，浮顶局部凹凸变形，固定顶的成型及局部凹凸变形

◆考法 1：选择题，考查球罐或储罐的几何尺寸检验要求。

【例题 1・模拟题】储罐罐体几何尺寸检查内容包括（　　）。

A. 罐壁高度偏差　　B. 罐壁垂直度偏差

C. 赤道带最大内直径偏差　　D. 支柱垂直度偏差

E. 罐壁焊缝棱角度

【答案】A、B、E

【解析】"赤道带""支柱"都是球罐中的名词。

◆考法 2：案例题，考查球罐或储罐的几何尺寸检验要求。

【例题 2·2018 年真题】

背景节选：

储罐施工过程中，项目部对罐体质量控制实施了"三检制"，并对储罐罐壁几何尺寸进行了检查，检查内容包括罐壁高度偏差、罐壁垂直度偏差和罐壁焊缝棱角度，检查结果符合标准规范的要求。

【问题】储罐罐壁几何尺寸的检查还需补充什么内容？说明现场储罐罐壁几何尺寸检查的方法。

【参考答案】(1) 罐体几何尺寸的检查内容还需补充：① 罐壁的局部凹凸变形；② 底圈壁板内表面半径偏差。

(2) 现场储罐质量检查方法是实测法（这是第二章质量管理中的知识点）。

2H313052　钢结构的制作与安装技术要求

核心考点一　钢结构制作

金属结构制作工艺要求	(1) 钢材切割面应无裂纹、夹渣、分层等缺陷和大于 1mm 的缺棱，并应全数检查。 (2) 碳素结构钢在环境温度低于 −16℃、低合金结构钢在环境温度低于 −12℃时，不应进行冷矫正和冷弯曲。碳素结构钢和低合金结构钢在加热矫正时，加热温度应为 700～800℃，最高温度严禁超过 900℃，最低温度不得低于 600℃。低合金结构钢在加热矫正后应自然冷却。 (3) 矫正后的钢材表面，不应有明显的凹面或损伤，划痕深度不得大于 0.5mm，且不应大于该钢材厚度允许负偏差的 1/2。 (4) 金属结构制作焊接，应根据工艺评定编制焊接工艺文件。对于有较大收缩或角变形的接头，正式焊接前应采用预留焊接收缩裕量或反变形方法控制收缩和变形；长焊缝采用分段退焊、跳焊法或多人对称焊接法焊接

◆考法 1：选择题，考查金属结构制作工艺要求。

【例题 1·模拟题】钢材切割面应无（　　）缺陷，并应全数检查。

A. 裂纹　　B. 气孔

C. 夹渣　　D. 分层

E. 大于 1mm 的缺棱

【答案】A、C、D、E

核心考点二　金属结构安装一般程序

钢结构安装的主要环节	(1) 基础验收与处理。 (2) 钢构件复查。 (3) 钢结构安装。 (4) 涂装（防腐涂装和 / 或防火涂装）
工业钢结构安装程序	钢结构一般安装程序为：构件检查→基础复查→钢柱安装→支撑安装→梁安装→平台板（层板、屋面板）安装→围护结构安装

◆**考法 1：选择题，考查金属结构安装一般程序。**

【例题 1 · 2019 年真题】下列作业活动中，属于工业钢结构安装主要环节的有（　　）。

A. 钢结构安装　　　　　　　　B. 作业地面整平

C. 钢构件制作　　　　　　　　D. 基础验收找平

E. 防腐蚀涂装

【答案】A、D、E

【解析】看清题干中“安装”主要环节，所以不可能包括“钢结构制作”。

【例题 2 · 2021 年真题】下列工序中不属于工业钢结构一般安装程序的是（　　）。

A. 部件加工　　　　　　　　B. 构件检查

C. 基础复查　　　　　　　　D. 钢柱安装

【答案】A

【解析】“部件加工”属于“钢结构制作”，而不是“安装程序”的内容。

◆**考法 2：案例题，简答钢结构安装的主要环节有哪些。**

核心考点三　钢结构紧固连接要求

一般规定	钢结构制作和安装单位，应按现行国家标准《钢结构工程施工质量验收标准》GB 50205—2020 的有关规定分别进行高强度螺栓连接摩擦面的抗滑移系数试验，其结果应符合设计要求。当高强度螺栓连接节点按承压型连接或张拉型连接进行强度设计时，可不进行摩擦面抗滑移系数的试验
高强度螺栓连接的要求	（1）高强度螺栓连接处的摩擦面可根据设计抗滑移系数的要求选择处理工艺，抗滑移系数应符合设计要求。采用手工砂轮打磨时，打磨方向应与受力方向垂直，且打磨范围不应小于螺栓孔径的 4 倍。 （2）经表面处理后的高强度螺栓连接摩擦面要求： 1）连接摩擦面应保持干燥、清洁。 2）经处理后的摩擦面应采取保护措施，不得在摩擦面上做标记。 3）摩擦面采用生锈处理方法时，安装前应以细钢丝刷垂直于构件受力方向除去摩擦面上的浮锈。 （3）高强度大六角头螺栓连接副应由一个螺栓、一个螺母和两个垫圈组成；扭剪型高强度螺栓连接副应由一个螺栓、一个螺母和一个垫圈组成

◆**考法 1：选择题，考查高强度螺栓连接要求。**

【例题 1 · 2017 年一级真题】连接钢结构的高强度螺栓安装前，高强度螺栓连接摩擦面应进行（　　）试验。

A. 贴合系数　　　　　　　　B. 扭矩

C. 抗滑移系数　　　　　　　D. 抗剪切系数

【答案】C

核心考点四　钢构件组装和钢结构安装要求

构件组装和钢结构安装要求	（1）焊接 H 型钢的翼缘板拼接缝和腹板拼接缝的间距不应小于 200mm。翼缘板拼接长度不应小于 2 倍板宽；腹板拼接宽度不应小于 300mm，拼接长度不应小于 600mm。 （2）吊车梁和吊车桁架安装就位后不应下挠。 （3）多节柱安装时，每节柱的定位轴线应从地面控制轴线直接引上，不得从下层柱的轴线引上，避免造成过大的积累误差。 （4）钢网架结构总拼完成后及屋面工程完成后应分别测量其挠度值，且所测的挠度值不应超过相应设计值的 1.15 倍。 （5）薄涂型防火涂料的涂层厚度应符合有关耐火极限的设计要求。厚涂型防火涂料涂层的厚度，80% 及以上面积应符合有关耐火极限的设计要求，且最薄处厚度不应低于设计要求的 85%

◆**考法 1：选择题，考查钢构件组装和钢结构安装要求。**

【例题 1 · 2012 年真题】多节柱钢构件安装时，为避免造成过大的积累误差，每节柱的定位轴线应从（　　）直接引上。

A. 地面控制轴线　　B. 下一节柱轴线

C. 中间节柱轴线　　D. 最高一节柱轴线

【答案】A

◆**考法 2：案例题，考查钢构件组装和钢结构安装要求。**

【例题 2 · 2021 年真题】

背景节选：

某公司承接一项体育馆机电安装工程，建筑高度 35m，屋面结构为复杂钢结构，其下方布置空调除湿、虹吸雨等机电管线，安装高度 18～28m。混凝土预制看台板下方机电管线的吊架采用焊接 H 型钢作为转换支架，规格为 WH350×350。在 H 型钢转换支架制作过程中，监理工程师检查发现有 H 型钢存在拼接不符合安装要求的情况，详见下图，项目部组织施工人员返工后合格。

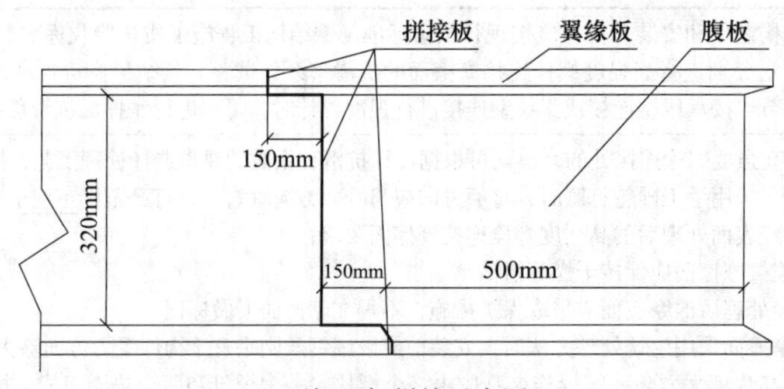

H 型钢现场拼接示意图

【问题】请指出 H 型钢拼接有哪些做法不符合安装要求？正确做法是什么？

【参考答案】（1）焊接 H 型钢的翼缘板拼接缝和腹板拼接缝的间距 150mm 不符合安装要求。正确做法：焊接 H 型钢的翼缘板拼接缝和腹板拼接缝的间距不宜小于 200mm。

（2）翼缘板拼接长度为 500mm 不符合安装要求。正确做法：翼缘板拼接长度不应小于 2 倍板宽且不小于 600mm。

2H313060　自动化仪表工程安装技术

核心考点提纲

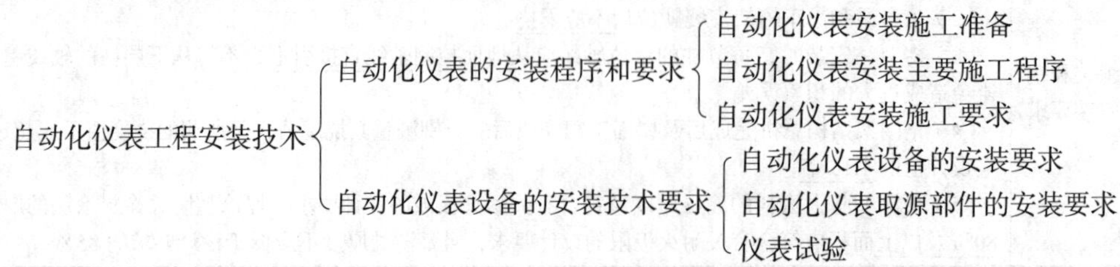

核心考点可考性提示

核心考点		2023 年可考性提示
2H313061 自动化仪表的安装程序和要求	自动化仪表安装施工准备	★
	自动化仪表安装主要施工程序	★★
	自动化仪表安装施工要求	★
2H313062 自动化仪表设备的安装技术要求	自动化仪表设备的安装要求	★★
	自动化仪表取源部件的安装要求	★★★
	仪表试验	★★★

核心考点剖析

2H313061 自动化仪表的安装程序和要求

核心考点一 自动化仪表安装施工准备

施工现场准备	（1）仪表安装前的校准和试验应在室内进行，仪表调校室的设置应符合以下要求：应避开振动大、灰尘多、噪声大和有强磁场干扰的地方；应有符合调校要求的交、直流电源及仪表气源；应保证室内清洁、安静、光线充足、通风良好；室内温度维持在 10～35℃之间，空气相对湿度不大于 85%。 （2）仪表试验的电源电压应稳定。交流电源及 60V 以上的直流电源电压波动范围应为 ±10%。60V 以下的直流电源电压波动范围应为 ±5%
施工机具和标准仪器的准备	用于仪表校准和试验的标准仪器、仪表应具备有效的计量检定合格证书，其基本误差的绝对值，不宜超过被校准仪表基本误差绝对值的 1/3
仪表设备及材料的保管要求	（1）精密设备，宜存放在温度为 5～40℃、相对湿度不大于 80% 的保温库内。 （2）设备由温度低于 -5℃的环境移入保温库时，应在库内放置 24h 后再开箱。 （3）仪表设备及材料在安装前的保管期限，不应超过 1 年

◆考法 1：单项选择题，考查自动化仪表安装施工准备。

【例题 1·模拟题】仪表试验电源电压为直流 50V，其电压波动应在（　　）之间。

A. 47.5～52.5V　　B. 45～55V

C. 40～60V　　D. 30～70V

【答案】A

【解析】60V 以下的直流电源波动范围应为 ±5%，所以波动范围为 47.5～52.5V。

核心考点二 自动化仪表安装主要施工程序

自动化仪表施工的原则	先土建后安装；先地下后地上；先安装设备再配管布线；先两端（控制室、就地盘和现场仪表）后中间（电缆槽、接线盒、保护管、电缆、电线和仪表管道等）
仪表设备安装应遵循的原则	先里后外；先高后低；先重后轻
仪表调校应遵循的原则	先取证后校验；先单校后联校；先单回路后复杂回路；先单点后网络
自动化仪表安装施工程序	施工准备→配合土建制作安装盘柜基础→盘柜、操作台安装→电缆槽、接线箱（盒）安装→取源部件安装→仪表单体校验、调整安装→电缆敷设→仪表管道安装→仪表电源设备试验→综合控制系统试验→回路试验、系统试验→投运→竣工资料编制→交接验收
仪表管道的类型	仪表管道有测量管道、气动信号管道、气源管道、液压管道和伴热管道等

◆**考法1：单项选择题，考查自动化仪表安装主要施工程序。**

【例题1·2010年真题】自动化仪表工程施工的原则是（　　）。

A. 先地上后地下　　B. 先配管后安装设备

C. 先中间后两端　　D. 先安装设备后布线

【答案】D

【例题2·2011年真题】自动化仪表工程施工的原则是（　　）。

A. 先地上后地下，先两端后中间，先土建后安装，先设备后配管布线

B. 先土建后安装，先中间后两端，先设备后配管布线，先地上后地下

C. 先配管布线后设备，先土建后安装，先两端后中间，先地下后地上

D. 先两端后中间，先地下后地上，先设备后配管布线，先土建后安装

【答案】D

【例题3·2012年真题】自动化仪表设备安装应遵循的程序是（　　）。

A. 先里后外，先低后高，先轻后重　　B. 先外后里，先低后高，先重后轻

C. 先外后里，先高后低，先轻后重　　D. 先里后外，先高后低，先重后轻

【答案】D

【例题4·2020年真题】自动化仪表安装施工程序中，“综合控制系统试验”的紧后工序是（　　）。

A. 投运　　B. 回路试验、系统试验

C. 交接验收　　D. 仪表电源设备试验

【答案】B

核心考点三　自动化仪表安装施工要求

交接验收	（1）仪表工程的回路试验和系统试验进行完毕，即可开通系统投入运行。 （2）仪表工程连续48h开通投入运行正常后，即具备交接验收条件。 （3）编制并提交仪表工程竣工资料

◆**考法1：单项选择题，考查自动化仪表安装施工要求。**

【例题1·2018年真题】自动化仪表工程须连续投入运行（　　），运行正常后方具备交接验收条件。

A. 24h　　B. 36h

C. 48h　　D. 72h

【答案】C

2H313062　自动化仪表设备的安装技术要求

核心考点一　自动化仪表设备的安装要求

一般规定	（1）设计文件规定需要脱脂的仪表，应经脱脂检查合格后安装。 （2）直接安装在管道上的仪表，宜在管道吹扫后安装，当必须与管道同时安装时，在管道吹扫前应将仪表拆下。 （3）直接安装在管道上的仪表，应随同设备或管道系统进行压力试验。 （4）仪表上接线箱（盒）应采取密封措施，引入口不宜朝上

流量检测仪表	（1）节流件安装应符合下列规定：安装前应进行清洗，清洗时不应损伤节流件；节流件必须在管道吹洗后安装；节流件安装方向，必须使流体从节流件的上游端面流向节流件的下游端面，孔板的锐边或喷嘴的曲面侧迎着被测流体的流向。 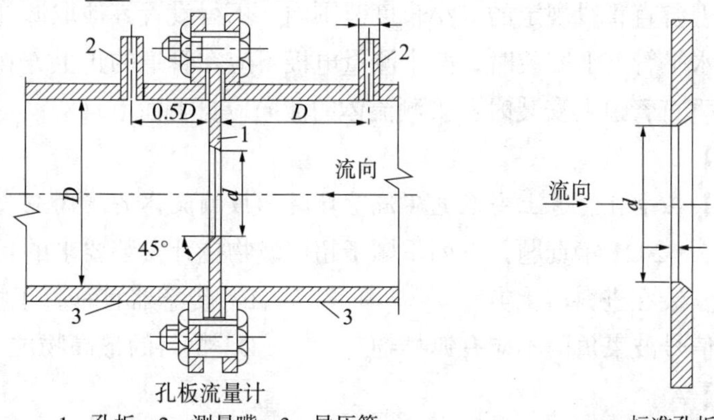 孔板流量计 1—孔板；2—测量嘴；3—导压管 标准孔板 在水平和倾斜的管道上安装的孔板或喷嘴，当有排泄孔流体为液体时，排泄孔的位置应在管道的正上方，流体为气体或蒸汽时，排泄孔的位置应在管道的正下方；节流件的断面应垂直于管道轴线，其允许偏差应为 1°，节流件应与管件或夹持件同轴。 （2）质量流量计应安装于被测流体完全充满的水平管道上。测量气体时，箱体管应置于管道上方，测量液体时，箱体管应置于管道下方。 （3）电磁流量计安装，应符合以下规定：流量计外壳、被测流体和管道连接法兰之间应等电位接地连接；在垂直的管道上安装时，被测流体的流向应自下而上，在水平的管道上安装时，两个测量电极不应在管道的正上方和正下方位置；流量计上游直管段长度和安装支撑方式应符合设计文件规定。 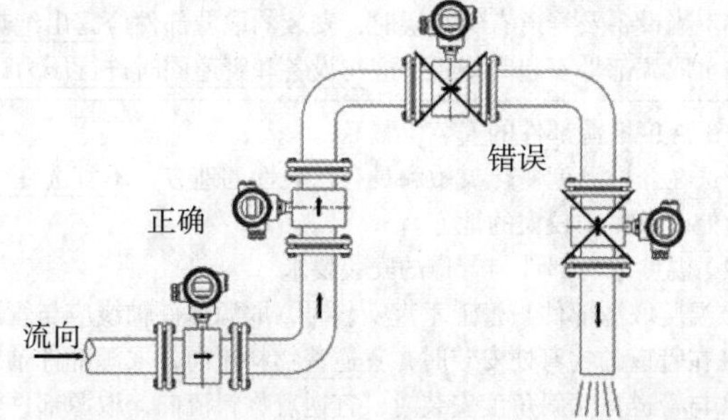 （4）超声波流量计上下游直管段长度应符合设计文件规定；对于水平管道，换能器的位置应在与水平直线成 45° 夹角的范围内；被测管道内壁不应有影响测量精度的结垢层或涂层
物位检测仪表	（1）浮筒液位计的安装应使浮筒呈垂直状态。 （2）用差压计或差压变送器测量液位时，仪表安装高度不应高于下部取压口。 （3）超声波物位计的安装应符合下列要求：不应安装在进料口的上方；传感器宜垂直于物料表面；在信号波束角内不应有遮挡物；物料的最高物位不应进入仪表的盲区 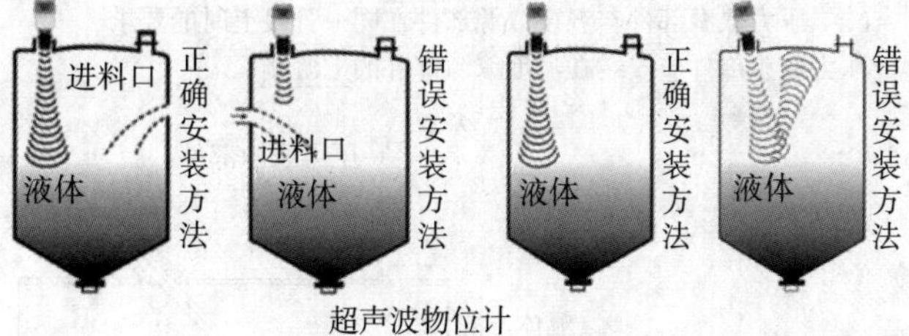 超声波物位计
成分分析和物性检测仪表	可燃气体检测器和有毒气体检测器的安装位置应根据被测气体的密度确定。被测气体密度大于空气时，检测器应安装在距地面 200～300mm 处，其密度小于空气时，检测器应安装在泄漏域的上方位置

◆**考法 1：单项选择题，考查自动化仪表设备的安装要求。**

【例题 1·2021 年真题】关于电磁流量计安装的说法，错误的是（　　）。

A. 流量计外壳，被测流体和管道连接法兰之间应等电位接地连接

B. 在上游直管段规定的最小长度范围内，不得设置其他取源部件

C. 在水平管道上安装时，两个测量电极不应在管道的正上方和正下方位置

D. 在垂直管道上安装时，被测流体的流向应自上而下

【答案】D

【解析】在垂直管道上安装电磁流量计时，被测流体的流向应自下而上。

【例题 2·2021 年真题】下列不属于超声波物位计安装要求的是（　　）。

A. 应安装在进料口上方　　B. 传感器宜垂直于物料表面

C. 在信号波束角内不应有遮挡物　　D. 物料的最高物位不应进入仪表的盲区

【答案】A

【解析】超声波物位计不应安装在进料口上方。

核心考点二　自动化仪表取源部件的安装要求

一般规定	（1）取源部件的安装，应在工艺设备制造或工艺管道预制、安装的同时进行。 （2）安装取源部件的开孔与焊接必须在工艺管道或设备的防腐、衬里、吹扫和压力试验前进行。 （3）在高压、合金钢、有色金属的工艺管道和设备上开孔时，应采用机械加工的方法。 （4）在砌体和混凝土浇筑体上安装的取源部件应在砌筑或浇筑的同时埋入，当无法做到时，应预留安装孔。 （5）安装取源部件时，不应在焊缝及其边缘上开孔及焊接。 （6）当设备及管道有绝热层时，安装的取源部件应露出绝热层外。 （7）取源部件安装完毕后，应与设备和管道同时进行压力试验
温度取源部件	（1）温度取源部件的安装位置 要选在介质温度变化灵敏和具有代表性的地方，不宜选在阀门等阻力部件的附近和介质流束呈现死角处以及振动较大的地方。 （2）温度取源部件与管道的安装要求 ① 温度取源部件与管道垂直安装时，取源部件轴线应与管道轴线垂直相交。 ② 在管道的拐弯处安装时，宜逆着物料流向，取源部件轴线应与管道轴线相重合。 ③ 与管道呈倾斜角度安装时，宜逆着物料流向，取源部件轴线应与管道轴线相交
压力取源部件	（1）在水平和倾斜管道上的安装要求 ① 测量气体压力时，取压点的方位在管道的上半部。 ② 测量液体压力时，取压点的方位在管道的下半部与管道的水平中心线成 0°～45° 夹角的范围内。 ③ 测量蒸汽压力时，取压点的方位在管道的上半部，或者下半部与管道水平中心线成 0°～45° 夹角的范围内。 （2）压力取源部件与温度取源部件在同一管段上时的要求 压力取源部件应安装在温度取源部件的上游侧。 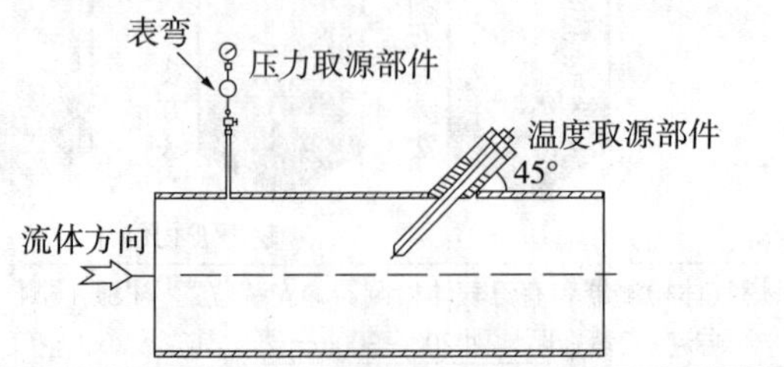

续表

流量取源部件	（1）流量取源部件上、下游直管段的最小长度，应符合设计文件的规定。 （2）在上、下游直管段的最小长度范围内，不得设置其他取源部件或检测元件。 （3）直管段内表面应清洁，无凹坑和凸出物。 （4）节流装置在水平和倾斜的管道上时，取压口的方位应符合下列要求： ① 当测量气体流量时，取压口在管道的上半部。 ② 当测量液体流量时，取压口在管道的下半部与管道水平中心线成 0° ～45° 夹角的范围内。 ③ 当测量蒸汽流量时，取压口在管道的上半部与管道水平中心线成 0° ～45° 夹角的范围内
分析取源部件	（1）分析取源部件应安装在压力稳定、能灵敏反映真实成分变化和取得具有代表性分析样品的位置。 （2）取样点的周围不应有层流、涡流、空气渗入、死角、物料堵塞或非生产过程的化学反应。 （3）在水平或倾斜的管道上安装分析取源部件时，其安装方位的要求与安装压力取源部件的取压点要求相同

◆考法 1：单项选择题，考查自动化仪表取源部件的安装要求。

【例题 1 · 2015 年真题】自动化仪表的取源部件安装，做法正确的是（　　）。

A. 在工艺管道的防腐、衬里、吹扫后开孔和焊接

B. 同一管段上的压力取源部件安装在温度取源部件下游侧

C. 温度取源部件在管道上垂直安装时，应与管道轴线垂直相交

D. 温度取源部件应近邻阀门出口侧安装

【答案】C

【解析】A 选项，应在防腐、衬里、吹扫前开孔和焊接；B 选项，压力取源部件应安装在上游侧；D 选项，温度取源部件不宜选在阀门等阻力部件的附近。

【例题 2 · 2013 年真题】当取源部件设置在管道的下半部与管道水平中心线成 0° ～45° 夹角范围内时，其测量的参数是（　　）。

A. 气体压力　　　　B. 气体流量

C. 蒸汽压力　　　　D. 蒸汽流量

【答案】C

【解析】结合图形理解该知识点。注意区分测蒸汽压力、测蒸汽流量时取压点的方位。

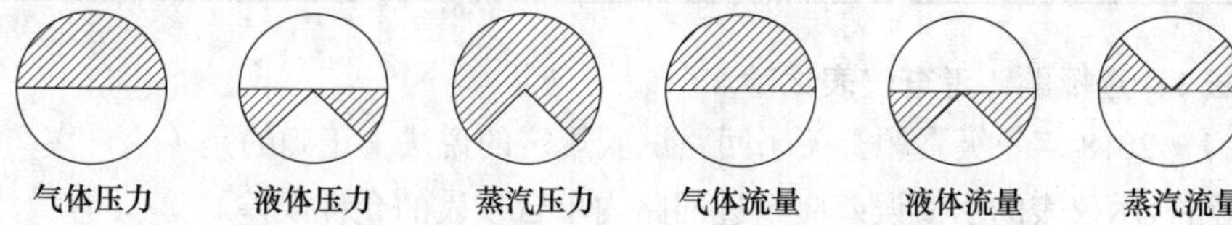

◆考法 2：案例实操题，考查自动化仪表取源部件的安装要求。

【例题 3 · 2021 年真题】

背景节选：

在设备机房施工期间，现场监理工程师发现某工艺管道取源部件的安装位置如下图所示，认为该安装位置不符合规范要求，要求项目部整改。施工期间，露天水平管道绝热施工验收合格后，进行金属薄板保护层施工时，施工人员未严格按照技术交底文件施工，水平管道纵向接缝不符合规范规定，被责令改正。

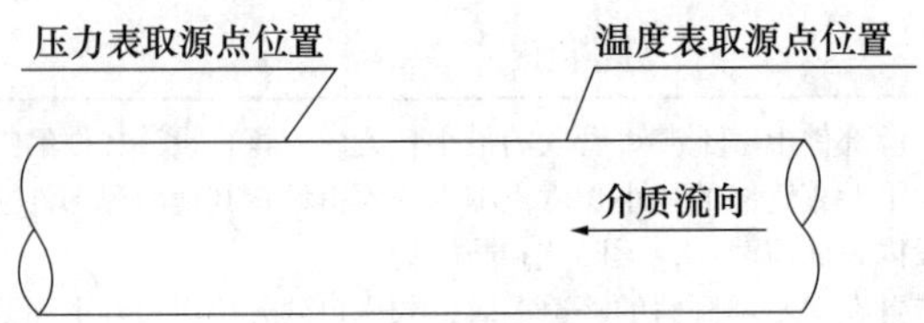

【问题】图中气体管道压力表与温度表取源部件位置是否正确？说明理由。蒸汽管道的压力表取压点安装方位有何要求？

【参考答案】（1）气体管道压力表与温度表取源部件位置不正确。

（2）理由：压力取源部件应安装在温度取源部件的上游侧。

（3）测量蒸汽压力时，取压点的方位在管道的上半部，或者下半部与管道水平中心线成 0°～45° 夹角的范围内。

核心考点三　仪表试验

一般规定	（1）仪表工程在系统投用前应进行回路试验。仪表回路试验的电源和气源宜由正式电源和气源供给。 （2）用于仪表校准和试验的标准仪器仪表，应具备有效的计量检定合格证明，其基本误差的绝对值不宜超过被校准仪表基本误差绝对值的 1/3。在选择试验用的标准仪器仪表时，至少应保证其准确度比被校准仪表高一个等级。 （3）温度检测仪表的校准试验点不应少于 2 点。直接显示温度计的示值误差应符合仪表准确度的规定。热电偶和热电阻可在常温下对元件进行检测，可不进行热电性能试验。 （4）浮筒式液位计可采用干校法或湿校法校准。 （5）电源设备的带电部分与金属外壳之间的绝缘电阻，当采用 500V 兆欧表测量时，不应小于 5MΩ。 （6）综合控制系统在回路试验和系统试验前应在控制室内对系统本身进行试验。试验项目应包括组成系统的各操作站、工程师站、控制器、个人计算机和管理计算机、总线和通信网络等设备的硬件和软件的有关功能试验
检测回路试验	检测回路的试验应符合下列要求： （1）在检测回路的信号输入端输入模拟被测变量的标准信号，回路的显示仪表部分的示值误差，不应超过回路内各单台仪表允许基本误差平方和的平方根值。 （2）温度检测回路可在检测元件的输出端向回路输入电阻值或毫伏值模拟信号。 （3）现场不具备模拟被测变量信号的回路，应在其可模拟输入信号的最前端输入信号进行回路试验

◆考法 1：选择题，考查仪表试验。

【例题 1 • 2018 年一级真题】关于回路试验规定的说法，正确的是（　　）。

A. 回路显示仪表的示值误差应超过回路内单台仪表的允许误差

B. 温度检测回路不能在检测元件的输出端向回路输入模拟信号

C. 现场不具备模拟信号的测量回路应在最末端输入信号

D. 控制回路的执行器带有定位器时应同时进行试验

【答案】D

【解析】在检测回路的信号输入端输入模拟被测变量的标准信号，回路的显示仪表部分的示值误差，“不应超过”回路内各单台仪表允许基本误差平方和的平方根值，因此 A 选项说法错误。温度检测回路“可在”检测元件的输出端向回路输入电阻值或毫伏值模拟信号，因此B选项说法错误。当现场不具备模拟被测变量信号的回路时，应在其同模拟输入信号的“最前端”输入信号进行回路试验，因此C选项说法错误。通过控制器或操作站的输出向执行器发送控制信号，检查执行器的全行程动作方向和位置应正确，执行器带有定位器时应同时进行试验，因此D选项说法正确。

2H313070　防腐蚀与绝热工程施工技术

核心考点提纲

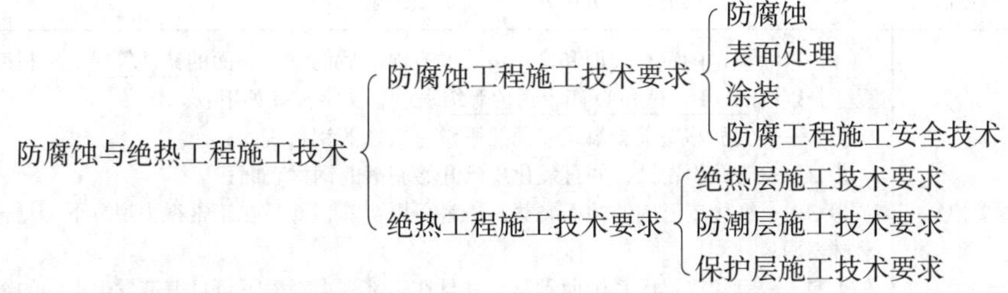

核心考点可考性提示

核心考点			2023年可考性提示
2H313071　防腐蚀工程施工技术要求	金属表面预处理技术	防腐蚀	★
		表面处理	★★★
		涂装	★
		防腐工程施工安全技术	★★
2H313072　绝热工程施工技术要求	绝热层施工技术要求		★★★
	防潮层施工技术要求		★
	保护层施工技术要求		★★

核心考点剖析

2H313071　防腐蚀工程施工技术要求

核心考点一　防腐蚀

化学防腐蚀	是改变金属的内部结构。例如，把铬、镍加入普通非合金钢中制成不锈钢
物理防腐蚀	是在金属表面覆盖保护层。例如，涂装、衬里
电化学腐蚀	是金属在电解质中，由于金属表面形成的微电池作用而发生的腐蚀。电化学保护分为外加电流的阴极保护和牺牲阳极的阴极保护

◆**考法1：选择题，考查防腐蚀方法。**

【例题1·模拟题】下列属于化学防腐蚀方法的是（　　）。

A. 衬里　　B. 不锈钢

C. 涂层　　D. 阴极保护

【答案】B

【解析】化学防腐蚀是改变金属的内部结构。例如，把铬、镍加入普通非合金钢中制成不锈钢。A、C选项属于物理防腐蚀，D选项属于电化学防腐蚀。

核心考点二　表面处理

表面处理的方法	常用方法有工具清理、机械处理、喷射或抛射处理
施工技术要点	（1）未涂覆过的钢材表面和全面清除原有涂层后的钢材表面的锈蚀等级。钢材表面的锈蚀程度分别以A、B、C和D四个锈蚀等级表示，文字描述如下： ① A——大面积覆盖着氧化皮而几乎没有铁锈的钢材表面； ② B——已发生锈蚀，并且氧化皮已开始剥落的钢材表面； ③ C——氧化皮已因锈蚀而剥落，或者可以刮除，并且在正常视力观察下可见轻微点蚀的钢材表面； ④ D——氧化皮已因锈蚀而剥落，并且在正常视力观察下可见普遍发生点蚀的钢材表面。 （2）未涂覆过的钢材表面和全面清除原有涂层后的钢材表面的处理等级。工具处理等级分为St2级、St3级两级；喷射处理质量等级分为Sa1级、Sa2级、Sa2.5级、Sa3级四级

◆**考法1：选择题，考查表面处理的锈蚀等级、处理等级。**

【例题1·2009年真题】金属表面预处理质量等级有四级的方法是（　　）除锈。

A. 手工　　B. 喷射

C. 火焰　　D. 化学

【答案】B

【例题2·模拟题】氧化皮已因锈蚀而剥落，或者可以刮除，并且在正常视力观察下可见轻微点蚀的钢材表面，表达的锈蚀等级为（　　）。

A. D级　　B. C级

C. B级　　D. A级

【答案】B

核心考点三　涂装

涂装方法	涂装方法有：手工刷漆、喷涂、电泳涂装、自泳涂装、浸涂、淋涂、搓涂、帘涂装、辊涂等。其中手工刷漆、辊涂、喷涂是现场常用的涂装方法
涂装技术要求	（1）涂装工艺是涂装作业中涂料涂覆的整个工艺过程。包括涂料的调配、工件的输送、各种方法的涂覆、干燥或固化、打磨和刮腻子等工序。 （2）涂料进场时，除供料方提供的产品质量证明文件外，尚应提供涂装的基体表面处理和施工工艺等要求。产品质量证明文件应包括：产品质量合格证；质量技术指标及检测方法；材料检测报告或技术鉴定文件。 （3）施工环境温度宜为10～30℃，相对湿度不大于85%，或涂覆的基体表面温度比露点温度高3℃

◆**考法1：选择题，考查涂装技术要求。**

【例题1·2021年真题】涂料进场验收时，供料方提供的产品质量证明文件不包括（　　）。

A. 材料检测报告　　　　B. 产品检测方法

C. 涂装工艺要求　　　　D. 技术鉴定文件

【答案】C

【解析】涂料进场时，供料方提供的产品质量证明文件应包括：产品质量合格证；质量技术指标及检测方法；材料检测报告或技术鉴定文件。所以答案选C。

核心考点四　防腐工程施工安全技术

<table>
<tr><td>涂装工艺文件的内容</td><td colspan="2">（1）工艺过程的有害、危险因素、有毒有害物质名称、数量和最高允许浓度。
（2）防护措施。
（3）故障情况下的应急措施。
（4）安全技术操作要求。
（5）不得不选用禁止或限制使用的涂装工艺论证资料</td></tr>
<tr><td>有限空间作业的安全措施</td><td colspan="2">设备、管道内部涂装和衬里作业安全，应采取下列措施：
（1）办理作业批准手续；划出禁火区；设置警戒线和安全警示标志。
（2）分离或隔绝非作业系统，清除内部和周围易燃物。
（3）设置机械通风，通风量和风速应符合规范规定。
涂装作业场所应按规定配置相应的消防灭火器具，设置安全标志，由专人负责管理</td></tr>
<tr><td rowspan="3">火灾事故的危险源辨识</td><td>危险因素</td><td>来源</td></tr>
<tr><td>可燃物质</td><td>有机溶剂、废料、漆垢、漆尘</td></tr>
<tr><td>着火源</td><td>明火（火焰、火星、灼热）、摩擦冲击、电器火花、静电放电、雷电、化学能、日光聚集</td></tr>
</table>

◆考法1：案例题，考查防腐工程施工安全技术。例如：储罐内涂装时，应采取哪些安全措施？

2H313072　绝热工程施工技术要求

核心考点一　绝热层施工技术要求

<table>
<tr><td>厚度和宽度</td><td>（1）当采用一种绝热制品，保温层厚度大于或等于100mm，保冷层厚度大于或等于80mm时，应分为两层或多层逐层施工，各层的厚度宜接近。
（2）硬质或半硬质绝热制品的拼缝宽度，当作为保温层时，不应大于5mm，当作为保冷层时，不应大于2mm</td></tr>
<tr><td>接缝</td><td>（1）绝热层施工时，同层应错缝，上下层应压缝，其搭接的长度不宜小于100mm。 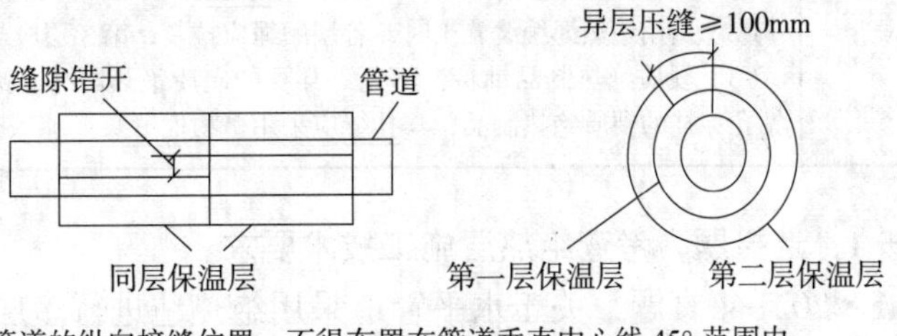

（2）水平管道的纵向接缝位置，不得布置在管道垂直中心线45°范围内。</td></tr>
</table>

接缝	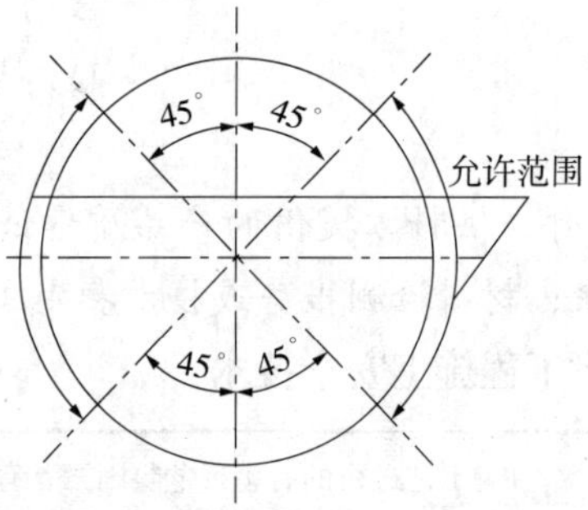 允许范围 （3）绝热层各层表面均应做严缝处理。干拼缝应采用性能相近的矿物棉填塞严密，填缝前，应清除缝内杂物。湿砌灰浆胶泥应采用相同于砌体材质的材料拼砌，灰缝应饱满
伸缩缝的留设要求	（1）设备或管道采用硬质绝热制品时，应留设伸缩缝。 （2）两固定管架间水平管道绝热层的伸缩缝，至少应留设一道。 （3）立式设备及垂直管道，应在支承件、法兰下面留设伸缩缝。 （4）弯头两端的直管段上，可各留一道伸缩缝；当两弯头之间的间距较小时，其直管段上的伸缩缝可根据介质温度确定仅留一道或不留设。 （5）高温设备及管道保温层的伸缩缝外，应再进行保温。 （6）保冷层的伸缩缝，应采用软质绝热制品填塞严密或挤入发泡型粘结剂，外面应用 50mm 宽的不干性胶带粘贴密封。保冷层的伸缩缝外应再进行保冷。 （7）多层绝热层伸缩缝的留设：中、低温保温层的各层伸缩缝，可不错开；保冷层及高温保温层的各层伸缩缝，必须错开，错开距离应大于 100mm
膨胀间隙	有下列情况之一时，必须在膨胀移动方向的另一侧留有膨胀间隙： （1）填料式补偿器和波形补偿器。 （2）当滑动支座高度小于绝热层厚度时。 （3）相邻管道的绝热结构之间。 （4）绝热结构与墙、梁、栏杆、平台、支撑等固定构件和管道所通过的孔洞之间
附件	（1）保温设备及管道上的裙座、支座、吊耳、仪表管座、支吊架等附件，应进行保温，当设计无规定时，可不必保温。 （2）保冷设备及管道上的裙座、支座、吊耳、仪表管座、支吊架等附件，必须进行保冷。设备裙座里外均应进行保冷。 （3）施工后的保温层不得覆盖设备铭牌。当保温层厚度高于设备铭牌时，可将铭牌周围的保温层切割成喇叭形开口。施工后的保冷层应将设备铭牌处覆盖，设备铭牌应粘贴在保冷系统的外表面，粘贴铭牌时不得刺穿防潮层
捆扎法施工	（1）一般要求 ① 每块绝热制品上的捆扎件不得少于两道；对有振动的部位应加强捆扎。 ② 不得采用螺旋式缠绕捆扎。 ③ 双层或多层绝热层的绝热制品，应逐层捆扎，并应对各层表面进行找平和严缝处理。 （2）当用绝热绳缠绕施工时，各层缠绳应拉紧，第二层应与第一层反向缠绕并应压缝。 （3）硬质绝热制品铺覆：不允许穿孔的硬质绝热制品，钩钉位置应布置在制品的拼缝处；钻孔穿挂的硬质绝热制品，其孔缝应采用矿物棉填塞

◆考法 1：选择题，考查绝热层施工技术要求。

【例题 1・2021 年真题】关于水平管道采用绝热毡进行多层绝热施工的说法，正确的是（　　）。

A. 同层不应错缝

B. 上下层应压缝

C. 纵向接缝应布置在管道垂直中心线 45° 范围内

D. 内层绝热层可不进行严缝处理

【答案】B

【解析】绝热层施工时，同层应错缝，上下层应压缝，A 选项错误，B 选项正确。水平管道的纵向接缝位置，不得布置在管道垂直中心线 45° 范围内，C 选项错误。绝热层各层表面均应做严缝处理，D 选项错误。

【例题 2・2014 年真题】管道保温作业正确的做法是（　　）。

A. 传热管道与管道间的空隙应填充材料

B. 用钢带绑扎保温层，每节管壳至少绑扎一道

C. 阀门的保温应采用可拆卸式结构

D. 两层保温预制块的接缝要对齐

【答案】C

【解析】A 选项，伴热管与主管线之间应保持空隙，不得填塞保温材料；B 选项，每节管壳至少绑扎两道；D 选项，两层保温预制块的接缝要压缝。

核心考点二　防潮层施工技术要求

一般要求	（1）室外施工不宜在雨雪天或阳光暴晒中进行。 （2）防潮层外不得设置钢丝、钢带等硬质捆扎件。 （3）设备筒体、管道上的防潮层应连续施工，不得有断开或断层等现象。防潮层封口处应封闭
玻璃纤维布复合胶泥涂抹结构	（1）立式设备和垂直管道的环向接缝，应为上下搭接。卧式设备和水平管道的纵向接缝位置，应在两侧搭接，并应缝口朝下。 （2）玻璃纤维布应随第一层胶泥层边涂边贴，其环向、纵向缝的搭接宽度不应小于 50mm，搭接处应粘贴密实，不得出现气泡或空鼓。 （3）粘贴的方式，可采用螺旋形缠绕法或平铺法。公称直径小于 800mm 的设备或管道，玻璃布粘贴宜采用螺旋形缠绕法，玻璃布的宽度宜为 120～350mm；公称直径大于或等于 800mm 的设备或管道，玻璃布粘贴可采用平铺法，玻璃布的宽度宜为 500～1000mm。 （4）待第一层胶泥干燥后，再涂抹第二层胶泥

◆考法 1：选择题，考查防潮层施工技术要求。

【例题 1・2020 年一级真题】关于管道防潮层采用玻璃纤维布复合胶泥涂抹施工的做法，正确的是（　　）。

A. 环向和纵向缝应对接粘贴密实　　B. 玻璃纤维布不应用平铺法

C. 第一层胶泥干燥后贴玻璃丝布　　D. 玻璃纤维布表面需涂胶泥

【答案】D

【解析】环向、纵向缝的搭接宽度不应小于 50mm，A 选项错在“对接”。粘贴的方式，可采用螺旋形缠绕法或平铺法，B 选项错在“不应”。第一层胶泥干燥后，再涂抹第二层胶泥，C 选项错在“贴玻璃丝布”。所以本题正确选项是 D。

核心考点三　保护层施工技术要求

<table>
<tr><td>一般要求</td><td>金属保护层的接缝可选用搭接、咬接、插接及嵌接的形式。金属保护层纵向接缝可采用搭接或咬接；环向接缝可采用插接或搭接，搭接或插接尺寸应为 30～50mm。室内的外保护层结构，宜采用搭接形式；垂直管道或设备金属保护层的敷设，应由下而上进行施工，接缝应上搭下
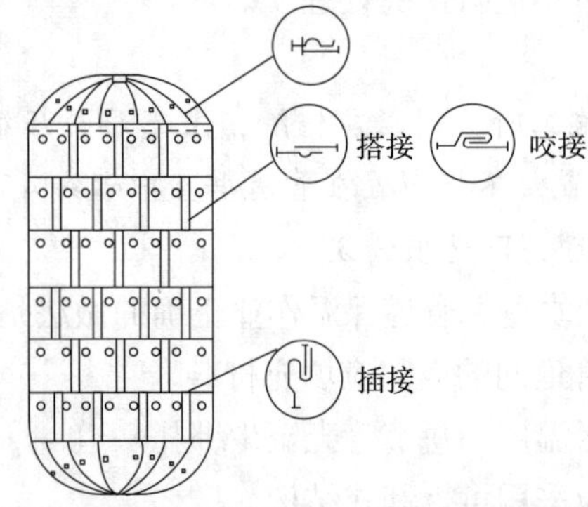
</td></tr>
<tr><td>管道绝热保护层</td><td>（1）水平管道金属保护层的环向接缝应沿管道坡向，搭接在低处，其纵向接缝宜布置在水平中心线下方的 15°～45° 处，并应缝口朝下。当侧面或底部有障碍物时，纵向接缝可移至管道水平中心线上方 60° 以内。
（2）管道三通部位金属保护层的安装，支管与主管相交部位宜翻边固定，顺水搭接。垂直管与水平直通管在水平管下部相交，应先包垂直管，后包水平管；垂直管与水平直通管在水平管上部相交，应先包水平管，后包垂直管
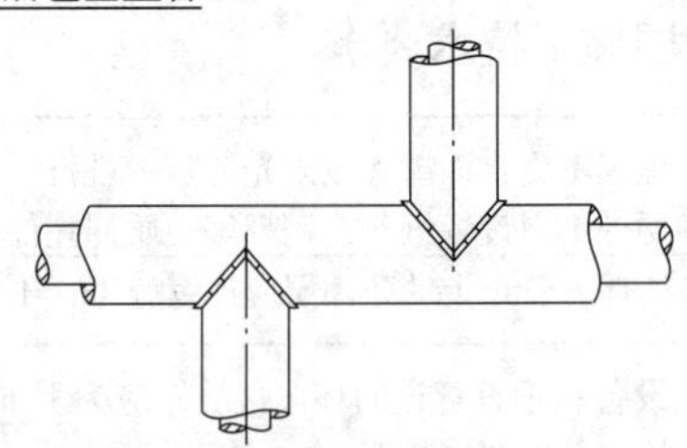</td></tr>
</table>

◆考法 1：选择题，考查金属保护层施工技术要求。

【例题 1 · 2018 年真题】下列关于静置设备的金属保护层施工要求的说法，正确的是（　　）。

A. 金属保护层应自上而下敷设　　B. 环向接缝宜采用咬接

C. 纵向接缝宜采用插接　　D. 搭接或插接尺寸应为 30～50mm

【答案】D

【解析】金属保护层应由下而上敷设。环向接缝宜采用搭接或插接；纵向接缝可采用搭接或咬接，搭接或插接的尺寸应为 30～50mm。

◆考法 2：案例题，考查绝热层、保护层施工技术要求。

【例题 2 · 2021 年真题】管道绝热按用途可分为哪几种类型？水平管道金属保护层的纵向接缝应如何搭接？

【参考答案】（1）管道绝热按其用途可分为保温、保冷、加热保护三种类型。（此问题是“建筑管道”中的内容）

（2）水平管道金属保护层的环向接缝应沿管道坡向，搭接在低处，其纵向接缝宜布置在水平中心线下方的 15°～45° 处，并应缝口朝下。当侧面或底部有障碍物时，纵向接缝可移至管道水平中心线上方 60° 以内。

2H313080　炉窑砌筑工程施工技术

核心考点提纲

- 炉窑砌筑工程施工技术
  - 炉窑砌筑工程的施工程序和要求
    - 工业炉窑的分类
    - 耐火材料的分类及性能
    - 炉窑砌筑前工序交接的规定
    - 耐火砖砌筑的施工程序
  - 耐火材料的施工技术要求
    - 耐火砖砌筑施工技术要求
    - 耐火浇注料施工技术要求
    - 耐火喷涂料施工技术要求
    - 耐火陶瓷纤维施工技术要求
    - 冬期施工的技术要求
    - 烘炉的技术要求

核心考点可考性提示

核心考点		2023 年可考性提示
2H313081　炉窑砌筑工程的施工程序和要求	工业炉窑的分类	★
	耐火材料的分类及性能	★★
	炉窑砌筑前工序交接的规定	★★
	耐火砖砌筑的施工程序	★
2H313082　耐火材料的施工技术要求	耐火砖砌筑施工技术要求	★★
	耐火浇注料施工技术要求	★
	耐火喷涂料施工技术要求	★
	耐火陶瓷纤维施工技术要求	★
	冬期施工的技术要求	★★
	烘炉的技术要求	★★★

核心考点剖析

2H313081　炉窑砌筑工程的施工程序和要求

核心考点一　工业炉窑的分类

按其生产过程分	按其生产过程可分为两大类：动态炉窑和静态炉窑

动炉窑

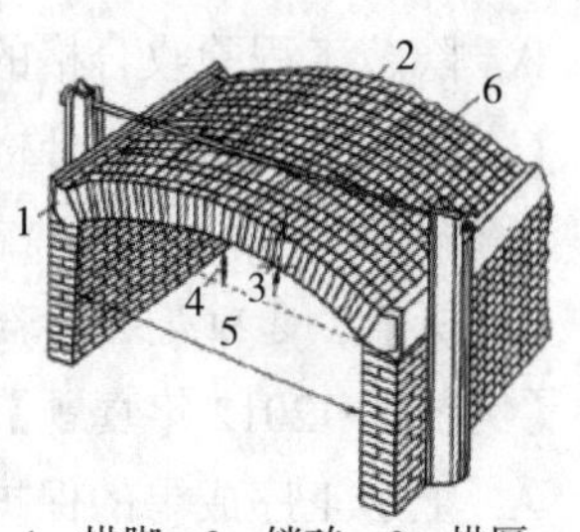

1—拱脚；2—锁砖；3—拱厚；
4—拱高；5—跨度；6—拱顶

静炉窑

核心考点二　耐火材料的分类及性能

按化学特性分类	（1）酸性耐火材料。如硅砖、石英砂砖等。 （2）碱性耐火材料。如镁砖、镁铝砖、白云石砖等。 （3）中性耐火材料。如刚玉砖、高铝砖、碳砖等。其特性是对酸性渣及碱性渣均具有抗侵蚀作用。如高铝砖可用作隔热耐火砖
按耐火度分类	（1）耐火度为 1558～1770℃的为普通耐火材料。 （2）耐火度为 1770～2000℃的为高级耐火材料。 （3）耐火度高于 2000℃的为特级耐火材料
其他耐火材料	1. 耐火纤维又称陶瓷纤维 应用于工业炉窑可节能 15%～30%。 2. 膨胀缝填充材料 伸缩性能好，如耐火陶瓷纤维、PVC 板、发泡苯乙烯等

◆考法 1：选择题，考查炉窑的分类和耐火材料的种类。

【例题 1·2014 年真题】下列耐火材料中，属于中性耐火材料的是（　　）。

A. 高铝砖　　B. 镁铝砖

C. 硅砖　　D. 白云石砖

【答案】A

【解析】选项 B、D 是碱性耐火材料；选项 C 是酸性耐火材料。

核心考点三　炉窑砌筑前工序交接的规定

—	炉窑砌筑工程应于炉体骨架结构和有关设备安装完毕，经检查合格并签订交接证明书后，才可进行施工
工序交接证明书应包括的内容（一保护两记录四证明）	（1）炉子中心线和控制标高及必要的沉降观测点的测量记录。 （2）隐蔽工程的验收合格证明。 （3）炉体冷却装置、管道和炉壳的试压记录及焊接严密性试验验收合格的证明。 （4）钢结构和炉内轨道等安装位置的主要尺寸的复测记录。 （5）可动炉子或炉子的可动部分的试运转合格的证明。 （6）炉内托砖板和锚固件等的位置、尺寸及焊接质量的检查合格的证明。 （7）上道工序成果的保护要求

◆考法 1：选择题，考查工序交接证明书应包括的内容。

【例题 1·2011 年真题】根据《工业炉砌筑工程施工及验收规范》，不属于工序交接证明书内容的是（　　）。

A. 隐蔽工程验收合格的证明　　B. 焊接严密性试验合格的证明

C. 耐火材料的验收合格证明　　D. 上道工序成果的保护要求

【答案】C

【解析】C 选项是进场验收时提供的证明。

【例题 2·2012 年真题】下列炉窑砌筑工序中，不属于交接内容的是（　　）。

A. 上道工序成果的保护要求　　B. 耐火材料的验收

C. 炉子中心线及控制高程测量记录　　D. 炉子可动部分试运转合格证明

【答案】B

核心考点四　耐火砖砌筑的施工程序

动态炉窑	动态炉窑砌筑必须在炉窑单机无负荷运转验收合格后方可进行。 起始点的选择：应从热端向冷端或从低端向高端分段依次砌筑。 基本程序是：起始点选择→作业点划线→选砖→锚固钉和托砖板的焊接（若有）→隔热层的铺设（若有）→灰浆泥的调制（湿砌时）→分段进行耐火砖的砌筑→分段进行修砖及锁砖→膨胀缝的预留及填充
静态炉窑	静态式炉窑砌筑的施工程序与动态炉窑基本相同，不同之处在于： （1）不必进行无负荷试运转。 （2）起始点一般选择自下而上的顺序。 （3）炉窑静止不能转动，每次环向缝一次可完成。 （4）起拱部位应从两侧向中间砌筑，并需采用拱胎压紧固定，待锁砖完成后，拆除拱胎

◆考法 1：选择题，考查耐火砖的砌筑施工程序。

【例题 1·2012 年真题】旋转式环形加热炉砌筑必须在（　　）后方可进行。

A. 隐蔽工程验收　　B. 炉体结构完工

C. 炉窑单机无负荷试运转合格　　D. 炉窑基础完工

【答案】C

【例题 2·2016 年真题】回转式炉窑砌筑时，砌筑的起始点宜选择在（　　）。

A. 离传动最近的焊缝处　　B. 检修门（孔）处

C. 工作温度的热端　　D. 支撑位置

【答案】C

◆考法 2：案例题，考查动态炉窑的砌筑施工程序。

【例题 3·模拟题】动态炉窑焊接完成后，还应完成什么工作才能开始炉窑的砌筑？如何选择动态炉窑砌筑的起始点？

【参考答案】动态炉窑必须在炉窑单机无负荷运转验收合格后方可进行砌筑。起始点应选择在热端或低端（从热端向冷端或者从低端向高端）。

2H313082　耐火材料的施工技术要求

核心考点一　耐火砖砌筑施工技术要求

底和墙砌筑技术要求	（1）反拱底应从中心向两侧对称砌筑。 （2）圆形炉墙应按中心线砌筑。当炉壳的中心线垂直误差和半径误差符合炉内形要求时，可以炉壳为导面进行砌筑。 （3）弧形墙应按样板放线砌筑。砌筑时，应经常用样板检查。 （4）圆形炉墙不得有三层重缝或三环通缝，上下两层重缝与相邻两环的通缝不得在同一地点。 （5）砌砖时应用木槌或橡胶锤找正，不应使用铁锤。砌砖中断或返工拆砖时，应做成阶梯形的斜槎。 （6）留设膨胀缝的位置，应避开受力部位、炉体骨架和砌体中的孔洞，砌体内外层的膨胀缝不应互相贯通，上下层应相互错开
拱和拱顶砌筑技术要求	（1）锁砖应按拱和拱顶的中心线对称均匀分布。打入锁砖块数，按规定跨度计。锁砖砌入拱和拱顶内的深度宜为砖长的 2/3～3/4，拱和拱顶内锁砖砌入深度应一致。打锁砖时，两侧对称的锁砖应同时均匀地打入。锁砖应使用木槌，使用铁锤时，应垫以木块。不得使用砍掉厚度 1/3 以上的或砍凿长侧面使大面成楔形的锁砖，且不得在砌体上砍凿砖。

续表

拱和拱顶砌筑技术要求	（2）吊挂砖应预砌筑。吊挂平顶的吊挂砖，应从中间向两侧砌筑。其边砖同炉墙接触处应留设斜坡；炉顶应从下面的转折处开始向两端砌筑。 （3）吊挂拱顶应环砌，并应与炉顶纵向中心线保持垂直。在镁质吊挂拱顶的砖环中，砖与砖之间应插入销钉和夹入钢垫片，不得遗漏或多夹。吊挂拱顶应分环锁紧。 （4）跨度大于 5m 的拱胎在拆除前，应设置测量拱顶下沉的标志；拱胎拆除后，应做好下沉记录

◆考法 1：选择题，考查耐火砖砌筑施工技术要求。

【例题 1 · 2015 年真题】炉窑砌筑中断或返工时，中断或返工处应做成（　　）。

A. 平齐直槎　　B. 梯形斜槎

C. 齿形直槎　　D. 马鞍形斜槎

【答案】B

【例题 2 · 2021 年一级真题】关于耐火砖砌筑施工的说法，正确的是（　　）。

A. 砖砌时应使用铁锤找正

B. 反拱底应从中心向两侧对称砌筑

C. 砖砌中断时应做成断面平齐的直槎

D. 拱的砌筑应从拱脚一侧一次砌向另一侧

【答案】B

【解析】砌砖时应用木槌或橡胶锤找正，不应使用铁锤，A 选项错误；砌砖中断或返工拆砖时，应做成阶梯形的斜槎，C 选项错误；拱的砌筑应从两侧拱脚对称地向中间砌筑，D 选项错误。所以本题正确选项是 B。

注意："拱顶"是从"两侧向中间砌筑"，"反拱底"和"吊挂砖"是从"中间向两侧砌筑"。

核心考点二　耐火喷涂料施工技术要求

耐火喷涂料施工技术要求	（1）喷涂料应采用半干法喷涂，喷涂料加入喷涂机之前，应适当加水润湿，并搅拌均匀。 （2）喷涂时，料和水应均匀连续喷射，喷涂面上不允许出现干料或流淌。 （3）喷涂方向应垂直于受喷面，喷嘴与喷涂面的距离宜为 1～1.5m，喷嘴应不断地进行螺旋式移动，使粗细颗粒分布均匀。 （4）喷涂应分段连续进行，一次喷到设计厚度，内衬较厚需分层喷涂时，应在前层喷涂料凝结前喷完次层。 （5）施工中断时，宜将接槎处做成直槎，继续喷涂前应用水润湿。 （6）喷涂完毕后，应及时开设膨胀缝线

◆考法 1：选择题，考查耐火喷涂料施工技术要求。

【例题 1 · 2018 年真题】下列关于耐火喷涂料施工技术要求的说法，错误的是（　　）。

A. 喷涂方向与受喷面成 60°～75° 夹角　　B. 喷涂应分段连续进行

C. 喷涂料应采用半干法喷涂　　D. 施工中断时，宜将接槎处做成直槎

【答案】A

【解析】喷涂方向应与受喷面垂直。

核心考点三　冬期施工的技术要求

冬季施工期	指当室外日均气温连续五日稳定低于5℃时，即可进入冬期施工
冬期施工技术规定	（1）砌筑应在供暖环境中进行。工作地点和砌体周围的温度均不应低于5℃。耐火砖和预制块在砌筑前，应预热至0℃以上。 （2）耐火泥浆、耐火浇注料的搅拌应在暖棚内进行。 （3）调制耐火浇注料的水可以加热，加热温度应符合规定。 （4）冬期施工耐火浇注料的养护： ① 水泥耐火浇注料可采用蓄热法和加热法养护。加热温度应符合要求。 ② 黏土、水玻璃、磷酸盐水泥浇注料的养护应采用干热法

◆**考法1：选择题，考查冬期施工的技术要求。**

【例题1·模拟题】下列可以采用蓄热法养护的是（　　）。

A. 水泥耐火浇注料　　B. 水玻璃耐火浇注料

C. 黏土耐火浇注料　　D. 磷酸盐耐火浇注料

【答案】A

核心考点四　烘炉的技术要求

烘炉阶段的主要工作	制订工业炉的烘炉计划；准备烘炉用的工机具和材料；确认烘炉曲线；编制烘炉期间作业计划及应急处理预案；确定和实施烘炉过程中监控重点
烘炉的主要技术要点	（1）烘炉应在其生产流程有关的机电设备联合试运转及调整合格后进行。 （2）耐火浇注料内衬应该按规定养护后，才可进行烘炉。 （3）工业炉在投入生产前必须烘干烘透。烘炉前应先烘烟囱及烟道。 （4）烘炉应制定烘炉曲线和操作规程。 （5）烘炉必须按烘炉曲线进行。烘炉过程中，应测绘实际烘炉曲线

◆**考法1：选择题，考查烘炉的技术要求。**

【例题1·模拟题】关于烘炉，下列说法正确的有（　　）。

A. 烘完炉体后烘烟囱烟道

B. 在生产流程有关的机电设备单机试运转合格后烘炉

C. 按烘炉曲线烘炉

D. 烘炉时需观察内衬的膨胀情况及拱顶的变化情况

E. 烘炉期间，不可调节拉杆螺母

【答案】C、D

【解析】A选项，应先烘烟囱和烟道，后烘炉体；B选项，在其生产流程有关的设备联合试运转合格后进行烘炉；E选项，必要时，可调节拉杆螺母以控制拱顶的上升数值。

2H314000　建筑机电工程施工技术

本节通常考查6道选择题，4问左右案例题。需要重点掌握的内容是：建筑电气工程施工技术、通风与空调工程施工技术。本节中的6个专业都不止一次考查过案例题。

2H314010　建筑管道工程施工技术

核心考点提纲

建筑管道工程施工技术
- 建筑管道工程的划分和施工程序
  - 建筑管道工程的划分
  - 建筑管道工程的施工程序
- 建筑管道的施工技术要求
  - 建筑管道常用的连接方法
  - 建筑管道施工技术要点

核心考点可考性提示

核心考点			2023年可考性提示
2H314011　建筑管道工程的划分和施工程序	建筑管道工程的划分		★
	建筑管道工程的施工程序		★
2H314012　建筑管道的施工技术要求	建筑管道常用的连接方法		★★
	建筑管道施工技术要点	材料设备管理	★★★
		管道安装	★★★
		管道系统试验	★★
		建筑管道施工技术要点（其他）	★★

核心考点剖析

2H314011　建筑管道工程的划分和施工程序

核心考点一　建筑管道工程的划分（节选）

子分部工程	分项工程
室内给水系统	给水管道及配件安装，给水设备安装，室内消火栓系统安装，消防喷淋系统安装，防腐，绝热，管道冲洗、消毒，试验与调试
卫生器具	卫生器具安装，卫生器具给水配件安装，卫生器具排水管道安装，试验与调试
建筑饮用水供应系统	管道及配件安装，水处理设备及控制设施安装，防腐，绝热，试验与调试

◆考法1：选择题，考查建筑管道工程的划分。

【例题1·2019年真题】下列分项工程中，属于建筑饮用水供应系统的有（　　）。

A. 管道及配件安装　　B. 防腐

C. 给水设备安装　　D. 绝热

E. 试验与调试

【答案】A、B、D、E

【解析】建筑饮用水供应系统包括管道及配件安装，水处理设备及控制设施安装，防腐，绝热，试验与调试等分项工程。C 选项“给水设备安装”属于给水系统的分项工程。饮用水供应系统的分项工程是“水处理设备安装”。

核心考点二　建筑管道工程的施工程序

室内给水管道	施工准备→材料验收→配合土建预留、预埋→管道测绘放线→管道支架制作→管道加工预制→管道支架安装→给水设备安装→管道及器具安装→系统压力试验→防腐绝热→系统冲洗、消毒
室外给水管道	施工准备→材料验收→管道测绘放线→管道沟槽开挖→管道加工预制→管道安装→系统压力试验→防腐绝热→系统冲洗、消毒→管沟回填
室内排水管道	施工准备→材料验收→配合土建预留、预埋→管道测绘放线→管道支架制作→管道加工预制→管道支架安装→管道及器具安装→系统灌水试验→系统通水、通球试验
室外排水管道	施工准备→材料验收→管道测绘放线→管道沟槽开挖→管道加工预制→管道安装→排水管道窨井施工→系统闭水试验→防腐→系统清洗→系统通水试验→管道沟槽回填

◆考法 1：选择题，考查建筑管道工程的划分。

【例题 1・2021 年真题】室外排水管道施工程序中，防腐隔热的紧前工序是（　　）。

A. 系统清洗　　B. 系统通水试验

C. 管道安装　　D. 系统闭水试验

【答案】D

2H314012　建筑管道的施工技术要求

核心考点一　建筑管道常用的连接方法

螺纹连接	管径小于或等于 100mm 的镀锌钢管宜用螺纹连接，多用于明装管道。钢塑复合管一般也用螺纹连接
法兰连接	直径较大的管道采用法兰连接。法兰连接一般用在主干道连接阀门、止回阀、水表、水泵等处，以及需要经常拆卸、检修的管段上
焊接	焊接适用于不镀锌钢管，多用于暗装管道和直径较大的管道，并在高层建筑中应用较多。铜管连接可采用专用接头或焊接，当管径小于 22mm 时宜采用承插或套管焊接，承口应迎介质流向安装，当管径大于或等于 22mm 时宜采用对口焊接 螺纹连接　法兰连接　焊接 对口焊　承口　插口　流向　承插焊　套管　套管焊　管道1　管道2
沟槽连接（卡箍连接）	沟槽式连接可用于消防水、空调冷热水、给水、雨水等系统直径大于或等于 100mm 的镀锌钢管
卡套连接	铝塑复合管一般采用螺纹卡套压接
卡压连接	具有保护水质卫生、抗腐蚀性强、使用寿命长等特点的不锈钢卡压式管件连接技术取代了螺纹、焊接、胶接等传统给水管道连接技术

续表

卡压连接	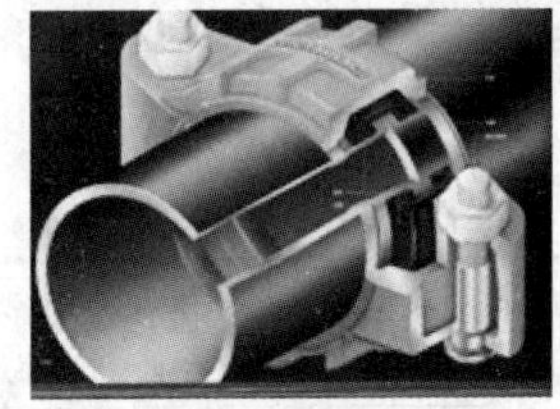 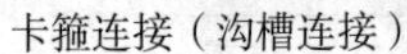 卡箍连接（沟槽连接）  卡套连接  卡压连接
热熔连接	PPR、HDPE 等塑料管常采用热熔器进行热熔连接
承插连接	用于给水及排水铸铁管及管件的连接。有柔性连接和刚性连接两类，柔性连接采用橡胶圈密封，刚性连接采用石棉水泥或膨胀性填料密封，重要场合可用铅密封 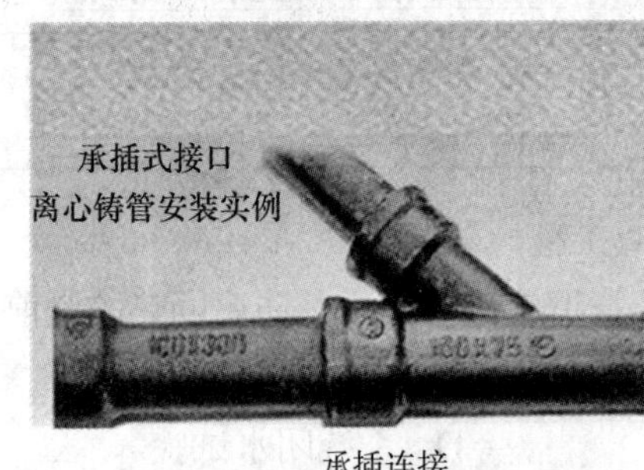 承插连接 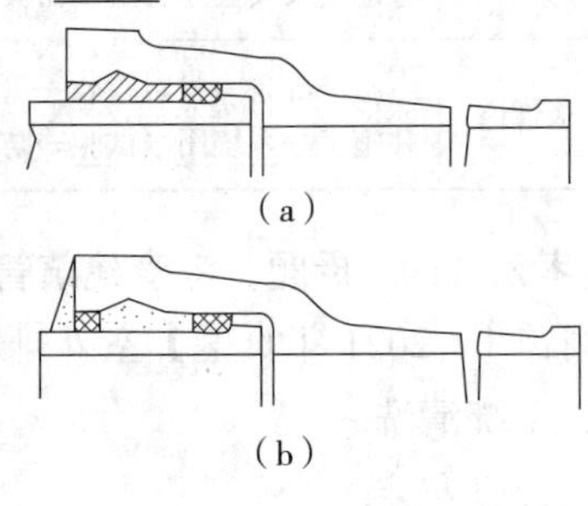

◆**考法 1：选择题，考查建筑管道常用的连接方法。**

【例题 1 · 2014 年真题】高层建筑给水及排水铸铁管的柔性连接应采用（　　）。

A. 石棉水泥密封　　B. 橡胶圈密封

C. 铅密封　　D. 膨胀性填料密封

【答案】B

【例题 2 · 模拟题】具有保护水质卫生、抗腐蚀性强、使用寿命长等特点的高层建筑给水管道的连接件是（　　）。

A. 钢塑复合管件　　B. 镀锌螺纹管件

C. 铸铁卡箍式管件　　D. 不锈钢卡压式管件

【答案】D

核心考点二　材料设备管理

阀门试验	阀门安装前，应按规范要求进行强度和严密性试验，试验应在每批（同牌号、同型号、同规格）数量中抽查 10%，且不少于一个。安装在主干管上起切断作用的闭路阀门，应逐个做强度试验和严密性试验。阀门的强度试验压力为公称压力的 1.5 倍，严密性试验压力为公称压力的 1.1 倍
进场复验	散热器进场时，应对其单位散热量、金属热强度等性能进行复验；保温材料进场时，应对其导热系数或热阻、密度、吸水率等性能进行复验；复验应为见证取样检验。同厂家、同材质的保温材料，复验次数不得少于 2 次

◆**考法 1：选择题，考查材料设备管理。**

【例题 1 · 2021 年真题】保温材料进场时应进行复验的性能不包括（　　）。

A. 热阻　　　　　　　　　　　　　　B. 密度

C. 吸水率　　　　　　　　　　　　　D. 氧含量

【答案】D

【解析】保温材料进场时，应对其导热系数或热阻、密度、吸水率等性能进行复验。

◆考法 2：案例实操题，考查阀门的试验。

【例题 2·2018 年一级真题】

背景节选：

施工中，采购的第一批阀门（见下表）按计划到达施工现场，施工人员对阀门开箱检查，按规范要求进行了强度和严密性试验，主干管上起切断作用的 DN400、DN300 阀门和其他规格的阀门抽查均无渗漏，验收合格。

阀门规格数量

名称	公称压力	DN400	DN300	DN250	DN200	DN150	DN125	DN100
闸阀	1.6MPa	4	8	16	24			
球阀	1.6MPa					38	62	84
蝶阀	1.6MPa			16	26	12		
合计		4	8	32	50	50	62	84

在水泵施工质量验收时，监理人员指出水泵进水管接头和压力表接管的安装存在质量问题（如下图所示），要求施工人员返工，返工后质量验收合格。

【问题】

1. 第一批进场阀门按规范要求最少应抽查多少个阀门进行强度试验？其中，DN300 闸阀的强度试验压力应为多少 MPa？

2. 水泵运行时会产生哪些不良后果？绘出合格的返工部分示意图。

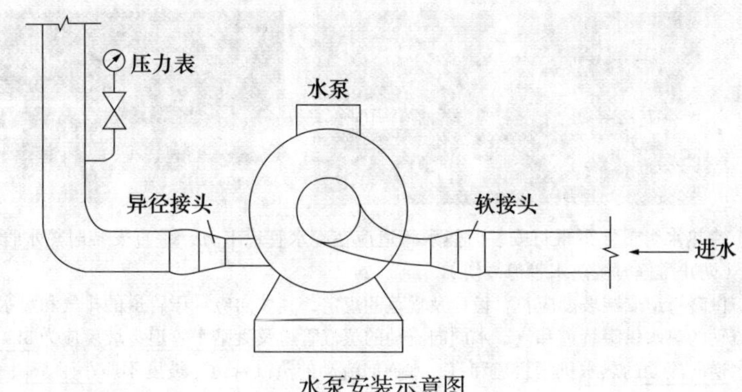

水泵安装示意图

【参考答案】

1. 第一批进场的阀门按规范要求最少应抽查的阀门数量为＝［4＋8＋（2＋2）＋（3＋3）＋（4＋2）＋7＋9］个＝44 个。第一批进场的阀门按规范要求最少应抽查 44 个进行强度试验。DN300 闸阀的强度试验压力应为 2.4MPa。

【解析】试验应在每批（同牌号、同型号、同规格）数量中抽查 10%，且不少于一个。安装在主干管上起切断作用的闭路阀门，应逐个做强度试验和严密性试验。

特别注意“检验批”的含义：同牌号、同型号、同规格。例如表中，DN200 的 24 个闸阀和 26 个蝶阀，虽然同规格，但不同型号，所以这是两组检验批，应分别在每批数量中抽查 10%。

2. 根据背景资料中水泵安装示意图所示情况，水泵运行时会产生的不良后果：

（1）进水管的同心异径接头会形成气囊；

（2）压力表接管没有弯圈，压力表会有压力冲击而损坏。

合格的返工部分示意图如下：

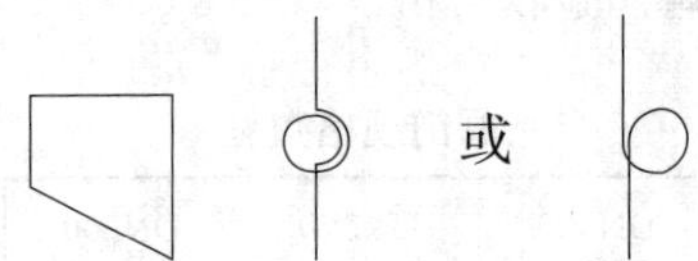

【解析】异径管有 3 种：同心异径管、顶平偏心异径管、底平偏心异径管。泵的垂直管道、出水管道可采用同心异径管，进水管道为了防止有气体集聚，形成气囊，采用顶平偏心异径管；蒸汽管道变径处，为了防止冷凝水集聚，形成液袋，采用底平偏心异径管。

此类型的案例实操题，有一定难度。可能会超出教材范围，建议平时多看一些设备安装图片。

核心考点三　管道安装

<table>
<tr><td>管道安装</td><td>（1）管道安装一般应本着先主管后支管、先上部后下部、先里后外的原则进行安装，对于不同材质的管道应先安装钢质管道，后安装塑料管道。（先排水管道，后给水管道）
（2）管道穿过结构伸缩缝、抗震缝及沉降缝敷设时，应在结构缝两侧采取柔性连接，在通过结构缝处做成方形补偿器或设置伸缩节。

（3）冷热水管道上下平行安装时热水管道应在冷水管道上方，垂直安装时热水管道应在冷水管道左侧。（防止维修时被热水管道烫伤）
（4）供暖管道安装坡度应符合设计及规范的规定，其坡向应利于管道的排气和泄水。例如，汽、水同向流动的热水供暖管道和汽、水同向流动的蒸汽管道及凝结水管道，坡度应为 3‰，不得小于 2‰；汽、水逆向流动的热水供暖管道和汽、水逆向流动的蒸汽管道，坡度不应小于 5‰；散热器支管的坡度应为 1%。
（5）低温热水辐射供暖系统埋地敷设的盘管不应有接头。
（6）排水管道的坡度必须符合设计和规范的规定，严禁无坡或倒坡。
（7）排水塑料管必须按设计要求及位置装设伸缩节。如设计无要求时，伸缩节间距不得大于 4m。明敷排水塑料管道应按设计要求设置阻火圈或防火套管。横干管穿越防火分区隔墙时，管道穿越墙体的两侧应设置防火圈或长度≥ 500mm 的防火套管。</td></tr>
</table>

管道安装	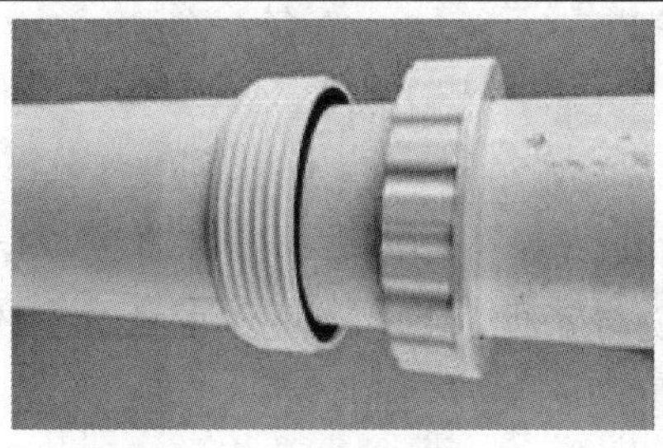 伸缩节  阻火圈 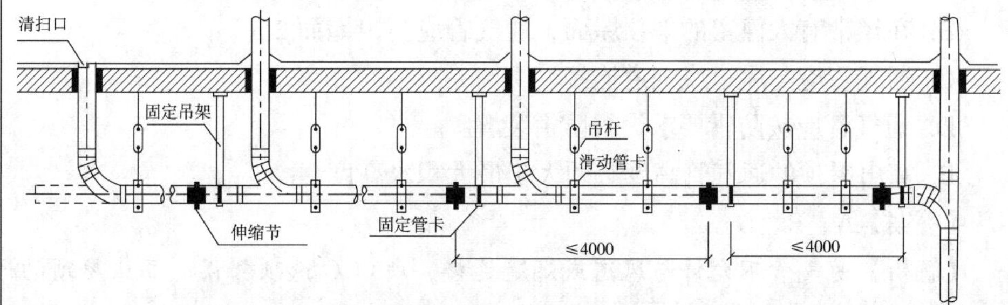 （8）排水通气管安装要求。不得与风道或烟道连接。通气管应高出屋面 300mm，但必须大于最大积雪厚度；在通气管出口 4m 以内有门、窗时，通气管应高出门、窗顶 600mm 或引向无门、窗一侧；在经常有人停留的平屋顶上，通气管应高出屋面 2m，并应根据防雷要求设置防雷装置。 （9）通向室外的排水管，穿过墙壁或基础必须下翻时，应采用 45° 三通和 45° 弯头连接，并应在垂直管段顶部设置清扫口。 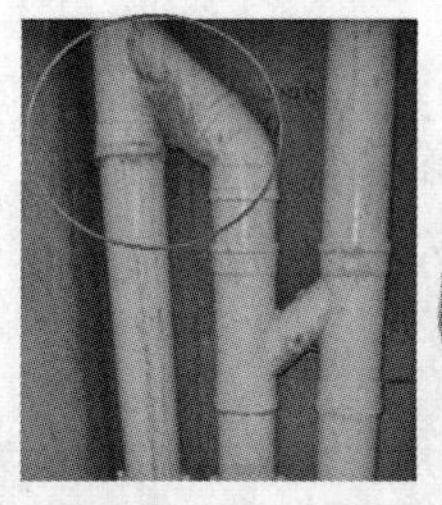 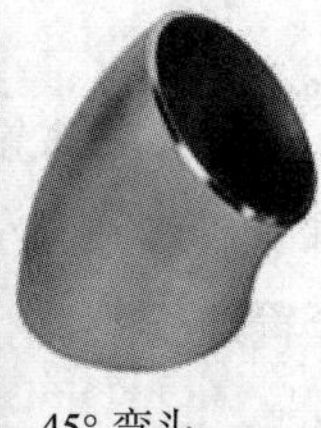 45° 弯头 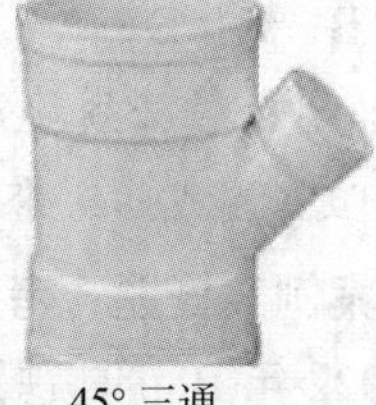 45° 三通 （10）用于室内排水的水平管道与水平管道、水平管道与立管的连接要求：应采用 45° 三通或 45° 四通和 90° 斜三通或 90° 斜四通。立管与排出管端部的连接，应采用两个 45° 弯头或曲率半径不小于 4 倍管径的 90° 弯头  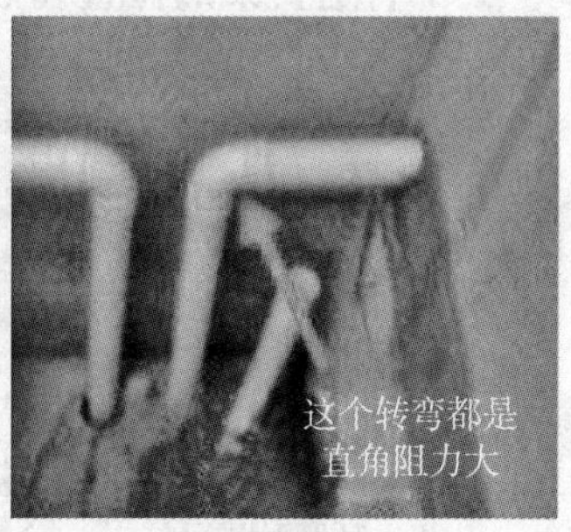

◆**考法 1：选择题，考查管道安装。**

【例题 1 · 2011 年真题】高层建筑中要求安装坡度应为 3‰、不得小于 2‰ 的管道有（　　）。

A. 汽水同向流动的热水采暖管道　　B. 汽水同向流动的蒸汽管道

C. 汽水逆向流动的热水采暖管道　　D. 冷凝水管道

E. 散热器支管

【答案】A、B、D

【解析】汽水同向流动的管道，由于蒸汽和冷凝水朝着同一个方向流动，噪声小，所以坡度数据小一点。C 选项，汽水逆向流动，坡度取 5‰；E 选项，散热器支管坡度为 1%。

【例题 2 • 2012 年真题】高层建筑排水通气管的安装要求有（　　）。

A. 通气管应高出斜顶屋面 0.3m

B. 在经常有人停留的平顶屋面，通气管应高出屋面 2m

C. 通气管应与风道或烟道连接

D. 通气管应按防雷要求设置防雷装置

E. 高出屋顶的通气管高度必须大于最大积水高度

【答案】A、B、D

【解析】通气管不允许与风道或烟道连接，所以 C 选项错误。高出屋顶的通气管高度必须大于最大“积雪高度”，而不是“积水高度”，所以 E 选项错误。

【例题 3 • 2018 年真题】高层建筑排水管道按设计要求应设置（　　）。

A. 阻火圈　　B. 防火套管

C. 防雷装置　　D. 伸缩节

E. 补偿器

【答案】A、B、C、D

【解析】排水塑料管必须按设计要求及位置装设伸缩节。高层建筑中明设排水管道应按设计要求设置阻火圈或防火套管。排水通气管应根据防雷要求设置防雷装置。

◆**考法 2：案例实操题，考查管道安装。**

【例题 4 • 2022 年 B 卷真题】

背景节选：

在施工过程中，监理工程师巡视发现空调冷热水管道安装中存在质量问题（见下图），要求限期整改，其中管道支架的位置和数量满足规范要求。

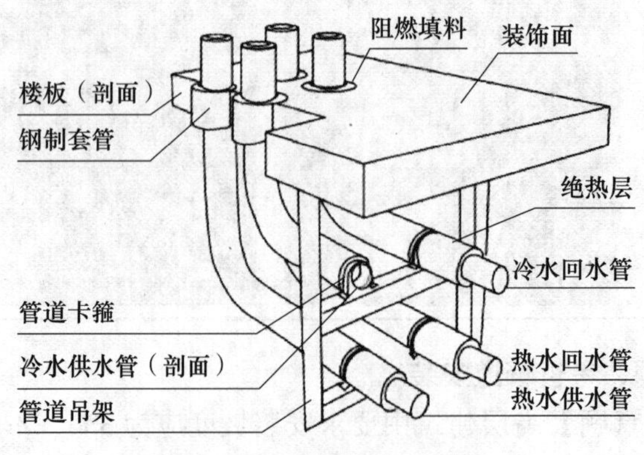

空调冷热水管道安装示意图

【问题】图中空调冷热水管道安装存在的质量问题有哪些？应如何整改？

【参考答案】

问题一：管道穿楼板的钢制套管顶部与装饰面齐平。

整改：管道穿楼管的钢制套管顶部应高出装饰面 20～50mm。

问题二：管道穿楼板套管采用阻燃填料封堵。

整改：应采用不燃材料封堵。

问题三：热水管在冷水管的下方。

整改：热水管应设置在冷水管的上方。

核心考点四　管道系统试验

建筑管道试验	包括：承压管道和设备系统压力试验，非承压管道灌水试验，排水干管通球试验，通水试验等
压力试验	（1）管道压力试验宜采用液压试验，试验前编制专项施工方案，经批准后组织实施。高层建筑管道应先按分区、分段进行试验，合格后再按系统进行整体试验。 （2）室内给水系统、室外管网系统管道安装完毕，应进行水压试验。水压试验压力必须符合设计要求，当设计未注明时，各种材质的给水管道系统试验压力均为工作压力的 1.5 倍，但不得小于 0.6MPa。 （3）热水供应系统、供暖系统安装完毕，管道保温之前应进行水压试验。试验压力应符合设计要求，当设计未注明时，热水供应系统和蒸汽供暖系统、热水供暖系统水压试验压力，应以系统顶点的工作压力加 0.1MPa，同时在系统顶点的试验压力不小于 0.3MPa；高温热水供暖系统水压试验压力，应以系统最高点工作压力加 0.4MPa；塑料管及铝塑复合管热水供暖系统水压试验压力，应以系统最高点工作压力加 0.2MPa，同时在系统最高点的试验压力不小于 0.4MPa
灌水试验	室内隐蔽或埋地的排水管道在隐蔽前必须做灌水试验。灌水高度应不低于底层卫生器具的上边缘或底层地面高度。检验方法为满水 15min 水面下降后，再灌满观察 5min，液面不降，管道及接口无渗漏为合格
通水试验	排水系统安装完毕，排水管道、雨水管道应分系统进行通水试验，以流水通畅、不渗不漏为合格
通球试验	排水管道主立管及水平干管安装结束后均应做通球试验。通球球径不小于排水管径的 2/3，通球率必须达到 100%

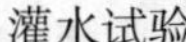

灌水试验

通水试验

通球试验

◆考法 1：选择题，考查建筑管道系统试验。

【例题 1 · 2012 年真题】室内卫生器具的排水支管隐蔽前，必须做（　　）。

A. 压力试验　　B. 灌水试验

C. 通球试验　　D. 泄漏试验

【答案】B

◆**考法 2：案例题，考查建筑管道系统试验。**

【例题 2·2013 年真题】

背景节选：

改建项目完工后，按施工方案进行检查和试验，其中因热水管道的试验压力设计未注明，项目部按施工验收规范进行水压试验，并验收合格。

【问题】热水管道水压试验的压力要求有哪些？

【参考答案】当设计未注明时，热水管道水压试验的压力应为系统顶点的工作压力加 0.1MPa，同时在系统顶点的试验压力不小于 0.3MPa。

核心考点五　建筑管道施工技术要点（其他）

配合土建工程预留、预埋	管道穿过楼板时应设置金属或塑料套管。安装在楼板内的套管，其顶部高出装饰地面 20mm，安装在卫生间及厨房内的套管，其顶部应高出装饰地面 50mm，底部应与楼板底面相平，套管与管道之间缝隙宜用阻燃密实材料和防水油膏填实，且端面应光滑
管道支架制作安装	（1）室内给水金属立管管道支架设置：楼层高度小于或等于 5m 时每层必须设置不少于 1 个，楼层高度大于 5m 时每层设置不少于 2 个，安装位置匀称。 （2）塑料管采用金属制作管道支架时，应在管道与支架间加衬非金属垫或套管；不锈钢管道采用碳钢支架时，应在支架与管道之间衬垫塑料或橡胶
防腐绝热	（1）管道的防腐方法主要有涂漆、衬里、静电保护和阴极保护等。 （2）管道绝热按其用途可分为保温、保冷、加热保护三种类型。 （3）水平管道金属保护层的环向接缝应顺水搭接，纵向接缝应位于管道的侧下方，并顺水；立管金属保护层的环向接缝必须上搭下
管道系统冲洗及试运行	（1）生活给水管道在交付使用前必须冲洗和消毒。 （2）供暖管道系统冲洗完毕后应充水、加热。 （3）锅炉应进行 48h 的带负荷连续试运行，同时应进行安全阀的定压检验和调整

◆**考法 1：选择题，考查建筑管道施工技术要点。**

【例题 1·2020 年真题】关于建筑室内管道安装的说法，正确的有（　　）。

A. 不同材质的管道应先安装塑料管道后安装钢质管道

B. 埋地管道应在安装结束隐蔽之前进行隐蔽工程验收

C. 冷热水管道垂直安装时热水管道应在冷水管道左侧

D. 金属排水横管固定在承重结构上的固定件间距不大于 3m

E. 室内排水立管与排出管端部的连接可采用两个 45° 弯头

【答案】B、C、E

【解析】不同材质的管道应先安装钢质管道后安装塑料管道，所以 A 选项错误。金属排水横管固定在承重结构上的固定件间距不大于 2m，所以 D 选项错误。

2H314020　建筑电气工程施工技术

核心考点提纲

- 建筑电气工程施工技术
  - 建筑电气工程的划分和施工程序
    - 建筑电气工程分部、分项工程的划分
    - 建筑电气工程的施工程序
  - 建筑电气工程的施工技术要求
    - 变配电设备安装技术要求
    - 供电干线及室内配电线路施工技术要求
    - 电气动力设备（电动机）安装技术要求
    - 电气照明施工技术要求
    - 防雷装置的施工技术要求
    - 接地装置的施工技术要求

核心考点可考性提示

核心考点			2023 年可考性提示
2H314021　建筑电气工程的划分和施工程序	建筑电气工程分部、分项工程的划分		★
	建筑电气工程的施工程序		★
2H314022　建筑电气工程的施工技术要求	变配电设备安装施工技术要求		★
	供电干线及室内配电线路施工技术要求	母线槽的安装技术要求	★★★
		导管施工技术要求	★★★
		导管内穿线和槽盒内敷线技术要求	★★
	电气动力设备（电动机）安装技术要求		★★
	电气照明施工技术要求	照明配电箱安装技术要求	★★★
		灯具安装技术要求	★★★
		插座安装技术要求	★★★
	防雷装置的施工技术要求		★★
	接地装置的施工技术要求		★

核心考点剖析

2H314021　建筑电气工程的划分和施工程序

核心考点一　建筑电气工程的施工程序

母线槽施工程序	开箱检查→支架安装→单节母线槽绝缘测试→母线槽安装→通电前绝缘测试→送电验收
金属导管施工程序	测量定位→支架制作、安装（明导管敷设时）→导管预制→导管连接→接地线跨接
管内穿线施工程序	选择导线→管内穿引线→放护圈（金属导管敷设时）→穿导线→导线并头绝缘→线路检查→绝缘测试

续表

照明灯具	灯具开箱检查→灯具组装→灯具安装接线→送电前检查→送电运行
防雷、接地装置	接地体安装→接地干线安装→引下线敷设→均压环安装→避雷带（避雷针、避雷网）安装。（由下而上）

◆考法1：选择题，考查建筑电气工程的施工程序。

【例题1·2014年真题】下列室内配线施工工序中，属于镀锌钢管明配的工序有（　　）。

A. 测量定位　　B. 支架安装

C. 钢管预埋　　D. 钢管连接

E. 管内穿线

【答案】A、B、D

【解析】金属导管施工程序：测量定位→支架制作、安装（明导管敷设时）→导管预制→导管连接→接地线跨接。C选项“钢管预埋”属于暗敷导管的工序。E选项“管内穿线”属于管内穿线的工序，而不是“导管施工”的工序。因此正确选项为A、B、D。

【例题2·2015年真题】下列工序，属于成套电气照明灯具的施工工序的有（　　）。

A. 灯具检查　　B. 灯具组装

C. 灯具安装　　D. 灯具接线

E. 灯具送电

【答案】A、C、D、E

【解析】这道题看似每个选项都对，但要注意题干中的“成套”二字，所以没有“灯具组装”。

2H314022　建筑电气工程的施工技术要求

核心考点一　变配电设备安装施工技术要求

开关柜和配电柜安装施工技术要求	（1）配电柜相互间或与基础型钢间应用镀锌螺栓连接，且防松零件齐全。（不允许焊接） （2）配电柜安装垂直度允许偏差为1.5‰，相互间接缝不应大于2mm，成列柜面偏差不应大于5mm。 （3）开关柜、配电柜的金属框架及基础型钢应与保护导体可靠连接，柜门和金属框架的接地应选用截面积不小于$4mm^2$的绝缘铜芯软导线连接，并有接地标识。 （4）对于铜芯绝缘导线和铜芯电缆的导体截面积，在电流回路中不应小于$2.5mm^2$，其他回路中不应小于$1.5mm^2$。 （5）低压成套配电柜线路的线间和线对地间绝缘电阻值，馈电线路不应小于0.5MΩ，二次回路不应小于1MΩ。 （6）高、低压成套配电柜投入运行前必须交接试验合格

◆考法1：选择题，考查开关柜和配电柜安装施工技术要求。

【例题1·模拟题】开关柜和配电柜安装施工技术要求有（　　）。

A. 配电柜相互间应用镀锌螺栓连接　　B. 配电柜与基础型钢间应焊接牢固

C. 配电柜相互间接缝不应大于5mm　　D. 二次回路的绝缘电阻不应小于0.5MΩ

E. 配电柜投入运行前必须交接试验合格

【答案】A、E

【解析】B 选项，配电柜相互间或与基础型钢间都应用镀锌螺栓连接，而不允许焊接。C 选项，配电柜相互间接缝不应大于 2mm。D 选项，二次回路的绝缘电阻不应小于 1MΩ。

核心考点二　母线槽的安装技术要求

母线槽的安装技术要求	（1）母线槽安装前，应测量每节母线槽的绝缘电阻值，且不应小于 20MΩ。 （2）多根母线槽并列水平或垂直敷设时，各相邻母线槽间应预留维护、检修距离。插接箱外壳应与母线槽外壳连通，接地良好。 （3）母线槽水平安装时，圆钢吊架直径不得小于 8mm，吊架间距不应大于 2m。每节母线槽的支架不应少于 1 个，转弯处应增设支架加强。垂直安装时应设置弹簧支架。 （4）每段母线槽的金属外壳间应可靠连接，母线槽全长与保护导体可靠连接不应少于 2 处。 （5）母线槽安装完毕后，应对穿越防火墙和楼板的孔洞进行防火封堵

◆考法 1：选择题，考查母线槽的安装技术要求。

【例题 1·模拟题】成套母线槽施工技术，说法正确的有（　　）。

A. 母线槽垂直过楼板时要选用固定支架

B. 每节母线槽的绝缘电阻不得小于 2MΩ

C. 水平安装时，吊架间距不应大于 2m

D. 插接箱的外壳应与母线槽外壳连通，并接地良好

E. 母线槽穿过墙板时的孔洞要做防火封堵

【答案】C、D、E

【解析】A 选项，垂直过楼板时要选用弹簧支架；B 选项，每节母线槽的绝缘电阻不得小于 20MΩ。

◆考法 2：案例实操题，考查母线槽的安装技术要求。

【例题 2·2020 年真题】

背景节选：

事件 2：母线槽安装完成后，因没能很好地进行成品保护，遭遇雨季建筑渗水，母线槽受潮。送电前绝缘电阻测试不合格，并且部分吊架安装不符合规范要求（见下图）。质检员对母线槽安装提出了返工要求，母线槽拆下后，有 5 节母线槽的绝缘电阻测试值如下表所示。母线槽经干燥处理，增加圆钢吊架后返工安装，通电验收合格，但造成了工期的延误。

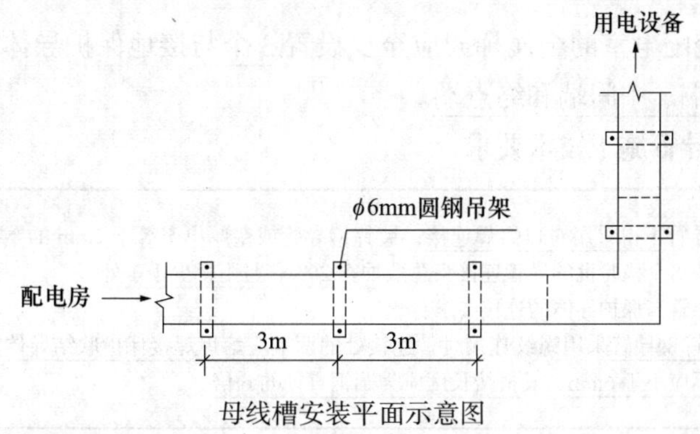

母线槽安装平面示意图

母线槽绝缘电阻值

母线槽	①	②	③	④	⑤
电阻值（MΩ）	30	35	10	25	0.5

【问题】

1. 表中，哪几节母线槽绝缘电阻测试值不符合规范要求？写出合格的要求。

2. 图中，母线槽安装有哪些不符合规范要求？写出符合规范要求的做法。

【参考答案】

1. 表中，母线槽的第③节和第⑤节绝缘电阻值不符合规范要求。单节母线槽绝缘电阻测试值不应小于 20MΩ。

2.（1）吊架圆钢直径为 6mm 不符合规范要求，圆钢直径不小于 8mm。

（2）吊架间距为 3m 不符合要求，吊架间距不大于 2m。

（3）母线槽转弯处仅 1 副吊架不符合规范要求，应在转弯处增设一副吊架。

核心考点三　梯架、托盘和槽盒施工技术要求

梯架、托盘和槽盒的接地、跨接要求	（1）金属梯架、托盘或槽盒本体之间的连接应牢固可靠。全长不大于 30m 时，不应少于 2 处与保护导体可靠连接；全长大于 30m 时，每隔 20～30m 应增加一个连接点，起始端和终点端均应可靠接地。 （2）非镀锌梯架、托盘、槽盒之间的连接处应跨接保护联结导体；镀锌梯架、托盘、槽盒之间的连接处可不跨接保护联结导体，但连接板每端不应少于 2 个有防松螺帽或防松垫圈的连接固定螺栓

◆考法 1：选择题，考查梯架、托盘和槽盒的接地、跨接要求。

【例题 1 · 2022 年真题】

背景节选：

数据中心 F2 层变配电室的某一段金属梯架全长 45m，并敷设一条扁钢接地保护导体，监理单位对金属梯架与接地保护导体的连接部位进行了重点检查，以确保金属梯架的可靠接地。

【问题】变配电室的金属梯架应至少设置多少个与接地保护导体的连接点？分别写出连接点的位置。

【参考答案】变配电室的金属梯架应至少设置 3 个与接地保护导体的连接点。连接点的位置分别是起始端、中间端和终点端。

核心考点四　导管施工技术要求

导管施工技术要求	（1）钢导管不得采用对口熔焊连接；镀锌钢导管或壁厚小于等于 2mm 的钢导管，不得采用套管熔焊连接。按每个检验批的导管连接头总数抽查 20%，且不得少于 1 处。 （2）钢导管与保护导体的连接要求： ① 非镀锌钢导管采用螺纹连接时，连接处的两端应熔焊焊接保护联结导体；保护联结导体宜为圆钢，直径不应小于 6mm，其搭接长度应为圆钢直径的 6 倍。

续表

<table>
<tr>
<td>导管施工技术要求</td>
<td>
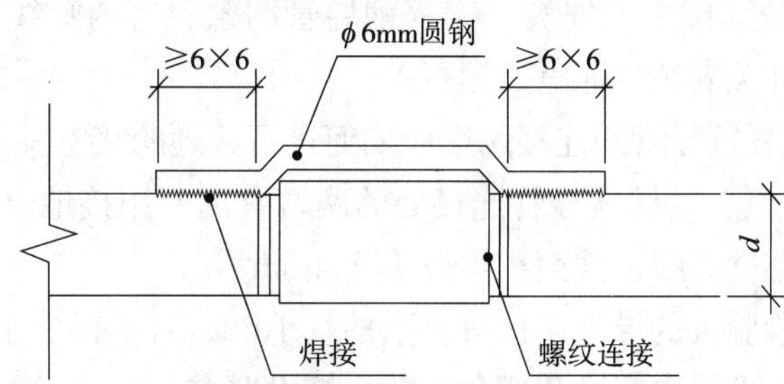

非镀锌钢导管螺纹连接处的接地跨接示意图
② 镀锌钢导管、可弯曲金属导管和金属柔性导管连接处的两端宜用专用接地卡固定保护联结导体；保护联结导体应为铜芯软导线，截面积不应小于 4mm^2。
③ 按每个检验批的导管连接头总数抽查 10%，且不得少于 1 处。
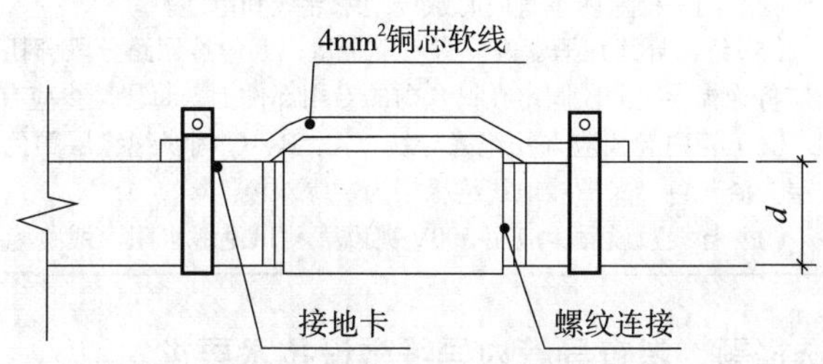

镀锌钢导管螺纹连接处的接地跨接示意图
（3）埋入建筑物、构筑物的导管，与建筑物、构筑物表面的距离不应小于 15mm。塑料导管在砌体上剔槽埋设时，应采用强度等级不小于 M10 的水泥砂浆抹面保护。
（4）导管支架安装应牢固，支架圆钢直径不得小于 8mm，并应设置防晃支架。
（5）刚性导管经柔性导管与设备、器具连接时，柔性导管的长度在动力工程中不宜大于 0.8m，在照明工程中不宜大于 1.2m。金属柔性导管不应做保护导体的接续导体
</td>
</tr>
</table>

◆考法 1：选择题，考查导管施工技术要求。

【例题 1 · 模拟题】非镀锌钢导管连接处的两端接地跨接时，说法正确的有（　　）。

A. 保护导体用 4mm^2 的铜芯软线　　B. 用专用接地卡固定

C. 保护导体用 6mm 的圆钢　　D. 熔焊焊接固定

E. 按每检验批导管连接头总数抽查 20%

【答案】C、D

【解析】题目问的是"非镀锌钢导管"，非镀锌钢导管采用螺纹连接时，连接处的两端应熔焊焊接保护联结导体；保护联结导体宜为圆钢，直径不应小于 6mm，其搭接长度应为圆钢直径的 6 倍，所以 C、D 选项正确，而 A、B 选项是镀锌钢导管或柔性导管的。应按每检验批导管连接头总数抽查 10%，且不少于 1 处，所以 E 选项错误。

◆考法 2：案例题，考查导管施工技术要求。

【例题 2 · 2020 年真题】

背景节选：

B 公司在照明施工方案优化时，将原先的流水施工改为分段施工。上段施工内容：钢结构屋架在地面拼装时，完成电气照明的部分工作（主要包括：测量定位、镀锌钢导管明

敷、接线盒空装、管内穿线）；下段施工内容：待厂房屋面封闭后，再完成后续工作（主要包括：测量定位、配电箱安装、镀锌钢导管明敷、管内穿线、导线连接和线路绝缘测试、灯具安装、开关安装、通电试运行）。

【问题】本工程钢导管的连接两端应如何进行接地跨接？其质量检查时应抽查多少？

【参考答案】（1）镀锌钢导管连接处的两端宜用专用接地卡固定保护联结导体；保护联结导体应为铜芯软导线，截面积不应小于 4mm^2。

（2）按每个检验批的导管连接头总数抽查 10%，且不得少于 1 处。

核心考点五　导管内穿线和槽盒内敷线技术要求

导管内穿线和槽盒内敷线技术要求	（1）同一交流回路的绝缘导线不应敷设于不同的金属槽盒内或穿于不同金属导管内。 （2）不同回路、不同电压等级、交流与直流的导线不得穿在同一管内。 （3）绝缘导线的接头应设置在专用接线盒（箱）或器具内，不得设置在导管内。 （4）同一槽盒内不宜同时敷设绝缘导线和电缆。 （5）绝缘导线在槽盒内应有一定余量，并应按回路分段绑扎；当垂直或大于 45° 倾斜敷设时，应将绝缘导线分段固定在槽盒内的专用部件上，每段至少应有一个固定点。 （6）管内导线应采用绝缘导线，A、B、C 相线绝缘层颜色分别为黄、绿、红，中性线绝缘层为淡蓝色，保护接地线绝缘层为黄绿双色。 （7）导线敷设后，应用 500V 兆欧表测试绝缘电阻，线路绝缘电阻不应小于 0.5MΩ

◆考法 1：选择题，考查导管内导线敷设技术要求。

【例题 1 • 2020 年真题】关于导管内穿线和槽盒内敷线的说法，正确的有（　　）。

A. 同一交流回路导线可穿入不同金属导管内

B. 不同电压等级的导线不能穿在同一导管内

C. 同一槽盒内不宜同时敷设绝缘导线和电缆

D. 导管内的导线接头应设置在专用接线盒内

E. 垂直安装的槽盒内导线敷设不用分段固定

【答案】B、C、D

【解析】同一交流回路的绝缘导线不应敷设于不同的金属槽盒内或穿于不同金属导管内。所以 A 选项错误。当垂直或大于 45° 倾斜敷设时，应将绝缘导线分段固定在槽盒内的专用部件上，每段至少应有一个固定点。所以 E 选项错误。

核心考点六　电气动力设备（电动机）安装技术要求

电动机接线前检查	额定电压 500V 及以下的电动机用 500V 兆欧表测量电动机绝缘电阻，绝缘电阻不应小于 0.5MΩ；检查数量为抽查 50%，不得少于 1 台
电动机的干燥处理	电动机受潮或绝缘电阻达不到要求时，应做干燥处理。干燥处理的方法有灯泡干燥法、电流干燥法。 （1）灯泡干燥法：可采用红外线灯泡或一般灯泡光直接照射在绕组上，温度高低的调节可用改变灯泡功率来实现。 （2）电流干燥法：用可调变压器调节电流，其电流大小宜控制在电机额定电流的 60% 以内，并应配备测量计，随时监视干燥温度
电动机通电前检查	（1）对照电动机铭牌标明的数据，检查电动机定子绕组的连接方法是否正确（Y连接还是△连接），电源电压、频率是否合适。

续表

电动机通电前检查	（2）转动电动机转轴，看转动是否灵活，有无摩擦声或其他异声。 （3）检查电动机接地装置是否良好。 （4）检查电动机的启动设备是否良好
电动机试运行	（1）电动机空载试运行时间宜为2h。并应记录电流、电压、温度、运行时间等有关数据。 （2）接通电源之前就应做好切断电源的准备，以防万一接通电源后，电动机出现不正常的情况时（电动机不能启动、启动缓慢、出现异常声音等）能立即切断电源。 （3）电动机的启动次数不宜过于频繁，连续启动 2 次的时间间隔不应小于 5min，并应在电动机冷却至常温下进行再次启动。 （4）电动机转向应与设备上运转指示箭头一致

◆考法 1：选择题，考查电动机的安装技术要求。

【例题 1 · 2020 年真题】下列电动机的干燥处理方法中，正确的有（　　）。

A. 高电压、额定电流通电　　B. 低电压、60% 额定电流通电

C. 紫外线灯照射在绕组上　　D. 一般灯泡照射在绕组上

E. 红外线灯照射在绕组上

【答案】B、D、E

【解析】灯泡干燥法：可采用红外线灯泡或一般灯泡光直接照射在绕组上。电流干燥法：电流大小宜控制在电机额定电流的 60% 以内。所以正确选项是 B、D、E。

核心考点七　照明配电箱安装技术要求

照明配电箱安装技术要求	（1）照明配电箱应安装牢固，配电箱内应标明用电回路名称。 （2）照明配电箱内应分别设置中性线（N 线）和保护接地（PE 线）汇流排，中性线和保护地线应在汇流排上连接，不得绞接。 （3）照明配电箱内每一单相分支回路的电流不宜超过 16A，灯具数量不宜超过 25 个。大型建筑组合灯具每一单相回路电流不宜超过 25A，光源数量不宜超过 60 个（当采用 LED 光源时除外）。 （4）插座为单独回路时，数量不宜超过 10 个。用于计算机电源插座数量不宜超过 5 个

◆考法 1：选择题，考查照明配电箱安装技术要求。

【例题 1 · 2016 年真题】关于照明配电箱的安装技术要求，正确的有（　　）。

A. 配电箱内应标明用电回路的名称和功率

B. 零线和保护接地线应在汇流排上连接

C. 每个三相分支回路的电流不宜超过 16A

D. 每个单相分支回路的灯具数量不宜超过 25 个

E. 插座为单独回路时的插座数量不宜超过 10 个

【答案】B、D、E

【解析】配电箱内应标明用电回路的名称，但不需要标明功率，A 选项错误。每个“单相”分支回路的电流不宜超过 16A，而不是“三相”，C 选项错误。所以本题正确答案是 B、D、E。

◆**考法 2：案例题，考查照明配电箱安装技术要求。**

【例题 2·2022 年 B 卷真题】

背景节选：

项目质检员对已完成的照明工程进行检查：配电箱安装牢固，箱内回路名称标注清晰。在照明配电回路调试中，质检员发现部分回路负荷分配不合理（见图 1），要求施工人员整改。

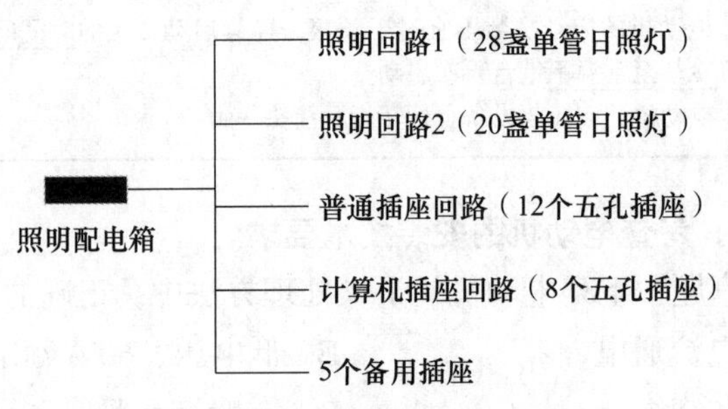

图 1　照明配电回路示意图

灯具安装过程中，专业监理工程师检查发现（见图 2）灯具底座及导管吊架安装不符合施工规范，要求整改。

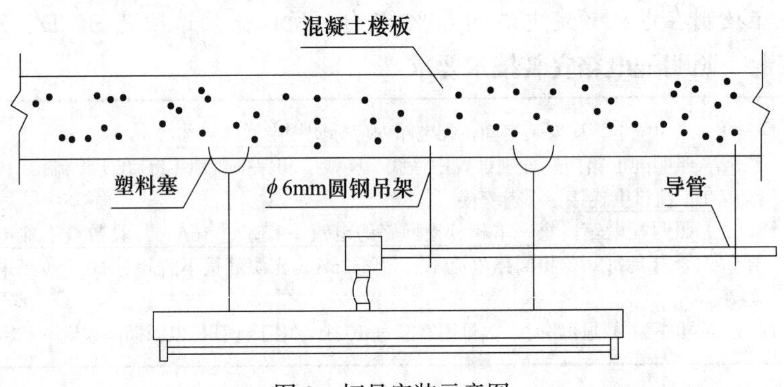

图 2　灯具安装示意图

【问题】

1. 图 1 中照明配电箱共有几个回路负荷分配不合理？单一分支回路灯具、插座数量有何要求？

2. 图 2 中灯具底座安装和导管吊架安装存在哪些错误？应如何整改？

【参考答案】

1.（1）共有 3 个回路不合理。

（2）① 照明配电箱内每一单相分支回路灯具数量不宜超过 25 个。

② 插座为单独回路时，数量不宜超过 10 个。用于计算机电源插座数量不宜超过 5 个。

2. 错误一：灯具安装采用塑料塞固定。整改：应采用预埋吊钩、膨胀螺栓固定。

错误二：金属导管采用 ϕ6mm 圆钢吊架。整改：圆钢吊架的直径应不小于 8mm。

核心考点八　灯具安装技术要求

灯具安装技术要求	（1）灯具安装应牢固可靠，采用预埋吊钩、膨胀螺栓等安装固定，在砌体和混凝土结构上严禁使用木楔、尼龙塞或塑料塞固定。固定件的承载能力应与电气照明灯具的重量相匹配。 （2）引向单个灯具的绝缘导线截面积应与灯具功率相匹配，绝缘铜芯导线的线芯截面积不应小于 $1mm^2$。100W 及以上灯具的引入线，应采用瓷管、矿棉等不燃材料作隔热保护。 （3）Ⅰ类灯具外露可导电部分必须用铜芯软导线与保护导体可靠连接，连接处应设置接地标识，铜芯软导线的截面积应与进入灯具的电源线截面积相同。 Ⅱ类灯具（有双重绝缘的灯具）不需要与保护导体连接、Ⅲ类灯具（交流 50V 以下的灯具）不允许与保护导体连接。 （4）当吊灯灯具质量超过 3kg 时，应采取预埋吊钩或螺栓固定。 （5）质量大于 10kg 的灯具的固定及悬吊装置应按灯具重量的 5 倍做恒定均布载荷强度试验，持续时间不得少于 15min

◆考法 1：案例题，考查灯具安装技术要求。

【例题 1·2019 年真题】

背景节选：

某建设项目由 A 公司施工总承包，A 公司征得业主同意，把变电所及照明工程分包给 B 公司。

在设备、材料到达施工现场后，B 公司项目部依据施工图纸和施工方案，对灯具、开关及插座的安装进行技术交底，灯具类型及安装高度见下表。

照明灯具安装高度统计表

灯具类型	Ⅰ类	Ⅱ类	Ⅲ类
高于 2.4m	3050 个	200 个	
低于 2.4m	300 个	190 个	200 个

【问题】本照明工程有多少个灯具外壳需要与保护导体连接？写出连接的要求。

【参考答案】（1）本照明工程有 3350 个灯具外壳需要与保护导体连接。

（2）连接要求：① 灯具外壳采用铜芯线与保护导体可靠连接；② 灯具外壳连接处应有接地标识；③ 铜芯软导线的截面积应与进入灯具的电源线截面积相同。

核心考点九　插座安装技术要求

插座的接线	（1）单相两孔插座，面对插座的右孔或上孔与相线连接，左孔或下孔应与中性导体连接。（左零右火） （2）单相三孔插座，面对插座的右孔应与相线连接，左孔应与中性导体（N）连接，上孔应与保护接地导体（PE）连接。 （3）三相四孔及三相五孔插座的保护接地导体（PE）应接在上孔；插座的保护接地导体端子不得与中性导体端子连接；同一场所的三相插座，其接线的相序应一致。 （4）保护接地导体（PE）在插座之间不得串联连接。 （5）相线与中性导体（N）不应利用插座本体的接线端子转接供电 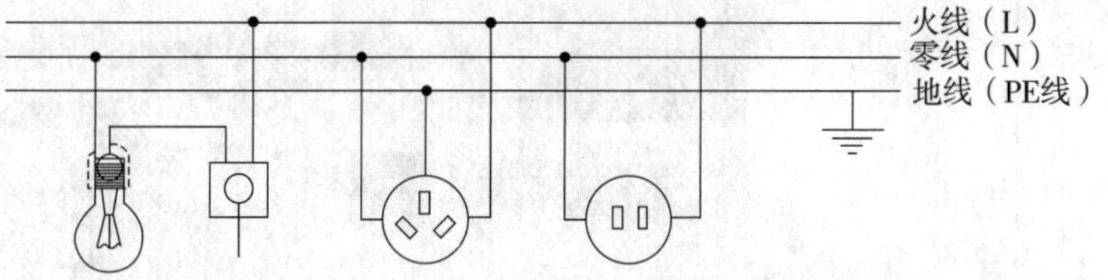 火线（L） 零线（N） 地线（PE线）

◆**考法 1：选择题，考查插座安装技术要求。**

【例题 1 • 2021 年真题】关于三相四孔插座接线的说法，正确的是（　　）。

A. 保护接地导体（PE）应接在下孔　　B. 保护接地导体（PE）在插座间串联连接

C. 同一场所的三相插座接线相序应一致　D. 相线利用插座本体的接线端子转接供电

【答案】C

【解析】三相四孔及三相五孔插座的保护接地导体（PE）应接在上孔，A 选项错误。保护接地导体（PE）在插座之间不得串联连接，B 选项错误。相线与中性导体（N）不应利用插座本体的接线端子转接供电，D 选项错误。

◆**考法 2：案例题，考查插座安装技术要求。**

【例题 2 • 2019 年真题】

背景节选：

监理工程师发现单相三孔插座的保护接地线（PE）在插座间串联连接（见下图），相线与中性线利用插座本体的接线端子转接供电。监理工程师要求返工，使用连接器对插座的保护接地线、相线和中性线进行分路连接，施工人员按要求整改后通过验收。

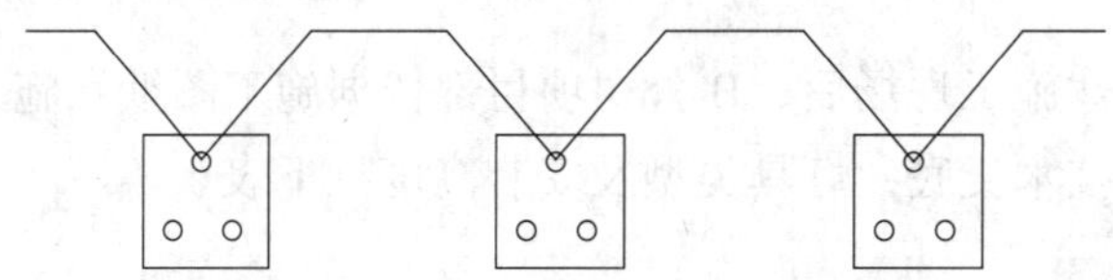

保护接地线在插座间串联连接示意图

【问题】图中的插座接线会有什么不良后果？画出正确的插座保护接地线连接的示意图。

【参考答案】图中插座接线的不良后果是：如果保护接地线在插座端子处虚接或断开会使故障点之后的插座失去保护接地功能。

正确的插座保护接地线连接示意图：

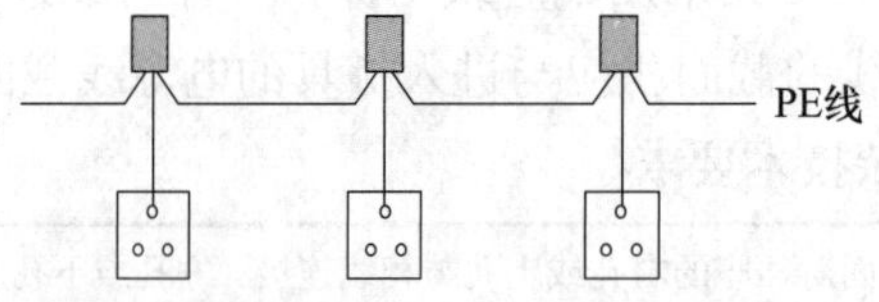

核心考点十　防雷装置的施工技术要求

接闪带（网）的施工技术要求	（1）接闪带应采用热镀锌钢材。钢材厚度应大于或等于 4mm，镀层厚度应不小于 65μm。接闪带一般使用 40mm×4mm 镀锌扁钢或 ϕ12mm 镀锌圆钢制作。 （2）接闪带安装应平正顺直、无急弯，其固定支架应间距均匀、固定牢固，高度一致，固定支架高度不宜小于 150mm。每个固定支架应能承受 49N 的垂直拉力。 

续表

<table>
<tr><td>接闪带（网）的施工技术要求</td><td>（3）接闪带之间的连接应采用搭接焊接。焊接处焊缝应饱满并有足够的机械强度，不得有夹渣、咬肉、裂纹、虚焊、气孔等缺陷。
（4）接闪带的搭接长度规定：扁钢之间搭接为扁钢宽度的2倍，三面施焊；圆钢之间搭接为圆钢直径的6倍，双面施焊；圆钢与扁钢搭接为圆钢直径的6倍，双面施焊。
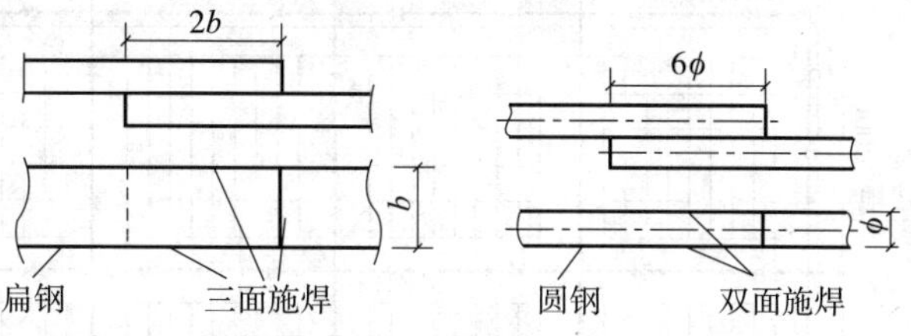

（5）接闪带在过建筑物变形缝处的跨接应采取补偿措施。
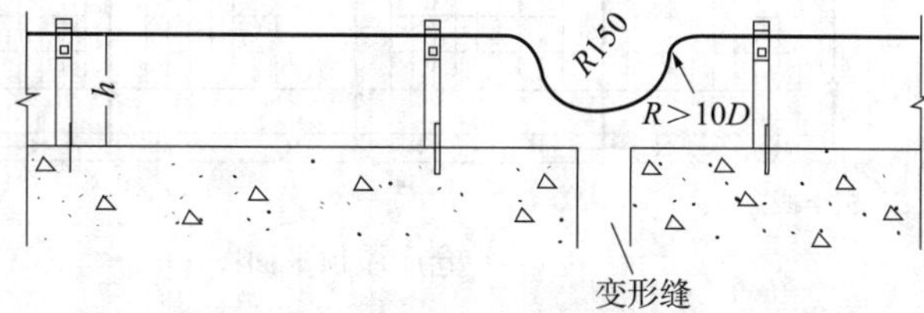

（6）建筑物屋顶上的金属物应与接闪器连接成一体，如铁栏杆、钢爬梯、金属旗杆、透气管、金属柱灯、冷却塔等</td></tr>
<tr><td>防雷引下线的施工技术要求</td><td>防雷引下线敷设有明敷和暗敷两种。
（1）明敷的引下线采用热镀锌圆钢时，圆钢与圆钢的连接，可采用焊接或卡夹（接）器，明敷的引下线采用热镀锌扁钢时，可采用焊接或螺栓连接。
（2）当利用建筑物外立面混凝土柱内的主钢筋作防雷引下线时，接地测试点通常不少于2个，接地测试点应离地0.5m，测试点应有明显标识。
（3）引下线与接闪器的连接应可靠，应采用焊接或卡夹（接）器连接，引下线与接闪器连接的圆钢或扁钢，其截面积不应小于接闪器的截面积</td></tr>
</table>

◆考法1：案例题，考查防雷装置施工技术要求。

【例题1·2016年真题】

背景节选：

某电力工程公司项目部承接了一个光伏发电工程施工项目，光伏发电工程位于某工业园区12个仓库的屋面，工程的主要设备、材料有光伏板（1.5m×1m、18.5kg、30V、8A、255W）、直流汇流箱、并网型光伏逆变器、交流配电柜、升压变压器（0.4/10kV）、电缆、专用接插件等。

因光伏板安装在仓库屋面，仓库建筑的防雷类别应提高一个等级，建筑屋面需增加避雷带（见下图）；光伏板用金属支架固定，并接地可靠，20块光伏板串联成一个光伏直流发电回路，用2芯电缆接到直流汇流箱。项目部依据规范和设计要求编制了光伏发电工程的施工技术方案，并在施工前进行了技术和安全交底。

在光伏发电工程的施工中发生了以下2个事件：

事件1：采购的镀锌扁钢进场后未经验收，立即搬运至仓库屋面，进行避雷带施工，被监理工程师叫停，后经检查验收达到合格要求，避雷带施工后，仓库建筑防雷类别满足光伏发电工程要求。

事件2：在光伏板安装互连后，用2芯电缆接到直流汇流箱时，某个作业人员没有按施工技术方案要求进行操作，造成触电事故，后经事故检查分析，项目部有技术和安全交底记录，并且交底的重点是光伏板接线时的防触电保护措施。

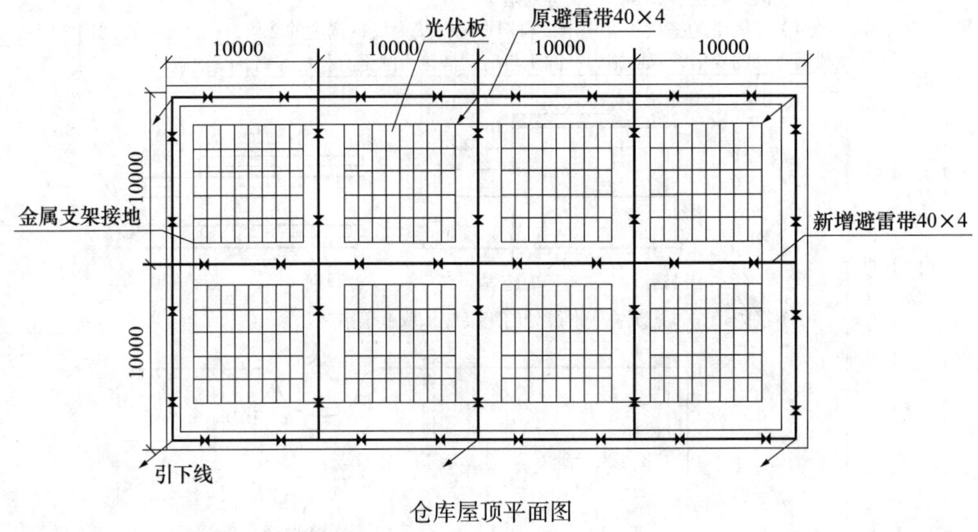

仓库屋顶平面图

【问题】

1. 写出本工程避雷带材料验收的合格要求。

2. 本工程避雷带应如何进行电焊连接？施工后的仓库建筑为几类防雷建筑？

3. 造成触电事故的直流电压有多少伏？

【参考答案】

1. 本工程避雷带材料验收的合格要求：（1）避雷带钢材宽度为40mm（截面应≥100mm²）；（2）钢材厚度应≥4mm；（3）钢材为热镀锌。

2. 本工程的避雷带应采用电焊搭接连接，搭接长度为扁钢宽度的2倍，三面施焊。施工后的仓库建筑为二类防雷建筑。

【解析】一类防雷建筑物：接闪网间距不大于5m×5m或6m×4m；二类防雷建筑物：接闪网间距不大于10m×10m或12m×8m；三类防雷建筑物：接闪网间距不大于20m×20m或24m×16m。图中增加避雷带后，接闪网间距为10m×10m，所以属于二类防雷建筑。

3. 造成触电事故的直流电压有600V。

【解析】根据背景中给出的光伏板规格型号，知道每块光伏板30V。“20块光伏板串联成一个光伏直流发电回路”，所以造成触电事故的直流电压是30×20＝600V。

核心考点十一　接地装置的施工技术要求

接地装置包括接地体（极）和接地线两部分。

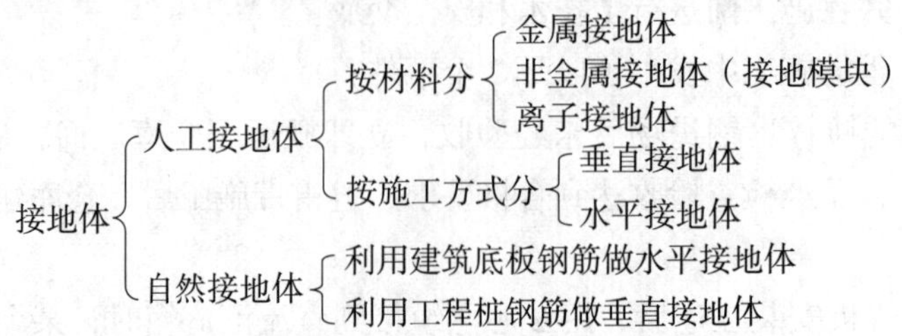

垂直埋设的接地体	采用镀锌角钢、镀锌钢管、镀锌圆钢等。垂直接地体的长度一般为 2.5m。埋设后接地体的顶部距地面不小于 0.6m，为减小相邻接地体的屏蔽效应，接地体的水平间距应不小于 5m。接地体施工完成后应填土夯实，以减少接地电阻
水平埋设的接地体	采用镀锌扁钢、镀锌圆钢等。镀锌扁钢的厚度应不小于 4mm，截面积不小于 $100mm^2$；镀锌圆钢的截面积不小于 $100mm^2$
施工技术要求	接地体的连接应牢固可靠，应用搭接焊接。（与防雷工程的搭接焊接要求相同） 接地体施工的注意事项： （1）在接地体施工结束后，应及时测量接地电阻，其值应符合规定要求。接地电阻一般用接地电阻测量仪测量。电气设备的独立接地体，其接地电阻应小于 4Ω，共用接地体电阻应小于 1Ω。 （2）接地体应远离高温影响以及使土壤电阻率升高的高温地方。在土壤电阻率高的地区，可在接地坑内填入化学降阻剂降低土壤电阻率

◆考法 1：选择题，考查接地体的施工技术要求。

【例题 1·模拟题】垂直埋设的金属接地体一般采用（　　）。

A. 镀锌角钢　　B. 镀锌钢管

C. 镀锌圆钢　　D. 镀锌扁钢

E. 镀锌槽钢

【答案】A、B、C

◆考法 2：案例简答题，考查接地体的施工技术要求。

【例题 2·2014 年真题】

背景节选：

监理工程师组织分项工作质量验收时，发现 35kV 变电站接地体的接地电阻值大于设计要求。经查实，接地体的镀锌扁钢有一处损伤、两处对接虚焊，造成接地电阻不合格。

【问题】写出本工程接地体连接的技术要求。

【参考答案】接地体连接的技术要求：接地体连接应牢固可靠。（1）应采用搭接焊接。（2）采用扁钢时，其搭接长度为扁钢宽度的两倍，并有三个邻边施焊。

2H314030　通风与空调工程施工技术

核心考点提纲

通风与空调工程施工技术
- 通风与空调工程的划分和施工程序
- 通风与空调工程的施工技术要求
  - 风管系统制作安装的施工技术要求
  - 空调水系统的施工技术要求
  - 设备安装的施工技术要求
  - 通风与空调系统调试的技术要求
  - 洁净空调工程施工技术要求

核心考点可考性提示

核心考点			2023年可考性提示
2H314031　通风与空调工程的划分和施工程序	通风与空调工程施工程序		★
2H314032　通风与空调工程的施工技术要求	风管系统制作安装的施工技术要求	风管的分类	★
		风管制作的施工技术要求	★★★
		风管系统的安装要点	★★★
		风管的检验与试验	★★
	空调水系统的施工技术要求		★★★
	设备安装的施工技术要求		★★★
	通风与空调系统调试的技术要求		★★
	洁净空调工程施工技术要求		★

核心考点剖析

2H314031　通风与空调工程的划分和施工程序

核心考点一　通风与空调工程施工程序

风管	（1）金属风管安装程序：测量放线→支吊架安装→风管检查→组合连接→风管调整→漏风量测试→风管绝热→质量检查。 （2）风管漏风量测试程序：风管漏风量抽样方案确定→风管检查→测试仪器仪表检查校准→现场测试→现场数据记录→质量检查
设备	（1）制冷机组安装程序：基础验收→机组运输吊装→机组减振装置安装→机组就位安装→机组配管→质量检查。 （2）风机（箱）安装程序：风机检查试验→（基础验收）→支吊架（底座）安装→减振安装→风机就位→（找平找正）→质量检查。 总结：都是动设备，需安装减振装置后，再进行设备就位
调试	通风空调系统联合试运转程序：系统检查→通风空调系统的风量、水量测试与调整→空调自控系统的测试调整→联合试运转→数据记录→质量检查。 总结：先单机试运转，再水系统、风系统、自控系统、防排烟系统测试与调整，最后是联合试运转

◆考法1：选择题，考查通风与空调工程施工程序。

【例题1·模拟题】冷却塔安装程序中，冷却塔就位安装的紧前工序是（　　）。

A. 冷却塔运输吊装　　B. 冷却塔配管

C. 基础验收　　D. 冷却塔减振安装

【答案】D

【解析】冷却塔安装程序：基础验收→冷却塔运输吊装→冷却塔减振安装→冷却塔就位安装→冷却塔配管→质量检查。

◆**考法 2：案例题，考查通风与空调工程施工程序。**

【例题 2・2020 年真题】

背景节选：

A 公司项目部进场后，依据施工验收规范和施工图纸制定了金属风管的安装程序：测量放线→支吊架安装→风管检查→组合连接→风管调整→风管绝热→漏风量测试→质量检查。

【问题】项目部制定的金属风管安装程序存在什么问题？会造成什么后果？

【参考答案】（1）金属风管安装程序存在的问题：风管绝热→漏风量测试顺序错误（应为漏风量测试→风管绝热）。

（2）项目部把风管严密性试验放在绝热工程之后，会造成漏风量测试不能正常进行（绝热工程不必要的返工）。

2H314032　通风与空调工程的施工技术要求

核心考点一　风管的分类

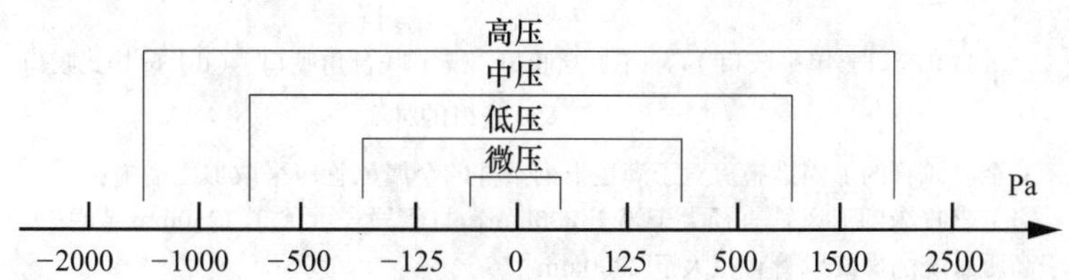

注：利用数轴法记忆分类，记住临界点数字，还原分类范围。最后，把等号加在绝对值大的数字上。

◆**考法 1：案例题，结合"风管的试验"，区分风管的压力等级，计算试验压力的大小。**

核心考点二　风管制作的施工技术要求

<table>
<tr><td>风管制作的施工技术要求</td><td>1. 复合材料风管的覆面材料必须为不燃材料，内层的绝热材料应采用不燃或难燃且对人体无害的材料。防排烟系统风管的耐火等级应符合设计规定，风管的本体、框架、连接固定材料与密封垫料，阀部件、保温材料以及柔性短管、消声器的制作材料，必须为不燃材料。防火风管的本体、框架与固定材料、密封垫料等必须为不燃材料，防火风管的耐火极限时间应符合系统防火设计的规定。当设计无规定时，镀锌钢板板材的镀锌层厚度不应低于 80g/m²。
2. 金属风管板材的拼接采用咬口连接、铆接、焊接连接等方法，风管与风管连接采用法兰连接、薄钢板法兰连接等。风管板材拼接的咬口缝应错开，不得有十字形拼接缝。法兰连接的焊缝应熔合良好、饱满，矩形法兰四角处应设螺栓孔，同一批加工的相同规格法兰，其螺栓孔排列方式、间距应统一，且具有互换性。
 咬口连接  铆接  焊接
风管的板材拼接方法</td></tr>
</table>

<table>
<tr>
<td>风管制作的
施工技术要求</td>
<td>
 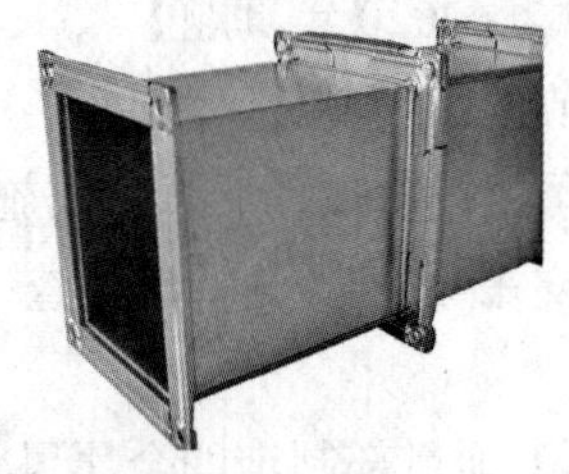
法兰连接　　薄钢板法兰连接（共板法兰、无法兰）
风管与风管的连接方法
例如，一般板厚小于等于 1.2mm 的金属板材采用咬口连接，咬口连接有单咬口、联合角咬口、转角咬口、按扣式咬口、立咬口等方法。板厚大于 1.5mm 的风管采用电焊、氩弧焊等方法。中、低压系统矩形风管法兰螺栓及铆钉间距小于等于 150mm，高压系统小于等于 100mm。镀锌钢板及含有各类复合保护层的钢板应采用咬口连接或铆接，不得采用焊接连接。
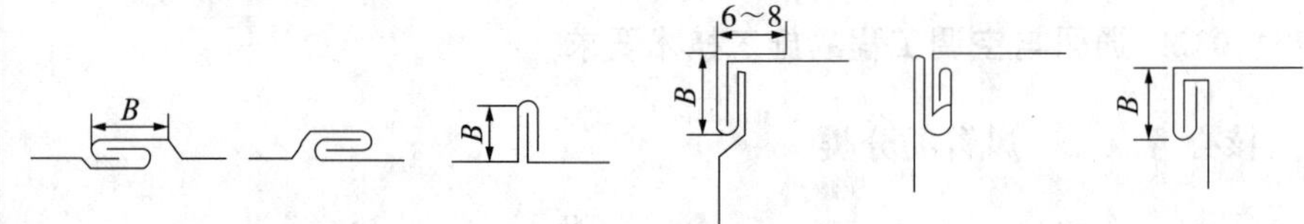

（a）单咬口（单平咬口）（b）立咬口（c）联合角咬口（d）按扣式咬口（e）转角咬口
咬口的种类
3. 金属风管的加固措施。对于满足下列条件的金属风管应采取加固措施：
（1）直咬缝圆形风管直径大于等于 800mm，且管段长度大于 1250mm 或总表面积大于 $4m^2$；用于高压系统的螺旋风管直径大于 2000mm。
（2）矩形风管边长大于 630mm 或矩形保温风管边长大于 800mm，管段长度大于 1250mm；或低压风管单边平面面积大于 $1.2m^2$，中、高压风管大于 $1.0m^2$。
（3）风管针对其工作压力等级、板材厚度、风管长度与断面尺寸，采取相应的加固措施。风管可采用管内或管外加固件、管壁压制加强筋等形式进行加固。矩形风管加固件宜采用角钢、轻钢型材或钢板折叠；圆形风管加固件宜采用角钢。
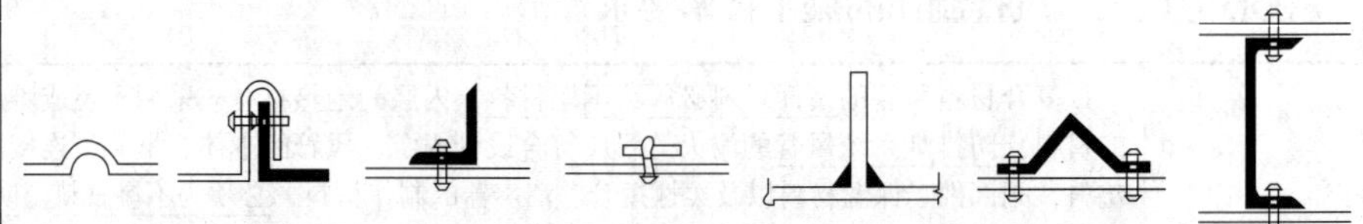
（a）楞筋（b）立筋（c）角钢加固（d）扁钢平加固（e）扁钢立加固（f）加固筋（g）管内支撑
4. 矩形内斜线和内弧形弯头应设导流片，以减少风管局部阻力和噪声
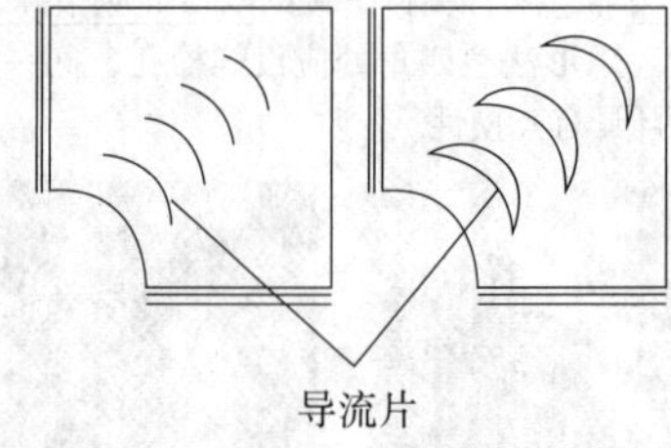
导流片
</td>
</tr>
</table>

◆**考法 1：选择题，考查风管制作的施工技术要求。**

【例题 1 · 2010 年真题】通风空调矩形风管制作时，应设导流叶片的管件是（　　）。

A. 风机出口的变径管　　　　B. 内斜线弯头

C. 内孤形弯头　　　　　　　　　　D. 消声器进风口

E. 风机进口的变径管

【答案】B、C

【解析】矩形内斜线和内弧形弯头应设导流片。导流片的作用是减少风管局部阻力和噪声。本题从分析局部阻力入手，A、E 选项虽变径但是是直管，阻力较小，而 D 选项消声器进风口也不存阻力，只有 B 选项内斜线弯头和 C 选项内弧形弯头，风的阻力较大应设置导流叶片。故本题的正确选项是 B、C。

【例题 2・2012 年真题】风管制作时，应针对风管的（　　）采取相应的加固措施。

A. 工作压力　　　　　　　　　　B. 风速流量

C. 板材厚度　　　　　　　　　　D. 风管长度

E. 断面尺寸

【答案】A、C、D、E

◆考法 2：案例分析题，考查风管制作的施工技术要求。

【例题 3・2016 年真题】

背景节选：

某安装公司承接了一广场地下商场给水排水、空调、电气和消防系统安装工程。

施工过程中，监理工程师在现场巡视时发现：金属风管板材的拼接均采用咬口连接，其中包括 1.6mm 钢板制作的排烟风管。

【问题】1.6mm 金属风管板材的拼接方式是否正确？应采用哪种拼接方式？

【参考答案】（1）1.6mm 金属风管板材拼接方式错误。（2）应采用电焊或氩弧焊拼接。

一般板厚小于等于 1.2mm 的金属板材采用咬口连接。板厚大于 1.5mm 的风管采用电焊、氩弧焊等方法。

核心考点三　风管系统的安装要点

风管系统的安装要点	（1）切断支、吊、托架的型钢及其开螺孔应采用机械加工，不得用电气焊切割；支、吊架不宜设置在风口、阀门、检查门及自控装置处。 （2）风管连接采用的密封材料应满足系统功能的技术条件。 例如，防排烟系统或输送温度高于 70℃的空气或烟气，应采用耐热橡胶板或不燃的耐温、防火材料；输送含有腐蚀介质的气体，应采用耐酸橡胶板或软聚氯乙烯板。 （3）风管安装就位的程序通常为先上层后下层、先主干管后支管、先立管后水平管。 （4）风管穿过需要封闭的防火防爆楼板或墙体时采取的措施。应设钢板厚度不小于 1.6mm 的预埋管或防护套管，风管与防护套管之间应采用不燃柔性材料封堵。风管穿越建筑物变形缝空间时，应设置柔性短管，风管穿越建筑物变形缝墙体时，应设置钢制套管，风管与套管之间应采用柔性防水材料填充密实。（注意对比三句话：穿“墙”时，设钢套管，其中穿“防火墙”时，“不燃材料封堵”；而穿“变形缝墙”时，“防水柔性材料封堵”；经过“变形缝空间”时，设“柔性套管”） （5）风管内严禁其他管线穿越。 （6）输送含有易燃、易爆气体或安装在易燃、易爆环境的风管系统必须设置可靠的防静电接地装置；输送含有易燃、易爆气体的风管系统通过生活区或其他辅助生产房间时不得设置接口。室外风管系统的拉索等固定件严禁与避雷针或避雷网连接。 （7）边长（直径）大于或等于 630mm 的防火阀或边长（直径）大于 1250mm 的弯头和三通应设置独立的支吊架。 （8）消声器、静压箱安装时，应单独设置支吊架，固定牢固

◆**考法 1：选择题，综合考查风管系统的安装要点。**

【例题 1 • 2021 年真题】关于风管系统安装要点的说法，错误的是（　　）。

A. 风管穿越建筑物变形墙体时，应设置钢制套管

B. 排烟风管法兰密封材料宜采用软聚氯乙烯板

C. 风管消声器安装时应单独设置支吊架

D. 风管安装就位的程序通常为先立管后水平管

【答案】B

【解析】风管穿越建筑物变形缝空间时，应设置柔性短管，风管穿越建筑物变形缝墙体时，应设置钢制套管，A 选项正确。防排烟系统或输送温度高于 70℃的空气或烟气，应采用耐热橡胶板或不燃的耐温、防火材料；输送含有腐蚀介质的气体，应采用耐酸橡胶板或软聚氯乙烯板，B 选项错误。消声器、静压箱安装时，应单独设置支吊架，C 选项正确。风管安装就位的程序通常为先上层后下层、先主干管后支管、先立管后水平管，D 选项正确。

◆**考法 2：案例实操题，考查风管系统的安装要点。**

【例题 2 • 2020 年真题】

背景节选：

风管制作材料有 1.0mm、1.2mm 镀锌钢板、角钢等。施工后，风管板材拼接、风管制作、风管法兰连接等检查均符合质量要求，但防火阀安装和风管穿墙（见下图）存在质量问题，监理工程师要求项目部返工。

项目部组织施工人员返工后，工程质量验收合格。

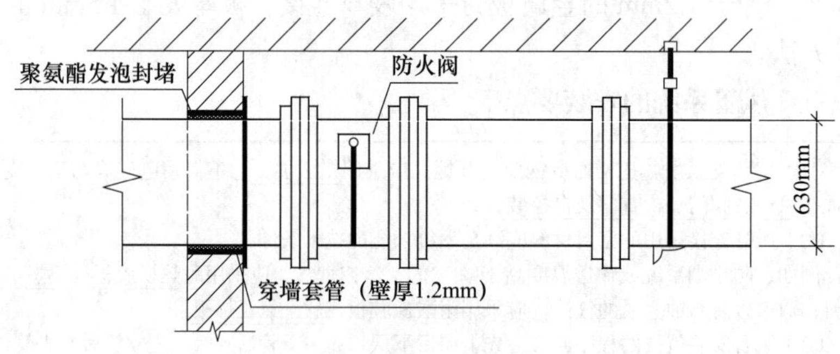

风管及防火阀安装示意图

【问题】

1. 本工程的风管板材拼接应采用哪种方法？风管与风管的连接可采用哪几种连接方式？

2. 示意图中有哪些不符合规范要求？写出正确的做法。

【参考答案】

1.（1）本工程风管板材（1.0mm、1.2mm 镀锌钢板）的拼接应采用咬口连接。

（2）风管与风管的连接可采用：角钢法兰连接、薄钢板（共板）法兰连接。

2. 不符合规范要求之处：

（1）风管与防护套管之间用聚氨酯发泡封堵；
（2）穿墙套管管壁厚度 1.2mm；
（3）防火阀未设置独立支吊架。
正确的做法：
（1）风管与穿墙套管之间选用不燃柔性材料；
（2）穿墙套管管壁厚度不小于 1.6mm；
（3）边长大于等于 630mm 的防火阀应设置独立的支吊架。

核心考点四　风管的检验与试验

风管批量制作前	应进行风管强度与严密性试验。如试验压力，低压风管为 1.5 倍的工作压力；中压风管为 1.2 倍的工作压力，且不低于 750Pa；高压风管为 1.2 倍的工作压力。排烟、除尘、低温送风及变风量空调系统风管的严密性应符合中压风管的规定
风管系统安装后	应对安装后的主、干风管分段进行严密性试验。严密性检验，主要检验风管、部件制作加工后的咬口缝、铆接孔、风管的法兰翻边、风管管段之间的连接严密性，检验合格后方能交付下道工序

◆考法 1：选择题，考查风管的检验与试验。

【例题 1 · 2022 年真题】下列风管中，进行严密性试验时应符合中压风管规定的是（　　）。

A. 排风风管　　B. 变风量空调的风管
C. 新风风管　　D. N1 级洁净空调风管

【答案】B

◆考法 2：案例题，考查风管的检验与试验。

【例题 2 · 2017 年真题】
背景节选：
问题 1：因空调设备没有按合同约定送达施工现场，耽误了风管的施工进度，为保证进度，室内主风管安装连接后，没有检测风管的严密性就开始风管的保温作业，监理叫停，后经检验合格才交付下道工序。

【问题】问题 1 中，应检查风管哪些部位的严密性？

【参考答案】问题 1 中，应检验风管的咬口缝、铆接孔、法兰翻边、管段连接的严密性，合格后方能进入下道工序。

核心考点五　空调水系统的施工技术要求

空调冷凝水排水管的坡度	当设计无要求时，管道坡度宜大于或等于 8‰，且应坡向出水口
空调冷冻、冷却水管道系统的试验	应按设计要求进行水压试验。当设计无要求时，应符合下列规定： 冷（热）水、冷却水与蓄能（冷、热）系统的试验压力，当工作压力小于或等于 1.0MPa 时，应为 1.5 倍工作压力，最低不应小于 0.6MPa；当工作压力大于 1.0MPa 时，应为工作压力加 0.5MPa
制冷剂管道试验	安装完毕，外观检查合格后，应进行吹污、气密性和抽真空试验

◆**考法 1：选择题，考查空调水系统的施工技术要求。**

【例题 1 · 模拟题】空调冷凝水排水管的坡度，宜大于或等于（　　）。

A. 2‰　　B. 3‰

C. 5‰　　D. 8‰

【答案】D

【解析】注意当问"冷凝水管道"坡度时，需看清楚是什么系统的。如果是"采暖系统"，冷凝水管道坡度3‰，最小不小于2‰（详见建筑管道）。而"空调系统"，冷凝水管道坡度为8‰。

◆**考法 2：案例题，计算冷冻（冷却）水管道的试验压力，简答制冷剂管道试验类型。**

【例题 2 · 2019 年一级真题】

背景节选：

空调供水管及开式冷却水系统施工完成后，项目部进行了强度和严密性试验，施工图中注明空调供水管的工作压力为 1.3MPa，开式冷却水系统工作压力为 0.9MPa。

【问题】计算空调供水管和冷却水管的试验压力。试验压力最低不应小于多少 MPa?

【参考答案】空调供水管的试验压力：1.3 ＋ 0.5 ＝ 1.8MPa。

冷却水管的试验压力：0.9×1.5 ＝ 1.35MPa。

试验压力最低不应小于 0.6MPa。

核心考点六　设备安装的施工技术要求

冷却塔	冷却塔的安装位置应符合设计要求，进风侧距建筑物应大于 1000mm。冷却塔安装应水平，同一冷却水系统多台冷却塔安装时，各台开式冷却塔的水面高度应一致，高度偏差不应大于 30mm。冷却塔的积水盘应无渗漏，布水器应布水均匀，组装的冷却塔的填料安装应在所有电、气焊接作业完成后进行
空气处理机组	空气处理机组与空气热回收装置的过滤器应在单机试运转完成后安装。与机组连接的阀门、仪器仪表应安装齐全，规格、位置正确，风阀开启方向应顺气流方向，与机组连接的风管、水管均采用柔性连接
风机	风机安装前应检查电机接线是否正确，通电试验时，叶片转动灵活、方向正确，停转后不应每次停留在同一位置上，机械部分无摩擦、松动，无漏电及异常响声。风机与风管连接采用柔性短管
风机盘管机组	风机盘管机组进场时，应对机组的供冷量、供热量、风量、水阻力、功率及噪声等性能进行见证取样检验，同一厂家的风机盘管机组按数量复验 2%，不得少于 2 台；复验合格后再进行安装。安装前宜进行风机三速试运转及盘管水压试验，试验压力应为系统工作压力的 1.5 倍，试验观察时间应为 2min，不渗漏为合格
空调末端装置	风机盘管、诱导器、变风量末端、直接蒸发式室内机等空调末端装置的安装及配管应符合设计及规范要求。装置的安装位置应正确，并均应设置单独支吊架固定牢固

◆**考法 1：选择题，考查设备安装的施工技术要求。**

【例题 1 • 2020 年真题】下列设备中，属于空调末端装置的有（　　）。

A. 风机盘管　　B. 换热设备

C. 诱导器　　D. 蓄冷蓄热设备

E. 直接蒸发式室内机

【答案】A、C、E

◆**考法 2：案例题，考查冷却塔的安装；风机盘管机组的见证取样检验；空调末端装置有哪些。**

【例题 2 • 2021 年真题】

背景节选：

500 台同厂家的风机盘管机组进入施工现场后，按不考虑产品节能认证等情况，施工单位抽取了一定数量的风机盘管机组进行了节能复验，复验的性能参数包括机组的供冷量、供热量和水阻力等。

【问题】风机盘管机组的现场节能复验应在什么时点进行？还应复验哪些性能参数？复验数量最少选取多少台？

【参考答案】（1）应在盘管进场时复验。

（2）还应对机组的风量、功率、噪声等性能进行见证取样检验。

（3）复验的数量最少选取设备总数的 2% 且不得小于 2 台。因此抽检 500×2% = 10 台。

核心考点七　通风与空调系统调试的技术要求

系统调试包括的内容	系统调试应包括设备单机试运转及调试、系统非设计满负荷条件下的联合试运转及调试
单机试运转及调试	（1）进行单机试运转及调试的设备包括：冷冻水泵、热水泵、冷却水泵、轴流风机、离心风机、空气处理机组、冷却塔、风机盘管、电制冷（热泵）机组、吸收式制冷机组、水环热泵机组、风量调节阀、电动防火阀、电动排烟阀、电动阀等。（规律：都是动设备） （2）设备单机试运转安全保证措施要齐全、可靠，并有书面的安全技术交底
联合试运转及调试的时间	通风系统的连续试运行应不少于 2h，空调系统带冷（热）源的连续试运行应不少于 8h。联合试运行及调试不在制冷期或供暖期时，仅做不带冷（热）源的试运行及调试，并在第一个制冷期或供暖期内补做
联合试运转及调试的内容	（1）监测与控制系统的检验、调整与联动运行。 （2）系统风量的测定和调整（通风机、风口、系统平衡）。 （3）空调水系统的测定和调整。 （4）室内空气参数的测定和调整。 （5）防排烟系统测定和调整。防排烟系统测定风量、风压及疏散楼梯间等处的静压差，并调整至符合设计与消防的规定
联合试运转及调试应符合的规定	（1）系统总风量调试结果与设计风量的允许偏差应为 -5%～10%。 （2）变风量空调系统联合调试应符合下列规定： ① 系统空气处理机组应能在设计参数范围内对风机实现变频调速。 ② 空气处理机组在设计机外余压条件下，系统总风量应满足风量允许偏差 -5%～+ 10% 的要求；新风量与设计新风量的允许偏差为 0～10%。 ③ 各变风量末端装置的最大风量调试结果与设计风量的允许偏差应为 0～15%。 （3）空调冷（热）水系统、冷却水系统总流量与设计流量的偏差不应大于 10%

◆**考法 1：选择题，考查通风与空调系统调试的技术要求。**

【例题 1·2019 年真题】关于变风量空调系统非设计满负荷条件下联合调试的要求，正确的有（　　）。

A. 系统总风量实测值与设计风量的偏差不应大于 10%

B. 系统空气处理机组应能在设计参数范围内对风机实现变频调速

C. 空气处理机组新风量实测值与设计新风量的允许偏差为 0～＋10%

D. 空调冷（热）水系统、冷却水系统总流量与设计流量的偏差不应大于 10%

E. 各变风量末端装置的最大风量调试结果与设计风量的偏差不应大于 −5%～＋15%

【答案】B、C、D

【解析】E 选项中描述的数值规定“不应大于 −5%～＋15%”错误，正确的是“不应大于 0～15%”。A 选项应为系统总风量调试结果与设计风量的偏差不应大于 −5%～10%。

◆**考法 2：案例题，考查通风与空调系统调试的技术要求。**

【例题 2·2011 年真题】

背景节选：

某总承包单位将一医院的通风空调工程分包给某安装单位，工程内容有风系统、水系统和冷热（媒）设备。设备有 7 台风冷式热泵机组、9 台水泵、123 台吸顶式新风空调机组、1237 台风机盘管、42 台排风机，均由业主采购。通风空调工程的电气系统由总承包单位施工。通风空调设备安装完工后，在总承包单位的配合下，安装单位对通风空调的风系统、水系统和冷热（媒）系统进行了系统调试。调试人员在风机盘管、新风机和排风机单机试车合格后，用热球风速仪对各风口进行测定与调整及其他内容的调试，在全部数据达到设计要求后，通风空调工程在夏季做了带冷源的试运转，并通过竣工验收。

【问题】风系统调试后还有哪几项调试内容？需哪些单位配合？

【参考答案】（1）还有水系统（水泵）单机试车、热泵机组（冷热媒）单机试车、联动试运行调试。（2）需设备生产厂家、总承包单位配合。

核心考点八　洁净空调工程施工技术要求

洁净风管制作的技术要点	（1）洁净空调系统制作风管的刚度和严密性，均按高压和中压系统的风管要求进行。其中洁净度等级 N1 级至 N5 级的，按高压系统的风管制作要求；洁净度等级 N6 级至 N9 级，且工作压力小于等于 1500Pa 的，按中压系统的风管制作要求。 （2）洁净空调系统风管及部件的制作应在相对较封闭和清洁的环境中进行。地面应铺橡胶板或其他防护材料。加工风管的板材，在下料前应进行清洗，洗后应立即擦干。风管及部件制作完成后，用无腐蚀性清洗液将内表面清洗干净，干燥后经检查达到要求即进行封口，安装前再拆除封口。清洗后立即安装的可不封口。 （3）加工镀锌钢板风管应避免损坏镀锌层，如有损坏应做防腐处理。风管不得有横向接缝，尽量减少纵向拼接缝。矩形风管边长不大于 800mm 时，不得有纵向接缝。风管的所有咬口缝、翻边处、铆钉处均必须涂密封胶
洁净风管系统安装的技术要点	风管安装前对施工现场彻底清扫，做到无尘作业，并应建立有效的防尘措施。经清洗干净包装密封的风管及部件，安装前不得拆除。如安装中间停顿，应将端口重新封好。风管连接处必须严密，法兰垫料应采用不产尘和不易老化的弹性材料，严禁在垫料表面刷涂料，法兰垫片宜减少拼接，且不得采用直缝对接连接。风管与洁净室吊顶、隔墙等围护结构的穿越处应严密，可设密封填料或密封胶，不得有渗漏现象发生

续表

高效过滤器的安装要点	高效过滤器安装前，洁净室的内装修工程必须全部完成，经全面清扫、擦拭，空吹 12～24h 后进行
洁净空调工程调试要点	净化空调系统的检测和调整应在系统正常运行 24h 及以上，达到稳定后进行。工程竣工洁净室（区）洁净度的检测，应在空态或静态下进行。检测时，室内人员不宜多于 3 人，并应穿着与洁净室等级相适应的洁净工作服

◆考法 1：选择题，考查洁净空调工程施工技术要求。

【例题 1 • 2020 年真题】关于洁净空调风管制作的说法，正确的有（　　）。

A. 洁净度为 N1 级至 N5 级按中压系统风管制作

B. 空调风管清洗后立即安装的风管可以不封口

C. 内表面清洗干净且检查合格的风管可不封口

D. 镀锌钢板风管的镀锌层损坏时应做防腐处理

E. 矩形风管边长为 800mm 时不得有纵向拼接缝

【答案】B、D、E

2H314040　建筑智能化工程施工技术

核心考点提纲

- 建筑智能化工程施工技术
  - 建筑智能化工程的划分和施工程序
    - 建筑智能化工程的施工程序
    - 建筑智能化工程的一般施工工序
  - 建筑智能化设备的安装技术要求
    - 建筑智能化系统设备安装技术规定
    - 建筑智能化系统设备调试检测

核心考点可考性提示

核心考点			2023 年可考性提示
2H314041　建筑智能化工程的划分和施工程序	建筑智能化工程的施工程序		★
	建筑智能化工程的一般施工工序	施工图深化	★★
		设备、材料采购和验收	★★★
		线缆施工	★★
		系统检测	★★★
		建筑智能化分部（子分部）工程验收	★
2H314042　建筑智能化设备的安装技术要求	建筑智能化系统设备安装技术规定	卫星天线及有线电视设备的安装要求	★
		建筑智能化监控设备的安装要求	★★★
	建筑智能化系统设备调试检测	广播系统扬声器的调试检测	★
		建筑设备监控系统设备调试检测	★★
		安全技术防范系统调试检测要求	★★

核心考点剖析

2H314041 建筑智能化工程的划分和施工程序

核心考点一 建筑智能化工程的施工程序

建筑设备监控系统的一般施工程序	施工准备→施工图深化→设备材料采购→管线敷设→设备、元件安装→系统调试→系统试运行→系统检测→系统验收。（系统检测应在系统试运行合格后进行）
安全防范工程的实施程序	施工图深化→设备材料采购→管线敷设→设备安装→系统试运行调试→系统检测→工程验收

◆考法 1：案例题，考查建筑智能化工程的施工程序。

【例题 1·2019 年一级真题】

背景节选：

某安装公司承接一商业中心的建筑智能化工程的施工。工程包括：建筑设备监控系统、安全技术防范系统、公共广播系统、防雷与接地和机房工程。

安装公司项目部进场后，了解商业中心建筑的基本情况、建筑设备安装位置、控制方式和技术要求等，依据监控产品进行深化设计。再依据商业中心工程的施工总进度计划，编制了建筑智能化工程施工进度计划（见下表）；该进度计划在报安装公司审批时被否定，要求重新编制。

建筑智能化工程施工进度计划

序号	工作内容	5月			6月			7月			8月			9月		
		1	11	21	1	11	21	1	11	21	1	11	21	1	11	21
1	建筑设备监控系统施工	——	——	——	——	——	——	——	——	——	——					
2	安全技术防范系统施工				——	——	——	——	——	——	——					
3	公共广播系统施工						——	——	——	——	——					
4	机房工程施工								——	——	——					
5	系统检测											——	——			
6	系统试运行调试													——	——	
7	验收移交															——

【问题】项目部编制的施工进度计划为什么被安装公司否定？

【参考答案】（1）项目部编制的施工进度计划中缺少防雷与接地的工作内容；（2）施工程序有错（系统检测应在系统试运行合格后进行），因此被安装公司否定。

核心考点二 施工图深化

施工图深化	（1）选择产品时，应考虑产品的品牌和生产地、应用实践以及供货渠道和供货周期；产品支持的系统规模及监控距离；产品的网络性能及标准化程度等信息。 （2）从建筑、电气、给水排水和通风空调等施工图中了解建筑的结构情况、设备及管线的位置、控制方式和技术要求等资料，然后针对智能化工程进行施工图深化

◆**考法 1：多项选择题，考查建筑智能化工程的施工图深化。**

【例题 1 · 2009 年真题】建筑智能化系统的深化设计中要注意（　　）。

A. 建筑的基本情况　　B. 建筑设备的位置

C. 控制方式和技术要求　　D. 产品的生产地及供货周期

E. 工程施工及检测要求

【答案】A、B、C

◆**考法 2：案例简答题，考查建筑智能化工程的施工图深化。**

【例题 2 · 2012 年真题】选择监控设备产品应考虑哪几个技术因素？

【参考答案】考虑的技术因素是：设备产品支持的①系统规模及②监控距离；设备产品的③网络性能及④标准化程度等。

【解析】因为问的是"技术因素"，所以主要的采分点是系统规模等 4 个词。当然考试时，还是要把所有因素都答上更好。

核心考点三　设备、材料采购和验收

设备、材料采购和验收	（1）进口设备应提供原产地证明、商检证明、质量合格证明、检测报告、安装使用及维护说明书的中文文本。 （2）设备的质量检测重点应包括安全性、可靠性及电磁兼容性等项目。对不具备现场检测条件的设备材料，可要求第三方检测并出具检测报告。 （3）建筑设备监控系统与变配电设备、发电机组、冷水机组、热泵机组、锅炉和电梯等大型建筑设备实现接口方式的通信，必须预先约定通信协议。 （4）建筑智能化工程中使用的设备、材料、接口和软件的功能、性能等项目的检测应按相应的现行国家标准进行。供需双方有特殊要求的产品，可按合同规定或设计要求进行。 ① 接口技术文件应符合合同要求；接口技术文件应包括接口概述、接口框图、接口位置、接口类型与数量、接口通信协议、数据流向和接口责任边界等内容。 ② 接口测试文件应符合设计要求；接口测试文件应包括测试链路搭建、测试用仪器仪表、测试方法、测试内容和测试结果评判等内容

◆**考法 1：多项选择题，考查设备、材料采购和验收。**

【例题 1 · 2020 年一级真题】建筑智能化工程中的接口技术文件内容包括（　　）。

A. 通信协议　　B. 责任边界

C. 数据流向　　D. 结果评判

E. 链路搭接

【答案】A、B、C

核心考点四　线缆施工

同轴线缆的施工要求	（1）同轴电缆应一线到位，中间无接头；同轴电缆的最小弯曲半径应大于其外径的 15 倍。 （2）视频信号传输电缆要求：室外线路宜选用外导体内径为 9mm 的同轴电缆；室内线路宜选用外导体内径为 5mm 或 7mm 的同轴电缆；机房设备间的连接线，宜选用外导体内径为 3mm 或 5mm 的同轴电缆。电梯轿厢的视频同轴电缆应选用电梯专用电缆。 例如，SYV-75-5 表示：视频线采用了同轴电缆，阻抗 75Ω，其外护套材料是聚氯乙烯，外导体内径为 5mm

◆**考法 1：选择题，考查同轴线缆的施工要求。**

【例题 1 · 模拟题】关于视频信号传输电缆的施工要求，正确的有（　　）。

A. 视频同轴电缆中间允许有一个专用的信号接头

B. 室外线路宜选用外导体内径为 9mm 的同轴电缆

C. 室内线路宜选用外导体内径为 5mm 的同轴电缆

D. 机房线路应选用外导体内径为 3mm 的同轴电缆

E. 电梯轿厢的视频同轴电缆应选用电梯专用电缆

【答案】B、C、D、E

【解析】同轴电缆应一线到位，中间无接头，所以 A 选项错误。室外线路宜选用外导体内径为 9mm 的同轴电缆；室内线路宜选用外导体内径为 5mm 或 7mm 的同轴电缆；机房设备间的连接线，宜选用外导体内径为 3mm 或 5mm 的同轴电缆。电梯轿厢的视频同轴电缆应选用电梯专用电缆。所以 B、C、D、E 选项都正确。

核心考点五　系统检测

系统检测组织	（1）建设单位应组织项目检测小组。 （2）项目检测小组应指定检测负责人。 （3）公共机构的项目检测小组应由有资质的检测单位组成
系统检测实施	（1）编制系统检测方案，检测方案经建设单位或项目监理工程师审批后实施。 （2）系统检测程序：分项工程→子分部工程→分部工程。 （3）系统检测合格后，填写分项工程检测记录、子分部工程检测记录和分部工程检测汇总记录。 （4）分项工程检测记录、子分部工程检测记录和分部工程检测汇总记录由检测小组填写，检测负责人做出检测结论，监理单位的监理工程师（或建设单位的项目专业技术负责人）签字确认

◆考法 1：选择题，考查系统检测。

【例题 1·模拟题】下列关于建筑智能化工程系统检测的说法，正确的有（　　）。

A. 施工单位应组织项目检测小组

B. 项目检测小组应指定检测负责人

C. 检测前应提交试运行记录

D. 系统检测汇总记录应由监理工程师填写并做出检测结论

E. 系统检测方案经项目监理工程师批准后可以实施

【答案】B、C、E

【解析】建设单位应组织项目检测小组，所以 A 选项错误。分项工程检测记录、子分部工程检测记录和分部工程检测汇总记录由检测小组填写，检测负责人做出检测结论，监理单位的监理工程师（或建设单位的项目专业技术负责人）签字确认。所以 D 选项错误，E 选项正确。正确选项 B、C、E。

◆考法 2：案例简答题，系统检测记录由谁填写？谁做出检测结论？谁签字确认？

核心考点六　建筑智能化分部（子分部）工程验收

工程验收组织	建设单位组织工程验收小组负责工程验收；验收小组的人员应根据项目的性质、特点和管理要求确定，验收人员的总数应为单数，其中专业技术人员的数量不应低于验收人员总数的 50%
工程验收文件	（1）竣工图纸。 （2）设计变更记录和工程洽商记录。 （3）设备材料进场检验记录和设备开箱检验记录。 （4）分项工程质量验收记录。

续表

工程验收文件	（5）试运行记录。 （6）系统检测记录。 （7）培训记录和培训资料
各子系统验收时，还应包括的验收文件	（1）智能化集成系统验收文件还应包括：针对项目编制的应用软件文档；接口技术文件；接口测试文件。 （2）信息网络系统验收文件还应包括：交换机、路由器、防火墙等设备的配置文件；QoS（服务质量）规划方案；安全控制策略；网络管理软件相关文档；网络安全软件相关文档。 （3）综合布线系统验收文件还应包括综合布线管理软件相关文档。 （4）有线电视及卫星电视接收系统的验收文件还应包括用户分配电平图

◆考法 1：选择题，考查系统检测。

【例题 1·2019 年真题】建筑智能化集成系统验收文件中，不包括的文件是（　　）。

A. 应用软件文档　　B. 接口技术文件

C. 防火墙配置文件　　D. 接口测试文件

【答案】C

【解析】建筑智能化集成系统验收文件应包括：针对项目编制的应用软件文档；接口技术文件；接口测试文件。C 选项属于信息网络系统的验收文件。

2H314042　建筑智能化设备的安装技术要求

核心考点一　卫星天线及有线电视设备的安装要求

卫星接收天线安装要求	（1）卫星天线基座应根据设计图纸的位置、尺寸，在土建浇筑混凝土层面的同时进行基座施工，基座中的地脚螺栓应与楼房顶面钢筋焊接连接，并与接地体连接，天线底座接地电阻应小于 4Ω。 （2）天线调节机构应灵活、连续，锁定装置方便牢固，并有防腐蚀措施和防灰沙的护套。 （3）卫星接收天线应在防雷装置的保护范围内，防雷装置的接地线应单独敷设

◆考法 1：选择题，考查卫星天线及有线电视设备的安装要求。

【例题 1·模拟题】关于卫星天线的安装要求，说法正确的是（　　）。

A. 基座中的地脚螺栓不得与楼房顶面钢筋焊接连接

B. 天线调节机构应有防腐蚀措施和防灰沙的护套

C. 卫星天线防雷装置的接地线应与建筑防雷共用

D. 天线底座接地电阻应小于 10Ω

【答案】B

【解析】基座中的地脚螺栓应与楼房顶面钢筋焊接连接，A 选项错在“不得”；防雷装置的接地线应单独敷设，C 选项错在“共用”；天线底座接地电阻应小于 4Ω，D 选项错在“10Ω”。

核心考点二　建筑智能化监控设备的安装要求

主要输入设备安装要求	（1）水管型传感器开孔与焊接工作，必须在管道的压力试验、清洗、防腐和保温前进行。风管型传感器安装应在风管保温层完成后进行。 （2）传感器至现场控制器之间的连接应符合设计要求。例如，镍温度传感器的接线电阻应小于 3Ω，铂温度传感器的接线电阻应小于 1Ω，并在现场控制器侧接地。 （3）电磁流量计应安装在流量调节阀的上游，流量计上游应有 10 倍管径长度的直管段，下游段应有 4～5 倍管径长度的直管段

续表

主要输出设备安装要求	（1）电磁阀、电动调节阀安装前，应按说明书规定检查线圈与阀体间的电阻，进行模拟动作试验和压力试验。 （2）电动风阀控制器安装前，应检查线圈和阀体间的电阻、供电电压、输入信号等是否符合要求，宜进行模拟动作检查  电磁阀  电动调节阀  电动风阀

◆**考法1：选择题，考查建筑智能化监控设备的安装要求。**

【例题1·模拟题】关于建筑设备监控系统输入设备安装的说法，正确的是（　　）。

A. 铂温度传感器的接线电阻应小于1Ω　　B. 电磁流量计应安装在流量调节阀下

C. 风管型传感器应在风管保温前安装　　D. 水管型传感器应在压力试验后焊接

【答案】A

【解析】铂温度传感器的接线电阻小于1Ω，镍温度传感器的接线电阻小于3Ω，A选项正确；电磁流量计应安装在流量调节阀的下游，B选项错误；风管型传感器安装应在风管保温层完成后进行，C选项错误；水管型传感器开孔与焊接工作，必须在管道的压力试验、清洗、防腐和保温前进行，D选项错误。

【例题2·2012年真题】智能化系统的风阀控制器安装前，应检查的内容有（　　）。

A. 输出功率　　B. 线圈电阻

C. 供电电压　　D. 驱动方向

E. 输入信号

【答案】B、C、E

核心考点三　广播系统扬声器的调试检测

广播系统扬声器的调试检测	（1）紧急广播（包括火灾应急广播功能）应检测的内容：紧急广播具有最高级别的优先权；紧急广播向相关广播区域播放警示信号、警报语声或实时指挥语声的响应时间；音量自动调节功能。 （2）检测广播系统的声场不均匀度、漏出声衰减及系统设备信噪比符合设计要求。 （3）系统调试持续加电时间不应少于24h

◆**考法1：选择题，区分广播系统、紧急广播检测的内容。**

【例题1·2020年真题】不属于消防应急广播测试内容的是（　　）。

A. 最高级别优先权　　B. 音量自动调节

C. 声场不均匀度　　D. 实时语音响应时间

【答案】C

【解析】紧急广播（包括火灾应急广播功能）应检测的内容：紧急广播具有最高级别的优先权；紧急广播向相关广播区域播放警示信号、警报语声或实时指挥语声的响应时间；音量自动调节功能。而C选项属于广播系统检测内容。

核心考点四　建筑设备监控系统设备调试检测

通风空调设备系统调试检测	（1）对风阀的自动调节来控制空调系统的新风量以及送风风量的大小。 （2）对水阀的自动调节来控制送风温度（回风温度）达到设定值。 （3）对加湿阀的自动调节来控制送风相对湿度（回风相对湿度）达到设定值。 （4）对过滤网的压差开关报警信号来判断是否需要清洗或更换过滤网。 （5）监控风机故障报警及相应的安全联锁控制；电气联锁以及防冻联锁控制等
变配电系统调试检测	（1）变配电设备各高、低压开关运行状况及故障报警；电源及主供电回路电流值显示、电源电压值显示、功率因素测量、电能计量等。 （2）变压器超温报警；应急发电机组供电电流、电压及频率及储油罐液位监视，故障报警；不间断电源工作状态、蓄电池组及充电设备工作状态检测
照明控制系统调试检测	（1）以照度、时间等为控制参数对照明设备进行监控检测。 （2）按照明回路总数的 10% 抽检，数量不应少于 10 回路，总数少于 10 路时应全部检测
给水排水系统调试检测	给水和中水监控系统应全部检测；排水监控系统应抽检 50%，且不得少于 5 套，总数少于 5 套时应全部检测

◆**考法 1：选择题，考查建筑设备监控系统的功能检测，检测的参数、检测的比例。**

【例题 1 · 2021 年真题】回路总数为 120 的照明控制系统监测时，符合规范的最小抽检路数为（　　）。

A. 6　　　　B. 12

C. 18　　　　D. 24

【答案】B

【解析】按照明回路总数的 10% 抽检，数量不应少于 10 回路，总数少于 10 路时应全部检测。

◆**考法 2：案例简答题，考查建筑设备监控系统的功能检测。**

【例题 2 · 2015 年真题】背景节选：某电力工程公司项目部承接了商务楼的 10kV 变配电工程施工项目，工程主要设备布置见 10kV 变配电设备布置图，变配电设备运行状态通过监控柜实时智能监控。

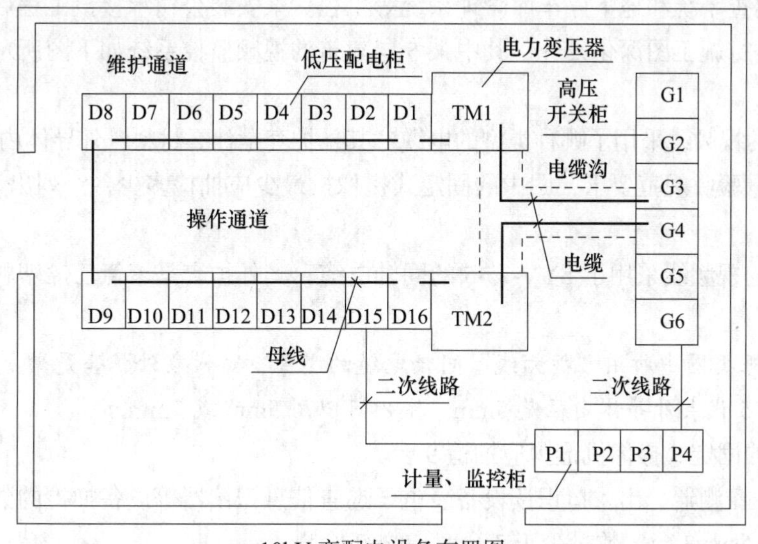

10kV 变配电设备布置图

【问题】智能监控的变配电系统设备试运行中应检测哪些参数?

【参考答案】智能监控的变配电设备试运行中应检测:(1)高、低压开关的运行状况和故障报警信号;(2)电源及供电回路的电流(电压)值显示,功率因素测量,电能计量;(3)变压器超温报警信号等。

【解析】结合设备布置图,图中的变配电设备有“高压开关柜、低压配电柜”“电力变压器”“电缆(供电回路)”,从而确定出检测参数。

核心考点五　安全技术防范系统调试检测要求

安全技术防范系统调试检测	(1)子系统功能应按设计要求逐项检测。 (2)摄像机、探测器、出入口识读设备、电子巡查信息识读器等设备抽检的数量不应低于20%,且不应少于3台,数量少于3台时应全部检测

◆考法1:选择题,考查安全技术防范系统调试检测。

【例题1·2017年真题】关于安全技术防范系统的检测规定,正确的有(　　)。

A. 摄像机抽检的数量不应低于10%,且不应少于5台

B. 探测器抽检的数量不应低于20%,且不应少于3台

C. 门禁器抽检的数量不应低于5%,且不应少于3台

D. 电子巡查信息识读器的数量少于3台时,应全部检测

E. 出入口识读器设备的数量少于10台时,应全部检测

【答案】B、D

【解析】摄像机、探测器、出入口识读设备、电子巡查信息识读器等设备抽检的数量不应低于20%,且不应少于3台,数量少于3台时应全部检测。

◆考法2:案例题,考查安全技术防范系统调试检测。

【例题2·2018年一级真题】

背景节选:

某商业中心共有15栋多层建筑,该商业中心的安全技术防范工程有:视频监控系统、门禁系统、巡查系统和地下停车库管理系统等工程。某安装公司承接该工程后,对安全技术防范系统进行施工图深化设计,其中某5层建筑的视频监控系统如下图所示。

【问题】

1. 图中的视频线采用了哪种类型的电缆?其外护套是什么材料?外导体内径为多少?

2. 按质量验收规范要求,图中的固定式摄像机最少应抽检多少台?列出计算步骤。

【答案】

1. 图中的视频线采用了SYV-75-5的同轴电缆,其外护套是聚氯乙烯塑料,外导体内径是5mm。

【解析】根据图中所用“视频线”同轴电缆的型号,V代表外护套是聚氯乙烯,75代表电阻75Ω,5代表外导体内径是5mm。室内可以用5mm或7mm的。

2. 图中的固定式摄像机最少应抽检9台。

摄像机、探测器、出入口识读设备、电子巡查信息识读器等设备抽检的数量不应低于20%,且不应少于3台,数量少于3台时应全部检测。

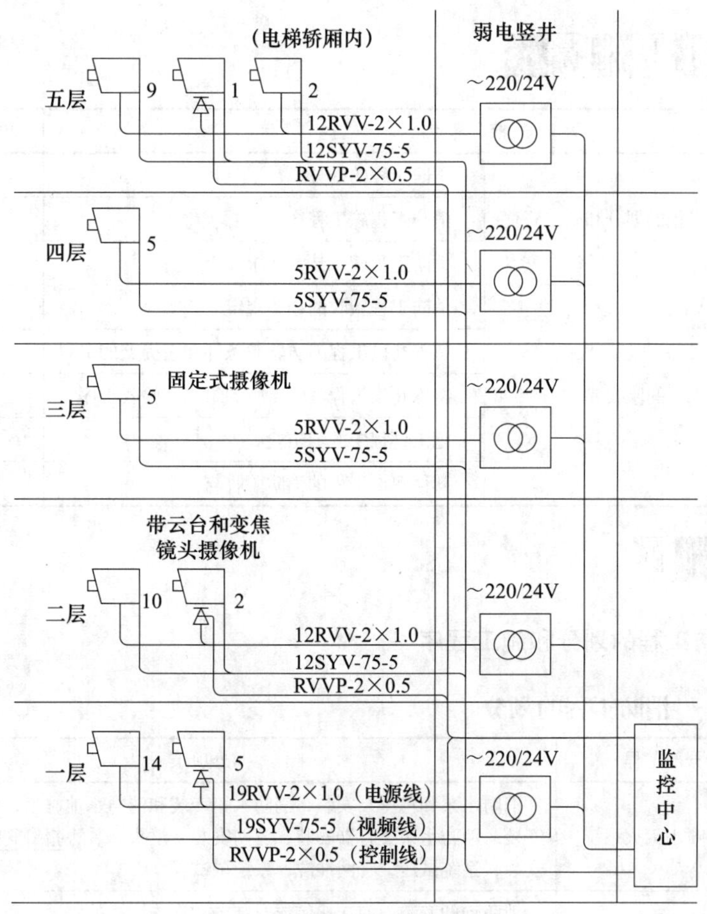

某5层建筑的视频监控系统

固定式摄像机的总数量＝9＋2＋5＋5＋10＋14＝45台

固定式摄像机的抽检数量≥45×20%＝9台

【解析】看清题干中的“固定式”关键词。此题需要考生具备读图能力，观察图中的摄像机，再配合图中的文字，发现有的是“固定式摄像机”，有的是“带云台和变焦镜头摄像机”。再看懂摄像机旁边的数字代表摄像机的数量。

2H314050　消防工程施工技术

核心考点提纲

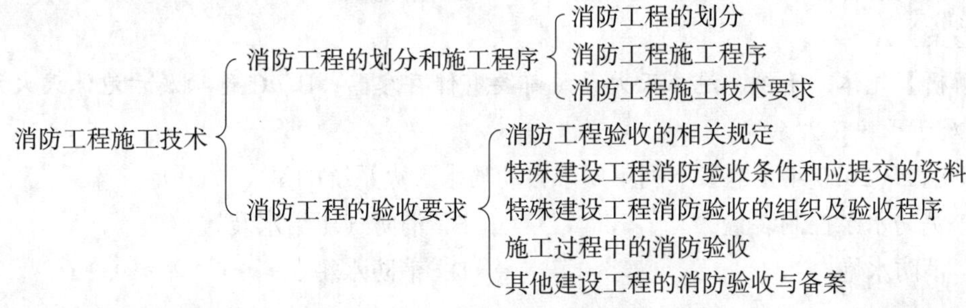

核心考点可考性提示

核心考点		2023 年可考性提示
2H314051　消防工程的划分和施工程序	消防工程的划分	★★
	消防工程施工程序	★★
	消防工程施工技术要求	★★★
2H314052　消防工程的验收要求	消防工程验收的相关规定	★★
	特殊建设工程消防验收条件和应提交的资料	★★★
	特殊建设工程消防验收的组织及验收程序	★
	施工过程中的消防验收	★
	其他建设工程的消防验收与备案	★

核心考点剖析

2H314051　消防工程的划分和施工程序

核心考点一　消防工程的划分

	分部工程	分项工程
消防工程	自动喷水灭火系统	消防水泵和稳压泵安装，消防水箱安装和消防水池施工，消防气压给水设备安装，消防水泵接合器安装，管网安装，喷头安装，报警阀组安装，其他组件安装，系统试压，管网冲洗，系统调试
	固定消防炮灭火系统	消防炮的安装，泡沫比例混合装置和泡沫液罐的安装，干粉罐和氮气瓶组的安装，消防泵组的安装，管道及阀门的安装，消防炮塔的安装，动力源的安装，电气安装与施工，系统试压冲洗，系统调试，系统验收
	泡沫灭火系统	管道安装，阀门安装，泡沫发生器的安装，混合储存装置的安装，系统调试，系统验收
	气体灭火系统	灭火剂储存装置的安装，选择阀及信号反馈装置的安装，阀驱动装置的安装，灭火剂输送管道的安装，喷嘴的安装，预制灭火系统的安装，控制组件的安装，系统调试，系统验收

◆考法 1：选择题，考查消防工程的组成。

【例题 1 • 2013 年真题】下列设备中，属于气体灭火系统是（　　）。

A. 贮存容器　　B. 发生装置

C. 比例混合器　　D. 过滤器

【答案】A

【解析】气体、干粉、泡沫灭火系统都要有储存容器；B、C 选项属于泡沫灭火系统；D 选项属于干粉灭火系统。

【例题 2 • 2020 年真题】下列不属于自动喷水灭火系统的是（　　）。

A. 消防水泵控制装置　　B. 消防气压给水装置

C. 消防水炮　　D. 消防水箱

【答案】C

【解析】自动喷水灭火系统包括：消防水泵和稳压泵安装，消防水箱安装和消防水池施工，消防气压给水设备安装，消防水泵接合器安装，管网安装，喷头安装，报警阀组安装，其他组件安装，系统试压，管网冲洗，系统调试。而消防水炮属于消防水炮灭火系统。

核心考点二　消防工程施工程序

消防水泵及稳压泵的施工程序	施工准备→基础验收复核→泵体安装→吸水管路安装→出水管路安装→单机调试
消火栓灭火系统施工程序	施工准备→干管安装→立管、支管安装→箱体稳固→附件安装→管道试压、冲洗→系统调试
自动喷水灭火系统施工程序	施工准备→干管安装→报警阀安装→立管安装→分层干支管安装→喷洒头支管安装→管道试压→管道冲洗→减压装置安装→报警阀配件及其他组件安装→喷洒头安装→系统通水调试
消防水炮灭火系统施工程序	施工准备→干管安装→立管安装→分层干、支管安装→管道试压→管道冲洗→消防水炮安装→动力源和控制装置安装→系统调试

◆考法1：选择题，考查消防工程的施工程序。

【例题1·2014年一级真题】在消火栓系统施工中，消火栓箱体安装固定的紧后工序是（　　）。

A. 支管安装　　B. 附件安装

C. 管道试压　　D. 管道冲洗

【答案】B

【解析】消火栓系统施工程序是先装管道后装箱体（大多数程序是先设备后管道）。

【例题2·2018年一级真题】自动喷水灭火系统的施工程序中，管道冲洗的紧后工序是（　　）。

A. 喷洒头安装　　B. 管道冲洗

C. 报警阀安装　　D. 减压装置安装

【答案】D

核心考点三　消防工程施工技术要求

水灭火系统施工技术要求	（1）室内消火栓栓口出水方向宜向下或与设置消火栓的墙面成90°角，栓口不应安装在门轴侧。 （2）室内消火栓栓口中心距地面应为1.1m。 （3）自动喷水灭火系统的闭式喷头应在安装前进行密封性能试验，且喷头安装必须在系统试压、冲洗合格后进行。安装时不应对喷头进行拆装、改动，并严禁给喷头、隐蔽式喷头的装饰盖板附加任何装饰性涂层。喷头安装应使用专用扳手，严禁利用喷头的框架施拧；喷头的框架、溅水盘产生变形或释放原件损伤时，应采用规格、型号相同的喷头更换。 （4）室内消火栓系统安装完成后应取顶层（或水箱间内）试验消火栓和首层两处消火栓进行试射试验。 （5）自动喷水灭火系统的调试应包括：水源测试；消防水泵调试；稳压泵调试；报警阀调试；排水设施调试；联动试验
固定消防炮灭火系统	固定消防炮灭火系统施工完毕后，应做喷射功能调试。

续表

气体灭火系统安装要求	气体灭火系统的调试项目应包括模拟启动试验、模拟喷气试验和模拟切换操作试验
防烟排烟系统施工要求	（1）防火风管的本体、框架与固定材料、密封材料必须为不燃材料，其耐火等级应符合设计要求。 （2）排烟防火阀的安装位置、方向应正确，阀门应顺气流方向关闭，防火分区隔墙两侧的防火阀，距墙表面应不大于 200mm。 （3）排烟防火阀宜设独立支吊架。 （4）防排烟系统的柔性短管必须采用不燃材料。 （5）防排烟风机应设在混凝土或钢架基础上，且不应设置减振装置；若排烟系统与通风空调系统共用且需要设置减振装置时，不应使用橡胶减振装置。 （6）风管系统安装完成后，应进行严密性检验；防排烟风管的允许漏风量应按中压系统风管确定
工业项目消防系统	石油储备库，地上固定顶储罐、内浮顶储罐和卧式储罐应设低倍数泡沫灭火系统或中倍数泡沫灭火系统，以及消防冷却水系统和火灾自动报警系统

◆考法 1：案例题，考查水灭火系统施工技术要求。

【例题 1·2022 年真题】

背景节选：

A 公司承接一地下停车库的机电安装工程，工程内容包括：给水排水、建筑电气、消防工程等。

自动喷水灭火系统中的直立式喷洒头运到施工现场，经外观检查后，立即与消防管道同时进行了安装，直立式喷洒头安装如下图所示，施工过程中被监理工程师叫停，要求整改。

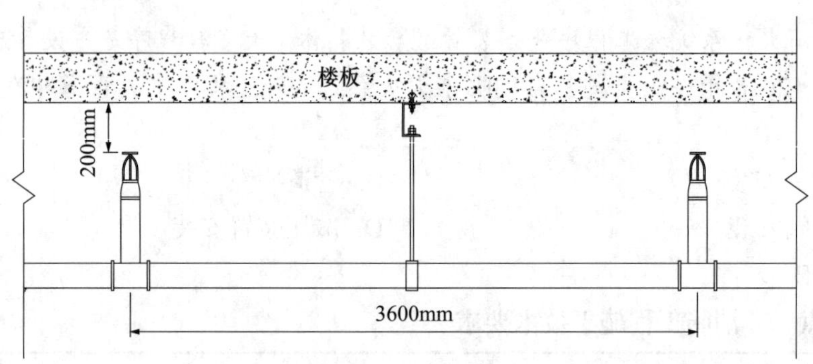

喷洒头安装示意图

B 公司整改后，对自动喷水灭火系统进行通水调试，调试项目包括水源测试、报警阀调试、联动试验，在验收时被监理工程师要求补充调试项目。

【问题】

1. 说明自动喷水灭火系统安装中被监理工程师要求整改的原因。

2. 自动喷水灭火系统的调试还应补充哪些项目？

【参考答案】

1. 自动喷水灭火系统安装中被监理工程师要求整改的原因：

喷洒头安装前未进行密封性能试验；

喷洒头安装前管道未进行试压冲洗；

喷洒头距楼板的间距 200mm 不符合规范，应为 75～150mm。

【解析】直立型、下垂型标准喷洒头，其溅水盘与顶板的距离，应为 75～150mm。

2. 自动喷水灭火系统的调试还应补充：消防水泵调试、稳压泵调试、排水设施调试。

◆考法 2：案例题，考查防烟排烟系统施工要求。

【例题 2·2021 年真题】

背景节选：

排烟风机进场报验后，安装就位于屋顶的混凝土基础上，风机与基础之间安装橡胶减振垫，设备与排烟风管之间采用长度 200mm 的普通帆布短管连接（见下图）。

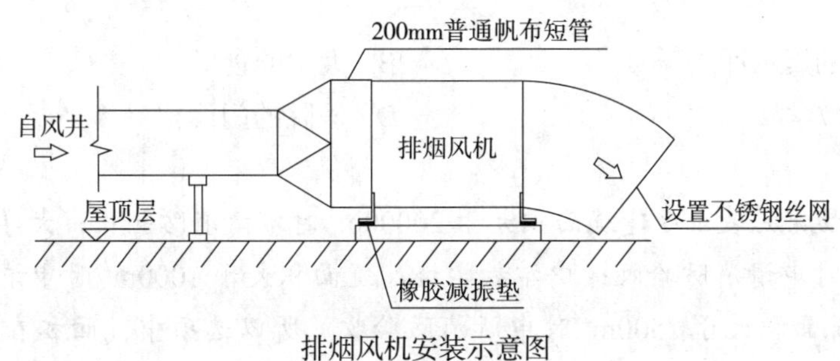

排烟风机安装示意图

【问题】指出图中屋顶排烟风机安装不合格项，应如何改正？

【答案】不合格项：（1）风机与基础之间安装橡胶减振垫；改正：防排烟风机应设在混凝土或钢架基础上，且不应设置减振装置。

（2）设备与排烟风管采用普通帆布短管连接；改正：防排烟系统的柔性短管必须采用不燃材料。

2H314052　消防工程的验收要求

核心考点一　消防工程验收的相关规定

具有下列情形之一的特殊建设工程，建设单位应当向住房和城乡建设主管部门申请消防设计审查，并在建设工程竣工后向消防设计审查验收主管部门申请消防验收；未经消防验收或者消防验收不合格的，禁止投入使用。

（1）建筑总面积大于 20000m^2 的体育场馆、会堂，公共展览馆、博物馆的展示厅。

（2）建筑总面积大于 15000m^2 的民用机场航站楼、客运车站候车室、客运码头候船厅。

（3）建筑总面积大于 10000m^2 的宾馆、饭店、商场、市场。

（4）建筑总面积大于 2500m^2 的影剧院，公共图书馆的阅览室，营业性室内健身、休闲场馆，医院的门诊楼，大学的教学楼、图书馆、食堂，劳动密集型企业的生产加工车间，寺庙、教堂。

（5）建筑总面积大于 1000m^2 的托儿所、幼儿园的儿童用房，儿童游乐厅等室内儿童活动场所，养老院、福利院，医院、疗养院的病房楼，中小学校的教学楼、图书馆、食堂，学校的集体宿舍，劳动密集型企业的员工集体宿舍。

（6）建筑总面积大于 500m^2 的歌舞厅、录像厅、放映厅、卡拉 OK 厅、夜总会、游艺厅、桑拿浴室、网吧、酒吧，具有娱乐功能的餐馆、茶馆、咖啡厅。

（7）国家工程建设消防技术标准规定的一类高层住宅建筑。

（8）国家机关办公楼、电力调度楼、电信楼、邮政楼、防灾指挥调度楼、广播电视楼、档案楼。

（9）本条第 10 项、第 11 项规定以外的单体建筑面积大于 40000m^2 或者建筑高度超过 50m 的其他公共建筑。

◆考法 1：选择题，考查消防设计审核的规定。

【例题 1・2016 年真题】下列总面积在 1000～2000m^2 的建筑场所应申请消防验收的是（　　）。

A. 博物馆的展示厅　　B. 大学的食堂

C. 中学的教学楼　　D. 医院的门诊楼

【答案】C

【解析】博物馆的展示厅建筑面积大于 20000m^2 时申请消防验收；大学的食堂建筑面积大于 2500m^2 时申请消防验收；中学教学楼建筑面积大于 1000m^2 时申请消防验收；医院的门诊楼建筑面积大于 2500m^2 时申请消防验收。所以选项中，面积在 1000～2000m^2 的应申请消防验收的是中学的教学楼。

◆考法 2：案例分析题，考查消防设计审核的规定。

【例题 2・模拟题】某 25000m^2 的体育场馆，建设单位申请消防工程备案是否正确？说明理由。

【参考答案】不正确。因为该体育馆面积大于 20000m^2，按照有关规定，必须向消防设计审查验收主管部门申请消防验收，而不是备案。

核心考点二　特殊建设工程消防验收条件和应提交的资料

条件	（1）完成工程消防设计和合同约定的消防各项内容。 （2）有完整的工程消防技术档案和施工管理资料。 （3）建设单位对工程涉及消防的各分部分项工程验收合格；施工、设计、工程监理、技术服务等单位确认工程消防质量符合有关标准。 （4）消防设施性能、系统功能联调联试等内容检测合格
资料	建设单位申请消防验收应当提供下列材料： （1）消防验收申报表。 （2）工程竣工验收报告。 （3）涉及消防的建设工程竣工图纸

◆考法 1：选择题，考查特殊建设工程消防验收条件和应提交的资料。

【例题 1・模拟题】建设单位申请消防验收应当提供的资料不包括（　　）。

A. 消防验收申报表　　B. 工程竣工验收报告

C. 涉及消防的竣工图纸　　D. 消防验收意见书

【答案】D

◆**考法 2：案例简答题，考查特殊建设工程消防验收时应提供哪些资料。**

核心考点三　特殊建设工程消防验收的组织及验收程序

验收程序	验收程序通常为验收受理、现场评定和出具验收意见等阶段
局部消防验收	对于大型特殊建设工程需要局部投入使用的部分，根据建设单位的申请，可实施局部建设工程消防验收
消防验收的时限	消防设计审查验收主管部门自受理消防验收申请之日起15日内组织消防验收，并在现场评定检查合格后签发《建筑工程消防验收意见书》

◆**考法 1：案例题，考查施工过程中的消防验收。**

【例题1·模拟题】

背景节选：

某建设单位新建超高层传媒大厦项目，对其中的消防工程公开招标，且其中变配电房和网络机房的消防要求特殊，招标文件对投标单位的专业资格提出了详细要求。

经详细评审，由资格过硬、报价合理、施工方案考虑周详的A单位中标。中标后，建设单位由于运营需求，提出该大厦位于低区的办公区须提前消防验收并入驻办公。

【问题】建设单位要求办公区提前消防验收的要求可执行吗？

【参考答案】可以。对于大型建设工程需要局部投入使用的部分，根据建设单位的申请，可实施局部建设工程消防验收。

核心考点四　施工过程中的消防验收

粗装修消防验收	消防工程的主要设施已安装调试完毕，仅留下室内精装修时，对安装的探测、报警、显示和喷头等部件的消防验收，称为粗装修消防验收。粗装修消防验收属于消防设施的功能性验收。验收合格后，建筑物尚不具备投入使用的条件
精装修消防验收	房屋建筑全面竣工，消防工程已按设计图纸全部安装完成各类元件、部件，对如火灾报警探测器、疏散指示灯、喷洒头等部件准备投入使用前的验收，称为精装修消防验收。验收合格后房屋建筑具备投入使用条件

◆**考法 1：选择题，考查施工过程中的消防验收。**

【例题1·模拟题】粗装修消防验收属于消防设施的（　　）验收。

A. 功能性　　　　B. 安全性

C. 可靠性　　　　D. 完整性

【答案】A

核心考点五　其他建设工程的消防验收与备案

备案提交的材料	其他建设工程，建设单位应当在工程竣工验收合格之日起5个工作日内，报消防设计审查验收主管部门消防验收备案。建设单位办理备案，应当提交下列材料： （1）消防验收备案表。 （2）工程竣工验收报告。 （3）涉及消防的建设工程竣工图纸
备案抽查制度	消防设计审查验收主管部门对备案的其他建设工程实行抽查管理。抽查工作推行“双随机、一公开”制度，随机抽取检查对象，随机选派检查人员；抽取比例由省、自治区、直辖市人民政府住房和城乡建设主管部门向社会公示，抽查结果向社会公示

◆**考法 1：选择题，考查其他建设工程的消防验收与备案。**

【例题 1 · 模拟题】其他建设工程，建设单位应当在工程竣工验收合格之日起（　　）工作日内，报消防设计审查验收主管部门消防验收备案。

A. 5 个　　　　B. 10 个

C. 15 个　　　　D. 20 个

【答案】A

2H314060　电梯工程施工技术

核心考点提纲

- 电梯工程施工技术
  - 电梯工程的划分和施工程序
    - 电梯工程的分部分项工程划分
    - 电梯的分类和组成
    - 自动扶梯的主要参数
  - 电梯工程的验收要求
    - 电梯工程安装实施的要求
    - 电力驱动的曳引式或强制式电梯安装工程质量验收要求
    - 液压电梯安装工程质量验收要求
    - 自动扶梯、自动人行道安装工程质量验收要求

核心考点可考性提示

核心考点		2023 年可考性提示
2H314061　电梯工程的划分和施工程序	电梯工程的分部分项工程划分	★★
	电梯的分类和组成	★★
	自动扶梯的主要参数	★
2H314062　电梯工程的验收要求	电梯工程安装实施的要求	★★★
	电力驱动的曳引式或强制式电梯安装工程质量验收要求	★★★
	液压电梯安装工程质量验收要求	★
	自动扶梯、自动人行道安装工程质量验收要求	★★

核心考点剖析

2H314061　电梯工程的划分和施工程序

核心考点一　电梯工程的分部分项工程划分

分部工程	子分部工程	分项工程
电梯工程	电力驱动的曳引式或强制式电梯	设备进场验收，土建交接检验，驱动主机，导轨，门系统，轿厢，对重，安全部件，悬挂装置，随行电缆，补偿装置，电气装置，整机安装验收

续表

电梯工程	液压电梯	设备进场验收，土建交接检验，液压系统，导轨，门系统，轿厢，对重，安全部件，悬挂装置，随行电缆，电气装置，整机安装验收
	自动扶梯、自动人行道	设备进场验收，土建交接检验，整机安装验收

◆考法 1：选择题，考查电梯工程的分部分项工程划分。

【例题 1 · 2017 年真题】下列子分部工程中，不属于液压电梯安装工程的是（　　）。

A. 补偿装置安装　　　　B. 悬挂装置安装

C. 导轨安装　　　　D. 对重（平衡重）安装

【答案】A

【解析】液压电梯与曳引式电梯分项工程不同的有两处，其中因为液压电梯没有钢丝绳，不需要补偿装置。因此本题正确选项为 A。

◆考法 2：案例简答题，考查电梯工程的分部分项工程划分。

【例题 2 · 2014 年真题】

背景节选：

某安装工程承接了商场（地上 5 层，低下 2 层，每层净高 5.0m）的自动扶梯安装工程。

在自动扶梯安装前，施工人员熟悉自动扶梯安装图纸、技术文件和安装要求等。依据自动扶梯安装工艺流程（施工图交底→设备进场验收→土建交接检验→桁架吊装就位→电气安装→扶手带安装→梯级安装→试运行调试→竣工验收）进行施工。

【问题】本工程有哪几个分项工程质量验收？由哪个单位对校验和调试的结果负责？

【参考答案】本工程有设备进场验收、土建交接检验、整机安装验收三个分项工程。由电梯制造单位对校验和调试的结果负责。

核心考点二　电梯的分类和组成

电梯的分类	（1）低速电梯，$v \leqslant 1.0$m/s 的电梯。 （2）中速电梯，1.0m/s $< v \leqslant$ 2.5m/s 的电梯。 （3）高速电梯，2.5m/s $< v \leqslant$ 6.0m/s 的电梯。 （4）超高速电梯，$v >$ 6.0m/s 的电梯。（数轴法记忆）
电梯的组成	电梯一般由机房、井道、轿厢、层站四大部分组成。 曳引式或强制式电梯从系统功能分，通常由曳引系统、导向系统、轿厢系统、门系统、重量平衡系统、驱动系统、控制系统、安全保护系统等组成
电梯主要技术参数	（1）额定载重量 Q。 （2）额定速度 v

◆考法 1：选择题，考查电梯的分类和组成。

【例题 1 · 模拟题】电梯的主要参数是（　　）。

A. 额定载重量和额定速度　　　　B. 提升高度和楼层间距

C. 提升高度和额定载重量　　　　D. 楼层间距和额定速度

【答案】A

核心考点三　自动扶梯的主要参数

自动扶梯的主要参数	（1）提升高度 H。 （2）倾斜角度 α。 （3）额定速度 v。 （4）梯级宽度 Z。 （5）理论输送能力。 （6）梯级水平段 L

◆考法 1：选择题，考查自动扶梯的主要参数。

2H314062　电梯工程的验收要求

核心考点一　电梯工程安装实施的要求

<table>
<tr><td rowspan="1">电梯安装前应履行的手续和施工管理</td><td colspan="2">（1）电梯安装的施工单位应在许可证范围内承担业务，并应当在施工前将拟进行安装的电梯情况书面告知工程所在的直辖市或设区的市的特种设备安全监督管理部门，告知后即可施工。
（2）书面告知应提交的材料：《特种设备安装改造维修告知单》；施工单位及人员资格证件；施工组织与技术方案；工程合同；安装监督检验约请书；电梯制造单位的资质证件。
（3）安装单位应当在履行告知后、开始施工前（不包括设备开箱、现场勘测等准备工作），向规定的检验机构申请监督检验。待检验机构审查电梯制造资料完毕，并且获悉检验结论为合格后，方可实施安装。
（4）电梯自检试运行结束后，安装单位整理并向制造单位提供自检记录，由制造单位负责进行校验和调试；检验和调试符合要求后，向经国务院特种设备安全监督管理部门核准的检验检测机构报验要求监督检验；监督检验合格，电梯可以交付使用。获得准用许可后，按规定办理交工验收手续。
总结：电梯安装前，书面告知＋监督检验；电梯安装后，“三检”：安装单位自检、制造单位校验和调试、检验检测机构监督检验</td></tr>
<tr><td rowspan="2">电梯技术资料的要求</td><td>电梯出厂随机文件</td><td>土建布置图，产品出厂合格证，门锁装置、限速器、安全钳及缓冲器等保证电梯安全部件的型式检验证书复印件，设备装箱单，安装使用维护说明书，动力电路和安全电路的电气原理图</td></tr>
<tr><td>电梯验收资料</td><td>土建交接检验记录、设备进场验收记录、分项工程验收记录、子分部工程验收记录、分部工程验收记录</td></tr>
</table>

◆考法 1：选择题，考查电梯工程安装实施的要求。

【例题 1 · 2011 年真题】下列装置中，不属于电梯安全部件的是（　　）。

A. 门锁装置　　B. 限速器

C. 对重　　D. 缓冲器

【答案】C

【解析】考查电梯出厂随机文件。其中属于电梯安全部件的有：门锁装置、限速器、安全钳、缓冲器。

◆考法 2：案例简答题，考查电梯安装前应履行的手续和施工管理。电梯出厂随机文件可以出案例补缺题。

【例题 2 · 2021 年真题】电梯安装前，项目部在书面告知时应提交哪些材料？

【参考答案】项目部在书面告知时应提交的材料：（1）《特种设备安装改造维修告知单》；（2）安装监督检验约请书；（3）施工单位及人员资格证件；（4）电梯制造单位的资质证件；（5）施工组织与技术方案；（6）工程合同。

核心考点二　电力驱动的曳引式或强制式电梯安装工程质量验收要求

土建交接检验的要求	（1）电梯安装之前，所有厅门预留孔必须设有高度不小于 1200mm 的安全保护围封（安全防护门），并应保证有足够的强度；保护围封下部应有高度不小于 100mm 的踢脚板，并应采用左右开启方式，不能上下开启。 （2）当相邻两层门地坎间的距离大于 11m 时，其间必须设置井道安全门，井道安全门严禁向井道内开启。 （3）井道内应设置永久性电气照明，井道照明电压宜采用 36V 安全电压，井道内照度不得小于 50lx，井道最高点和最低点 0.5m 内应各装一盏灯，中间灯间距不超过 7m，并分别在机房和底坑设置一控制开关。 （4）轿厢缓冲器支座下的底坑地面应能承受满载轿厢静载 4 倍的作用力
导轨安装验收要求	轿厢导轨和设有安全钳的对重（平衡重）导轨工作面接头处不应有连续缝隙，导轨接头处台阶不应大于 0.05mm。不设安全钳的对重（平衡重）导轨接头处缝隙不应大于 1.0mm，导轨工作面接头处台阶不应大于 0.15mm
安全部件安装验收要求	（1）限速器动作速度整定封记必须完好，且无拆动痕迹。 （2）可调节的安全钳整定封记应完好，且无拆动痕迹
悬挂装置、随行电缆、补偿装置的安装验收要求	（1）绳头组合必须安全可靠，且每个绳头组合必须安装防螺母松动和脱落的装置。 （2）钢丝绳严禁有死弯，随行电缆严禁有打结和波浪扭曲现象。 （3）当轿厢悬挂在两根钢丝绳或链条上，且其中一根钢丝绳或链条发生异常相对伸长时，为此装设的电气安全开关应动作可靠。 （4）随行电缆在运行中应避免与井道内其他部件干涉。当轿厢完全压在缓冲器上时，随行电缆不得与底坑地面接触
电气装置安装验收要求	导体之间和导体对地之间的绝缘电阻必须大于 1000Ω/V，且其阻值不得小于：动力和电气安全装置电路为 0.5MΩ，其他电路（控制、照明、信号等）为 0.25MΩ
电梯整机验收的要求	（1）断相、错相保护装置或功能应符合规定。 例如，当控制柜三相电源中任何一相断开或有任何两相错接时，断相、错相保护装置或功能应使电梯不发生危险故障。 （2）动力电路、控制电路、安全电路必须有与负载匹配的短路保护装置；动力电路必须有过载保护装置。 （3）限速器、安全钳、缓冲器、门锁装置必须与其型式试验证书相符。 （4）限速器与安全钳电气开关在联动试验中必须动作可靠，且应使驱动主机立即制动。 （5）对瞬时式安全钳，轿厢应载有均匀分布的额定载重量；对渐进式安全钳，轿厢应载有均匀分布的 125% 额定载重量。 （6）曳引式电梯的曳引能力试验时，轿厢在行程上部范围空载上行及行程下部范围载有 125% 额定载重量下行，分别停层 3 次以上，轿厢必须可靠地制停（空载上行工况应平层）。 （7）电梯安装后应进行运行试验。轿厢分别在空载、额定载荷工况下，按产品设计规定的每小时启动次数和负载持续率各运行 1000 次（每天不少于 8h），电梯应运行平稳、制动可靠、连续运行无故障。 注意区分"曳引能力试验"和"运行试验"的合格标准

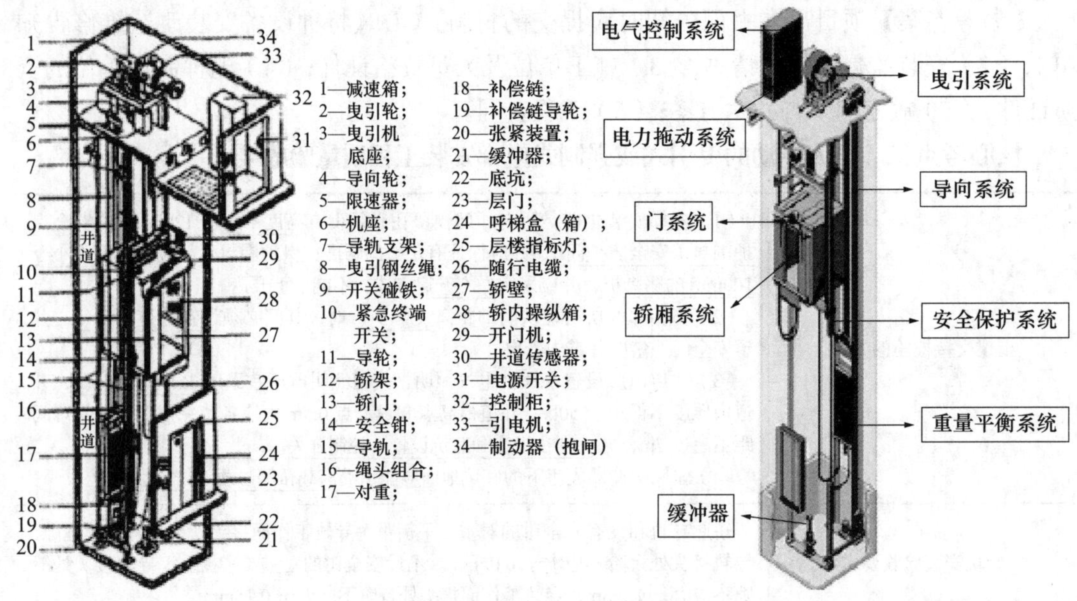

电力驱动的曳引式电梯

◆考法1：选择题，综合考查电力驱动的曳引式或强制式电梯安装工程质量验收要求。

【例题1·2019年真题】关于电梯整机验收要求的说法，错误的是（　　）。

A. 电梯的动力电路必须有过载保护装置

B. 断相保护装置应使电梯不发生危险故障

C. 电梯门锁装置必须与其型式试验证书相符

D. 限速器在联动试验中应使电梯主机延时制动

【答案】D

【解析】限速器与安全钳电气开关在联动试验中必须动作可靠，且应使驱动主机立即制动。D选项错在“延时制动”四个字，正确的是“立即制动”。

◆考法2：案例题，综合考查电力驱动的曳引式或强制式电梯安装工程质量验收要求。

【例题2·2021年真题】

背景节选：

某安装公司承接一项公共建筑的电梯安装工程，工程有28层，28站曳引式电梯8台，工期为90天，开工日期为3月18日，其中2台消防电梯需在4月30日前交付，在通过消防验收后，作为施工电梯使用。电梯井道的脚手架工程、机房及厅门预留孔的安全防护设施由建筑工程公司实施，验收合格。

安装公司项目部编制了电梯施工方案，书面告知了工程所在地的特种设备安全监督管理部门，工程按期开工，电梯施工进度计划见下表。

电梯安装采用流水搭接平行施工，电梯安装前，项目部对机房和井道进行交接检验，均符合电梯安装要求，工程按施工进度计划实施，电梯验收合格，交付业主。

电梯施工进度计划

工序	工序时间（d）	4月						5月					
		1	6	11	16	21	26	1	6	11	16	21	26
导轨安装	20												
机房设备安装	2＋6												
井道配管配线	3＋9												
轿厢、对重安装	3＋9												
层门安装	6＋18												
电气及附件安装	4＋12												
单机试运行调试	2＋6												
消防电梯验收	1												
群控试运行调试	4												
竣工验收交付业主	3												

【问题】

1. 厅门预留孔安全防护装置的设置有什么要求？

2. 消防电梯从开工到验收合格用了多少天？电梯安装工期比合同工期提前了多少天？

3. 电梯运行试验时，运行载荷和运行次数（时间）各有哪些规定？

【参考答案】

1. 厅门预留孔安全防护装置的设置要求：

（1）必须设有高度不小于1200mm的安全保护围封（安全防护门），并应保证有足够的强度。

（2）保护围封下部应有高度不小于100mm的踢脚板，并应采用左右开启方式，不能上下开启。

2.（1）消防电梯从开工到验收合格用了35d。

【解析】电梯工程的开工时间为3月18日，电梯安装准备工作、机房和井道检测、电梯设备进场检查、基准线安装等工作用了14d（注意：3月有31d）。

4月1日开始进行电梯导轨安装，到4月21日消防电梯竣工验收，此阶段用了21d。所以，消防电梯的安装总用时：14＋21＝35d。

（2）电梯安装工期比合同工期提前了15d。

【解析】计划竣工日期为5月31日，开工日期为3月18日，则原计划工期＝14＋30＋31＝75d。

合同工期为90d，90－75＝15d，所以，电梯安装工期比合同工期提前了15d。

3. 电梯运行试验时，轿厢分别在空载、额定载荷工况下，按产品设计规定的每小时启动次数和负载持续率各运行1000次（每天不少于8h）。

核心考点三　液压电梯安装工程质量验收要求

液压电梯安装工程质量验收要求	基本与曳引式或强制式电梯安装工程质量验收要求相同；区别的是液压电梯增加了液压系统（见下图）。液压系统安装的验收要求： （1）液压泵站及液压顶升机构必须安装牢固，缸体垂直度严禁大于0.4‰。 （2）当液压油达到产品设计温度时，温升保护装置必须动作，使液压电梯停止运行。 （3）液压泵站上的溢流阀应设定在系统压力为满载压力的140%～170%时动作。 （4）液压系统压力试验合格规定：轿厢停靠在最高层站，在液压顶升机构和截止阀之间施加200%的满载压力，持续5min后，液压系统应完好无损

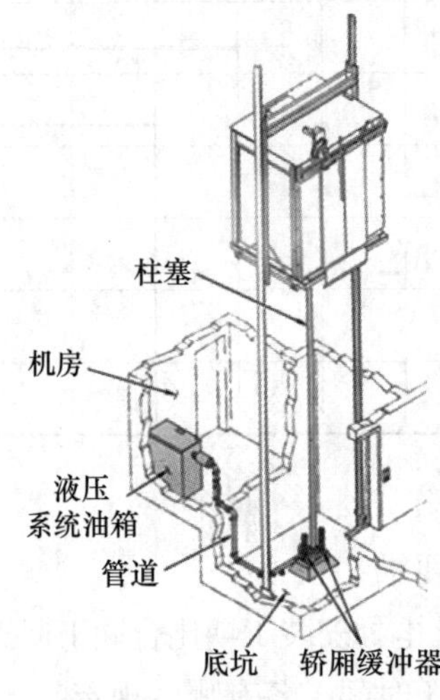

液压电梯

◆考法1：案例简答题，考查液压电梯液压系统压力试验合格的规定。

核心考点四　自动扶梯、自动人行道安装工程质量验收要求

设备进场验收	（1）设备技术资料必须提供梯级或踏板的型式试验报告复印件，或胶带的断裂强度证明文件复印件；对公共交通型自动扶梯、自动人行道应有扶手带的断裂强度证书复印件。 （2）随机文件应该有土建布置图，产品出厂合格证，装箱单，安装、使用维护说明书，动力电路和安全电路的电气原理图。 （3）设备零部件应与装箱单内容相符，设备外观不应存在明显的损坏
土建交接检验	（1）自动扶梯的梯级或自动人行道的踏板或胶带上空，垂直净高度严禁小于2.3m。 （2）在安装之前，井道周围必须设有保证安全的栏杆或屏障，其高度严禁小于1.2m。 （3）根据产品供应商的要求应提供设备进场所需的通道和搬运空间。 （4）在安装之前，土建施工单位应提供明显的水平基准线标识。 （5）电源零线和接地线应始终分开。接地装置的接地电阻值不应大于4Ω
整机安装验收	下列情况，自动扶梯、自动人行道必须自动停止运行，且下面（2）至（8）情况下的开关断开的动作必须通过安全触点或安全电路来完成。 （1）无控制电压、电路接地的故障、过载。 （2）控制装置在超速和运行方向非操纵逆转下动作。 （3）附加制动器（如果有）动作。 （4）直接驱动梯级、踏板或胶带的部件（如链条或齿条）断裂或过分伸长。 （5）驱动装置与转向装置之间的距离（无意性）缩短。 （6）梯级、踏板下陷，或胶带进入梳齿板处有异物夹住，且产生损坏梯级、踏板或胶带支撑结构。

续表

整机安装验收	（7）无中间出口的连续安装的多台自动扶梯、自动人行道中的一台停止运行。 （8）扶手带入口保护装置动作。 自动扶梯、自动人行道应进行空载制动试验，制停距离应符合标准规范的要求。 自动扶梯、自动人行道应进行载有制动载荷的下行制停距离试验（除非制停距离可以通过其他方法检验），制动载荷、制停距离应符合标准规范的规定

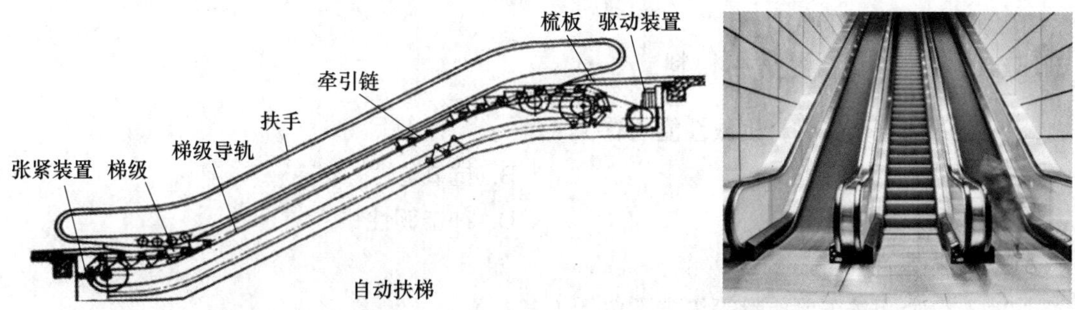

◆考法 1：选择题，考查自动扶梯、自动人行道安装工程质量验收要求。

【例题 1 · 2018 年真题】自动人行道自动停止运行时，开关断开的动作不用通过安全触点或安全电器来完成的是（　　）。

A. 过载　　B. 踏板下陷

C. 扶手带入口保护装置动作　　D. 附加制动器动作

【答案】A

【解析】整机安装验收时，自动扶梯、自动人行道必须自动停止运行的情况有 3 种：（1）无控制电压。（2）电路接地的故障。（3）过载。记住这 3 种，如果问“开关断开的动作必须通过安全触点或安全电路来完成”的情况，就用排除法选择。

◆考法 2：案例题，考查自动扶梯、自动人行道安装工程质量验收要求。

【例题 2 · 2014 年真题】

背景节选：

某安装工程承接了商场（地上 5 层，低下 2 层，每层净高 5.0m）的自动扶梯安装工程。

自动扶梯设备进场时，安装公司会同建设单位、监理和制造厂共同开箱验收，核对设备、部件、材料的合格证明书和技术资料（包括复印件）等是否合格齐全。

在土建交接验收中，检查了建筑结构的预留孔、垂直净空高度、基准线设置等，均符合自动扶梯安装要求。

【问题】

1. 自动扶梯技术资料中必须提供哪几个文件复印件？

2. 在土建交接检验中，有哪几项检查内容直接关系到桁架能否正确安装？

【参考答案】

1. 必须提供：（1）梯级或踏板的型式试验报告复印件，或胶带的断裂强度证明文件复印件；（2）胶带（扶手带）的断裂强度证书复印件。

2. 在土建交接检验中，以下检查内容直接关系到桁架的正确安装使用：

（1）自动扶梯的梯级上空，垂直净高度严禁小于 2.3m。

（2）土建提供明显的水平基准线标识。

（3）桁架进场所需的通道和搬运空间。

本章经典真题及预测题

2H311010　机电工程常用材料

1. 以下属于金属材料机械性能的有（　　）。

A. 强度　　B. 抗氧化性

C. 塑性　　D. 冲击韧性

E. 热膨胀性

2. 非合金钢按主要质量等级分不包括（　　）。

A. 普通非合金钢　　B. 优质非合金钢

C. 锻造非合金钢　　D. 特殊质量非合金钢

3. 以下属于有色金属的有（　　）。

A. 锰　　B. 钛

C. 铬　　D. 钴

E. 钛合金

4. 通用塑料不包括（　　）。

A. 聚乙烯　　B. 聚甲醛

C. 聚氯乙烯　　D. 聚丙烯

5. 下列塑料中，属于工程塑料的有（　　）。

A. 聚酰胺　　B. 聚碳酸酯

C. 聚苯硫醚　　D. 聚砜

E. 聚酯

6. 下列材料中，属于绝热材料的有（　　）。

A. 膨胀珍珠岩　　B. 微孔硅酸壳

C. 泡沫塑料　　D. 矿渣棉

E. 玻璃钢

7.（　　）适用于中压以下的空调系统，但相对湿度 90% 以上的系统不适用。

A. 酚醛复合风管　　B. 玻璃纤维复合风管

C. 聚氨酯复合风管　　D. 硬聚氯乙烯风管

8. 洁净室含酸碱的排风系统应选用（　　）。

A. 酚醛复合风管　　B. 玻璃纤维复合风管

C. 聚氨酯复合风管　　D. 硬聚氯乙烯风管

9. 可应于饮用水管的有（　　）。

A. 无规共聚聚丙烯管　　B. 硬聚氯乙烯管

C. 交联聚乙烯管　　D. 铝塑复合管

E. 丁烯管

10. 采用聚烯烃材料的电力电缆，在消防灭火时的缺点是（　　）。

A. 会发出有毒烟雾　　B. 灭火时的烟尘较多

C. 产生腐蚀性较高　　D. 绝缘电阻系数下降

11. 下列电缆，不可预制分支电缆的是（　　）。

A. VV_{22} 型　　B. YJV 型

C. YJY 型　　D. YJFE 型

12. 母线槽选用要点包括（　　）。

A. 高层建筑的垂直输配电不宜选用空气型母线槽

B. 应急电源应选用耐火型母线槽

C. 大容量母线槽可选用散热好的紧密型母线槽

D. 消防喷淋区域应选用防护等级为 IP40 的母线槽

E. 母线槽与设备必须采用软接头连接

13. 下列材料中，属于无机绝缘材料的是（　　）。

A. 树脂　　B. 矿物油

C. 橡胶　　D. 硫磺

2H311020　机电工程常用工程设备

1. 【2021 年真题】动力式压缩机按结构形式和工作原理可分为（　　）。

A. 轴流式压缩机　　B. 容积式压缩机

C. 离心式压缩机　　D. 往复式压缩机

E. 混流式压缩机

2. 下列参数中，属于风机主要性能参数的是（　　）。

A. 流量、动压、比转速　　B. 流量、容积、转速

C. 功率、吸气压力、比转速　　D. 功率、扬程、转速

3. 下列泵类设备中，属于按工作原理分类的是（　　）。

A. 立式轴流泵　　B. 单级泵

C. 双吸式泵　　D. 清水泵

4. 属于压缩机性能参数的是（　　）。

A. 扬程　　B. 比转速

C. 全风压　　D. 容积

5. 具有挠性牵引件的输送设备包括（　　）。

A. 螺旋输送机　　B. 辊子输送机

C. 气力输送机　　D. 板式输送机

E. 提升机

6. 属于无挠性牵引件输送设备的有（　　）。

A. 刮板输送机　　B. 振动输送机

C. 斗式提升机　　D. 气力输送机

E. 螺旋输送机

7. 下列石化设备中，属于反应设备的有（　　）。

A. 聚合釜　　B. 蒸发器

C. 分离器　　D. 分解锅

E. 余热锅炉

8. 下列石化设备中，属于换热设备的有（　　）。

A. 集油器　　B. 蒸发器

C. 洗涤器　　D. 冷凝器

E. 结晶器

9. 以下属于核电设备的是（　　）。

A. 制氢设备　　B. 常规岛设备

C. 镜场设备　　D. 热交换设备

10. 以下属于水泥设备的有（　　）。

A. 回转窑　　B. 锡槽

C. 生料磨　　D. 退火窑

E. 煤磨

11. 变压器按相数分类，可分为（　　）。

A. 单相变压器　　B. 双相变压器

C. 三相变压器　　D. 自耦变压器

E. 双绕组变压器

12. 以下属于同步电动机特性的是（　　）。

A. 具有较大的启动转矩　　B. 结构简单，价格低廉

C. 在较宽范围内实现平滑调速　　D. 功率因数可调

13. 关于异步电动机说法错误的是（　　）。

A. 结构简单，价格低廉　　B. 启动性能好

C. 应用最广泛　　D. 功率因数不高

2H312010　机电工程测量技术

1. 【2019年真题】地下管线工程回填前，不需要测量的项目是（　　）。

A. 管线起点坐标　　B. 窨井位置坐标

C. 管线顶端标高　　D. 管线中心标高

2. 【2017年真题】关于长距离输电线路铁塔基础施工测量的说法，正确的是（　　）。

A. 根据沿途实际情况测设铁塔基础

B. 采用钢尺量距时的丈量长度适宜于 80～100m

C. 一段架空线路的测量视距长度不宜超过 400m

D. 大跨越档距之间不宜采用解析法测量

3. 【2010 年真题】在工程测量的基本程序中，设置标高基准点后，下一步应进行的程序是（　　）。

A. 安装过程测量控制　　B. 建立测量控制网

C. 设置沉降观测点　　D. 设置纵横中心线

4. 工程测量应遵循的原则是（　　）。

A. 由局部到整体，先控制后细部　　B. 由局部到整体，先细部后控制

C. 由整体到局部，先控制后细部　　D. 由整体到局部，先细部后控制

5. 关于单体设备基础测量精度控制，说法正确的有（　　）。

A. 测量放线尽量使用同一台设备、同一人进行测量

B. 机械设备定位基准线与安装基准线的平面位置允许偏差为 ±10mm

C. 设备基础中心线必须进行复测，两次测量的误差不应大于 10mm

D. 埋设有中心标板的重要设备基础，同一中心标点的偏差不应超过 ±1mm

E. 与传动装置有联系的设备基础，其相邻两标高控制点的标高偏差，应在 ±2mm 以内

6. 根据控制点测设管线主点时，可以采用的测设方法有（　　）。

A. 图解法　　B. 交会法

C. 极坐标法　　D. 直角坐标法

E. 龙门板法

7. 当现场条件不便采用坡度板时，对精度要求较低的管道，可采用（　　）来测设坡度控制桩。

A. 极坐标法　　B. 直角坐标法

C. 龙门板法　　D. 平行轴腰桩法

8. 长距离输电线路铁塔基础中心桩测定后，一般采用（　　）和平行基线法进行控制。

A. 头尾控制法　　B. 三角法

C. 十字线法　　D. 菱形控制法

9. 经纬仪的功能和应用不包括（　　）。

A. 垂直度测量　　B. 纵横中心线测量

C. 角度测量　　D. 距离测量

10. 用于大直径、长距离、回转型设备同心度的找正测量的是（　　）。

A. 激光指向仪　　B. 激光铅直仪

C. 激光经纬仪　　D. 激光水准仪

11. 适用于提升施工的滑模平台、网形屋架的水平控制和大面积混凝土楼板支模、灌注及抄平工作的是（　　）。

A. 激光准直仪　　B. 激光经纬仪

C. 激光平面仪　　D. 激光水准仪

2H312020　机电工程起重技术

1. 关于手拉葫芦的使用要求，错误的是（　　）。

A. 不许有跑链、掉链和卡滞现象

B. 使用时应将链条摆顺，且两吊钩受力在一条轴线上

C. 手拉葫芦放松时，起重链条不得放尽，且不得少于 2 个扣环

D. 手拉葫芦吊挂点承线能力不得低于 1.05 倍的手拉葫芦额定载荷

2. 关于卷扬机使用要求的说法，正确的是（　　）。

A. 起重吊装中一般采用电动快速卷扬机

B. 钢丝绳应从卷扬机卷筒的底部放出

C. 余留在卷筒上的钢丝绳不应少于 2 圈

D. 最后一个导向滑车应设在卷筒的边缘

3. 以下属于臂架型起重机的是（　　）。

A. 塔式起重机　　B. 门式起重机

C. 桥式起重机　　D. 梁式起重机

4. 采用多台葫芦起重同一工件时，操作应同步且单台葫芦的最大载荷不应超过其额定载荷的（　　）。

A. 70%　　B. 75%

C. 80%　　D. 85%

5. 以下不属于桅杆式起重机组成部分的是（　　）。

A. 起升系统　　B. 保护系统

C. 稳定系统　　D. 动力系统

6. 某吊装作业使用的主滑轮组为 6 门滑轮组，适宜的穿绕方法是（　　）。

A. 顺穿　　B. 混合穿

C. 双抽头穿　　D. 花穿

7. 汽车起重机使用时，正确的有（　　）。

A. 起重机的支腿完全伸出

B. 吊臂与设备外部附件的安全距离为 200mm

C. 设备底部与基础的安全距离为 200mm

D. 起吊冻粘在地上的物品

E. 作业人员站在重物上方便指挥

8. 下列关于履带式起重机的使用要求的说法，错误的是（　　）。

A. 应测试吊车工作位置的地面耐压力　　B. 司机应持《特种作业人员操作证》

C. 进场检验应包括定期检验报告　　D. 允许负载行走

9. 根据《石油化工大型设备吊装工程规范》GB 50798—2012，下列钢丝绳安全系数，

符合规定的有（　　）。

A. 用作拖拉绳时，安全系数不小于 3.5

B. 用作卷扬机走绳时，安全系数不小于 5

C. 用作捆绑绳扣时，安全系数不小于 5

D. 用作系挂绳扣时，安全系数不小于 6

E. 用作载人吊篮时，安全系数不小于 12

10. 关于地锚的使用要求，说法错误的是（ ）。

A. 根据受力条件和土质情况选用合适的地锚结构

B. 利用已有建筑物作为地锚时，应获得建设单位的书面认可

C. 利用混凝土基础作为地锚时，应进行强度验算并采取可靠的防护措施

D. 无论采用何种地锚形式，都必须进行承载试验

11. 石油化工厂中的大型塔类设备可以选用的吊装方法有（　　）。

A. 滑移法　　B. 无锚点推吊法

C. 旋转法　　D. 吊车抬送法

E. 液压顶升法

12. 老厂扩建施工，设置缆风绳、锚点困难时，吊装重型设备或构件可以选用（　　）。

A. 滑移法　　B. 无锚点推吊法

C. 旋转法　　D. 吊车抬送法

13. 以下不属于非常规起重设备、方法的是（　　）。

A. 采用自制起重设备进行起重作业　　B. 2 台起重设备联合作业

C. 1 台汽车式起重机进行起重作业　　D. 采用滚杠进行设备水平位移

14. 根据《危险性较大的分部分项工程安全管理办法》规定，起重吊装工程中属于超过一定规模的危险性较大的分部分项工程有（　　）。

A. 钢结构、网架安装工程

B. 采用非常规起重设备、方法且单件起吊重量在 100kN 及以上的起重吊装工程

C. 采用起重机械进行且起重量在 500kN 及以上的设备吊装工程

D. 起重量 300kN 及以上的起重设备安装工程

E. 起升高度 200m 及以上的起重机械设备拆卸工程

15. 危大工程实行分包并由分包单位编制专项施工方案的，专项施工方案应当由（　　）审核、审查签字。

A. 分包单位技术负责人　　B. 总承包单位项目负责人

C. 建设单位项目负责人　　D. 总承包单位技术负责人

E. 项目总监理工程师

16. 超危大工程实行分包并由分包单位编制专项施工方案的，专项施工方案应当由（　　）组织专家论证。

A. 分包单位　　B. 建设单位

C. 监理单位　　D. 总包单位

17. 制定吊装技术方案时，应考虑起重机的基本参数有（　　）。

A. 额定起重量　　B. 最大起升高度

C. 行走速度　　D. 起重机自重

E. 最大幅度

2H312030　机电工程焊接技术

1.【2011 年真题】当变更焊接方法任何一个工艺评定的补加因素时，按增加或补加因素增焊（　　）试件进行试验。

A. 弯曲　　B. 冲击

C. 金相　　D. 拉伸

2. 钢结构工程焊接难度分为 A 级、B 级、C 级、D 级，其影响因素包括（　　）。

A. 钢板厚度　　B. 热处理状态

C. 受力状态　　D. 钢材碳当量

E. 钢材分类

3. 球形储罐的焊接方法宜采用（　　）方法。

A. 焊条电弧焊　　B. 钨极氩弧焊

C. 药芯焊丝自动焊　　D. 埋弧自动焊

E. 药芯焊丝半自动焊

4. 铝制焊接容器最佳的焊接方法是（　　）。

A. 焊条电弧焊　　B. 氩弧焊

C. 等离子弧焊　　D. 埋弧焊

5. 钢制储罐底板的幅板与边缘板之间常采用（　　）。

A. 对接接头　　B. 角接接头

C. 搭接接头　　D. T 形接头

6. 下列焊缝形式中，属于按焊缝结合形式分的是（　　）。

A. 角焊缝　　B. 横焊缝

C. 立焊缝　　D. 平焊缝

7. 关于焊接操作要求的说法，错误的是（　　）。

A. 焊接坡口及其周围应清理干净

B. 需要预热的多层焊焊件，其层间温度不得高于预热温度

C. 不得在焊件表面引弧或试验电流

D. 在根部焊道和盖面焊道上不得锤击

8. 锅炉受压元件及其焊接接头质量检验包括（　　）。

A. 充水试验　　B. 通球试验

C. 化学成分分析　　D. 严密性试验

E. 力学性能检验

9. 钢制浮顶罐焊接接头常用的检验方法包括（　　）。

A. 无损检测　　B. 通球试验
C. 通水试验　　D. 充水试验
E. 煤油渗漏

10. 要求无损检测和焊缝热处理的焊缝，不需要在管道轴测图上标明（　　）。

A. 无损检测方法　　B. 焊缝补焊位置
C. 焊工代号　　D. 热处理结果分析

11. 关于焊接后检验，说法错误的是（　　）。

A. 射线检测是一种内部无损检测方法
B. 低合金高强钢的无损检测应在焊接完成后 12h 内进行
C. 局部加热热处理的焊缝应进行硬度检验
D. 强度试验应在无损检测及热处理后进行

2H313010　机械设备安装工程施工技术

1.【2021 年真题】对开式滑动轴承安装不包括（　　）。

A. 清洗　　B. 检查
C. 刮研　　D. 胀套

2.【2017 年真题】关于机械设备垫铁设置的要求，正确的有（　　）。

A. 垫铁与设备基础之间的接触良好
B. 相邻两组垫铁间的距离，宜为 500～1000mm
C. 设备底座有接缝处的两侧，各设置一组垫铁
D. 厚的宜放在最下面，薄的宜放在最上面
E. 每组垫铁块数不宜超过 5 块

3.【2013 年真题】在室温条件下，工作温度较高的干燥机与传动电机联轴器找正时，两端面间隙在允许偏差内应选择（　　）。

A. 较大值　　B. 中间值
C. 较小值　　D. 最小值

4. 下列可以安排在设备吊装就位之后进行的工序有（　　）。

A. 设备安装调整　　B. 垫铁设置
C. 润滑与设备加油　　D. 基础检查验收
E. 零部件清洗装配

5. 通过调整垫铁高度的方法将设备调整到设计或规范规定的水平状态称为（　　）。

A. 找平　　B. 找标高
C. 找中心　　D. 找正

6. 机械设备典型零配件的安装包括（　　）。

A. 齿轮系统装配　　B. 轴承安装
C. 螺纹连接紧固　　D. 地脚螺栓连接
E. 密封件装配

7. 下列装配方法中，属于过盈配合件装配方法的有（　　）。

A. 压入装配法　　B. 锤击法

C. 低温冷装配法　　D. 加热装配法

E. 铰孔装配法

8. 常用设备找正检测方法有（　　）。

A. 平面仪测量法　　B. 水准仪测量法

C. 经纬仪测量法　　D. 全站仪测量法

E. 钢丝挂线法

9. 只承受径向载荷的对开式滑动轴承装配时，应检测（　　）。

A. 顶间隙　　B. 底间隙

C. 轴肩间隙　　D. 侧间隙

E. 轴向间隙

10. 滑动轴承轴颈与轴瓦的顶间隙可用（　　）检查。

A. 塞尺法　　B. 着色法

C. 压铅法　　D. 百分表法

11. 有预紧力要求的螺纹连接，常用的紧固方法有（　　）。

A. 测量伸长法　　B. 液压拉伸法

C. 顶伸伸长法　　D. 拉伸伸长法

E. 加热伸长法

12. 影响机械设备安装精度的因素不包括（　　）。

A. 设备测量基准的选择　　B. 二次灌浆的强度

C. 设备基础的硬度　　D. 设备安装环境

13. 设备安装精度控制中，采用修配法对补偿件进行补充加工的目的是（　　）。

A. 解决设计存在的问题　　B. 抵消过大的安装积累误差

C. 修补制造的加工缺陷　　D. 补充零部件的装配偏差

14.【2010年一级真题】背景节选：其中对关键设备球磨机的安装提出了详尽的要求：在垫铁安装方面，每组垫铁数量不得超过6块，平垫铁从下至上按厚薄顺序摆放，最厚的放在最下层，最薄的放在最顶层，安装找正完毕后，最顶层垫铁与设备底座点焊牢固以免移位。

【问题】纠正球磨机垫铁施工方案中存在的问题。

2H313020　电气安装工程施工技术

1.【2013年真题】并列明敷电缆的中间接头应（　　）。

A. 位置相同　　B. 用托板托置固定

C. 配备保护盒　　D. 安装检测器

2. 成套配电设备安装时，柜体安装固定的紧后工序是（　　）。

A. 试验调整　　B. 柜体精度检测

C. 母线安装　　D. 二次回路连接

3. 油浸电力变压器安装程序中，吊芯检查工作应在（　　）后进行。

A. 设备就位　　B. 绝缘测试

C. 附件安装　　D. 本体密封检验

4. 绝缘油注入设备之前，做的试验不包括（　　）。

A. 电气强度试验　　B. 色谱分析

C. 介质损失角正切值　　D. 光谱分析

5. 关于成套配电设备的安装要求，说法正确的是（　　）。

A. 基础型钢的两端与接地干线应焊接牢固

B. 柜体与基础型钢之间的连接应焊接牢固

C. 成列安装柜体时，宜从中间向两侧安装

D. 手车拉出时接地触头比主触头先断开

6. 六氟化硫断路器的交接试验内容包括（　　）。

A. 测量每相导电回路电阻　　B. 测量断路器的分合闸时间

C. 测量断路器的分合闸同期性　　D. 测量断路器的分合闸速度

E. 含水量检测

7. 高压电气设备交接试验时的注意事项，说法正确的有（　　）。

A. 在高压试验设备周围设遮拦并悬挂警示牌

B. 直流试验结束后应对设备多次放电

C. 断路器的交流耐压试验应在分闸状态下进行

D. 成套设备应整体进行试验，不得拆开

E. 直流耐压试验电压分阶段升高

8. 用于跨越道路、河道和交通要道处的拉线是（　　）。

A. 转角拉线　　B. 普通拉线

C. 水平拉线　　D. 人字拉线

9. 关于电缆封头错误的是（　　）。

A. 电缆应在切断后 5h 之内进行封头　　B. 塑料绝缘电力电缆应有防潮的封端

C. 油浸纸质绝缘电力电缆必须铅封　　D. 充油电缆切断处必须高于邻近两侧电缆

10. 关于架空线路中导线架设的说法，正确的有（　　）。

A. 在一个档距内的每条导线可以有两个接头

B. 不同材质的导线只能在杆上跳线处连接

C. 接头处的机械强度不低于导线自身强度的 90%

D. 接头处的电阻不超过同长度导线电阻的 1.2 倍

E. 跨越河流处的导线最多只允许有一个接头

11. 架空线路试验内容包括（　　）。

A. 测线路的绝缘电阻　　B. 交流耐压试验

C. 冲击合闸试验　　D. 测量杆塔的接地电阻值

E. 泄漏电流试验

12. 关于电缆排管敷设要求的说法，正确的有（　　）。

A. 排管孔径应不小于电力电缆外径的 1.5 倍

B. 埋入地下的电力排管至地面距离应不小于 0.4m

C. 交流三芯电力电缆不得单独穿入钢管内

D. 敷设电力电缆的排管孔径应不小于 100mm

E. 电力排管通向电缆井时应有不小于 0.1% 的坡度

13. 正确的电缆直埋敷设做法有（　　）。

A. 铠装电缆的金属保护层应可靠接地

B. 沟底铺设 100m 厚碎石

C. 直埋电缆同沟时，交叉距离不小于 100mm

D. 农田下直接敷设电缆的埋深应不小于 0.7mm

E. 电缆同沟时，平行距离不小于 100mm

14. 直埋电缆在（　　）等处应设置明显的方位标志或标桩。

A. 电缆接头处　　B. 直线段每隔 10m 处

C. 电缆转弯处　　D. 电缆进入建筑物

E. 电缆交叉处

15. 有关电缆沟或隧道内电缆敷设要求的说法，正确的有（　　）。

A. 交流三芯电力电缆在普通支架上不宜超过 1 层

B. 电力电缆和控制电缆在同一层支架时，应排列整齐

C. 强电和弱电控制电缆应自上而下分层配置

D. 交流三芯电力电缆在桥架上不宜超过 3 层

E. 交流单芯电力电缆应布置在同侧支架上

16. 电缆终端头和电缆接头接地要求不正确的是（　　）。

A. 电缆头的外壳与该处的电缆金属护套及铠装层均应良好接地

B. 接地线应采用铜绞线或铜编织线

C. 电缆通过零序电流互感器时，接地点在互感器以下时，接地线直接接地

D. 通过零序电流互感器时，接地点在互感器以上时，接地线不允许穿过互感器

17. 电缆敷设的顺序要求有（　　）。

A. 应从电缆布置集中点向分散点敷设　　B. 到同一终点的电缆最好是一次敷设

C. 先敷设线路短、截面小的电缆　　D. 先敷设电力、动力电缆

E. 先敷设控制、通信电缆

18. 有关母线的连接固定，正确的是（　　）。

A. 母线应在找正及固定前，进行导体的焊接

B. 应在母线与设备连接后，进行绝缘电阻的测试

C. 母线平置连接时，螺栓应由下向上穿

D. 通过焊接将母线固定在支柱绝缘子上

19. 封闭母线连接要求包括（　　）。

A. 封闭母线间连接，可采用伸缩节连接
B. 直线段超过 80m 时，应设置伸缩节
C. 封闭母线与设备连接，可采用伸缩节连接
D. 高压母线绝缘电阻测试不得低于 20MΩ
E. 封闭母线经过施工缝时，应设置伸缩节

2H313030 管道工程施工技术

1.【2021 年真题】压力管道的管道组成件包括（　　）。
A. 法兰　　B. 密封件
C. 管夹　　D. 节流装置
E. 吊杆
2.【2021 年真题】关于管道安装后需要静电接地的说法，正确的是（　　）。
A. 每对法兰必须设置导线跨接　　B. 静电接地线应采用螺栓连接
C. 跨接引线与不锈钢管道直接连接　　D. 静电接地安装后应进行测试
3. 设计压力为 1.6MPa 的管道属于（　　）管道。
A. 低压　　B. 中压
C. 高压　　D. 超高压
4. 下列管道中，未列入《特种设备目录》和其他特殊要求的管道是（　　）。
A. 消防水管道　　B. 生产循环水管道
C. 燃气管道　　D. 雨水管道
E. 排污管道
5. 工业管道施工程序中，管道安装的紧后工序是（　　）。
A. 管道系统试验　　B. 管道系统检验
C. 管道防腐绝热　　D. 管道系统清洗
6. 阀门安装前检验内容及要求正确的有（　　）。
A. 阀杆无歪斜、变形
B. 阀门试验以洁净水为介质，水中氯离子含量不超过 25ppm
C. 阀门密封试验压力为 20℃时最大允许工作压力的 1.15 倍
D. 试验持续时间不得少于 5min
E. 试验介质温度为 −5～40℃
7. 公称尺寸 1000mm 的斜接弯头制作技术要求包括（　　）。
A. 可增加中节数量　　B. 其内侧的最小宽度不得小于 80mm
C. 应采用全焊透焊缝　　D. 在管内进行封底焊
E. 周长允许偏差为 ±6mm
8. 钢制管道法兰连接要求不包括（　　）。
A. 法兰接头的歪斜不得用强紧螺栓的方法消除
B. 法兰连接应使用同一规格螺栓，安装方向应一致

C. 螺栓应对称紧固

D. 大直径密封垫片拼接时，应平口对接

9. 大型储罐的管道与泵或其他有独立基础的设备连接，应在储罐（　　）安装。

A. 充水试验合格后　B. 基础验收合格后

C. 焊接检验合格后　D. 基础预压沉降前

10. 关于伴热管的安装，不符合规定的是（　　）。

A. 伴热管与主管平行安装　B. 多根伴热管之间的相对位置应固定

C. 水平伴热管安装在主管的上方　D. 伴热管不得直接点焊在主管上

11. 工业管道系统压力试验前应具备的条件，表述正确的有（　　）。

A. 试验范围内的管道防腐绝热已完成　B. 压力表的精度等级不低于 1.6 级

C. 膨胀节已从管道系统上拆下来　D. 待试管道与无关系统已用盲板隔开

E. 试验方案已经编写

12. 管道系统试验时，应从待试管道上拆下来或隔离的有（　　）。

A. 膨胀节　B. 疏水阀

C. 爆破片　D. 截止阀

E. 安全阀

13. 管道系统气压试验实施要点正确的是（　　）。

A. 可选用干燥洁净的空气、氮气做试验

B. 承受内压钢管道试验压力应为设计压力的 1.5 倍

C. 试验前，用空气做预试验，试验压力宜为 0.5MPa

D. 试验时应装有压力泄放装置，其设定压力不得高于试验压力的 1.15 倍

14. 压力试验有关规定错误的有（　　）。

A. 管道热处理和无损检测合格后，进行压力试验

B. 试验温度严禁接近金属材料的塑性转变温度

C. 试验过程发现泄漏应立即处理

D. 试验结束后及时拆除盲板、膨胀节等临时约束装置

E. 压力试验完毕，不得在管道上进行修补或增添物件

15. 下列选项中，不属于泄漏试验检查重点的是（　　）。

A. 阀门填料函　B. 对接焊缝处

C. 法兰连接处　D. 螺纹连接处

16. 工业管道系统泄漏性试验的正确实施要点有（　　）。

A. 氧气管道必须进行泄漏性试验　B. 泄漏性试验应在压力试验前进行

C. 泄漏性试验的试验介质可采用空气　D. 试验压力为设计压力的 1.1 倍

E. 泄漏性试验可结合试车一并进行

17. 关于管道油清洗实施要点，说法错误的是（　　）。

A. 油清洗应以油循环的方式进行　B. 应及时更换或清洗滤芯

C. 油清洗后采用滤网检验　D. 油清洗合格后的管道，应充氧保护

18.【2017 年一级真题】背景节选：质检员在巡视中发现空调供水管的施工质量（见下图）不符合规范要求，通知施工作业人员整改。

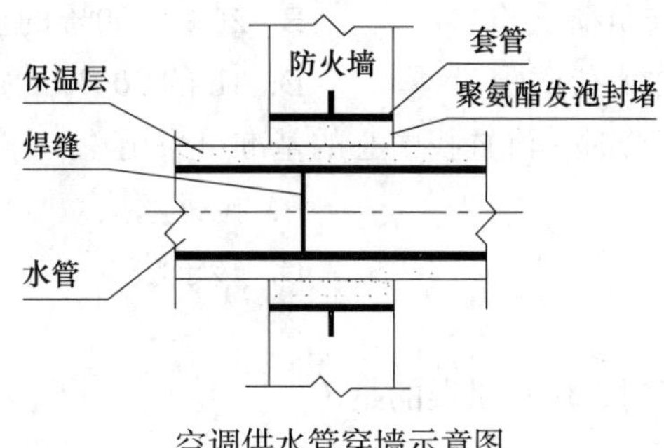

空调供水管穿墙示意图

【问题】图中存在的错误有哪些？如何整改？

19.【2022 年 B 卷真题】

背景节选：

厂区循环水管道设计为钢板卷管，项目质检员对完成的部分卷管进行质量检查，检查情况为：筒节纵向焊缝间距为 160mm，卷管组对时相邻筒节两纵缝间距为 160mm，管外壁加固环的对接焊缝与卷管纵向焊缝间距为 70mm，加固环距卷管的环向焊缝间距为 60mm。施工班组对检查出的问题及时进行整改。

【问题】指出卷管制作的不合格之处。说明理由。

20.【2022 年真题】

背景节选：

管道水压试验记录显示，试压时使用的压力表精度为 1.0 级，使用时在有效检定期以内，检定记录完备，共使用 3 块压力表。

【问题】管道水压试验时压力表的使用是否正确？说明原因。

2H313040　动力和发电设备安装技术

1. 汽轮机按照工作原理划分，有（　　）。

A. 抽气式汽轮机　　B. 冲动式汽轮机

C. 反动式汽轮机　　D. 背压式汽轮机

E. 凝汽式汽轮机

2. 凝汽器安装技术要点说法正确的是（　　）。

A. 凝汽器的灌水试验，灌水高度宜到汽封洼窝处，维持 12h 应无渗漏

B. 凝汽器与低压缸排汽口之间的连接，采用具有伸缩性能的中间连接段

C. 凝汽器壳体内的管板、低压加热器的安装，在低压缸就位后应当完成

D. 管束在低压缸就位前进行穿管和连接

3. 汽轮机转子测量不包括（　　）。

A. 轴颈椭圆度　　B. 轴颈不柱度

C. 转子直线度　　D. 转子弯曲度

4. 汽轮机转子吊装应使用由制造厂提供并具备出厂试验证书的专用横梁和吊索，否则应进行（　　）。

A. 2h 的 100% 的工作负荷试验　　B. 2h 的 100% 的空载负荷试验

C. 1h 的 200% 的工作负荷试验　　D. 1h 的 200% 的空载负荷试验

5. 电站汽轮机汽缸组合时，汽缸找中心的基准可采用（　　）。

A. 激光法　　B. 拉钢丝法

C. 假轴法　　D. 转子法

E. 接轴法

6. 轴系对轮中心找正时，做法错误的是（　　）。

A. 以低压转子为基准

B. 在汽轮机空缸状态下进行调整

C. 各对轮找中时的开口和高低差要有预留值

D. 要在各不同阶段进行多次复查和找正

7. 发机电设备安装程序中，定子就位的紧后工序是（　　）。

A. 定子、转子水压试验　　B. 穿转子

C. 转子气密性试验　　D. 氢冷器安装

8. 发电机转子穿装方法不包括（　　）。

A. 滑道式方法　　B. 接轴方法

C. 液压顶升方法　　D. 用两台跑车的方法

9. 下列设备属于锅炉本体中“锅”的组成部分的是（　　）。

A. 再热器　　B. 过热器

C. 省煤器　　D. 预热器

E. 燃烧器

10. 锅炉系统安装施工程序中，水压试验之后应做的工作是（　　）。

A. 风压试验　　B. 烘炉煮炉

C. 蒸汽吹扫　　D. 试运行

11. 锅炉受热面的施工程序中，光谱检查的紧后工序是（　　）。

A. 通水试验　　B. 压力试验

C. 灌水试验　　D. 通球试验

12. 锅炉受热面施工中横卧式组合方式的缺点是（　　）。

A. 钢材耗用量大　　B. 可能造成设备变形

C. 组合场占用面积少　　D. 安全状况较差

13. 锅炉安装完毕后要进行烘炉、煮炉，煮炉目的不包括（　　）。

A. 清除锅内的铁锈、油脂和污垢

B. 避免受热面结垢而影响传热

C. 使锅炉砖墙缓慢干燥，在使用时不致损裂

D. 防止蒸汽品质恶化

14. 锅炉蒸汽管道冲洗与吹洗的范围包括（　　）。

A. 锅炉省煤器管道　　B. 减温水管道

C. 锅炉过热器管道　　D. 过热蒸汽管道

E. 锅炉再热器管道

15. 下列设备中，属于塔式光热发电设备的是（　　）。

A. 定日镜　　B. 集热器

C. 反射镜　　D. 汽水分离器

2H313050　静置设备及金属结构的制作与安装技术

1.【2020 年真题】球罐焊接试件制作的说法，正确的有（　　）。

A. 焊接试件由出具焊接方案的工程师亲自焊接

B. 应制作立焊、横焊、平焊加仰焊位置的焊接试件各一块

C. 焊接试件应在球罐焊接相同的条件下焊接

D. 从焊接试件上截取试样，可避开缺陷部位

E. 焊接试件的焊缝外观检查不合格，允许进行返修

2. 压力容器制作与安装中，应保存 3 年的资料有（　　）。

A. 焊接工艺评定报告　　B. 预焊接工艺规程

C. 焊接试验记录　　D. 施焊记录

E. 焊工识别标记

3. 塔设备的安装程序，正确的是（　　）。

A. 吊装就位→内件安装→找平找正→灌浆抹面→检查封闭

B. 吊装就位→找平找正→灌浆抹面→内件安装→检查封闭

C. 吊装就位→找平找正→灌浆抹面→检查封闭→内件安装

D. 内件安装→吊装就位→找平找正→灌浆抹面→检查封闭

4. 3000m^3 球罐分为 5 带，采用散装法施工，正确的施工程序是（　　）。

A. 下极板→下温带→赤道带→上温带→上极板

B. 上极板→上温带→赤道带→下温带→下极板

C. 下温带→赤道带→上温带→上、下极板

D. 赤道带→下温带→上温带→上、下极板

5. 关于球罐的焊接顺序，正确的是（　　）。

A. 先焊环焊缝　　B. 先焊短焊缝

C. 先焊横焊缝　　D. 坡口深度小的一侧

6. 容器出厂质量证明文件不包括（　　）。

A. 产品合格证　　B. 容器说明书

C. 质量证明书　　D. 监督检验证明

7. 制取压力容器产品焊接试件后，应进行（　　）。

A. 拉力试验　　B. 压力试验

C. 弯曲试验 D. 冲击试验

E. 扭转试验

8. 【2022 年真题】下列气柜中，属于低压湿式气柜的是（　　）。

A. 多边形稀油密封气柜 B. 橡胶膜密封气柜

C. 圆筒形稀油密封气柜 D. 多节直升式气柜

9. 储罐罐体几何尺寸检查内容包括（　　）。

A. 罐壁高度偏差 B. 罐壁垂直度偏差

C. 罐壁水平度偏差 D. 赤道截面的内直径偏差

E. 罐壁焊缝棱角度

10. 钢构件组装和钢结构安装要求包括（　　）。

A. 焊接 H 型钢的翼缘板拼接缝和腹板拼接缝的间距不应大于 200mm

B. 翼缘板拼接长度不小于 600mm

C. 吊车梁和吊车桁架安装就位后不应下挠

D. 多节柱安装时，每节柱的定位轴线从下层柱的轴线引上

E. 钢网架结构总拼完成的挠度值不应超过相应设计值的 1.15 倍

2H313060　自动化仪表工程安装技术

1. 【2019 年一级真题】关于自动化仪表取源部件的安装要求，正确的是（　　）。

A. 合金钢管道上取源部件的开孔采用气割加工

B. 取源部件安装后应与管道同时进行压力试验

C. 绝热管道上安装的取源部件不应露出绝热层

D. 取源阀门与管道的连接应采用卡套式接头

2. 【2017 年真题】温度取源部件安装在合金管道拐弯处时，错误的做法是（　　）。

A. 在防腐、衬里、吹扫和压力试验前安装

B. 用机械方法开孔

C. 逆着物料流向安装

D. 取源部件轴线与管道轴线垂直相交

3. 有关仪表施工现场要求，不正确的是（　　）。

A. 应有符合调校要求的交、直流电源及仪表气源

B. 调校室内温度维持在 10～35℃之间

C. 空气相对湿度不大于 85%

D. 交流电源电压波动不应超过 ±5%

4. 仪表调校应遵循的原则是（　　）。

A. 先校验后取证；先单校后联校；先单回路后复杂回路；先单点后网络

B. 先取证后校验；先单校后联校；先单回路后复杂回路；先单点后网络

C. 先取证后校验；先联校后单校；先复杂回路后单回路；先网络后单点

D. 先校验后取证；先联校后单校；先复杂回路后单回路；先网络后单点

5. 自动化仪表安装施工程序中，“投运”的紧前工序是（　　）。

A. 综合控制系统试验　　B. 回路试验、系统试验

C. 交接验收　　D. 仪表电源设备试验

6. 可燃气体检测器的安装，不正确的是（　　）。

A. 安装位置应根据被测气体的密度确定

B. 被测气体密度大于空气时，检测器应安装距地面位置 200～300mm 处

C. 被测气体密度小于空气时，检测器应安装在泄漏域的下方

D. 应避开有强磁场干扰的位置

7. 流量检测仪表安装应符合的规定有（　　）。

A. 节流件必须在管道吹洗后安装

B. 节流件安装方向，必须使流体从节流件的上游端面流向节流件的下游端面

C. 涡轮流量计和涡街流量计的信号线应使用光缆

D. 质量流量计测量气体时，箱体管应置于管道下方

E. 电磁流量计在垂直的管道上安装时，被测流体的流向应自下而上

8. 电磁流量计安装要求正确的是（　　）。

A. 流量计外壳、被测流体和管道连接法兰之间应等电位接地连接

B. 在垂直的管道上安装时，被测流体的流向应自上而下

C. 在水平的管道上安装时，两个测量电极在管道的正上方

D. 在水平的管道上安装时，两个测量电极在管道的正下方

9. 有关压力取源部件安装的说法，不正确的是（　　）。

A. 同一管段上时，压力取源部件应安装在温度取源部件的下游侧

B. 可以在管道的上半部测量气体压力

C. 可以在管道下半部与管道水平中心线成 0～45° 夹角的范围内测量蒸汽压力

D. 可以在管道的上半部测量蒸汽压力

2H313070　防腐蚀与绝热工程施工技术

1. 【2021 年一级真题】下列硬质绝热制品的捆扎方法中，正确的是（　　）。

A. 应螺旋式缠绕捆扎　　B. 多层一次捆扎固定

C. 每块捆扎至少一道　　D. 振动部位加强捆扎

2. 【2020 年真题】硬质绝热材料的伸缩缝设置在（　　）。

A. 垂直管道法兰的下方　　B. 焊缝的两侧

C. 伸缩节两侧各 20mm　　D. 管道与孔洞之间

3. 防腐蚀常用的方法中涂装、衬里属于（　　）。

A. 化学防腐蚀　　B. 物理防腐蚀

C. 电化学防腐蚀　　D. 表面预处理

4. 除锈质量等级 St3 表示的除锈方法是（　　）。

A. 工具除锈　　B. 火焰除锈

C. 喷射除锈　　D. 化学除锈

5. 下列属于喷射除锈质量等级的有（　　）。

A. St2　　B. Sa2

C. St3　　D. Sa3

E. Sa2.5

6. 氧化皮已因锈蚀而剥落，并且在正常视力观察下可见普遍发生点蚀的钢材表面锈蚀等级为（　　）。

A. A级　　B. B级

C. C级　　D. D级

7. 涂料进场时，供料方提供的产品质量证明文件不包括（　　）。

A. 施工工艺要求　　B. 产品质量合格证

C. 质量检测方法　　D. 材料检测报告

8. 设备、管道保冷层施工技术要求包括（　　）。

A. 保冷制品层厚大于100mm时，需分两层或多层逐层施工

B. 半硬质材料作保冷层，拼缝宽度不应大于5mm

C. 保冷设备及管道上的支吊架，必须进行保冷

D. 设备裙座里外均需保冷

E. 设备铭牌应粘贴在保冷系统的外表面

9. 管道保温层施工中，水平管道的保温层纵向接缝位置可以布置在（　　）。

A. 管道垂直中心线45°范围内　　B. 管道垂直中心线60°范围内

C. 管道水平中心线45°范围内　　D. 管道水平中心线60°范围内

10.（　　）外不得设置钢丝、钢带等硬质捆扎件。

A. 保温层　　B. 保冷层

C. 防潮层　　D. 保护层

11. 当防潮层采用玻璃纤维布复合胶泥涂抹施工时，立式设备和垂直管道的环向接缝，应为（　　）。

A. 上下搭接　　B. 左右搭接

C. 两侧搭接　　D. 缝口朝下

12. 公称直径1000mm的设备防潮层玻璃布粘贴方法宜采用（　　）。

A. 平铺法　　B. 斜铺法

C. 螺旋形缠绕　　D. 卷铺法

13. 关于金属保护层的接缝选用形式，不正确的是（　　）。

A. 纵向接缝可采用搭接　　B. 环向接缝可采用插接

C. 环向接缝可采用咬接　　D. 室内的外保护层宜采用搭接

2H313080　炉窑砌筑工程施工技术

1.【2009年真题】动态式炉窑砌筑必须在（　　）合格后方可进行。

A. 炉窑壳（筒）体安装验收　　B. 炉窑壳（筒）体对接焊缝经无损检测

C. 炉窑单机无负荷试运转验收　　D. 炉窑无负荷联动试运转验收

2. 下列耐火材料中，属于碱性耐火材料的是（　　）。

A. 镁铝砖　　B. 碳砖

C. 高铝砖　　D. 硅砖

3. 膨胀缝填充材料一般不采用（　　）。

A. 耐火陶瓷纤维　　B. 聚乙烯

C. PVC 板　　D. 发泡苯乙烯

4. 动态炉窑砌筑是从（　　）开始。

A. 工作温度的热端处　　B. 离传动最近的焊缝处

C. 检修孔（门）处　　D. 支撑位置处

5. 关于静态炉窑的施工程序，说法正确的是（　　）。

A. 需进行无负荷试运转方可进行砌筑　　B. 每环砖均可一次完成

C. 砌筑顺序必须由热端向冷端　　D. 起拱部位应从中间向两侧砌筑

6. 工业炉窑砌筑工程工序交接证明书中，合格证明不包括（　　）。

A. 沉降观测点的测量记录

B. 隐蔽工程的验收合格证明

C. 炉壳的试压记录及焊接严密性试验合格证明

D. 炉内托砖板和锚固件等材料合格证明

7. 底和墙砌筑的技术要求包括（　　）。

A. 砌筑反拱底前，应用样板找准砌筑弧形拱的基面

B. 圆形炉墙应按中心线砌筑

C. 反拱底从两侧向中心对称砌筑

D. 弧形墙进行预砌筑

E. 砌砖中断或返工拆砖时，应做成直槎

8. 拱和拱顶的砌筑要点中，正确的有（　　）。

A. 不得使用砍掉厚度 1/3 以上的锁砖

B. 拱和拱顶必须从两侧拱脚同时向中心对称砌筑

C. 锁砖不得使用铁锤

D. 吊挂平顶的吊挂砖，应从中间向两侧砌筑

E. 吊挂拱顶应从两侧向中间对称锁紧

9. 关于耐火浇注料施工的主要技术要点，说法正确的是（　　）。

A. 喷涂料应采用湿法喷涂

B. 喷涂方向应垂直于受喷面

C. 喷嘴应不断地进行直线移动，均匀连续喷射

D. 施工中断时，宜将接槎处做成梯形斜槎

10. 砌筑工程冬期施工措施中，错误的是（　　）。

A. 应在供暖环境中进行　　B. 工作地点和砌体周围温度不应低于 5℃

C. 耐火砖和预制块应预热至 0℃以上　　D. 水泥耐火浇注料可以采用干热法养护

11. 工业炉的烘炉应在（　　）进行。

A. 炉窑砌筑后即可　　B. 炉窑砌筑及相关设备安装结束后

C. 单机无负荷试运转后　　D. 设备联合试运转后

2H314010　建筑管道工程施工技术

1. 【2010 年真题】高层建筑的排水通气管，应满足（　　）的要求。

A. 不能与风道连接　　B. 不能与烟道连接

C. 不能穿过层面　　D. 出口处不能有风

E. 出口处必要时设置防雷装置

2. 【2015 年一级真题】安装坡度要求最大的采暖管道是（　　）。

A. 热水采暖管道　　B. 蒸汽管道

C. 散热器支管管道　　D. 蒸汽凝结水管道

3. 关于高层建筑管道的连接方式，正确的有（　　）。

A. 管径大于 100mm 的镀锌钢管宜用螺纹连接

B. 法兰连接一般用在主干道连接阀门、止回阀、水表、水泵等处

C. 卡箍连接连接件连接可用于消防水、空调冷热水等系统直径大于或等于 100mm 的管道

D. 不锈钢管采用卡套式连接

E. 铸铁管承插连接柔性密封采用膨胀性填料

4. 保温材料进场时，应对其（　　）性能进行复验。

A. 导热系数　　B. 吸水率

C. 抗压强度　　D. 燃烧性能

E. 密度

5. 散热器进场时，应对其（　　）性能进行复验。

A. 传热系数　　B. 单位散热量

C. 力学性能　　D. 金属热强度

E. 重量

6. 关于高层建筑管道施工原则的说法，正确的是（　　）。

A. 给水管让排水管　　B. 主管让支管

C. 钢质管让塑料管　　D. 大管让小管

7. 用于室内排水的立管与排出管端部的连接应采用（　　）。

A. 90° 斜四通　　B. 两个 45° 弯头

C. 45° 弯头　　D. 90° 斜三通

8. 通向室外的排水管，穿过墙壁或基础必须下翻时，应采用的连接件包括（　　）。

A. 90° 斜四通　　B. 45° 三通

C. 45° 弯头　　　　　　　　　　　D. 90° 斜三通

E. 45° 四通

9. 排水塑料管安装要求包括（　　）。

A. 必须按设计要求及位置装设伸缩节

B. 设计无要求时，伸缩节间距不得大于 5m

C. 明敷排水塑料管道应按设计要求设置阻火圈或防火套管

D. 在楼板贯穿部位如果设防火套管，长度≥ 500mm

E. 穿越楼板处设阻水圈

10. 管道的防腐方法不包括（　　）。

A. 衬里保护　　　　　　　　　　　B. 静电保护

C. 阴极保护　　　　　　　　　　　D. 加热保护

11. 当设计未注明时，高温热水供暖系统水压试验压力为（　　）。

A. 工作压力的 1.5 倍，且小于 0.6MPa

B. 系统顶点的工作压力加 0.1MPa，且系统顶点的试验压力不小于 0.3MPa

C. 系统最高点工作压力加 0.4MPa

D. 系统最高点工作压力加 0.2MPa，且系统最高点的试验压力不小于 0.4MPa

2H314020　建筑电气工程施工技术

1. 金属导管施工程序中，导管连接后，应进行（　　）。

A. 试验验收　　　　　　　　　　　B. 送电运行验收

C. 接地线跨接　　　　　　　　　　D. 绝缘电阻测试

2. 开关柜和配电柜安装技术要求包括（　　）。

A. 配电柜安装垂直度允许偏差为 1.5‰，成列柜面偏差不应大于 5mm

B. 开关柜、配电柜的柜门和金属框架的接地应选用不小于 $4mm^2$ 的绝缘铜芯软导线连接

C. 电流回路中铜芯绝缘导线截面积，不小于 $1.5mm^2$

D. 高压成套配电柜二次回路绝缘电阻值不小于 0.5MΩ

E. 高、低压成套配电柜试运行前交接试验合格

3. 母线槽的施工技术要求包括（　　）。

A. 每节母线槽的绝缘电阻值不应小于 0.5MΩ

B. 母线槽水平安装时，圆钢吊架直径不得小于 6mm

C. 水平安装时，每节母线槽的支架不应少于 1 个

D. 垂直安装时应设置弹簧支架

E. 母线槽安装完毕后，应对穿越防火墙和楼板的孔洞进行防火封堵

4. 镀锌钢导管连接处的两端宜用（　　）固定保护联结导体。

A. 熔焊连接　　　　　　　　　　　B. 专用接地卡

C. 套管连接　　　　　　　　　　　D. 螺纹连接

5. 关于金属导管与保护导体的连接检查中，正确的抽查是（　　）。

A. 按每个检验批的导管连接头总数抽查 3%

B. 按每个检验批的导管连接头总数抽查 5%

C. 按每个检验批的导管连接头总数抽查 10%

D. 按每个检验批的导管连接头总数抽查 20%

6. 导管内穿线和槽盒内敷线技术要求包括（　　）。

A. 同一交流回路的绝缘导线敷设于同一金属导管内

B. 交流与直流的导线不得穿在同一管内

C. 导管内绝缘导线的接头应压接良好

D. 同一槽盒内不宜同时敷设绝缘导线和电缆

E. 绝缘导线在槽盒内按回路分段绑扎

7. 电动机通电前检查内容包括（　　）。

A. 对照电动机铭牌标明的数据检查电动机

B. 接通电源时做好切断电源的准备

C. 检查电动机的启动设备是否良好

D. 转动电动机转轴是否有摩擦声或其他异声

E. 电动机转向应与设备上运转指示箭头一致

8. 室内照明配电箱的安装技术要求不包括（　　）。

A. 照明配电箱内应分别设置零线和保护接地汇流排

B. 零线和保护线在汇流排上连接

C. 照明配电箱内每一单相分支回路的电流不宜超过 16A

D. 照明配电箱内每一单相分支回路的灯具数量不宜超过 10 个

E. 大型建筑组合灯具每一单相回路光源数量不宜超过 100 个

9. 质量大于 10kg 的灯具的固定及悬吊装置应按灯具重量的（　　）做恒定均布载荷强度试验，持续时间不得少于（　　）。

A. 5 倍，10min　　B. 5 倍，15min

C. 10 倍，10min　　D. 10 倍，15min

10. 接闪带（网）的施工技术要求包括（　　）。

A. 接闪带一般使用镀锌扁钢或镀锌圆钢制作

B. 接闪带每个固定支架应能承受 50N 的垂直拉力

C. 扁钢之间搭接长度为扁钢宽度的 6 倍

D. 接闪带或接闪网在过建筑物变形缝处的跨接应采取补偿措施

E. 屋顶上的金属导体都必须与避雷带连接成一体

11. 下列关于垂直埋设的人工接地体的施工技术要求，正确的是（　　）。

A. 接地体的连接应搭接焊接

B. 接地体的顶部距地面不小于 0.6m

C. 垂直接地体的长度一般为 2m

D. 用作接地体的镀锌圆钢直径一般为 12mm
E. 接地体连接应牢固可靠，有足够的机械强度

12. 电气设备的独立接地体的接地电阻应（　　）。
A. 小于 1Ω　　B. 大于 1Ω
C. 小于 4Ω　　D. 大于 4Ω

13. 灯具安装应牢固可靠，采用（　　）安装固定。
A. 预埋吊钩　　B. 膨胀螺栓
C. 木楔　　D. 尼龙塞
E. 塑料塞

14. 插座安装技术要求有（　　）。
A. 插座宜由单独的回路配电
B. 一个房间内的插座宜由同一回路配电
C. 单相三孔插座，上孔应与中性导体连接
D. 相线与中性导体不应利用插座本体的接线端子转接供电
E. 保护接地导体在插座之间串联连接

2H314030　通风与空调工程施工技术

1.【2022 年 B 卷真题】关于洁净空调系统安装的说法，正确的是（　　）。
A. 风管法兰垫料表面上应刷防腐涂料
B. 高效过滤器的内外层包装不得带入洁净室
C. 洁净度等级 N4 级的空调系统按中压系统风管要求制作
D. 高效过滤器安装前洁净室的内装修工程必须全部完成

2.【2011 年一级真题】关于通风空调系统风管安装技术要求的说法，正确的是（　　）。
A. 风口、阀门处要设置支、吊架加固补强
B. 当管线穿越风管时，要注意穿过部位的密封处理
C. 风管与风机连接处，应采用柔性短管连接
D. 室外立管的固定拉索可按就近原则固定在避雷引下线上

3. 管内正压为 1500Pa 的风管属于（　　）。
A. 微压风管　　B. 低压风管
C. 中压风管　　D. 高压风管

4. 下列风管的制作材料，必须为不燃材料的是（　　）。
A. 防排烟系统的柔性短管　　B. 复合风管的内层材料
C. 净化空调风管的本体　　D. 复合风管的覆面材料
E. 高压系统送风风管

5. 金属风管板材的拼接要求包括（　　）。
A. 金属板材拼接采用咬口连接、法兰连接等方法
B. 板材不得有十字形拼接缝

C. 板材连接缝应满足和结构连接的强度要求

D. 板厚小于等于 1.5mm 的金属板材采用咬口连接

E. 中、低压系统矩形风管法兰螺栓及铆钉间距小于等于 150mm

6. 为减少风管局部阻力和噪声，矩形风管的内斜线和内弧形弯头应设（　　）。

A. 导流片　　B. 隔板

C. 消声片　　D. 夹板

7. 风管系统安装要点包括（　　）。

A. 切断支吊架的型钢应采用机械加工

B. 支吊架不宜设在风口、防火阀、检查门、自控装置处

C. 风管穿越建筑物变形缝墙体时，应设置钢制套管

D. 风管穿过需要封闭的防火墙时，应设厚度不小于 1.5mm 的预埋管或防护套管

E. 电缆穿越风管时采用不燃材料做套管

8. 风管穿越建筑物变形缝墙体时，应（　　）。

A. 设置柔性短管

B. 设置刚性套管，风管与套管之间采用柔性防水材料填充密实

C. 设置塑料套管，风管与套管之间采用柔性防水材料填充密实

D. 设置刚性套管，风管与套管之间采用柔性防火材料填充密实

9. 有关风管的检验与试验，下列说法正确的是（　　）。

A. 风管批量制作前，应进行风管强度与严密性试验

B. 低压风管试验压力为 1.5 倍的工作压力

C. 中压风管试验压力为 1.3 倍的工作压力

D. 高压风管试验压力为 1.2 倍的工作压力

E. 风管系统安装前，应对主、干风管分段进行严密性试验

10. 风机盘管机组进场时，应进行见证取样检验的性能参数包括（　　）。

A. 风量　　B. 水流量

C. 供热量　　D. 功率

E. 噪声

11. 空调系统中，应进行单机试运转调试的设备有（　　）。

A. 空气处理机组　　B. 板式换热器

C. 分集水器　　D. 电动排烟阀

E. 热泵机组

12. 变风量空调系统联合试运转及调试中，空气处理机组在设计机外余压条件下，新风量与设计新风量的允许偏差为（　　）。

A. 不大于 10%　　B. −5%～＋10%

C. 0～10%　　D. 0～15%

13. 下列风管中，进行严密性试验时应符合中压风管规定的有（　　）。

A. 排风风管　　B. 变风量空调的风管

C. 排烟风管　　　　　　　　　　　　D. 低温送风系统风管

E. 除尘风管

14. 高效过滤器安装前，洁净室内装修工程必须全部完成，经全面清扫、擦拭，空吹（　　）后进行。

A. 6～8h　　　　　　　　　　　　B. 8～12h

C. 12～24h　　　　　　　　　　　D. 24～48h

15.【2021年真题】项目部对空调机房安装质量进行检查，情况如下：风管安装顺直，支吊架制作采用机械加工方法；穿过机房墙体部位风管的防护套管与保温层间有20mm的缝隙；防火阀距离墙体500mm；为确保调节阀手柄操作灵敏，调节阀体未进行保温；因空调机组即将单机试运行，项目部已将机组的过滤器安装完成。

【问题】请指出本项目空调机房安装存在的问题有哪些?

2H314040　建筑智能化工程施工技术

1.【2020年真题】建筑智能化工程中，电动阀门安装前应进行的试验是（　　）。

A. 模拟动作试验　　　　　　　　　B. 阀门行程试验

C. 关紧力矩试验　　　　　　　　　D. 直流耐压测试

2. 以下属于接口测试文件的有（　　）。

A. 测试方法　　　　　　　　　　　B. 结果评判

C. 接口位置　　　　　　　　　　　D. 数据流向

E. 测试内容

3. 有关智能化系统的检测，下列说法不正确的是（　　）。

A. 系统检测应在系统试运行合格后进行

B. 建设单位组织项目检测小组

C. 检测方案经建设单位或项目监理工程师审批后实施

D. 由监理工程师做出检测结论

4. 风管型温度传感器的安装应在风管（　　）完成后进行。

A. 安装　　　　　　　　　　　　　B. 试验

C. 保温　　　　　　　　　　　　　D. 防腐

5. 镍温度传感器至现场控制器之间的接线电阻应小于（　　）。

A. 1Ω　　　　　　　　　　　　　　B. 2Ω

C. 3Ω　　　　　　　　　　　　　　D. 4Ω

6. 输入设备安装要求包括（　　）。

A. 电磁流量计应安装在流量调节阀的上游

B. 电磁流量计的上游有5倍管径长度的直管段

C. 电磁流量计的下游应有10倍管径长度的直管段

D. 温度传感器在现场控制器侧接地

E. 空气质量传感器的安装位置，应选择能正确反映空气质量状况的地方

7. 空调与通风系统检测要点包括（　　）。

A. 空调系统的新风量、送风量的大小　　B. 空调系统的气流速度

C. 室内相对湿度　　D. 过滤网的压差开关信号

E. 空气洁净度

8. 在变配电系统的调试检测中，不属于电源及主供电回路检测的是（　　）。

A. 电源电压值显示　　B. 功率因素测量

C. 储油罐液位监视　　D. 回路电流显示

2H314050　消防工程施工技术

1.【2021 年真题】雨淋报警阀门应安装在（　　）系统中。

A. 水喷雾灭火　　B. 泡沫灭火

C. 自动喷火灭火　　D. 固定消防炮灭火

2.【2013 年真题】下列设备中，属于气体灭火系统的是（　　）。

A. 储存容器　　B. 发生装置

C. 比例混合器　　D. 过滤器

3. 消防水泵及稳压泵的施工程序中，泵体安装的紧后工序是（　　）。

A. 泵体稳固　　B. 吸水管路安装

C. 压水管路安装　　D. 单机调试

4. 关于自动喷水灭火系统喷头安装要求的说法，正确的是（　　）。

A. 应在系统试压前安装　　B. 安装时可对喷头进行拆装

C. 可给喷头装饰性涂层　　D. 不得利用喷头的框架施拧

5. 自动喷水灭火系统的调试应包括（　　）。

A. 水源测试　　B. 消防水泵调试

C. 模拟切换操作试验　　D. 报警阀调试

E. 模拟喷水试验

6. 有关防烟排烟系统的说法，正确的是（　　）。

A. 防火风管的本体、框架与固定材料、密封材料必须为不燃材料

B. 防火分区隔墙两侧的防火阀，距墙表面应不小于 200mm

C. 排烟防火阀宜设独立支吊架

D. 设在混凝土或钢架基础上的防排烟风机，应设置减振装置

E. 防排烟风管的允许漏风量应按中压系统风管确定

7. 下列场所的消防工程中，应该向消防设计审查验收主管部门申请消防设计审核的是（　　）。

A. 建筑面积为 15000m^2 的展览馆　　B. 建筑面积为 13000m^2 客运车站

C. 建筑面积为 12000m^2 的饭店　　D. 建筑面积为 10000m^2 的会堂

8. 按照国家工程建设消防技术标准的规定，建设单位在验收后应当报消防设计审查验收主管部门备案的工程是（　　）。

A. 建筑总面积 10000m^2 的广播电视楼　　B. 建筑总面积 800m^2 的中学教学楼

C. 建筑总面积 550m^2 的卡拉 OK 厅　　D. 建筑总面积 20000m^2 的客运车站候车室

9. 建设单位申请消防验收应提供的材料不包括（　　）。

A. 消防验收申报表　　B. 涉及消防的工程自检记录

C. 工程竣工验收报告　　D. 涉及消防的建设工程竣工图纸

10. 消防设计审查验收主管部门自受理消防验收申请之日起（　　）内组织消防验收。

A. 7 日　　B. 10 日

C. 15 日　　D. 20 日

11. 指出下图中的风管及配件安装不符合规范要求之处，写出正确的规范要求。

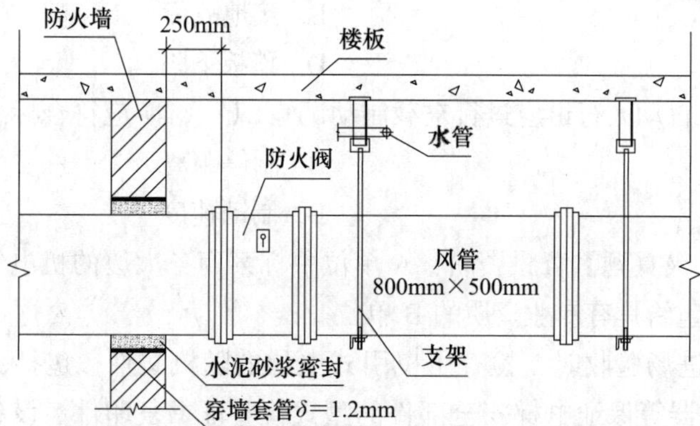

2H314060　电梯工程施工技术

1.【2021 年真题】液压电梯系统不包括（　　）。

A. 曳引系统　　B. 泵站系统

C. 导向系统　　D. 电气控制系统

2.【2020 年一级真题】电梯设备进场验收的随机文件中不包括（　　）。

A. 电梯安装方案　　B. 设备装箱单

C. 电气原理图　　D. 土建布置图

3.【2018 年一级真题】符合电梯工程施工技术要求的是（　　）。

A. 当轿厢完全压在缓冲器上时，随行电缆应与底坑面相接触

B. 电梯井道内应设置 220V 的永久性照明

C. 电气安全装置的导体对地绝缘电阻不得小于 0.5MΩ

D. 瞬时式安全钳的轿厢应载有均匀分布的 125% 额定载重量

4. 电梯安装工程中，不属于自动扶梯分项工程的是（　　）。

A. 设备进场验收　　B. 土建交接检验

C. 质量监督检验　　D. 整机安装验收

5. 电梯安装试运行合格后，由（　　）负责校验和调试，向（　　）报验要求监督检验。

A. 施工单位，制造单位

B. 制造单位，国务院特种设备安全监督管理部门

C. 施工单位，检验检测机构

D. 制造单位，检验检测机构

6. 关于悬挂装置、随行电缆的安装要求，说法错误的是（　　）。

A. 每个绳头组合必须安装防螺母松动和脱落的装置

B. 钢丝绳严禁有死弯

C. 随行电缆严禁有打结和波浪扭曲现象

D. 随行电缆应能接触底坑地面

7. 下列自动扶梯故障中，必须通过安全触点电路来完成开关断开的是（　　）。

A. 无控制电压　　B. 接地故障

C. 电路过载　　D. 踏板下陷

8. 自动扶梯、自动人行道应进行空载制动试验，（　　）应符合标准规范的要求。

A. 制停时间　　B. 制停距离

C. 制动载荷　　D. 制动速度

9. 【2018 年一级真题】背景资料：A 单位中标某商务大厦的机电安装工程，A 单位把电梯分部工程分包给具有专业资质的 B 单位。

事件 1：电梯进场验收时，检查了曳引式电梯的随机文件，包括：门锁装置、限速器、安全钳及缓冲器等保证电梯安全部件的型式检验证书复印件、设备装箱单、电气原理图。

事件 2：B 单位完成设备开箱检查后，开始安装电梯导轨，遭到了监理工程师的制止，项目部补充手续后允许施工。

事件 3：电梯分部工程的施工内容包括中速乘客电梯、低速观光电梯等，B 单位对电梯进行了曳引能力试验和运行试验。电梯安装完成后，施工单位组织相关人员进行预验收，同时顺便组织进行复验。

【问题】

1. 电梯的随机文件还缺少哪些内容？电气原理图包括哪几个电路？

2. 监理工程师制止导轨安装是否正确？说明理由。

3. 电梯进行曳引能力试验过程中，行程下部范围应用多少额定载重量进行试验？需要停层运行多少次？观光电梯与乘客电梯的额定运行速度范围分别是多少？

经典真题及预测题答案及解析

2H311010　机电工程常用材料

1. 【答案】A、C、D

【解析】常用的机械性能包括：强度、塑性、硬度、冲击韧性、多次冲击抗力和疲劳极限等。抗氧化性属于化学性能；热膨胀性属于物理性能。

2. 【答案】C

【解析】非合金钢按质量等级分，包括：普通非合金钢、优质非合金钢、特殊质量非合金钢。所以正确选项是 C。

3. 【答案】B、D、E

【解析】有色金属是铁、锰、铬以外的所有金属的统称。

4. 【答案】B

【解析】通用塑料有四大品种，即聚乙烯、聚丙烯、聚氯乙烯、聚苯乙烯。

5. 【答案】A、B、E

【解析】工程塑料有聚酰胺（尼龙）、聚碳酸酯（聚碳）、聚甲醛、聚酯及聚苯醚。选项 C、D 属于特种塑料。

6. 【答案】A、B、C

【解析】绝热材料包括：膨胀珍珠岩类、离心玻璃棉类、超细玻璃棉类、微孔硅酸壳、矿棉类、岩棉类、泡沫塑料类等。选项 D 属于砌筑材料，选项 E 属于防腐材料。

7. 【答案】B

【解析】玻璃纤维复合风管适用于中压以下的空调系统；不适用于高压、洁净空调、酸碱性环境和防排烟系统以及相对湿度 90% 以上的系统。从名称中的“纤维”联想到“不耐潮”。

8. 【答案】D

【解析】硬聚氯乙烯风管适用于洁净室含酸碱的“排”风系统。硬聚氯乙烯做水管时，也用于“排”水管。

9. 【答案】A、D、E

【解析】硬聚氯乙烯管主要用于给水管道（非饮用水）、排水管道、雨水管道。交联聚乙烯管主要用于地板辐射供暖系统的盘管。

10. 【答案】D

【解析】“聚烯烃”是低烟无卤阻燃电缆，其缺点容易吸收空气中的水分（潮解）。潮解的结果是绝缘层的体积电阻系数大幅下降。

11. 【答案】A

【解析】分支电缆常用的有交联聚乙烯绝缘聚氯乙烯护套铜芯电力电缆（YJV 型）、交联聚乙烯绝缘聚乙烯护套铜芯电力电缆（YJY 型）和无卤低烟阻燃耐火型辐照交联聚乙烯绝缘聚烯烃护套铜芯电力电缆（WDZN-YJFE 型）等类型电缆。

12. 【答案】A、B、C

【解析】IP40 的含义：IP 代表防护等级，第一个数字代表“防尘”等级；第二个数字代表“防水”等级。0 代表不防水，数字越大防水越好。很明显“消防喷淋区域”必须防水。所以 D 选项错误。母线槽不能直接和有显著摇动和冲击振动的设备连接，应采用软接头加以连接，但并不是母线槽与所有设备必须采用软接头连接，所以 E 选项错误。

13. 【答案】D

【解析】无机绝缘材料有云母、石棉、大理石、瓷器、玻璃和硫黄等。

2H311020　机电工程常用工程设备

1.【答案】A、C、E

【解析】动力式压缩机可分为轴流式压缩机、离心式压缩机和混流式压缩机。

2.【答案】A

【解析】可以运用排除法做题，B 选项中的容积是压缩机的性能参数；C 选项中的吸气压力是压缩机的性能参数；D 选项中的扬程是泵的性能参数。

3.【答案】A

【解析】B 选项是按叶轮数目分类，C 选项是按吸入方式分类，D 选项是按输送介质分类。

4.【答案】D

【解析】A 选项是泵的参数，C 选项是风机的参数，B 选项是泵和风机的参数。

5.【答案】D、E

【解析】有挠性牵引件的输送设备包括：带式输送机、板式输送机、刮板式输送机、提升机、架空索道等。

6.【答案】B、D、E

【解析】无挠性牵引件的输送设备包括：螺旋输送机、辊子输送机、振动输送机、气力输送机等。

7.【答案】A、D

【解析】反应设备包括反应器、反应釜、分解锅、聚合釜等。B、E 选项属于换热设备，C 选项属于分离设备。

8.【答案】B、D

【解析】换热设备的名称中有"冷""热"字眼或能反映冷热的意思。A、C 选项属于分离设备，E 选项属于冶金中的轧制设备。所以本题正确选项是 B、D。

9.【答案】B

【解析】核电设备包括三类：核岛设备、常规岛设备、辅助系统。选项 A 属于火力发电设备，选项 C、D 属于太阳能发热发电设备。

10.【答案】A、C、E

【解析】水泥设备包括：回转窑、生料磨、煤磨、水泥磨（一窑三磨）。选项 B、D 属于浮法玻璃生产设备。

11.【答案】A、C

【解析】选项 D、E 是按绕组数分类的；没有双相变压器。

12.【答案】D

【解析】选项 A、C 是直流电动机的特点，选项 B 是交流异步电动机的特点。

13.【答案】B

【解析】异步电动机与直流电动机相比，启动性能和调速性能较差，所以 B 选项错误。

2H312010　机电工程测量技术

1.【答案】D

【解析】本题考核的是管线工程的测量。地下管线工程测量必须在回填前，测量出起、止点，窨井的坐标和管顶标高。因此 A、B、C 选项是需要测量测项目。

2.【答案】C

【解析】选项A很有迷惑性，正确说法是“根据沿途障碍物的实际情况，测设钢塔架基础中心桩”；选项B：钢尺量距时的丈量长度适宜于20～80m，所以选项B错误。选项D：大跨越档距之间通常采用电磁波测距法或解析法测量，所以选项D错误。单选题只有唯一正确选项，所以一定要看完所有选项。

3.【答案】C

【解析】工程测量的基本程序：建立测量控制网→设置纵横中心线→设置标高基准点→设置沉降观测点→安装过程测量控制→实测记录等。

4.【答案】C

【解析】工程测量应遵循“由整体到局部，先控制后细部”的原则。

5.【答案】A、B、D

【解析】精度控制：（1）测量放线尽量使用同一台设备、同一人进行测量。（2）机械设备定位基准的面、线或点与安装基准线的平面位置和标高的允许偏差，对于单体设备来讲平面位置允许偏差为 ±10mm，标高偏差为＋20～－10mm。（3）设备基础中心线必须进行复测，两次测量的误差不应大于 5mm。（4）对于埋设有中心标板的重要设备基础，其中心线应由中心标板引测，同一中心标点的偏差不应超过 ±1mm。同一设备基准中心线的平行偏差或同一生产系统的中心线的直线度应在 ±1mm 以内。（5）每组设备基础，均应设立临时标高控制点。标高控制点的精度，对于一般的设备基础，其标高偏差应在 ±2mm 以内；对于与传动装置有联系的设备基础，其相邻两标高控制点的标高偏差，应在 ±1mm 以内。

6.【答案】B、C

【解析】根据控制点测设管线主点时，当管道规划设计图上已给出管线起点、转折点和终点的设计坐标与附近控制的坐标时，可计算出测设数据，然后用极坐标法或交会法进行测设。A、D 选项属于根据地面上已有建筑物测设管线主点时的测设方法。E 选项属于地下管线工程测量的方法。

7.【答案】D

【解析】地下管线工程测量方法有：龙门板法、平行轴腰桩法。当现场条件不便采用坡度板时，对精度要求较低的管道，可采用平行轴腰桩法来测设坡度控制桩。

8.【答案】C

【解析】中心桩测定后，一般采用十字线法或平行基线法进行控制。

9.【答案】D

【解析】经纬仪可以测量水平角和竖直角，可用于纵横中心线测量，也可以用于垂直度测量。D选项是全站仪的功能。

10.【答案】B

【解析】激光准直（铅直）仪用于大直径、长距离、回转型设备同心度的找正测量以及高塔体、高塔架安装过程中同心度的测量控制。

11.【答案】C

【解析】激光平面仪适用于提升施工的滑模平台、网形屋架的水平控制和大面积混凝土楼板支模、灌注及抄平工作。

2H312020 机电工程起重技术

1.【答案】C

【解析】手拉葫芦放松时，起重链条不得放尽，且不得少于3个扣环。

2.【答案】B

【解析】A选项不正确，一般采用电动慢速卷扬机；C选项不正确，不应少于4圈；D选项不正确，应设在卷筒的中垂线上。

3.【答案】A

【解析】臂架型起重机主要有：门座起重机和半门座起重机、塔式起重机、流动式起重机、铁路起重机、桅杆起重机、悬臂起重机等。其余选项属于桥架型起重机。特别注意区分“门座起重机”和“门式起重机”。

4.【答案】A

【解析】采用多台葫芦起重同一工件时，操作应同步且单台葫芦的最大载荷不应超过其额定载荷的70%。

5.【答案】B

【解析】桅杆起重机（简称桅杆）由桅杆本体、动力-起升系统、稳定系统组成。

6.【答案】C

【解析】滑车组穿绕跑绳的方法有顺穿、花穿、双抽头穿法。当滑车的轮数超过5个时，跑绳应采用双抽头方式。

7.【答案】A、C

【解析】流动式起重机的使用要求：（1）汽车式起重机支腿应完全伸出。所以A选项正确。（2）吊臂与设备外部附件的安全距离不应小于500mm。（3）起重机提升的最小高度应使设备底部与基础或地脚螺栓顶部至少保持200mm的安全距离。所以B选项错误，C选项正确。（4）不准斜拉斜吊物品，不准抽吊交错挤压的物品，不准起吊埋在土里或冻粘在地上的物品。所以D选项错误。（5）起重作业时，起重臂下严禁站人，在重物上有人时不准起吊重物。所以E选项错误。

8.【答案】B

【解析】履带式起重机使用要求：（1）履带式起重机负载行走，应按说明书的要求操作，必要时应编制负载行走方案。（2）吊装人员应按TSG Z6001—2019考试合格，取得《特种设备安全管理和作业人员证》，含有作业项目包括起重机指挥Q1和起重机司机Q2。

起重机是特种设备，所以吊装人员取得的是《特种设备管理和作业人员证》，而不是《特种作业人员操作证》。

9.【答案】A、B

【解析】(1)用作拖拉绳时，应大于或等于3.5。

(2)用作卷扬机走绳时，应大于或等于5。

(3)用作捆绑绳扣使用时，应大于或等于6。

(4)用作系挂绳扣时，应大于或等于5。

(5)用作载人吊篮时，应大于或等于14。

注意，"捆绑"绳扣会折弯、挤压、摩擦，工作条件差，所以安全系数高于"系挂"绳扣。

10.【答案】B

【解析】利用已有建筑物作为地锚，如混凝土基础、混凝土构筑物等，应进行强度验算并采取可靠的防护措施，并获得建筑物设计单位的书面认可。

11.【答案】A、C、D

【解析】石油化工厂中的塔类设备、火炬塔架等设备或高耸结构，可以选用的吊装方法有滑移法、旋转法、吊车抬送法。目前大多采用吊车抬送法。

12.【答案】B

【解析】无锚点推吊法适用于施工现场障碍物较多，场地特别狭窄，周围环境复杂，设置缆风绳、锚点困难，难以采用大型桅杆进行吊装作业的基础在地面的高、重型设备或构件，特别是老厂扩建施工。

13.【答案】C

【解析】非常规起重设备、方法包括：采用自制起重设备、设施进行起重作业；2台(或以上)起重设备联合作业；流动式起重机带载行走；采用滑轨、滑排、滚杠、地牛等措施进行设备水平位移；采用绞磨、卷扬机、葫芦、液压千斤顶等进行提升；人力起重工程。

14.【答案】B、D、E

【解析】超过一定规模的危大工程有：(1)采用非常规起重设备、方法，且单件起吊重量在100kN及以上的起重吊装工程。(2)起重量300kN及以上，或搭设总高度200m及以上，或搭设基础标高在200m及以上的起重机械安装和拆卸工程。注意，C选项属于常规起重机吊装，是"危大工程"。

15.【答案】A、D、E

【解析】专项施工方案应当由施工单位技术负责人审核签字、加盖单位公章，并由总监理工程师审查签字、加盖执业印章后方可实施。

危大工程实行分包并由分包单位编制专项施工方案的，专项施工方案应当由总承包单位技术负责人及分包单位技术负责人共同审核签字并加盖单位公章，再由总监理工程师审查签字、加盖执业印章。

16.【答案】D

【解析】对于超过一定规模的危大工程，施工单位应当组织召开专家论证会对专项施工方案进行论证。实行施工总承包的，由施工总承包单位组织召开专家论证会。

17.【答案】A、B、E

【解析】流动式起重机（简称吊车）的基本参数，主要有额定起重量、最大工作半径（幅度）、最大起升高度等。

2H312030　机电工程焊接技术

1.【答案】B

【解析】当增加或变更任何一个补加因素时，则可按照增加或变更的补加因素，增焊冲击韧性试件进行试验。

2.【答案】A、C、D、E

【解析】钢结构工程焊接难度分为A级（易）、B级（一般）、C级（较难）、D级（难），其影响因素包括：板厚、钢材分类、受力状态、钢材碳当量。

3.【答案】A、C、E

【解析】球形储罐的焊接方法宜采用焊条电弧焊、药芯焊丝自动焊和半自动焊。

4.【答案】B

【解析】铝制焊接容器（管道）最佳的焊接方法是：惰性气体保护电弧焊（钨极氩弧焊、熔化极氩弧焊）。也可以用等离子焊，不用焊条电弧焊，一般也不采用气焊。

5.【答案】C

【解析】钢制储罐底板的幅板之间、幅板与边缘板之间、人孔（接管）或支腿补强板与容器壁板（顶板）之间等常用搭接接头连接。

6.【答案】A

【解析】（1）按焊缝结合形式，分为对接焊缝、角焊缝、塞焊缝、槽焊缝、端接焊缝五种。

（2）按施焊时焊缝在空间所处位置，分为平焊缝、立焊缝、横焊缝、仰焊缝四种形式。

7.【答案】B

【解析】对于需要预热的多层（道）焊焊件，其层间温度应不低于预热温度。

8.【答案】B、C、E

【解析】锅炉受压元件及其焊接接头质量检验包括：外观检验、通球试验、化学成分分析、无损检测、力学性能检验。充水试验是储罐的试验内容；严密性试验是管道的试验内容。

9.【答案】A、D、E

【解析】钢制焊接储罐焊接接头的外观检查、无损检测、严密性试验（罐底的所有焊缝）、煤油渗漏（浮顶）、充水试验。

10.【答案】D

【解析】要求无损检测和焊缝热处理的焊缝，应在设备排版图或管道轴测图上标明焊缝位置、焊缝编号、焊工代号、无损检测方法、无损检测焊缝位置、焊缝补焊位置、热处理和硬度检验的焊缝位置。

11.【答案】B

【解析】对有延迟裂纹倾向的接头（如：低合金高强钢、铬钼合金钢），无损检测应在焊接完成24h后进行。

2H313010　机械设备安装工程施工技术

1.【答案】D

【解析】对开式滑动轴承的安装过程，包括轴承的清洗、检查、刮研、装配、间隙调整和压紧力的调整。

2.【答案】A、B、C、E

【解析】每组垫铁的块数不宜超过5块，放置平垫铁时，厚的放在下面，薄的宜放在中间，垫铁的厚度不宜小于2mm。

3.【答案】A

【解析】调整两轴心径向位移时，运行中温度高的一端（汽轮机、干燥机）应低于温度低的一端（发电机、鼓风机、电动机），调整两轴线倾斜时，上部间隙小于下部间隙，调整两端面间隙时选择较大值，使运行中温度变化引起的偏差得到补偿。

4.【答案】A、C、E

【解析】施工准备→设备开箱检查→基础测量放线→基础检查验收→垫铁设置→设备吊装就位→设备安装调整→设备固定与灌浆→设备零部件清洗与装配→润滑与设备加油→设备试运转→工程验收。

5.【答案】A

【解析】通常在设备精加工面上选择测点，用水平仪进行测量，通过调整垫铁高度将其调整到设计或规范规定的水平状态。

6.【答案】A、B、C、E

【解析】D选项中的地脚螺栓属于紧固件，而不是机械设备的零部件。

7.【答案】A、C、D

【解析】过盈配合件的装配方法，一般采用压入装配、低温冷装配和加热装配法，而在安装现场，主要采用加热装配法。

8.【答案】C、D、E

【解析】常用设备找正检测方法有：钢丝挂线法，检测精度为1mm；放大镜观察接触法、导电接触讯号法，检测精度为0.05mm；高精度经纬仪、精密全站仪测量法可达到更精确的检测精度。

9.【答案】A、D

【解析】只承受径向载荷的对开式滑动轴承应检测顶间隙和侧间隙。受轴向负荷的轴承还应检查轴向间隙。

10.【答案】C

【解析】顶间隙：轴颈与轴瓦的顶间隙可用压铅法检查。

侧间隙：轴颈与轴瓦的侧间隙采用塞尺进行测量。

轴向间隙：对受轴向负荷的轴承还应检查轴向间隙，用塞尺或千分表测量。

11.【答案】A、B、E

【解析】有预紧力要求的螺纹连接常用的紧固方法有：定力矩法、测量伸长法、液压拉伸法、加热伸长法。

12.【答案】C

【解析】影响设备安装精度的是设备基础的沉降和强度，注意是基础的“强度”，而不是“硬度”。

13.【答案】B

【解析】必要时为抵消过大的装配或安装累积误差，在适当位置利用补偿件进行调节或修配。

14.【参考答案】(1)每组垫铁总数不得超过5块；(2)最薄的一块垫铁应放在中间；(3)垫铁之间应点焊牢固；(4)垫铁不得与设备底座点焊。

2H313020　电气安装工程施工技术

1.【答案】B

【解析】“并列”敷设的电缆，接头位置应相互错开。“明敷”电缆，接头处应用托板托置固定。“埋地”敷设的电缆，接头处应设保护盒。

2.【答案】C

【解析】成套配电设备的安装程序：开箱检查→二次搬运→安装固定→母线安装→二次回路连接→试验调整→送电运行验收。

3.【答案】A

【解析】油浸式电力变压器的施工程序：开箱检查→二次搬运→设备就位→吊芯检查→附件安装→滤油、注油→交接试验→验收。

4.【答案】D

【解析】绝缘油应经严格过滤处理，其电气强度、介质损失角正切值、色谱分析等试验合格后才能注入设备。

5.【答案】A

【解析】成套配电设备的安装要求：(1)基础型钢的两端与接地干线应焊接牢固。(2)柜体间及柜体与基础型钢的连接应牢固，不应焊接固定。(3)成列安装柜体时，宜从柜体一侧向另一侧安装。(4)手车单元接地触头可靠接地：手车推进时接地触头比主触头先接触，手车拉出时接地触头比主触头后断开。(5)同一功能单元、同一种形式的高压电器组件插头的接线应相同，能互换使用。

6.【答案】A、B、D、E

【解析】六氟化硫断路器交接试验内容：测量绝缘电阻，测量每相导电回路电阻，交流耐压试验，测量断路器的分合闸时间，测量断路器的分合闸速度，测量断路器的分合闸线圈绝缘电阻及直流电阻，测量断路器操动机构试验，测量断路器内六氟化硫气体含水量。选项C是真空断路器交接试验的内容。

7.【答案】A、B、E

【解析】断路器的交流耐压试验应在分、合闸状态下分别进行，C选项错误。成套设备进行耐压试验时，宜将连接在一起的各种设备分离开来单独进行，D选项错误。

8.【答案】C

【解析】高桩拉线（水平拉线），用于跨越道路、河道和交通要道处。

9.【答案】A

【解析】电缆应在切断后4h之内进行封头。

10.【答案】B、D

【解析】导线连接要求：（1）导线连接应接触良好，其接触电阻不应超过同长度导线电阻的1.2倍。（2）导线连接处应有足够的机械强度，其强度不应低于导线强度的95%。（3）在任一档距内的每条导线，只能有一个接头。当跨越铁路、高速公路、通行河流等区域时不得有接头。（4）不同金属、不同截面的导线，只能在杆上跳线处连接。

11.【答案】A、C、D

【解析】架空线路试验包括：（1）测量线路的绝缘电阻。（2）检查架空线各相的两侧相位应一致。（3）冲击合闸试验3次。（4）测量杆塔的接地电阻值。（5）导线接头测试。

12.【答案】A、D、E

【解析】排管孔径一般应不小于电缆外径的1.5倍，A选项正确；埋入地下排管顶部至地面的距离，人行道上应不小于500mm；一般地区应不小700mm，B选项错误；交流单芯电力电缆不得单独穿入钢管内，C选项错误；敷设电力电缆的排管孔径应不小于100mm，D选项正确；排管通向井坑应有不小于0.1%的坡度，E选项正确。因此本题正确选项为A、D、E。

13.【答案】A、E

【解析】开挖的沟底是松软土层时，可直接敷设电缆，如果有石块或硬质杂物要铺设100mm厚的软土或细沙。电缆敷设后，上面要铺100mm厚的软土或细沙，B选项错误。一般电缆埋深应不小于0.7m，穿越农田时应不小于1m，D选项错误。直埋电缆同沟时，相互距离应符合设计要求，平行距离不小于100mm，交叉距离不小于500mm，C选项错误，E选项正确。

14.【答案】A、C、D

【解析】直埋电缆在直线段每隔50～100m处、电缆接头处、转弯处、进入建筑物等处应设置明显的方位标志或标桩。

15.【答案】A、C、E

【解析】高压与低压电力电缆、强电与弱电控制电缆应按顺序分层配置，一般情况宜由上而下配置；电力电缆和控制电缆不宜配置在同一层支架上；交流三芯电力电缆，在普通支吊架上不宜超过1层，桥架上不宜超过2层。交流单芯电力电缆，应布置在同侧支架上。

16.【答案】D

【解析】电缆通过零序电流互感器时，接地点在互感器以下时，接地线应直接接地；接地点在互感器以上时，接地线应穿过互感器接地。

17.【答案】A、B、D

【解析】先敷设线路长、截面大的电缆，后敷设线路短、截面小的电缆；先敷设电力、动力电缆，后敷设控制、通信电缆。

18.【答案】C

【解析】（1）母线采用焊接连接时，母线应在找正及固定后，方可进行母线导体的焊接。（2）母线与设备连接前，应进行母线绝缘电阻的测试，并进行耐压试验。（3）母线连接时，当母线平置时，螺栓应由下向上穿，在其余情况下，螺母应置于维护侧。（4）母线在支柱绝缘子上的固定方法有：螺栓固定、夹板固定和卡板固定。

19.【答案】B、C、D

【解析】封闭母线间连接，可采用搭接或插接器。A选项错误。封闭母线在通过建筑变形缝（亦称结构缝，是伸缩缝、沉降缝、防震缝的总称，不同于施工缝、分格缝、后浇带）时，应设置伸缩节。“变形缝”≠“施工缝”。E选项错误。

2H313030　管道工程施工技术

1.【答案】A、B、D

【解析】管道组成件是用于连接或装配管道的元件。包括管子、管件、法兰、密封件、紧固件、阀门、安全保护装置以及膨胀节、挠性接头、耐压软管、疏水器、过滤器、管路中的节流装置和分离器等。C、E选项属于管道支撑件。

2.【答案】D

【解析】有静电接地要求的管道，当每对法兰或其他接头间电阻值超过0.03Ω时，应设导线跨接，A选项错误。管道系统的接地电阻值、接地位置及连接方式按设计文件的规定，静电接地引线宜采用焊接形式，B选项错误。有静电接地要求的不锈钢和有色金属管道，导线跨接或接地引线不得与管道直接连接，应采用同材质连接板过渡，C选项错误。

3.【答案】A

【解析】等号在数字大的临界点上。

低压 | 1.6 | 中压 | 10 | 高压 | 100 | 超高压 → MPa

4.【答案】A、B、D、E

【解析】未列入《特种设备目录》和其他特殊要求的管道。例如：消防水管道、生产循环水管道、雨水管道、排污管道等。

5.【答案】B

【解析】工业管道工程的施工程序：施工准备→配合土建预留、预埋、测量→管道、支架预制→附件、法兰加工、检验→管段预制→管道安装→管道系统检验→管道系统试验→防腐绝热→系统清洗→资料汇总、绘制竣工图→竣工验收。

6.【答案】A、B、D

【解析】阀门的壳体试验压力为阀门在20℃时最大允许工作压力的1.5倍，密封试验为阀门在20℃时最大允许工作压力的1.1倍，试验持续时间不得少于5min。C选项错误。无特殊规定时试验介质温度为5～40℃，当低于5℃时，应采取升温措施。E选项错误。

7.【答案】A、C、D

【解析】公称尺寸大于400mm的斜接弯头可增加中节数量，其内侧的最小宽度不得小于50mm，B选项错误。当公称尺寸大于1000mm时，斜接弯头的周长允许偏差为±6mm；当公称尺寸等于或小于1000mm时，允许偏差为±4mm，E选项错误。

8.【答案】D

【解析】当大直径密封垫片需要拼接时，应采用斜口搭接或迷宫式拼接，不得采用平口对接。

9.【答案】A

【解析】大型储罐的管道与泵或其他有独立基础的设备连接，应在储罐充水试验合格后安装。

10.【答案】C

【解析】伴热管安装应符合的规定：（1）伴热管应与主管平行安装，并应能自行排液。当一根主管需多根伴热管伴热时，伴热管之间的相对位置应固定。（2）水平伴热管宜安装在主管的下方一侧或两侧。（3）伴热管不得直接点焊在主管上。弯头部位的伴热管绑扎带不得少于3道。对不允许与主管直接接触的伴热管，伴热管与主管之间应设置隔离垫。伴热管经过主管法兰、阀门时，应设置可拆卸的连接件。

11.【答案】B、D

【解析】焊缝及其他待检部位尚未防腐和绝热，A选项错误。管道上的膨胀节已设置了临时约束装置，而不是拆下来，C选项错误。试验方案已经过批准，并已进行了技术安全交底，E选项错误。

12.【答案】C、E

【解析】待试管道上的安全阀、爆破片及仪表元件等已拆下或加以隔离。

13.【答案】A

【解析】承受内压钢管及有色金属管试验压力应为设计压力的1.15倍，B选项错误。试验前，应用空气进行预试验，试验压力宜为0.2MPa，C选项错误。试验时应装有压力泄放装置，其设定压力不得高于试验压力1.1倍，D选项错误。

14.【答案】B、C

【解析】试验温度严禁接近金属材料的脆性转变温度；试验过程发现泄漏时，不得带压处理。

15.【答案】B

【解析】泄漏试验时，采用涂刷中性发泡剂的方法，巡回检查阀门填料函、法兰或螺纹连接处、放空阀、排气阀、排水阀等所有密封点有无泄漏。

16.【答案】A、C、E

【解析】泄漏性试验应在压力试验合格后进行，B 选项错误。泄漏性试验压力为设计压力，D 选项错误。

17.【答案】D

【解析】油清洗合格后的管道，应充氮气保护。

18.【参考答案】图中存在的错误有：

（1）错误：空调供水管保温层与套管四周的缝隙封堵使用的聚氨酯发泡可燃。

整改：空调供水管保温层与套管四周的缝隙封堵应使用不燃材料。

（2）错误：穿墙套管内的管道有焊缝接口。

整改：调整管道焊缝接口位置。

19.【参考答案】（1）筒节纵向焊缝间距为 160mm 不合格。

理由：卷管同一筒节两纵焊缝间距不应小于 200mm。

（2）管外壁加固环的对接焊缝与卷管纵向焊缝间距为 70mm 不合格。

理由：加固环的对接焊缝应与管子纵向焊缝错开，其间距不应小于 100mm。

20.【参考答案】正确。试验用的压力表应已校验，并在有效期内，压力表精度 1.0 级高于 1.6 级，试验时压力表数量为 3 块大于 2 块。

2H313040　动力和发电设备安装技术

1.【答案】B、C

【解析】汽轮机按照工作原理划分为：冲动式、反动式、速度级汽轮机。选项 A、D、E 是按照热力特性划分的。

2.【答案】B

【解析】凝汽器组装完毕后，汽侧应进行灌水试验，灌水高度宜在汽封洼窝以下 100mm，维持 24h 应无渗漏。A 选项错误。凝汽器壳体内的管板、低压加热器的安装，在低压缸就位前应当完成，C 选项错误。管束在低压缸就位后进行穿管和连接，D 选项错误。

3.【答案】C

【解析】转子测量应包括：轴颈椭圆度和不柱度的测量、转子跳动测量（径向、端面和推力盘瓢偏）、转子弯曲度测量。

4.【答案】D

【解析】转子吊装应使用由制造厂提供并具备出厂试验证书的专用横梁和吊索，否则应进行 200% 的工作负荷试验（时间为 1h）。

5.【答案】A、B、C、D

【解析】组合时汽缸找中心的基准可以用激光、拉钢丝、假轴、转子等。目前多采用拉钢丝法。

6.【答案】B

【解析】对轮找中心通常都以全实缸、凝汽器灌水至模拟运行状态进行调整。

7.【答案】A

【解析】发电机设备安装的程序：定子就位→定子及转子水压试验→发电机穿转子→氢冷器安装→端盖、轴承、密封瓦调整安装→励磁机安装→对轮复找中心并连接→整体气密性试验等。

8.【答案】C

【解析】发电机转子穿装，常用的方法有滑道式方法、接轴的方法、用后轴承座作平衡重量的方法、用两台跑车的方法等。

9.【答案】A、B、C

【解析】锅炉系统主要设备一般包括本体设备、燃烧设备和辅助设备。锅炉本体设备主要由锅和炉两大部分组成。锅由汽包、下降管、集箱（联箱）、水冷壁、过热器、再热器、气温调节装置、排污装置、省煤器及其连接管路的汽水系统组成。

10.【答案】A

【解析】锅炉系统安装施工程序：基础和材料验收→钢架组装及安装→汽包安装（汽水分离器及储水箱）→集箱安装→水冷壁安装→空气预热器安装→省煤器安装→低温过热器及低温再热器安装→高温过热器及高温再热器安装→刚性梁安装→本体管道安装→阀门及吹灰设备安装→燃烧器、油枪、点火枪的安装→烟道、风道的安装→炉墙施工→水压试验→风压试验→烘炉、煮炉、蒸汽吹扫→试运行。

11.【答案】D

【解析】锅炉本体受热面安装一般程序：设备清点检查→光谱检查→通球试验→联箱找正划线→管子就位对口和焊接。

12.【答案】B

【解析】横卧式组合的优点就是克服了直立式组合的缺点；其不足在于占用组合场面积多，且在设备竖立时，若操作处理不当则可能造成设备变形或损伤。

13.【答案】C

【解析】煮炉的目的：是利用化学药剂在运行前清除锅内的铁锈、油脂和污垢、水垢等，以防止蒸汽品质恶化，并避免受热面因结垢而影响传热和烧坏。C选项是烘炉的目的。

14.【答案】B、C、D、E

【解析】锅炉吹管范围包括减温水管系统和锅炉过热器、再热器及过热蒸汽管道吹洗。

15.【答案】A

【解析】槽式光热发电的集热器由集热器支架、集热器（驱动轴、悬臂、反射镜、集热管、集热管支架、管道支架等）及集热器附件等组成；塔式光热发电的集热设备由定日镜、吸热器钢架和吸热器设备等组成。

2H313050　静置设备及金属结构的制作与安装技术

1.【答案】B、C、D、E

【解析】产品焊接试件由参与本台压力容器产品的焊工焊接，焊接后打上焊工和检验员代号钢印。

2.【答案】A、D、E

【解析】焊接工艺评定报告、焊接工艺规程、施焊记录及焊工的识别标记，应保存3年。

3.【答案】B

【解析】施工准备→吊装就位→找平找正→灌浆抹面→内件安装→检查封闭。

4.【答案】D

【解析】球罐散装法的施工程序为：施工准备→支柱上、下段组装→赤道带安装→下温带安装→下寒带安装→上温带安装→上寒带安装→上、下极安装→调整及组装质量总体检查（7带）。

5.【答案】B

【解析】球罐的焊接顺序：先焊纵缝，后焊环缝；先焊短缝，后焊长缝；先焊坡口深度大的一侧，后焊坡口深度小的一侧。

6.【答案】D

【解析】容器出厂质量证明文件应包括三部分：（1）产品合格证。（2）容器说明书。（3）质量证明书。

7.【答案】A、C、D

【解析】为检验产品焊接接头的力学性能和弯曲性能，应制作产品焊接试件，制取试样，进行拉力、弯曲和规定的冲击试验。

8.【答案】D

【解析】低压湿式气柜：是设置水槽、用水密封的气柜，包括直升式气柜（导轨为直导轨）和螺旋式气柜（导轨为螺旋形）。干式气柜：密封形式为非水密封，具有活塞密封结构的储气设备。目前，国内主要有多边稀油密封气柜、圆筒形稀油密封气柜和橡胶膜密封气柜几类。

9.【答案】A、B、E

【解析】储罐罐体几何尺寸检查内容包括：罐壁高度偏差，罐壁垂直度偏差，罐壁焊缝棱角度和罐壁的局部凹凸变形，底圈壁板内表面半径偏差。

10.【答案】B、C、E

【解析】焊接H型钢的翼缘板拼接缝和腹板拼接缝的间距不应小于200mm，A选项错误。多节柱安装时，每节柱的定位轴线应从地面控制轴线直接引上，不得从下层柱的轴线引上，避免造成过大的积累误差，D选项错误。

2H313060　自动化仪表工程安装技术

1.【答案】B

【解析】合金钢管道上取源部件的开孔采用机械加工，A选项错误。绝热管道上安装的取源部件应露出绝热层，C选项错误。取源阀门与管道的连接应不宜采用卡套式接头，D选项错误。

2.【答案】D

【解析】安装取源部件的开孔与焊接必须在工艺管道或设备的防腐、衬里、吹扫和压力试验前进行，A 选项正确。在高压、合金钢、有色金属的工艺管道和设备上开孔时，应采用机械加工的方法，B 选项正确。温度取源部件与管道安装要求：温度取源部件与管道垂直安装时，取源部件轴线应与管道轴线垂直相交；在管道的拐弯处安装时，宜逆着物料流向，取源部件轴线应与管道轴线相重合；与管道呈倾斜角度安装时，宜逆着物料流向，取源部件轴线应与管道轴线相交，C 选项正确，D 选项错误。因此本题正确选项为 D。

3.【答案】D

【解析】仪表试验的电源电压应稳定。交流电源及 60V 以上的直流电源电压波动范围应为 ±10%。60V 以下的直流电源电压波动范围应为 ±5%。

4.【答案】B

【解析】仪表调校应遵循的原则：先取证后校验；先单校后联校；先单回路后复杂回路；先单点后网络。

5.【答案】B

【解析】自动化仪表安装施工程序：施工准备→配合土建制作安装盘柜基础→盘柜、操作台安装→电缆槽、接线箱（盒）安装→取源部件安装→仪表单体校验、调整安装→电缆敷设→仪表管道安装→仪表电源设备试验→综合控制系统试验→回路试验、系统试验→投运→竣工资料编制→交接验收。

6.【答案】C

【解析】可燃气体检测器和有毒气体检测器的安装位置应根据被测气体的密度确定。被测气体密度大于空气时，检测器应安装在距地面 200～300mm 处，其密度小于空气时，检测器应安装在泄漏域的上方位置。

7.【答案】A、B、E

【解析】涡轮流量计和涡街流量计的信号线应使用屏蔽线，C 选项错误。质量流量计测量气体时，箱体管应置于管道上方（因为气体密度小，往上走），D 选项错误。

8.【答案】A

【解析】在垂直的管道上安装时，被测流体的流向应自下而上，B 选项错误。在水平的管道上安装时，两个测量电极不应在管道的正上方和正下方位置，C 选项、D 选项错误。

9.【答案】A

【解析】同一管段上时，压力取源部件应安装在温度取源部件的上游侧，A 选项错误。测量蒸汽压力时，取压点的方位可以在管道的上半部，也可以在下半部与管道水平中心线成 0～45° 夹角的范围内，所以 C 选项、D 选项都是正确的。

2H313070　防腐蚀与绝热工程施工技术

1.【答案】D

【解析】不得采用螺旋式缠绕捆扎，A 选项错误；双层或多层绝热层的绝热制品，应逐层捆扎，并应对各层表面进行找平和严缝处理，B 选项错误；每块绝热制品上的捆扎件不得少于两道，对有振动的部位应加强捆扎，C 选项错误。

2.【答案】A

【解析】立式设备及垂直管道，应在支承件、法兰下面留设伸缩缝。

3.【答案】B

【解析】物理防腐是在金属表面覆盖保护层。例如，涂装、衬里。

4.【答案】A

【解析】工具处理等级分为 St2 级、St3 级两级。记忆办法：t = tool 工具；a = air 空气（喷射除锈是用空气做动力，把喷料喷到工件表面除锈）。

5.【答案】B、D、E

【解析】工具处理等级分为 St2 级、St3 级两级；喷射处理质量等级分为 Sa1 级、Sa2 级、Sa2.5 级、Sa3 级四级。

6.【答案】D

【解析】钢材表面的锈蚀等级：

（1）A——大面积覆盖着氧化皮而几乎没有铁锈的钢材表面。

（2）B——已发生锈蚀，并且氧化皮已开始剥落的钢材表面。

（3）C——氧化皮已因锈蚀而剥落，或者可以刮除，并且在正常视力观察下可见轻微点蚀的钢材表面。

（4）D——氧化皮已因锈蚀而剥落，并且在正常视力观察下可见普遍发生点蚀的钢材表面。

7.【答案】A

【解析】涂料进场时，供料方除提供产品质量证明文件外，尚应提供涂装的基体表面处理和施工工艺等要求。产品质量证明文件应包括：产品质量合格证；质量技术指标及检测方法；材料检测报告或技术鉴定文件。

8.【答案】C、D、E

【解析】保温层厚度大于或等于 100mm，保冷层厚度大于或等于 80mm 时，应分为两层或多层逐层施工，A 选项错误。硬质或半硬质绝热制品的拼缝宽度，当作为保温层时，不应大于 5mm，当作为保冷层时，不应大于 2mm，B 选项错误。

9.【答案】C

【解析】水平管道的纵向接缝位置，不得布置在管道垂直中心线 45° 范围内。看清是“不得”，还是“可以”。

10.【答案】C

【解析】防潮层外不得设置钢丝、钢带等硬质捆扎件。

11.【答案】A

【解析】立式设备和垂直管道的环向接缝，应为上下搭接。卧式设备和水平管道的纵向接缝位置，应在两侧搭接，并应缝口朝下。

12.【答案】A

【解析】粘贴的方式，可采用螺旋形缠绕法或平铺法。公称直径小于 800mm 的设备或管道，玻璃布粘贴宜采用螺旋形缠绕法，玻璃布的宽度宜为 120～350mm；公称直径大于或等于800mm的设备或管道，玻璃布粘贴可采用平铺法，玻璃布的宽度宜为500～1000mm。

13.【答案】C

【解析】金属保护层纵向接缝可采用搭接或咬接，环向接缝可采用插接或搭接。室内的外保护层结构，宜采用搭接形式。

2H313080 炉窑砌筑工程施工技术

1.【答案】C

【解析】动态炉窑砌筑必须在炉窑单机无负荷试运转验收合格后方可进行。

2.【答案】A

【解析】按化学特性分类：

（1）酸性耐火材料。如硅砖、锆英砂砖等。

（2）碱性耐火材料。如镁砖、镁铝砖、白云石砖等。

（3）中性耐火材料。如刚玉砖、高铝砖、碳砖等。

3.【答案】B

【解析】膨胀缝填充材料要求伸缩性能好，如耐火陶瓷纤维、PVC板、发泡苯乙烯等。

4.【答案】A

【解析】动态炉窑砌筑起始点的选择：应从热端向冷端或从低端向高端分段依次砌筑。

5.【答案】B

【解析】静态式炉窑砌筑不必进行无负荷试运转，A选项错误。起始点一般选择自下而上的顺序，C选项错误。起拱部位应从两侧向中间砌筑，D选项错误。

6.【答案】D

【解析】D选项正确说法是：炉内托砖板和锚固件等的位置、尺寸及焊接质量的检查合格的证明。而不是"材料合格证明"。

7.【答案】A、B

【解析】反拱底应从中心向两侧对称砌筑。C选项错误。弧形墙应按样板放线砌筑，D选项错误。砌砖中断或返工拆砖时，应做成阶梯形的斜槎，E选项错误。

8.【答案】A、B、D

【解析】锁砖应使用木槌，使用铁锤时，应垫以木块，C选项错误。吊挂拱顶应分环锁紧，E选项错误。

9.【答案】B

【解析】喷涂料应采用半干法喷涂，适当加水润湿，A选项错误；喷嘴应不断地进行螺旋式移动，C选项错误；施工中断时，宜将接槎处做成直槎，D选项错误。

10.【答案】D

【解析】冬期施工耐火浇注料的养护：（1）水泥耐火浇注料可采用蓄热法和加热法养护。加热温度应符合要求。（2）黏土、水玻璃、磷酸盐水泥浇注料的养护应采用干热法。

11.【答案】D

【解析】烘炉应在其生产流程有关的机电设备联合试运转及调整合格后进行。

2H314010 建筑管道工程施工技术

1.【答案】A、B、E

【解析】排水通气管安装要求。不得与风道或烟道连接。通气管应高出屋面 300mm，但必须大于最大积雪厚度；在通气管出口 4m 以内有门、窗时，通气管应高出门、窗顶 600mm 或引向无门、窗一侧；在经常有人停留的平屋顶上，通气管应高出屋面 2m，并应根据防雷要求设置防雷装置。

2.【答案】C

【解析】汽、水同向流动的热水供暖管道和汽、水同向流动的蒸汽管道及凝结水管道，坡度应为 3‰，不得小于 2‰；汽、水逆向流动的热水供暖管道和汽、水逆向流动的蒸汽管道，坡度不应小于 5‰；散热器支管的坡度应为 1%。所以，散热器支管坡度最大。

3.【答案】B、C

【解析】管径小于或等于 100mm 的镀锌钢管宜用螺纹连接，大于 100mm 的可以用法兰连接或卡箍连接，A 选项错误。不锈钢管采用卡压连接技术，D 选项错误。承插连接时，柔性连接采用橡胶圈密封，刚性连接采用石棉水泥或膨胀性填料密封，重要场合可用铅密封，E 选项错误。

4.【答案】A、B、E

【解析】保温材料进场时，应对其导热系数或热阻、密度、吸水率等性能进行复验。

5.【答案】B、D

【解析】散热器进场时，应对其单位散热量、金属热强度等性能进行复验。

6.【答案】A

【解析】管道安装一般应本着先主管后支管、先上部后下部、先里后外的原则进行安装，对于不同材质的管道应先安装钢质管道，后安装塑料管道。而排水管是无压管，给水管是有压管，所以应当是先排水管后给水管。

7.【答案】B

【解析】用于室内排水的立管与排出管端部的连接，应采用两个 45° 弯头或曲率半径不小于 4 倍管径的 90° 弯头。因为这个地方由立管变为水平管，是流体突然改变方向的地方，如果用弯曲半径小的 90° 弯头，阻力大，噪声大。所以用两个 45° 弯头过渡。

8.【答案】B、C

【解析】通向室外的排水管，穿过墙壁或基础必须下翻时，应采用 45° 三通和 45° 弯头连接，并应在垂直管段顶部设置清扫口。

9.【答案】A、C、D、E

【解析】设计无要求时，伸缩节间距不得大于 4m。

10.【答案】D

【解析】“加热保护”是一种绝热类型，而不是防腐方法。

11.【答案】C

【解析】当设计未注明时，热水供应系统和蒸汽供暖系统、热水供暖系统水压试验压力，应以系统顶点的工作压力加 0.1MPa，同时在系统顶点的试验压力不小于 0.3MPa；高温热水供暖系统水压试验压力，应以系统最高点工作压力加 0.4MPa；塑料管及铝塑复合管热水供暖系统水压试验压力，应以系统最高点工作压力加 0.2MPa，同时在系统最高点的试验压力不小于 0.4MPa。

2H314020 建筑电气工程施工技术

1.【答案】C

【解析】金属导管施工程序：测量定位→支架制作、安装（明导管敷设时）→导管预制→导管连接→接地线跨接。

2.【答案】A、B、E

【解析】对于铜芯绝缘导线和铜芯电缆的导体截面积，在电流回路中不应小于 $2.5mm^2$，其他回路中不应小于 $1.5mm^2$，C 选项错误。低压成套配电柜线路的线间和线对地间绝缘电阻值，馈电线路不应小于 0.5MΩ，二次回路不应小于 1MΩ，D 选项错误。

3.【答案】C、D、E

【解析】母线槽安装前，应测量每节母线槽的绝缘电阻值，且不应小于 20MΩ，A 选项错误。母线槽水平安装时，圆钢吊架直径不得小于 8mm，支架间距不应大于 2m，每节母线槽的支架不应少于 1 个，转弯处应增设支架加强。垂直安装时应设置弹簧支架，B 选项错误。

4.【答案】B

【解析】镀锌钢导管、可弯曲金属导管和金属柔性导管连接处的两端宜用专用接地卡固定保护联结导体；保护联结导体应为铜芯软导线，截面积不应小于 $4mm^2$。

5.【答案】C

【解析】按每个检验批的导管连接头总数抽查 10%，且不得少于 1 处。

6.【答案】A、B、D、E

【解析】绝缘导线的接头应设置在专用接线盒（箱）或器具内，不得设置在导管内。

7.【答案】A、C、D

【解析】选项 B、E 属于试运行过程中应检查的内容。

8.【答案】D、E

【解析】照明配电箱内每一单相分支回路的电流不宜超过 16A，灯具数量不宜超过 25 个，D 选项错误。大型建筑组合灯具每一单相回路电流不宜超过 25A，光源数量不宜超过 60 个，E 选项错误。

9.【答案】B

【解析】质量大于 10kg 的灯具的固定及悬吊装置应按灯具重量的 5 倍做恒定均布载荷强度试验，持续时间不得少于 15min。

10.【答案】A、D、E

【解析】每个固定支架应能承受 49N 的垂直拉力，B 选项错误。扁钢之间搭接为扁钢宽度的 2 倍，三面施焊；圆钢之间搭接为圆钢直径的 6 倍，双面施焊；圆钢与扁钢搭接为圆钢直径的 6 倍，双面施焊，C 选项错误。

11.【答案】A、B、E

【解析】垂直接地体的长度一般为 2.5m，C 选项错误。用作接地体的镀锌圆钢的直径不小于 14mm，D 选项错误。

12.【答案】C

【解析】电气设备的独立接地体，其接地电阻应小于 4Ω，共用接地体电阻应小于 1Ω。

13.【答案】A、B

【解析】灯具安装应牢固可靠，采用预埋吊钩、膨胀螺栓等安装固定。

14.【答案】A、B、D

【解析】单相三孔插座，面对插座的右孔应与相线连接，左孔应与中性导体（N）连接，上孔应与保护接地导体（PE）连接，C 选项错误。保护接地导体（PE）在插座之间不得串联连接，E 选项错误。

2H314030　通风与空调工程施工技术

1【答案】D

【解析】风管法兰垫料应采用不产尘和不易老化的弹性材料，严禁在垫料表面刷涂料，选项 A 错误。高效过滤器的外层包装不得带入洁净室，最内层包装必须在洁净室内方能拆开，选项 B 错误。洁净度等级 N1～N5 级的空调系统按高压系统风管要求制作，选项 C 错误。

2.【答案】C

【解析】支、吊架不宜设置在风口、阀门、检查门及自控装置处，A 选项错误。风管内严禁其他管线穿越，B 选项错误。室外风管系统的拉索等固定件严禁与避雷针或避雷网连接，D 选项错误。

3.【答案】C

【解析】等号在绝对值大的数字上。

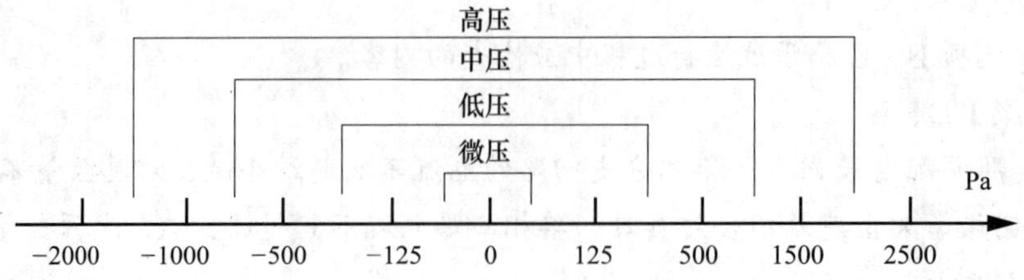

4.【答案】A、D

【解析】复合材料风管的覆面材料必须为不燃材料，内层的绝热材料应采用不燃或难燃且对人体无害的材料。防排烟系统风管的本体、框架、连接固定材料与密封垫料，阀部件、保温材料以及柔性短管、消声器的制作材料，必须为不燃材料。看清题干中“必须”两字。

5.【答案】B、C、E

【解析】金属风管板材的拼接采用咬口连接、铆接、焊接连接等方法，风管与风管连接采用法兰连接、薄钢板法兰连接等，A 选项错误。板厚小于等于 1.2mm 的风管采用咬口连接，板厚大于 1.5mm 的风管采用电焊、氩弧焊等方法，D 选项错误。

6.【答案】A

【解析】矩形内斜线和内弧形弯头应设导流片，以减少风管局部阻力和噪声。

7.【答案】A、C

【解析】支、吊架不宜设置在风口、阀门、检查门及自控装置处。而防火阀重，需要设单独支吊架，B 选项错误。风管穿过需要封闭的防火墙体或楼板时，应设厚度不小于 1.6mm 的预埋管或防护套管，D 选项错误。风管内严禁其他管线穿越，E 选项错误。

8.【答案】B

【解析】风管穿越建筑物变形缝墙体时，应设置钢制套管，风管与套管之间应采用柔性防水材料填充密实。看清题干的“变形缝墙体”。

9.【答案】A、B、D

【解析】中压风管为 1.2 倍的工作压力，且不低于 750Pa，C 选项错误。应对安装后的主、干风管分段进行严密性试验，E 选项错误。

10.【答案】A、C、D、E

【解析】风机盘管机组进场时，应对机组的供冷量、供热量、风量、水阻力、功率及噪声等性能进行见证取样检验，复验合格后再进行安装。

11.【答案】A、D、E

【解析】静设备不需要进行试运转。空调系统中，进行单机试运转调试的设备均是动设备，如各种泵、风机、机组、电动阀。

12.【答案】C

【解析】空气处理机组在设计机外余压条件下，系统总风量应满足风量允许偏差为 −5%～＋10% 的要求；新风量与设计新风量的允许偏差为 0～10%。

13.【答案】B、C、D、E

【解析】排烟、除尘、低温送风及变风量空调系统风管的严密性应符合中压风管的规定。

14.【答案】C

【解析】高效过滤器安装前，洁净室的内装修工程必须全部完成，经全面清扫、擦拭，空吹 12～24h 后进行。

15.【参考答案】（1）穿过机房墙体部位风管的防护套管与保温层之间留有 20mm 的缝隙错误；正确做法：防护套管与保温层之间应填充不燃柔性材料。

（2）防火阀距离墙体的距离为 500mm 错误；正确做法：防火阀距墙表面应不大于 200mm。

（3）调节阀体未进行保温的做法错误；正确做法：风管部件的绝热不得影响操作功能，调节阀绝热要保留调节手柄的位置，保证操作灵活方便。

（4）试运行之前完成过滤器安装的做法错误；正确做法：空气处理机组的过滤器应在单机试运转完成后安装。

2H314040　建筑智能化工程施工技术

1.【答案】A

【解析】电磁阀、电动调节阀安装前，应按说明书规定检查线圈与阀体间的电阻，进行模拟动作试验和压力试验。所以答案选 A。

2.【答案】A、B、E

【解析】接口测试文件应包括测试链路搭建、测试用仪器仪表、测试方法、测试内容和测试结果评判等内容。选项 C、D 属于“接口技术文件”。

3.【答案】D

【解析】分项工程检测记录、子分部工程检测记录和分部工程检测汇总记录由检测小组填写，检测负责人做出检测结论，监理单位的监理工程师（或建设单位的项目专业技术负责人）签字确认。

4.【答案】C

【解析】水管型传感器开孔与焊接工作，必须在管道的压力试验、清洗、防腐和保温前进行。风管型传感器安装应在风管保温层完成后进行。

5.【答案】C

【解析】镍温度传感器的接线电阻应小于 3Ω，铂温度传感器的接线电阻应小于 1Ω。

6.【答案】A、D、E

【解析】电磁流量计应安装在流量调节阀的上游，流量计上游应有 10 倍管径长度的直管段，下游段应有 4～5 倍管径长度的直管段，B、C 选项错误。

7.【答案】A、D

【解析】空调与通风系统检测要点：空调系统的新风量以及送风量的大小；送风温度（回风温度）；送风相对湿度（回风相对湿度）；压差开关报警信号；故障报警及安全联锁控制。

8.【答案】C

【解析】电源及主供电回路检测：电流值显示、电源电压值显示、功率因素测量、电能计量等。C 选项属于应急发电机组检测的内容。

2H314050　消防工程施工技术

1.【答案】A

【解析】“雨淋报警阀”属于水喷雾灭火系统的组成。安装在自动喷水灭火系统中的是“报警阀组”。固定消防炮灭火系统和泡沫灭火系统中只有普通阀门。

2.【答案】A

【解析】气体灭火系统包括：灭火剂储存装置的安装，选择阀及信号反馈装置的安装，阀驱动装置的安装，灭火剂输送管道的安装，喷嘴的安装，预制灭火系统的安装，控制组件的安装，系统调试，系统验收。所以A选项正确。B、C选项属于泡沫灭火系统，D选项属于干粉灭火系统。

3.【答案】B

【解析】消防水泵及稳压泵的施工程序：施工准备→基础验收复核→泵体安装→吸水管路安装→出水管路安装→单机调试。

4.【答案】D

【解析】自动喷水灭火系统的喷头安装应在系统试压、冲洗合格后进行。所以A选项错误。安装时不得对喷头进行拆装、改动，并严禁给喷头附加任何装饰性涂层。所以B选项、C选项错误。喷头安装应使用专用扳手，严禁利用喷头的框架施拧。所以D选项正确。

5.【答案】A、B、D

【解析】自动喷水灭火系统的调试应包括：水源测试；消防水泵调试；稳压泵调试；报警阀调试；排水设施调试；联动试验。

6.【答案】A、C、E

【解析】防火分区隔墙两侧的防火阀，距墙表面应“不大于”200mm，B选项错误。防排烟风机应设在混凝土或钢架基础上，且不应设置减振装置，D选项错误。

7.【答案】C

【解析】饭店的建筑总面积大于10000m^2申请消防设计审核；而展览馆和会堂20000m^2、客运车站15000m^2需申请消防设计审核。该知识点的记忆办法是观察不同建筑面积对应的场所特征。

8.【答案】B

【解析】中学教学楼建筑总面积大于1000m^2才要申请消防验收，800m^2只要备案。

9.【答案】B

【解析】建设单位申请消防验收应当提供下列材料：（1）消防验收申报表；（2）工程竣工验收报告；（3）涉及消防的建设工程竣工图纸。

10.【答案】C

【解析】消防设计审查验收主管部门自受理消防验收申请之日起15日内组织消防验收，并在现场评定检查合格后签发《建筑工程消防验收意见书》。

11.【参考答案】

（1）风管穿墙套管厚度为1.2mm不符合规范要求，正确的是厚度应不小于1.6mm的钢板。

（2）防火阀距防火墙表面距离为250mm不符合规范要求，正确的是应不大于200mm。

（3）风管支架设置不符合规范要求，正确的是防火阀长边大于630mm，宜设置独立支吊架。

（4）风管与套管之间水泥砂浆密封不符合规范要求，应采用不燃的柔性材料封堵。

2H314060　电梯工程施工技术

1.【答案】A

【解析】曳引系统属于电力驱动的曳引式或强制式电梯。

2.【答案】A

【解析】电梯进场的随机文件包括：土建布置图，动力电路和安全电路的电气原理图；合格证，装箱单；说明书；门锁装置、限速器、安全钳及缓冲器等保证电梯安全部件的型式检验证书复印件。"电梯安装方案"是电梯施工单位编制的。

3.【答案】C

【解析】当轿厢完全压在缓冲器上时，随行电缆不得与底坑地面接触。A选项错在"应与"。电梯井道内应设置永久性电气照明，井道照明电压宜采用36V安全电压，B选项的安全电压数值错误，正确的是"36V"。动力和电气安全装置的导体之间和导体对地之间的绝缘电阻不得小于0.5MΩ。因此C选项正确。对瞬时式安全钳，轿厢应载有均匀分布的额定载重量；对渐进式安全钳，轿厢应载有均匀分布的125%额定载重量。D选项错在把瞬时式和渐进式安全钳搞混了。

4.【答案】C

【解析】自动扶梯、自动人行道的分项工程包括：设备进场验收，土建交接检验，整机安装验收。

5.【答案】D

【解析】监督检验的主体是检验检测机构。

6.【答案】D

【解析】随行电缆在运行中应避免与井道内其他部件干涉。当轿厢完全压在缓冲器上时，随行电缆不得与底坑地面接触。若能接触到地面，就说明太长了，容易与其他部件干涉。

7.【答案】D

【解析】记住"自动停止运行"的三种情况：无控制电压、电路接地的故障、过载。排除法，剩下的都是"必须通过安全触点电路来完成开关断开"的情况。所以正确选项是D。

8.【答案】B

【解析】自动扶梯、自动人行道应进行空载制动试验，制停距离应符合标准规范的要求。

9.【参考答案】

1.（1）电梯的随机文件还缺少：安装、使用维护说明书；产品出厂合格证；土建布置图。

（2）电气原理图包括动力电路、安全电路。

2.（1）正确。

（2）理由：① 电梯安装的施工单位应当在施工前将拟进行的电梯情况书面告知直辖

市或者设区的市的特种设备安全监督管理部门，告知后方可施工。② 安装单位应当在履行告知后、开始施工前，向规定的检验机构申请监督检验，待检验机构审查电梯制造资料完毕，并且获悉检验结论为合格后，方可实施安装。③ 电梯安装前，土建施工单位、安装单位、建设（监理）单位应共同对土建工程进行交接验收。

【解析】作答时抓住 3 个关键词：书面告知、监督检验、土建交接检验。

3.（1）电梯进行曳引能力试验过程中，行程下部范围应用 125% 额定载重量进行试验；需要停层运行 3 次以上。

（2）观光电梯的额定运行速度范围：$v \leqslant 1\text{m/s}$；乘客电梯的额定运行速度范围：$1\text{m/s} < v \leqslant 2.5\text{m/s}$。

2H320000　机电工程项目施工管理

微信扫一扫
查看更多考点视频

本章考情分析

本章通常考查 6～8 道选择题、6～8 问案例题，历年在考题中所占分值为 40～50 分。应重点掌握的内容是：合同管理、进度管理、质量管理、安全管理、现场管理、技术管理。另外，招标投标管理、施工组织设计、资源管理、试运行管理考查得也较频繁。

2020—2022 年度真题考点分值分布

命题点	2022 年			2021 年			2020 年		
	单选题	多选题	案例题	单选题	多选题	案例题	单选题	多选题	案例题
2H320010　机电工程施工招标投标管理	1		5	1					
2H320020　机电工程施工合同管理	1			1		6			
2H320030　机电工程施工组织设计			5	1		5			5
2H320040　机电工程施工资源管理				1		5			5
2H320050　机电工程施工技术管理			5	1		5	1		5
2H320060　机电工程施工进度管理			5			10	1		5
2H320070　机电工程施工质量管理						3	1		9
2H320080　机电工程施工安全管理			5				2		
2H320090　机电工程施工现场管理	1		5	1			1		
2H320100　机电工程施工成本管理	1		3	1		4	1		
2H320110　机电工程项目试运行管理	1					2	1		
2H320120　机电工程施工结算与竣工验收	1		2						
2H320130　机电工程保修与回访			5						
合计	6		40	7		40	8		29
	46			47			37		

本章核心考点分析

2H320010　机电工程施工招标投标管理

核心考点提纲

机电工程施工招标投标管理
- 施工招标投标范围和要求
  - 机电工程项目强制招标的范围
  - 机电工程招标方式的分类
  - 机电工程招标投标管理要求
- 施工投标的条件与程序
  - 机电工程投标条件
  - 机电工程投标程序
  - 电子招标投标方法

核心考点可考性提示

核心考点		2023 年可考性提示
2H320011　施工招标投标范围和要求	机电工程项目强制招标的范围	★★
	机电工程招标方式的分类	★
	机电工程招标投标管理要求	★★★
2H320012　施工投标的条件与程序	机电工程投标条件	★
	机电工程投标程序	★
	电子招标投标方法	★

核心考点剖析

2H320011　施工招标投标范围和要求

核心考点一　机电工程项目强制招标的范围

必须招标的机电工程项目	根据《招标投标法》《招标投标实施条例》《必须招标的工程项目规定》《必须招标的基础设施和公用事业项目范围规定》等，在中华人民共和国境内进行机电工程建设项目，必须按下述规定招标： （1）全部或部分使用国有资金投资或国家融资的项目，包括： ①使用预算资金 200 万元人民币以上，并且该资金占投资额 10% 以上的项目。 ②使用国有企业事业单位资金，并且该资金占控股或者主导地位的项目。 （2）使用国际组织或者外国政府贷款、援助资金的项目，包括： ①使用世界银行、亚洲开发银行等国际组织贷款、援助资金的项目。 ②使用外国政府及其机构贷款、援助资金的项目。 （3）不属于（1）、（2）规定情形的大型基础设施、公用事业等关系社会公共利益、公众安全的项目，必须招标的具体范围包括： ①煤炭、石油、天然气、电力、新能源等能源基础设施项目。 ②铁路、公路、管道、水运，以及公共航空和 A1 级通用机场等交通运输基础设施项目。 ③电信枢纽、通信信息网络等通信基础设施项目。 ④防洪、灌溉、排涝、引（供）水等水利基础设施项目。 ⑤城市轨道交通等城建项目。

续表

必须招标的机电工程项目	（4）上述（1）条至（3）条规定范围内的项目，其勘察、设计、施工、监理以及与工程建设有关的重要设备、材料等的采购达到下列标准之一的，必须招标： ① 施工单项合同估算价在400万元人民币以上。 ② 重要设备、材料等货物的采购，单项合同估算价在200万元人民币以上。 ③ 勘察、设计、监理等服务的采购，单项合同估算价在100万元人民币以上
可以不招标的机电工程项目	涉及国家安全、国家秘密、抢险救灾或者属于利用扶贫资金实行以工代赈、需要使用农民工等特殊情况，不适宜进行招标的机电工程项目，按照国家有关规定可以不进行招标。 除上述特殊情况外，有下列情形之一的机电工程项目，可以不进行招标： （1）需要采用不可替代的专利或者专有技术。 （2）采购人依法能够自行建设、生产或者提供。 （3）已通过招标方式选定的特许经营项目投资人依法能够自行建设、生产或者提供。 （4）需要向原中标人采购工程、货物或者服务，否则将影响施工或者功能配套要求。 （5）国家规定的其他特殊情形

◆考法1：案例分析题，考查机电工程项目必须招标、可以不招标的项目范围。

【例题1·2021年真题】下列社会资本投资的公用设施项目中必须招标的是（　　）。

A. 单项施工合同估算价900万元的城市轨道交通工程

B. 合同估算价100万元的公路项目重要材料采购服务

C. 合同估算价80万元的水利工程设计服务

D. 合同估算价50万元的电力工程勘察服务

【答案】A

◆考法2：案例分析题，考查机电工程项目强制招标的范围。

【例题2·2014年真题】

背景节选：

某中型机电安装工程项目，由政府和一家民营企业共同投资兴建，并组建了建设班子（以下称建设单位），建设单位拟把安装工程直接交于A公司承建，上级主管部门予以否定。之后，建设单位采用公开招标，选择安装单位。

【问题】分析上级主管部门否定建设单位指定A公司承包该工程的理由。

【参考答案】否定的理由是：因本项目有部分资金为国家投资，按《招标投标法》的规定必须进行招标投标。

核心考点二　机电工程招标方式的分类

分类	机电工程项目招标的方式为公开招标和邀请招标
公开招标	公开招标，是指招标人以招标公告的方式邀请不特定的法人或者其他组织投标。依法必须进行招标的项目的招标公告，应当通过国家指定的报刊、信息网络或者其他媒介发布
邀请招标	邀请招标，是指招标人以投标邀请书的方式邀请特定的法人或者其他组织投标。招标人采用邀请招标方式的，应当向3个以上具备承担招标项目的能力、资信良好的特定的法人或者其他组织发出投标邀请书。国有资金占控股或者主导地位的依法必须进行招标的项目，应当公开招标；但有下列情形之一的，可以邀请招标： （1）技术复杂、有特殊要求或者受自然环境限制，只有少量潜在投标人可供选择。 （2）采用公开招标方式的费用占项目合同金额的比例过大。 （3）国务院发展计划部门确定的国家重点项目和省、自治区、直辖市人民政府确定的地方重点项目不适宜公开招标的，经国务院发展计划部门或者省、自治区、直辖市人民政府批准，可以进行邀请招标

◆**考法 1：案例分析题，考查机电工程招标方式的分类。**

【例题 1 · 2019 年真题】

背景节选：

某超高层项目，建筑面积约 18 万 m^2，高度 260m，考虑到超高层施工垂直降效严重的问题，建设单位（国企）将核心筒中四个主要管井内立管的安装，由常规施工方法改为模块化的装配式建造方法，具有一定的技术复杂性。建设单位还要求 F1～F7 层的商业部分提前投入运营，需提前组织消防验收。

经建设单位同意，施工总承包单位将核心筒管井的机电工程公开招标。管井内的管道主要包括空调冷冻水、冷却水、热水、消火栓及自动喷淋系统。该机电工程招标控制价 2000 万元，招标文件中明确要求投标人提交 60 万元投标保证金。某分包单位中标该工程，并与总承包单位签订了专业分包合同。

【问题】该机电工程可否采用邀请招标方式？说明理由。投标保证金金额是否符合规定？说明理由。

【参考答案】该机电工程可以采用邀请招标方式。

理由：根据《招标投标法实施条例》的规定，该机电工程是全部采用国有投资的项目（或技术复杂的工程）。

投标保证金的金额要求不符合规定。

理由：《招标投标法实施条例》规定，招标人在招标文件中要求投标人提交投标保证金的，投标保证金不得超过招标项目估算价的 2%。本案例中的该机电工程招标控制价 2000 万元，因此只需提交 2000×2% = 40 万元的投标保证金。但是在本案例的招标文件中明确要求投标人提交 60 万元投标保证金，因此投标保证金的金额要求不符合规定。

核心考点三　机电工程招标投标管理要求

机电工程招标管理及要求	（1）招标人采用资格预审办法对潜在投标人进行资格审查的，应当发布资格预审公告、编制资格预审文件。资格预审文件或者招标文件的发售期不得少于 5 日。 （2）招标人可以对已发出的资格预审文件或者招标文件进行必要的澄清或者修改。招标人应当在提交资格预审申请文件截止时间至少 3 日前，或者投标截止时间至少 15 日前，以书面形式通知所有获取资格预审文件或者招标文件的潜在投标人；不足 3 日或者 15 日的，招标人应当顺延提交资格预审申请文件或者投标文件的截止时间。该澄清或者修改的内容为招标文件的组成部分。 （3）依法必须进行招标的项目，自招标文件开始发出之日起至投标人提交投标文件截止之日止，最短不得少于 20 日。 （4）招标人可以在招标文件中要求投标人提交投标担保。投标担保可以采用投标保函或者投标保证金的方式。投标保证金可以使用支票、银行汇票等，一般不得超过投标总价的 2%。依法必须进行招标的项目的境内投标单位，以现金或者支票形式提交的投标保证金应当从其基本账户转出。招标人不得挪用投标保证金。 （5）招标人可以自行决定是否编制标底。一个招标项目只能有一个标底。标底必须保密。招标人设有最高投标限价的，应当在招标文件中明确最高投标限价或者最高投标限价的计算方法。招标人不得规定最低投标限价。 （6）对技术复杂或者无法精确拟定技术规格的项目，招标人可以分两阶段进行招标。 第一阶段，投标人按照招标公告或者投标邀请书的要求提交不带报价的技术建议，招标人根据投标人提交的技术建议确定技术标准和要求，编制招标文件。 第二阶段，招标人向在第一阶段提交技术建议的投标人提供招标文件，投标人按照招标文件的要求提交包括最终技术方案和投标报价的投标文件。 招标人要求投标人提交投标保证金的，应当在第二阶段提出

续表

机电工程投标管理及要求	（1）投标人在招标文件要求提交投标文件的截止时间前，可以补充、修改或者撤回已提交的投标文件，并书面通知招标人。补充、修改的内容为投标文件的组成部分。 （2）两个以上法人或者其他组织可以组成一个联合体，以一个投标人的身份共同投标。由同一专业的单位组成的联合体，按照资质等级较低的单位确定资质等级。联合体各方应当签订共同投标协议，明确约定各方拟承担的工作和责任，并将共同投标协议连同投标文件一并提交招标人。联合体中标的，联合体各方应当共同与招标人签订合同，就中标项目向招标人承担连带责任
机电工程开标与评标管理要求	（1）开标应当按照招标文件规定的时间、地点，公开进行。投标人少于3个的，不得开标；招标人应当重新招标。 （2）评标由招标人依法组建的评标委员会负责。评标委员会由招标人代表和有关技术、经济等方面的专家组成，成员人数为5人以上的单数，其中技术、经济等方面的专家不得少于成员总数的2/3。 （3）有下列情况之一的，评标委员会应当否决其投标： 投标文件没有对招标文件的实质性要求和条件做出响应； 投标文件中部分内容需经投标单位盖章和单位负责人签字的而未按要求完成，投标文件未按要求密封； 弄虚作假、串通投标及行贿等违法行为； 低于成本的报价或高于招标文件设定的最高投标限价； 投标人不符合国家或招标文件规定的资格条件； 同一投标人提交两个以上不同的投标文件或者投标报价（但招标文件要求提交备选投标的除外）。 （4）评标完成后，评标委员会应当向招标人提交书面评标报告和中标候选人名单。中标候选人应当不超过3个，并标明排序

◆考法1：选择题，考查机电工程招标投标管理要求。

【例题1·2016年真题】下列情况中，招标投标时不应作为废标处理的是（　　）。

A. 投标报价明显低于标底

B. 投标书提出的工期比招标文件的工期晚15天

C. 投标单位投标后又在截止投标时间5分钟前突然降价

D. 投标文件的编制格式与招标文件要求不一致

【答案】C

【解析】应当作为废标处理的情况：（1）弄虚作假。（2）报价低于其个别成本。（3）投标人不具备资格条件或者投标文件不符合形式要求。（4）未能在实质上响应的投标。其中B、D选项属于第（4）种情形。C选项属于投标前突然降价法，是合法行为，因此本题正确选项为C。

◆考法2：案例分析题，考查机电工程招标投标管理要求。

【例题2·2017年真题】

背景节选：

某建设单位新建传媒大厦项目，对其中的消防工程公开招标，由于该大厦属于超高层建筑，且其中的变配电房和网络机房消防要求特殊，招标文件对投标单位专业资格提出了详细的要求。招标人于3月1日发出招标文件，定于3月20日开标。

投标单位收到招标文件后，其中有三家单位发现设计图中防火分区划分不合理，提出质疑。招标人经设计单位确认并修改后，3月10日向提出质疑的三家单位发出了澄清。

3月20日，招标人在专家库中随机抽取了3个技术经济专家和2个业主代表一起组成评标委员会，准备按计划组织开标。被招标监督机构制止，并指出其招标过程中的错误，招标人修正错误后进行了开标。

【问题】指出招标人在招标过程中的错误？

【参考答案】招标人在招标过程中的错误：（1）澄清未发给所有投标单位。（2）澄清时间过晚（或不足15天）。（3）评标专家中技术经济专家比例不足（或少于2/3）。

2H320012　施工投标的条件与程序

核心考点一　机电工程投标条件

投标人有下列情况不得参与投标	与招标人存在利害关系可能影响招标公正性的法人、其他组织或者个人；单位负责人为同一人或者存在控股、管理关系的不同单位，不得参加同一标段或者未划分标段的同一招标项目投标

◆考法1：案例分析题，分析投标人能否参与投标。

核心考点二　机电工程投标程序

编制投标文件的注意事项	（1）对招标文件的实质性要求做出响应。投标文件一般包括：投标函、投标报价、施工组织设计、商务和技术偏差表，对工期、质量、安全、环境保护的要求及对投标文件格式、加盖印章和密封的要求。 （2）审查施工组织设计。施工组织设计是报价的基础和前提，也是招标人评标时考虑的重要因素之一，因此，在制定施工组织设计时，应在技术、工期、质量、安全保证、环境保护等方面有创新和针对性的突出优势，利于降低施工成本，对招标人有吸引力。 （3）复核或计算工程量。 （4）确定正确的投标策略。包括技术突出优势的策略和商务报价策略。 （5）加盖印章，密封投标文件

◆考法1：选择题，考查投标文件包括的内容。

【例题1·模拟题】以下不属于投标文件内容的是（　　）。

A. 投标函　　B. 资产负债表

C. 投标报价　　D. 施工组织设计

【答案】B

◆考法2：案例分析题，分析投标文件编制中的行为是否妥当。

【例题2·2022年真题】

背景节选：

某科技公司的数据中心机电采购及安装分包工程采用电子招标，邀请行业内有类似工程经验的A、B、C、D、E五家单位投标。工程采用固定总价合同。

投标过程中，E单位在投标截止前一个小时，突然提交总价降低5%的修改标书。

【问题】E单位突然降价的投标做法是否违规？请说明理由。

【参考答案】E单位突然降价的投标做法不违规。

理由：E单位是在投标截止时间前递交的修改文件，符合《招标投标法》的规定，E单位的投标行为不是违规，而是一种投标策略。

核心考点三　电子招标投标方法

电子招标投标活动	电子招标投标活动是指以数据电文形式，依托电子招标投标系统完成的全部或者部分招标投标交易、公共服务和行政监督活动。电子招标投标系统根据功能的不同，分为交易平台、公共服务平台和行政监督平台
电子投标要求	（1）电子招标投标交易平台的运营机构，不得在该交易平台进行的招标项目中投标和代理投标。 （2）电子招标投标交易平台应当允许社会公众、市场主体免费注册登录和获取依法公开的招标投标信息，任何单位和个人不得在招标投标活动中设置注册登记、投标报名等前置条件限制潜在投标人下载资格预审文件或者招标文件。 （3）投标人应当按照招标文件和电子招标投标交易平台的要求编制并加密投标文件。投标人未按规定加密的投标文件，电子招标投标交易平台应当拒收并提示。 （4）投标人应当在投标截止时间前完成投标文件的传输递交，并可以补充、修改或者撤回投标文件。投标截止时间前未完成投标文件传输的，视为撤回投标文件。投标截止时间后送达的投标文件，电子招标投标交易平台应当拒收

◆考法 1：案例分析题，考查电子投标的要求。

【例题 1·2021 年真题】

背景节选：

某市财政拨款建设一综合性三甲医院，其中通风空调工程采用电子方式公开招标。外省施工单位在电子招标投标交易平台注册登记，但下载招标文件时，被告知外省施工单位需提前报名、审核通过后方可参与投标。

【问题】要求外省施工单位需提前审核通过后方可参与投标是否合理？说明理由。

【参考答案】不合理。理由：根据有关法规规定，任何单位和个人不得在招标投标活动中设置注册登记、投标报名等前置条件限制潜在投标人下载资格预审文件或者招标文件。

◆考法 2：案例简答题，电子招标投标系统根据功能的不同分为哪几个平台？

2H320020　机电工程施工合同管理

核心考点提纲

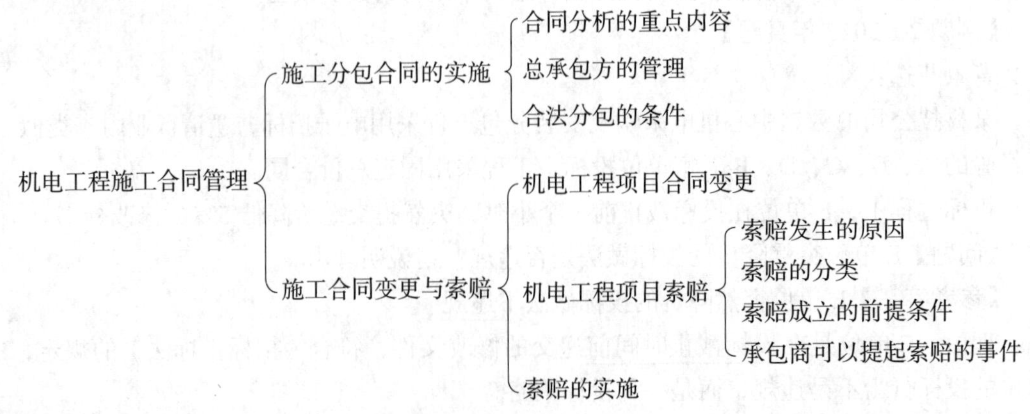

核心考点可考性提示

核心考点			2023 年可考性提示
2H320021　施工分包合同的实施	合同分析的重点内容		★
	总承包方的管理		★★
	合法分包的条件		★★★
2H320022　施工合同变更与索赔	机电工程项目合同变更		★
	机电工程项目索赔	索赔发生的原因	★
		索赔的分类	★
		索赔成立的前提条件	★★★
		承包商可以提起索赔的事件	★★★
	索赔的实施		★★

核心考点剖析

2H320021　施工分包合同的实施

核心考点一　合同分析的重点内容

合同分析的重点内容	（1）合同的法律基础、承包人的主要责任，工程范围，发包人的责任。 （2）合同价格、计价方法和价格补偿条件。 （3）工期要求和顺延及其惩罚条款，工程受干扰的法律后果，合同双方的违约责任。 （4）合同变更方式、工程验收方法、索赔程序和争执的解决等

◆考法 1：选择题，考查合同分析的重点内容。

【例题 1·2017 年真题】施工合同中有关合同价款的分析内容，除合同价格和计价方法外，还应包括（　　）。

A. 工期要求　　　　B. 合同变更

C. 索赔程序　　　　D. 价格补偿条件

【答案】D

【解析】注意题目问的是合同分析中的价款分析，不是合同分析的全部内容。因此本题正确选项为 D。

核心考点二　总承包方的管理

总承包方的管理	（1）总承包方对分包方及分包工程施工，应从施工准备、进场施工、工序交验、竣工验收、工程保修以及技术、质量、安全、环保、进度、工程款支付、工程资料等进行全过程的管理。 （2）总承包方或其主管部门应及时检查、审核分包方提交的分包工程施工组织设计、施工技术方案、质量保证体系和质量保证措施、安全保证体系及措施、施工进度计划、施工进度统计报表、工程款支付申请、隐蔽工程验收报告、竣工交验报告等文件资料，提出审核意见并批复。 （3）分包方对开工、关键工序交验、竣工验收等过程经自行检验合格后，均应事先通知总承包方组织预验收，认可后再由总承包单位报请建设单位组织检查验收

◆考法 1：案例补缺题，考查总包方对分包方的全过程管理（12 个关键词），或考查总承包方应检查、审核分包方的文件资料（9 个关键词）。

【例题 1·2013 年真题】

背景节选：

A 施工单位作为总承包方对 B 分包单位的进场施工、竣工验收以及技术、质量、进度等进行了管理。

【问题】A 施工单位对 B 分包单位的管理还应包括哪些内容？

【参考答案】还应包括：施工准备、工序交接、工程保修、安全、工程款支付。

【例题 2·2013 年一级真题】

背景节选：

某城市规划在郊区新建一座车用燃气加气总站，按招标投标管理要求，选定具备相应资质的 A 施工单位签订施工合同。建设单位指定 B 专业公司分包储气井施工，A 单位将土建工程的劳务作业发包给 C 劳务分包单位。工程实施过程中，A 单位及时检查、审核分包单位提交的分包工程施工组织设计、质量保证体系及措施、安全保证体系及措施、施工进度统计表、工程款支付申请、竣工交验报告等文件资料，并指派专人负责对分包单位进行全过程管理。

【问题】工程实施过程中，还需审核分包单位哪些施工资料？

【参考答案】还应审核分包单位的：施工技术方案、施工进度计划、隐蔽工程验收报告。

核心考点三　合法分包的条件

合法分包的条件	（1）分包工程属于非主体工程； （2）分包方具备相应的资质和技术资格； （3）经过业主同意； （4）不属于分包工程再次分包的情况
违法分包	违背以下情况之一属于违法分包： （1）主体工程分包； （2）分包方不具备相应的资质或技术资格； （3）未经业主同意； （4）分包工程再次分包或转包

◆考法 1：案例分析题，分析分包是否合法。

【例题 1·2012 年真题】

背景节选：

A 公司中标某厂生产线的机电设备安装工程。项目部将主体工艺线上的一主机设备分包给由机电工程一级建造师担任项目经理的 B 公司，将 400 万元产值的防腐保温工程分包给由机电工程二级建造师担任项目经理的 C 公司，上报 A 公司总部后，均遭到总部的否定。

【问题】分别说明 A 公司总部否定主机设备和防腐保温工程分包的理由。

【参考答案】否定主机设备工程分包的理由：主机设备属于主体工程，主体工程不允许分包。

否定防腐保温工程分包的理由：400 万元的防腐保温工程属于大型工程，二级建造师只能担任中、小型项目的项目经理，所以分包方的项目经理不具备相应的执业资格。

【例题 2・2015 年真题】

背景节选：

某成品燃料油外输项目，由 4 台 $5000m^3$ 成品汽油罐、两台 $10000m^3$ 消防罐、外输泵和工作压力为 4.0MPa 的外输管道及相应的配套系统组成。

具备相应资质的 A 公司为施工总承包单位。A 公司拟将外输管道及配套系统施工任务分包给 GC2 资质的 B 专业公司，业主认为不妥。随后 A 公司征得业主同意，将土建施工分包给具有相应资质的 C 公司，其余工程由 A 公司自行完成。

【问题】说明 A 公司拟将管道系统分包给 B 单位不妥的理由。

【参考答案】按照有关法规规定，本项目的外输油管属于 GC1 级管道，B 单位的资质是 GC2 级，不具备执行本项目的外输油管线的资质。

2H320022　施工合同变更与索赔

核心考点一　机电工程项目合同变更

合同变更范围	合同履行过程中发生以下情形的，应进行合同变更： （1）增加或减少合同中任何工作，或追加额外的工作。 （2）取消合同中任何工作，但转由其他人实施的工作除外。 （3）改变合同中任何工作的质量标准或其他特性。 （4）改变工程的基线、标高、位置或尺寸等设计特性。 （5）改变工程的时间安排或实施顺序

◆考法 1：选择题，考查合同变更的范围。

【例题 1・模拟题】以下不属于合同变更的是（　　）。

A. 改变工程的时间安排或实施顺序　　B. 将合同中的工作转由他人实施

C. 改变合同中任何工作的质量标准　　D. 改变工程的基线、标高、位置或尺寸

【答案】B

核心考点二　索赔发生的原因

索赔发生的原因	（1）合同当事方违约。 （2）合同条文错误。 （3）合同变更。 （4）不可抗力因素。如恶劣气候条件、地震、疫情、洪水、战争状态等

◆考法 1：选择题，考查索赔发生的原因。

【例题 1・2018 年真题】工程项目索赔发生的原因中，属于不可抗力因素的有（　　）。

A. 台风　　B. 物价变化

C. 地震　　D. 洪水

E. 战争

【答案】A、C、D、E

◆**考法 2：案例分析题，考查不可抗力的索赔。**

【例题 2 · 模拟题】

背景节选：

工程施工过程中由于雷电引发了现场火灾，经调查属不可抗力事件。火灾扑灭后 24h 内，施工单位 G 通报了火灾损失情况：工程本身损失 250 万元；总价值 200 万元的待安装设备彻底报废；施工单位 G 有 3 名工人烧伤，所需医疗费及补偿费预计 45 万元；租赁的施工设备损坏赔偿 10 万元。另外，大火扑灭后施工单位 G 停工 5d 所发生的人工费 6 万元，造成其他施工机械闲置损失 2 万元，预计工程所需清理、修复费用 200 万元。

【问题】施工过程中发生的火灾，建设单位和施工单位 G 应各自承担哪些损失或费用（不考虑保险因素）？

【参考答案】建设单位应承担的费用有：

（1）工程本身损失 250 万元；

（2）待安装设备的损失 200 万元；

（3）工程所需清理、修复费用 200 万元。

施工单位应承担的费用有：

（1）施工单位人员烧伤所需医疗费及补偿费预计 45 万元；

（2）租赁的施工设备损坏赔偿 10 万元；

（3）大火扑灭后施工单位 G 停工 5d 所发生的人工费用 6 万元；

（4）造成其他施工机械闲置损失 2 万元。

【解析】关于不可抗力引起的索赔，注意以下问题：

（1）所谓的不可抗力是指“不能预见、不能避免并不能克服的客观情况”。所以此处的恶劣气候条件是指不可预见的恶劣气候条件。比如南方沿海城市雨季施工的大暴雨、季节性降雨就是可预见的，而特大暴雨、罕见暴雨、百年一遇、三十年一遇的大暴雨，就是不可预见的。前者不可索赔，后者可以索赔。

（2）不可抗力事件造成的工程损失，索赔原则包括：

① 合同工程本身的损害、因工程损害导致第三方人员伤亡和财产损失以及运至施工场地用于施工的材料和待安装的设备的损害，由发包人承担。

② 发包人、承包人人员伤亡由其所在单位负责，并承担相应费用。

③ 承包人的施工机械设备损坏及停工损失，由承包人承担。

④ 停工期间，承包人应发包人要求留在施工场地的必要的管理人员及保卫人员的费用由发包人承担。

⑤ 工程所需清理、修复费用，由发包人承担。

◆**考法 3：案例简答题，简述索赔发生的原因。**

核心考点三　索赔的分类

索赔的分类	（1）按索赔目的分：工期索赔和费用索赔。 （2）按索赔发生的原因分：延期索赔、工程范围变更索赔、施工加速索赔和不利现场条件索赔

◆**考法 1：案例分析题，考查索赔的分类。**

【例题 1 · 2016 年真题】

背景节选：

B 公司分包了全厂机电设备安装工程（主体工程除外）。施工中由于建设单位提供的部分设备延期交付一个月，造成人员设备闲置，工期拖后，又由于一电气室土建施工失误，电气盘柜无法就位，经监理单位、建设单位、总承包单位确定补救方案并委托设计单位出具了设计变更单，交由 B 公司处理，增加了 5 万元费用（人工、材料、机械）。工程后期，建设单位要求按期投产，把延误的工期抢回来，B 公司增加人力和机具，终于按合同规定工期完成。

【问题】按索赔发生的原因分析，B 公司可提出哪些类型的索赔？

【参考答案】按索赔发生的原因，B 公司可提出：延期（或工期）索赔、工程范围（或设计）变更索赔、赶工（施工加速）索赔。

核心考点四　索赔成立的前提条件

索赔成立的前提条件	应该同时具备以下三个前提条件： （1）与合同对照，事件已造成了承包商工程项目成本的额外支出，或直接工期损失。（有损） （2）造成费用增加或工期损失的原因，按合同约定不属于承包商的行为责任或风险责任。（无责） （3）承包商按合同规定的程序和时间提交索赔意向通知和索赔报告。（按时）

◆**考法 1：案例简答题，考查索赔成立的条件。**

【例题 1 · 2021 年真题】索赔成立的三个必要条件是什么？

◆**考法 2：案例分析题，分析索赔能否成立。**

【例题 2 · 2012 年真题】

背景节选：

某机电工程项目经招标由具备机电安装总承包一级资质的 A 安装工程公司总承包，其中锅炉房工程和涂装工段消防工程由建设单位直接发包给具有专业资质的 B 机电安装工程公司施工。合同规定施工现场管理由 A 安装工程公司总负责。工程监理由一家有经验的监理公司承担，工程项目主材由 A 安装公司提供，工程设备由建设单位和 C 单位签订合同。A、B 公司都组建了项目部。在施工过程中发生了如下事件：

事件 2：由于锅炉汽包延期一个月到货，致使 B 公司窝工和停工，造成经济损失，B 公司向 A 公司提出索赔被拒绝。

【问题】在事件 2 中，A 公司为什么拒绝 B 公司提出的索赔要求？B 公司应向哪个单位提出索赔？

【参考答案】因为 B 公司直接与建设单位签订合同（A 公司与 B 公司没有合同关系）。B 公司应向建设单位提出索赔。

【解析】索赔成立，除了“有损”“无责”“按时”三个前提条件之前，还要注意双方有没有合同关系。

◆**考法 3：案例计算题，计算索赔的工期和费用。**

【例题 3 · 2014 年真题】

背景节选：

某中型机电安装工程项目由C公司中标，按合同范本与建设单位签订了施工合同。施工过程中发生下列事件：

事件1：开工后因建设单位采购的设备整体晚到，致使C公司延误工期10d，并造成窝工费及其他经济损失共计15万元；C公司租赁的大型吊车因维修延误工期3d，经济损失3万元；因非标准件和钢结构制作及安装工程量变更，增加费用30万元；施工过程中遇台风暴雨，C公司延误工期5d，并发生窝工费5万元，施工机具维修费5万元。

【问题】列式计算事件1中C公司可向建设单位索赔的工期和费用。

【参考答案】

工期索赔：10＋5＝15d

费用索赔：15＋30＝45万元

【解析】（1）建设单位采购的设备晚到，是建设单位的责任，可以索赔。

（2）C公司租赁的大型吊车维修，是C公司的责任，不可以向建设单位索赔。

（3）安装工程量变更，是建设单位的责任，可以向建设单位索赔。

（4）施工过程中遇台风暴雨，是不可抗力，可以索赔工期索赔，但不可以索赔费用。

核心考点五　承包商可以提起索赔的事件

承包商可以提起索赔的事件	（1）发包人违反合同给承包人造成时间、费用的损失。 （2）因工程变更造成的时间、费用的损失。 （3）由于监理工程师的原因导致施工条件的改变，而造成时间、费用的损失。 （4）发包人提出提前完成项目或缩短工期而造成承包人的费用增加。 （5）非承包人的原因导致项目缺陷的修复所发生的费用。 （6）非承包人的原因导致工程停工造成的损失，例如，发包人提供的资料有误。 （7）国家的相关政策法规变化、物价上涨等原因造成的费用损失

◆考法1：选择题，考查承包商可以提起索赔的事件。

【例题1·2016年真题】下列情况中，可向建设单位提出费用索赔的是（　　）。

A. 施工单位的设备被暴雨淋湿而产生的费用

B. 建设单位增加工作量造成的费用增加

C. 施工单位施工人员高处坠落受伤产生的费用

D. 监理单位责令剥离检查未报检的隐蔽工程而产生的费用

【答案】B

【解析】可向建设单位提出索赔的情形是：不是施工单位的责任，不属于自然灾害导致的施工方人员直接的损失，符合上述条件的就只有B选项。

◆考法2：案例分析题，分析索赔能否成立，详见“核心考点四”。

核心考点六　索赔的实施

索赔的处理过程	意向通知→资料准备→索赔报告的编写→索赔报告的提交→索赔报告的评审→索赔谈判→争端的解决

续表

正式索赔文件	承包人的正式索赔文件包括：索赔申请表、批复的索赔意向书、编制说明及与本项施工索赔有关的证明材料及详细计算资料等附件

◆考法1：选择题，考查索赔文件。

【例题1·2022年真题】承包人的工程索赔正式文件不包括（　　）。

A. 批复的索赔意向书　　　B. 进度款支付证书

C. 合同条款修改指令　　　D. 工程的设计变更

【答案】B

【解析】承包人的正式索赔文件包括：索赔申请表、批复的索赔意向书、编制说明及与本项目施工索赔有关的证明材料及详细计算资料等附件。当合同条款修改时、工程发生设计变更时，会引起索赔，所以选项C、D属于"索赔有关的证明材料"。选项B与索赔无关。

◆考法2：案例简答题，考查索赔的处理程序、索赔文件。

2H320030　机电工程施工组织设计

核心考点提纲

机电工程施工组织设计
- 施工组织设计编制要求
  - 施工组织设计类型
  - 施工组织设计、施工方案的编制依据
  - 施工组织设计、施工方案的基本内容
  - 施工组织设计编制审批
  - 施工组织设计动态管理
- 施工方案的编制与实施
  - 危大工程安全专项施工方案编制、审核和修改
  - 施工方案优化
  - 施工方案实施

核心考点可考性提示

核心考点		2023年可考性提示
2H320031　施工组织设计编制要求	施工组织设计类型	★
	施工组织设计、施工方案的编制依据	★★
	施工组织设计、施工方案的基本内容	★★★
	施工组织设计编制审批	★
	施工组织设计动态管理	★★
2H320032　施工方案的编制与实施	危大工程安全专项施工方案编制、审核和修改	★★★
	施工方案优化	★
	施工方案实施	★★

核心考点剖析

2H320031 施工组织设计编制要求

核心考点一 施工组织设计类型

按施工组织设计的编制对象，可分为以下三类：

类型	编制对象
施工组织总设计	若干单位工程组成的群体工程或特大型项目
（单位工程）施工组织设计	单位（子单位）工程
分部（分项）工程施工组织设计	分部（分项）工程或专项工程
临时用电施工组织设计	施工现场临时用电设备在5台及以上或设备总容量在50kW及以上者，应编制临时用电施工组织设计，在临电工程开工前编制完成。施工现场临时用电设备在5台以下和设备总容量在50kW以下者，应制定安全用电和电气防火措施

◆考法1：案例分析题，分析施工组织设计的类型。分析是否需要编制临时用电施工组织设计。

【例题1·模拟题】

背景节选：

北方某公司投资建设一蜡油深加工工程，经招标，由A施工单位总承包。其中，A施工单位将单位工程压缩机厂房及其附属机电设备、设施分包给B安装公司。

【问题】针对本工程，A施工单位和B安装公司各应编制何种施工组织设计？

【参考答案】A施工单位应编制蜡油深加工工程施工组织总设计。B安装公司应编制单位工程（压缩机厂房工程）施工组织设计。

核心考点二 施工组织设计、施工方案的编制依据

	编制依据
施工组织设计	（1）与工程建设有关的法律法规和文件。 （2）国家现行有关标准和技术经济指标。 （3）工程所在地区行政主管部门的批准文件，建设单位对施工的要求。 （4）工程施工合同或招标投标文件。 （5）工程设计文件。 （6）工程施工范围的现场条件，工程地质及水文地质、气象等自然条件。 （7）与工程有关的资源供应情况。 （8）施工企业的生产能力、机具装备、技术水平等
施工方案	与工程建设有关的法律法规、标准规范、施工合同、施工组织设计、设计技术文件（如施工图和设计变更）、供货方技术文件、施工环境条件、同类工程施工经验、管理及作业人员的技术素质及创造能力等
相同之处	法律法规、标准规范；合同；图纸设计文件；现场环境条件等

◆考法1：案例简答或补缺题，考查施工组织设计或施工方案的编制依据。

【例题1·2011年真题】

背景节选：

某机电设备安装公司中标一项中型机电设备安装工程，并签订了施工承包合同。工程的主要内容有：静设备安装、工艺管道安装、机械设备安装等，其中静设备工程的重要设备为一台高 38m、重量为 60t 的合成塔，该塔属于压力容器，由容器制造厂整体出厂运至施工现场，机电安装公司整体安装。工程准备阶段，施工设计图纸已经到齐。该公司组织编制了施工组织总设计，并根据工程的主要对象，项目部编制了“容器与合成塔安装方案”“合成塔吊装方案”“工艺管道安装、焊接技术方案”“机械设备安装、调试方案”。

【问题】

1. 机电安装公司编制施工组织总设计的主要依据有哪些?

2. 根据背景资料，机电安装公司至少还应编制哪些主要施工方案？哪些方案应形成专项安全技术措施方案?

【参考答案】

1. 编制施工组织总设计的主要依据有：施工承包合同（协议），工程量清单（招标投标文件），设计图纸（文件），相关法规和标准规范，工程现场环境条件。

【解析】简答题并不需要把考试用书中一整段话完整的答出来，只需要提炼关键词，答出 5 个及以上正确的关键词即可。

2. 还应编制：焊缝无损检测方案，管道试验（试压）与吹洗方案，设备单体试运行方案。合成塔吊装方案应形成专项安全技术措施方案。

【解析】不会分析的考生，可以记住下列经常需要编制的方案：** 吊装方案、** 焊接方案、无损检测方案、压力试验方案、试运行方案、冬雨期作业方案、临时用电方案等。

核心考点三　施工组织设计、施工方案的基本内容

	基本内容
施工组织设计	包括：工程概况、编制说明、施工部署、施工进度计划及保证措施、施工准备与资源配置计划、主要分部分项工程施工工艺、施工总平面布置、主要施工管理措施
临时用电组织设计	包括：现场勘测、确定（电源进线、变电所或配电室、配电装置、用电设备）位置及线路走向、进行负荷计算、选择变压器、设计配电系统、设计防雷装置、确定防护措施、制定安全用电措施和电气防火措施。 设计配电系统包括：设计配电线路，选择导线或电缆；设计配电装置，选择电器、设计接地装置、绘制临时用电工程图纸。 临时用电施工图纸主要包括：用电工程总平面图、配电装置布置图、配电系统接线图、接地装置设计图。临时用电工程图纸应单独绘制
施工方案	包括：工程概况、编制依据、施工安排、施工进度计划、施工准备与资源配置计划、施工方法及工艺要求、质量安全保证措施等基本内容。 其中施工准备包括技术准备、现场准备和资金准备；资源配置计划包括劳动力配置计划、工程材料和设备需用计划、施工机具配置计划和监视及测量设备配置计划

◆考法 1：选择题，考查施工组织设计、临时用电施工组织设计、施工方案的内容。

【例题 1 · 2021 年真题】临时用电工程中，配电系统设计内容不包括（　　）。

A. 设计防雷装置　　B. 设计配电装置

C. 设计配电线路　　D. 设计接地线路

【答案】A

◆**考法 2：案例简答或补缺题，考查施工组织设计或施工方案的主要内容。或考查施工准备包括哪些准备？资源配置计划包括哪些计划？**

【例题 2·2017 年真题】

背景节选：

某安装公司承包 2×200MW 火力发电厂 1 号机组的全部机电安装工程，工程主要内容包括锅炉、汽轮发电机组、油浸式电力变压器、110kV 交联电力电缆、化学水系统、输煤系统、电除尘装置等安装。

安装公司项目部进场后，编制了施工组织总设计，制定项目考核成本。施工组织总设计的主要内容有编制依据、工程概况和施工特点分析、主要施工方案、施工进度计划。

【问题】本项目施工组织总设计的主要内容还应有哪些？

【参考答案】本项目施工组织总设计的主要内容还应有：组织方案、施工部署（施工准备）、资源配置计划和施工现场平面图。

核心考点四　施工组织设计编制审批

施工组织设计编制审批	（1）施工组织设计应由项目负责人主持编制。 （2）施工组织总设计应由总承包单位技术负责人审批；单位工程施工组织设计应由施工单位技术负责人或技术负责人授权的技术人员审批；专项工程施工组织设计（施工方案）应由项目技术负责人审批；重大施工方案应由施工单位技术部门组织相关专家评审，施工单位技术负责人批准。 （3）临时用电组织设计及变更时，必须履行“编制、审核、批准”程序，由电气工程技术人员组织编制，经相关部门审核及具有法人资格企业的技术负责人批准后实施

◆**考法 1：案例改错题，施工组织设计的组织编制、审批的人员、程序有错，指错并改正。**

核心考点五　施工组织设计动态管理

施工组织设计的修订	1. 项目施工过程中，发生下列情况之一时，施工组织设计应进行修改或补充 （1）工程设计有重大修改 当工程设计图纸发生重大修改时，如地基基础或主体结构的形式发生变化、装修材料或做法发生重大变化、机电设备系统发生大的调整等，需要对施工组织设计进行修改；对工程设计图纸的一般性修改，视变化情况对施工组织设计进行补充；对工程设计图纸的细微修改或更正，施工组织设计则不需调整。 （2）有关法律、法规、规范和标准实施、修订和废止 （3）主要施工方法有重大调整 （4）主要施工资源配置有重大调整 （5）施工环境有重大改变 当施工环境发生重大改变，如施工延期造成季节性施工方法变化，施工场地变化造成现场布置和施工方式改变等，致使原来的施工组织设计已不能正确地指导施工，需对施工组织设计进行修改或补充。 2. 经过修改或补充的施工组织设计应重新审批后实施 （1）施工组织设计（方案）的修改或补充应由原编制人员来实施。 （2）施工组织设计（方案）修改或补充后原则上需按原审批级别重新审批

◆**考法 1：选择题，考查施工组织设计的修订。**

【例题 1·模拟题】下列情况中，不需要修改或补充施工组织设计的是（　　）。

A. 工程设计有重大变更　　B. 施工资源配置有重大变化

C. 施工班组有重大调整　　D. 主要施工方法有重大调整

【答案】C

◆考法 2：案例题，考查施工组织设计的修订，改错。

【例题 2·模拟题】

背景节选：

某发电厂安装工程，工程内容有锅炉、汽轮机、发电机、输煤机、水处理和辅机等设备。工程由 A 施工单位总承包。签订工程承包合同后，A 施工单位在未收到设计图纸的情况下，即进行了施工组织设计的编制，由于没有设计图纸，施工单位提出用投标阶段的施工组织设计大纲在格式和内容简单修改后作为施工组织总设计，业主予以认可。

在施工过程中，业主考虑到后期扩建工程对冷却水处理系统共用的需要，修改了水处理系统的设计，由于业主对施工单位前期工程进度和施工质量很满意，将修改后的水处理工程仍交由该施工单位进行施工，并要求施工单位重新编制施工组织设计，该施工单位认为事前已经编制了施工组织设计，所以不需要再编制施工组织设计。后来在业主的要求下该施工单位在原施工组织设计的基础上，对改动部分进行了重新设计，编制了新增工程的施工组织设计，报由项目总工程师审批后下发执行。

【问题】

1. 施工单位在未收到施工图纸的情况下编制施工组织设计是否正确？为什么？

2. 施工单位对修改后的原施工组织设计履行的报批程序是否正确？为什么？正确的是什么？

【参考答案】

1. 不正确。因为已批准的施工图纸是施工组织设计的重要编制依据之一，施工单位应在收到施工图纸后，编制施工组织总设计。

2. 不正确。因为在施工中一旦对原施工组织设计进行了修改，需按原审批手续重新审批后才能实施，而不能在项目总工程师批准后即行实施。

正确的做法是：施工单位完成内部编制、审核、审批程序后，报总承包单位审核、审批，然后由总承包单位项目经理或其授权人签章后向监理报批，还须报建设单位审批。

2H320032　施工方案的编制与实施

核心考点一　危大工程安全专项施工方案编制、审核和修改

超危大工程	机电工程中采用非常规起重设备、方法，且单件起吊重量在 100kN 及以上的起重吊装工程；起重量 300kN 及以上，或搭设总高度 200m 及以上，或搭设基础标高在 200m 及以上的起重机械安装和拆卸工程；跨度 36m 及以上的钢结构安装工程，或跨度 60m 及以上的网架和索膜结构安装工程；重量 1000kN 及以上的大型结构整体顶升、平移、转体等施工工艺均属超过一定规模的危险性较大的分部分项工程
危大工程专项施工方案的主要内容	危大工程专项施工方案的主要内容应包括以下九个方面的内容： （1）工程概况。 （2）编制依据。 （3）施工计划。 （4）施工工艺技术：技术参数、工艺流程、施工方法、操作要求、检查要求等。 （5）施工安全保证措施。

续表

危大工程专项施工方案的主要内容	（6）施工管理及作业人员配备和分工。 （7）验收要求。 （8）应急处置措施。 （9）计算书及相关施工图纸
超危大工程专家论证内容	（1）专项施工方案内容是否完整、可行。 （2）专项施工方案计算书和验算依据、施工图是否符合有关标准规范。 （3）专项施工方案是否满足现场实际情况，并能够确保施工安全
超危大安全专项方案论证后的修改要求	（1）超过一定规模的危大工程专项施工方案经专家论证后结论为“通过”的，施工单位可参考专家意见自行修改完善。 （2）结论为“修改后通过”的，专家意见要明确具体修改内容，施工单位应当按照专家意见进行修改，并履行有关审核和审查手续后方可实施，修改情况应及时告知专家。 （3）专项施工方案经论证“不通过”的，施工单位修改后应当重新组织专家论证

◆考法 1：选择题，考查超危大工程的范围。

【例题 1 · 模拟题】以下属于超危大工程的是（　　）。

A. 用桥式起重机安装 50t 设备的工程　　B. 跨度 36m 的钢结构制安工程

C. 基础高度 100m 的塔式起重机安装　　D. 跨度 40m 的索膜结构工程

【答案】B

◆考法 2：案例题，考查专项施工方案的审批。简答专项施工方案的内容、专家论证的内容。

【例题 2 · 模拟题】

背景节选：

某投资公司建设一蜡油深加工项目，经招标由 A 单位施工总承包。工程内容有土建工程、工艺设备、工艺管道包括 GC 类管道、电气及自动化仪表安装等。其中，工艺设备包括 2 台核心大型设备，单台重量 300t，整体安装；1 台压缩机分体到货，最重件 68t，解体安装，采用厂房内 75t 桥式起重机进行吊装。压缩机厂房为双跨网架屋面结构，1 台重 10t 的汽液交换设备设置于厂房屋面。

A 单位将单位工程压缩机厂房分包给 B 公司。B 公司拟将网架顶分为 8 片，每片网架重 24t。在地面组装后采用滑轮组提升、水平移位的方法安装就位；屋面交换设备拟采用汽车起重机进行吊装。

【问题】指出本工程中有哪些属于危险性较大的专项工程施工方案？专项方案应如何进行审核和批准？

【参考答案】网架吊装方案、75t 桥式起重机安装方案、屋面交换设备吊装方案属于危险性较大的专项工程施工方案，其中网架吊装是采用非常规起重设备、方法，且单件起吊重量在 100kN（相当于 10t）及以上的起重吊装工程，75t 桥式起重机安装是起重量 300kN 及以上的起重设备安装工程，属于超过一定规模的危险性较大的专项工程。

屋面交换设备吊装方案由 B 公司技术部门组织审核，单位技术负责人签字，并经总承包单位技术负责人签字，然后报监理单位，由项目总监理工程师审核签字。网架吊装方案和75t桥式起重机安装方案还应由总承包人单位组织召开专家论证会。

核心考点二　施工方案优化

施工方案的技术经济分析方法	施工方案经济评价的常用方法是综合评价法
施工方案的技术经济比较	（1）技术的先进性比较 比较各方案的技术水平；比较各方案的技术创新程度；比较各方案的技术效率；比较各方案实施的安全性。 （2）经济合理性比较 比较各方案的一次性投资总额；比较各方案的资金时间价值；比较各方案对环境影响的大小；比较各方案对产值增长的贡献；比较各方案对工程进度时间及其费用影响的大小；比较各方案综合性价比。 （3）重要性比较 推广应用的价值比较，如社会（行业）进步。社会效益的比较，如资源节约、污染降低等

◆考法1：选择题，考查施工方案的技术经济比较。

【例题1·2018年真题】比较各施工方案技术的先进性，应包括的内容有（　　）。

A. 技术水平　　B. 技术创新程度

C. 技术效率　　D. 实施的安全性

E. 实施的地域性

【答案】A、B、C、D

【解析】技术的先进性比较包括比较各方案的技术水平、比较各方案的技术创新程度、比较各方案的技术效率、比较各方案实施的安全性。

核心考点三　施工方案实施

施工方案实施	（1）工程施工前，施工方案的编制人员应向施工作业人员做施工方案的技术交底。 交底内容包括工程的施工程序和顺序、施工工艺、操作方法、要领、质量控制、安全措施、环境保护措施等。 （2）经重大修改或补充的施工方案应重新审批后实施

◆考法1：案例简答或补缺题，考查施工方案交底内容。

【例题1·2021年真题】

背景节选：

安装公司项目部进入现场后，组织编制了施工组织总设计，制定了施工进度计划。编制的施工方案有锅炉钢架安装施工方案、锅炉受热面安装施工方案、汽轮机安装施工方案等。锅炉受热面安装施工方案中的施工程序为：设备开箱检查、二次搬运、安装就位。在各工程开工前，技术人员对施工作业人员就操作方法和要领、安全措施进行了施工方案技术交底。

【问题】施工方案技术交底还应包括哪些内容？

【参考答案】施工方案技术交底还应包括：工程的施工程序和顺序、施工工艺、质量控制、环境保护措施。

2H320040　机电工程施工资源管理

核心考点提纲

- 机电工程施工资源管理
  - 人力资源管理的要求
    - 施工现场项目部主要人员的配备
    - 特种作业人员和特种设备作业人员要求
    - 施工现场劳动力动态管理的基本原则
  - 工程材料管理的要求
    - 材料采购策划与采购计划
    - 材料进场验收要求
    - 材料领发要求
  - 施工机具管理的要求
    - 施工机具的选择原则
    - 施工机具管理要求

核心考点可考性提示

核心考点		2023年可考性提示
2H320041　人力资源管理的要求	施工现场项目部主要人员的配备	★
	特种作业人员和特种设备作业人员要求	★★★
	施工现场劳动力动态管理的基本原则	★★
2H320042　工程材料管理的要求	材料采购策划与采购计划	★★
	材料进场验收要求	★★★
	材料领发要求	★
2H320043　施工机具管理的要求	施工机具的选择原则	★
	施工机具管理要求	★

核心考点剖析

2H320041　人力资源管理的要求

核心考点一　施工现场项目部主要人员的配备

施工现场项目部主要人员的配备	（1）工程项目部负责人：项目经理、项目副经理、项目技术负责人。项目经理必须具有机电工程建造师资格。 （2）项目技术负责人：必须具有规定的机电工程相关专业职称，有从事工程施工技术管理工作经历。 （3）项目部技术人员：根据项目大小和具体情况，按分部、分项工程和专业配备。 （4）项目部现场施工管理人员：施工员、材料员、安全员、机械员、劳务员、资料员、质量员、标准员（八大员）等必须经培训、考试，持证上岗。项目部现场施工管理人员的配备，应根据工程项目的需要。施工员、质量员要根据项目专业情况配备，安全员要根据项目大小配备。 （5）配备满足施工要求经考核或培训合格的技术工人

◆**考法 1：案例简答或补缺题，考查施工现场项目部应配备哪些主要人员，配备哪些现场施工管理人员？**

【例题 1 · 2021 年真题】

背景节选：

公司组建项目部，配备了项目部负责人、技术负责人和技术人员。其中现场施工管理人员包括施工员、材料员、安全员、质量员和资料员。项目部将人员名单、数量和培训等情况上报，总承包单位审查后认为人员配备不能满足项目管理的需求，要求进行补充。

【问题】

机电项目部现场施工管理人员应补充哪类人员？项目部主要人员还应补充哪类人员？

【参考答案】

（1）机电项目部现场管理人员还应当补充：机械员、劳务员、标准员。

（2）项目部主要人员还应补充：经考核或培训合格的技术工人。

核心考点二　特种作业人员和特种设备作业人员要求

特种作业人员要求	特种作业人员是指直接从事特殊种类作业的从业人员。机电安装企业有焊工、起重工、电工、场内运输工（叉车工）、架子工等。 对特种作业人员的基本要求：考试取证、岗前培训、持证上岗。 特种作业人员必须持证上岗。特种作业操作证每三年进行一次复审。对离开特种作业岗位6个月以上的特种作业人员，上岗前必须重新进行考核（考试），合格后方可上岗作业
特种设备作业人员的要求	特种设备作业人员是指锅炉、压力容器（含气瓶）、压力管道、电梯、起重机械、客运索道、大型游乐设施、场（厂）内机动车辆等特种设备的作业人员及其相关管理人员。在机电安装企业中，主要指的是从事上述设备制造和安装的生产人员，如焊工、探伤工、司炉工等。 注意，“特种设备作业人员”中的“焊工”和“特种作业人员的焊工”共同之处：要求相同，都必须持证上岗，证件有效期是 3 年，离开岗位 6 个月必须重新考试。 不同之处：证书不同，前者是《特种设备安全管理与作业人员证》，后者是《特种作业操作证》
无损检测人员的级别分类和要求	（1）Ⅰ级人员可进行无损检测操作，记录检测数据，整理检测资料。 （2）Ⅱ级人员可编制一般的无损检测程序，并按检测工艺独立进行检测操作，评定检测结果，签发检测报告。 （3）Ⅲ级人员可根据标准编制无损检测工艺，审核或签发检测报告，解释检测结果，仲裁Ⅱ级人员对检测结论的技术争议

◆**考法 1：选择题，考查特种作业人员和特种设备作业人员的范围。**

【例题 1 · 2018 年真题】国家安全生产监督机构规定的特种作业人员有（　　）。

A. 焊工　　B. 司炉工

C. 电工　　D. 水处理工

E. 起重工

【答案】A、C、E

【解析】国家安全生产监督机构规定的特种作业人员中，机电安装企业有焊工、起重工、电工、场内运输工（叉车工）、架子工等。B、D 选项属于特种设备作业人员。

◆**考法 2：案例简答题或分析题，考查特种作业人员和特种设备作业人员要求。**

【例题 2 · 2016 年真题】

背景节选：

B 公司派出Ⅰ级无损检测人员进行该项目的无损检测工作，其签发的检测报告显示，一周内有 16 条管道焊缝被其评定为不合格。

【问题】B 单位的无损检测人员哪些检测工作超出了其资质范围？

【参考答案】B 单位Ⅰ级无损检测人员只能进行无损检测操作，记录数据，整理检测资料，在：① 评定检测结果、② 签发检测报告方面超出了其资质范围。

核心考点三　施工现场劳动力动态管理的基本原则

人力资源动态管理应遵循的基本原则	人力资源动态管理应遵循的基本原则有： （1）动态管理以进度计划和合同为依据，满足工程需要。 （2）动态管理应允许人力资源在企业内作充分的合理流动。 （3）动态管理应以动态平衡和日常调度为手段。 （4）动态管理应以达到人力资源优化组合，充分调动积极性为目的
建筑工人实名制管理	建筑工人实名制信息由基本信息、从业信息、诚信信息等内容组成。 （1）基本信息应包括建筑工人和项目管理人员的身份证信息、文化程度、工种（专业）、技能（职称或岗位证书）等级和基本安全培训等信息。 （2）从业信息应包括工作岗位、劳动合同签订、考勤、工资支付和从业记录等信息。 （3）诚信信息应包括诚信评价、举报投诉、良好及不良行为记录等信息

◆考法 1：选择题，考查劳动力动态管理的基本原则。

【例题 1·模拟题】劳动力的动态管理以（　　）为依据。

A. 进度计划与劳务合同　　B. 作业人员的积极性充分调动

C. 动态平衡和日常调度　　D. 达到劳动力优化组合

【答案】A

【例题 2·模拟题】建筑工人实名制基本信息包括（　　）。

A. 身份证信息　　B. 文化程度

C. 工种、技能等级　　D. 基本安全培训

E. 劳动合同签订

【答案】A、B、C、D

2H320042　工程材料管理的要求

机电工程材料管理是指材料的采购、验收、保管、标识、发放、回收及不合格材料的处置等。

核心考点一　材料采购策划与采购计划

材料采购合同的履行环节	主要包括：材料的交付、交货检验的依据、产品数量的验收、产品的质量检验、采购合同的变更等
分析市场现状	注意供应商的供货能力和生产周期，确定采购批量或供货的最佳时机。考虑材料运距及运输方法和时间，使材料供给与施工进度安排有恰当的时间提前量，以减少仓储保管费用

◆考法 1：案例简答题，考查材料采购合同应履行哪些环节？材料（或设备）采购前应分析哪些市场现状？

【例题 1·2020 年真题】在履行材料采购合同中，材料交付时应把握好哪些环节？

【参考答案】材料交付时应把握好：（1）材料的交付；（2）交货检验的依据；（3）产品数量的验收；（4）产品的质量检验；（5）采购合同的变更。

核心考点二　材料进场验收要求

材料进场验收要求	在材料进场时必须根据进料计划、送料凭证、质量保证书或产品合格证，进行材料的数量和质量验收；验收工作按质量验收规范和计量检测规定进行；验收内容包括品种、规格、型号、质量、数量、证件等；验收要做好记录、办理验收手续；要求复检的材料应有取样送检证明报告；对不符合计划要求或质量不合格的材料应拒绝接收

◆考法1：案例简答或补缺题，考查材料进场验收要求。

【例题1·2014年真题】

背景节选：

某安装公司承接一条生产线的机电安装工程，合同明确工艺设备、钢材、电缆由业主提供。

施工过程中，项目部根据进料计划、送货清单和质量保证书，按质量验收规范对业务送至现场的镀锌管材仅进行了数量和质量检查，发现有一批管材的型号规格、镀锌层厚度与进料计划不符。

【问题】对业主提供的镀锌管材还应做好哪些进场验收工作？

【参考答案】进场验收工作还应：（1）做好验收记录，办理验收手续；（2）进行见证取样送检，并有复检报告；（3）质量不合格或不符合计划要求的管材应拒绝接收。

核心考点三　材料领发要求

材料领发要求	凡有定额的工程用料，凭限额领料单领发材料；施工设施用料也实行定额发料制度，以设施用料计划进行总控制；超限额的用料，在用料前应办理手续，填制限额领料单，注明超耗原因，经签发批准后实施；建立领发料台账，记录领发和节超状况

◆考法1：案例简答或分析题，考查材料领发要求。

【例题1·模拟题】背景资料：某机电工程施工单位承包了一项设备总装配厂房钢结构安装工程。监理工程师在施工过程中发现项目部在材料管理上有失控现象，钢结构安装作业队存在材料错用的情况。追查原因是作业队领料时，钢结构工程的部分材料被承担外围工程的作业队领走，所需材料存在较大缺口。为赶工程进度，领用了项目部材料库无标识的材料，经检查，项目部无材料需用计划。为此监理工程师要求整改。

【问题】针对上述材料管理的失控现象，项目部材料管理上应做哪些改进？

【参考答案】项目部应建立材料需用计划体系；严格执行限额领料制度；超限额用料经签发批准；库存材料建立台账；无标识或标识不清的材料不得发放。

2H320043　施工机具管理的要求

核心考点一　施工机具的选择原则

施工机具的选择原则	施工机具的选择主要按类型、主要性能参数、操作性能来进行，要切合需要、实际可行、经济合理。其选择原则是： （1）施工机具的类型，应满足施工部署中的机械设备供应计划和施工方案的需要。 （2）施工机具的主要性能参数，要能满足工程需要和保证质量要求。

续表

施工机具的选择原则	（3）施工机具的操作性能，要适合工程的具体特点和使用场所的环境条件。 （4）能兼顾施工企业近几年的技术进步和市场拓展的需要。 （5）尽可能选择操作上安全、简单、可靠，品牌优良且同类设备同一型号的产品。 （6）综合考虑机械设备的选择特性

◆考法1：选择题，考查施工机具的选择原则。

【例题1·2021年真题】施工机具按类型和性能参数的选择原则不包括（　　）。

A. 满足工程需要　　B. 保证质量要求

C. 施工方案需要　　D. 装备规划要求

【答案】D

核心考点二　施工机具管理要求

施工机具管理要求	1.（1）进入现场的施工机械应进行安装验收，保持性能、状态完好，做到资料齐全、准确。需在现场组装的大型机具，使用前要组织验收，以验证组装质量和安全性能，合格后启用。属于特种设备的应履行报检程序。 （2）施工机具的使用应贯彻"人机固定"原则，实行定机、定人、定岗位责任的"三定"制度。执行重要施工机械设备专机专人负责制、机长负责制和操作人员持证上岗制。 2. 施工机械设备操作人员的要求： 逐步达到本级别"四懂三会"（四懂：懂性能、懂原理、懂结构、懂用途；三会：会操作、会保养、会排除故障）的要求

◆考法1：选择题，考查施工机具管理要求。

【例题1·2021年真题】现场组装的大型施工机械，使用前需组织验收，以验证组装质量和（　　）。

A. 机械性能　　B. 操作性能

C. 安全性能　　D. 维修性能

【答案】C

【解析】需在现场组装的大型机具，使用前要组织验收，以验证组装质量和安全性能，合格后启用。

◆考法2：案例分析题，考查施工机具管理要求。

【例题2·模拟题】

背景节选：

出租单位将运至施工现场的300t履带式起重机安装完毕后，施工单位为了赶工期，立即进行吊装。因为未提供相关资料被监理工程师指令停止吊装。

【问题】300t吊车在现场安装完毕就能投入使用吗？说明理由。监理单位要求提供哪些资料？

【参考答案】不能。因为吊车现场安装完毕后，必须进行安装验收，保持性能、状态完好，做到资料齐全、准确。监理单位要求提供的资料有：产品合格证、备案证明、吊车司机上岗证。

2H320050　机电工程施工技术管理

核心考点提纲

- 机电工程施工技术管理
  - 施工技术交底
    - 施工技术交底的依据、类型和内容
    - 施工技术交底的责任和要求
  - 设计变更程序
    - 设计变更的分类
    - 设计变更程序和要求
  - 施工技术资料与竣工档案管理
    - 建设工程项目资料的分类
    - 机电工程项目竣工档案的主要内容
    - 机电工程项目竣工档案编制、管理要求

核心考点可考性提示

核心考点		2023年可考性提示
2H320051　施工技术交底	施工技术交底的依据、类型和内容	★★★
	施工技术交底的责任和要求	★
2H320052　设计变更程序	设计变更的分类	★
	设计变更程序和要求	★★★
2H320053　施工技术资料与竣工档案管理	建设工程项目资料的分类	★★
	机电工程项目竣工档案的主要内容	★
	机电工程项目竣工档案编制、管理要求	★★★

核心考点剖析

2H320051　施工技术交底

核心考点一　施工技术交底的依据、类型和内容

施工技术交底的依据	施工技术交底的依据：项目质量策划、施工组织设计、专项施工方案、施工图纸、施工工艺及质量标准等
施工技术交底的类型和内容	（1）设计交底 （2）项目总体交底 在工程开工前，由各级技术负责人组织有关工程技术管理部门，依据施工组织总设计、工程设计文件、施工合同和设备说明书等资料制定技术交底提纲，对项目部职能部门、专业技术负责人和主要施工负责人及分包单位有关人员进行交底。 （3）单位工程技术交底（或专业交底） 在项目开工前，项目技术负责人应对本专业范围内的负责人、技术管理人员、施工班组长及施工骨干人员进行技术交底。 （4）分部分项工程技术交底 进行施工技术交底时应根据需要请建设、设计、制造、监理等单位的有关人员参加。 （5）变更交底 （6）安全技术交底

◆考法 1：选择题，考查施工技术交底的依据、类型和内容。

【例题 1 · 2020 年真题】下列文件中，不属于施工技术交底依据的是（　　）。

A. 施工合同　　　　B. 施工组织设计

C. 施工图纸　　　　D. 专项施工方案

【答案】A

◆考法 2：案例简答题，考查施工技术交底的依据、类型和内容。

【例题 2 · 2020 年真题】

背景节选：

A 安装公司承包一商务楼的机电安装工程项目，工程内容包括：通风空调、给水排水、建筑电气和消防工程等。A 公司签订合同后，经业主同意，将消防工程分包给 B 公司。在开工前，A 公司组织有关工程技术管理人员，依据施工组织设计、设计文件、施工合同和设备说明书等资料，对相关人员进行项目总体交底。

【问题】开工前，需要对哪些相关人员进行项目总体交底?

【参考答案】开工前，需要对项目部的职能部门人员、专业技术负责人、主要施工负责人和 B 公司（分包单位）有关人员进行项目总体交底。

核心考点二　施工技术交底的责任和要求

施工技术交底的责任	特种设备施工的技术交底由项目质量保证工程师组织。应在工程开工前界定技术交底的重要程度，对于重要的技术交底，其交底文件应经过项目技术负责人审核或批准
施工技术交底的要求	（1）交底文件应根据工程的特点及时编制，内容应全面，具有很强的针对性和可操作性。 （2）技术交底以书面文件为准，交底过程中可利用音像资料、BIM 技术作为辅助手段。 （3）技术交底必须在施工前完成，并办理好签字手续后方可开始施工操作。 （4）技术交底完成后，交底双方负责人在交底文件及交底记录上签字确认。经签署的交底文件及交底记录份数结合项目交工资料要求确定，且必须确保交底人持一份、接收交底人至少持一份

◆考法 1：案例简答题，考查施工技术交底的责任。例：重要的技术交底文件，应经谁审核和批准?

◆考法 2：案例分析题，分析技术交底中的不妥之处。

【例题 1 · 2014 年真题】

背景节选：

监理工程师组织分项工程质量验收时，发现 35kV 变电站接地体的接地电阻值大于设计要求。经查实，接地体的镀锌扁钢有一处损伤、两处对接虚焊，造成接地电阻不合格，分析原因有：项目部虽然建立了现场技术交底制度，明确了责任人员和交底内容，但施工作业前仅对分包负责人进行了一次口头交底。

【问题】指出项目部在施工技术交底要求上存在的问题。

【参考答案】施工技术交底要求上存在的问题有：未分层次、分阶段对施工人员进行交底；未形成书面并签字的交底记录；未根据工程实际情况确定交底次数。

2H320052 设计变更程序

核心考点一 设计变更的分类

按照变更的内容性质，分为重大设计变更和一般设计变更。

重大设计变更	重大设计变更是指变更对项目实施总工期和里程碑产生影响，或改变工程质量标准、整体设计功能，或增加的费用超出批准的基础设计概算，或增加原批准概算中没有列入的单项工程，或工艺方案变化、扩大设计规模、增加主要工艺设备等改变基础设计范围等原因提出的设计变更。重大设计变更应按照有关规定办理审批手续
一般设计变更	一般设计变更是指在不违背批准的基础设计文件的前提下，发生的局部改进、完善，使设计更趋于合理、优化，以及更好地满足用户的需求等方面的设计变更。一般设计变更不改变工艺流程，不会对总工期和里程碑产生影响，对工程投资影响较小

◆考法 1：选择题，考查设计变更的分类。

【例题 1·2019 年真题】下列工程变更中，不属于重大设计变更的是（　　）。

A. 工艺方案变化　　B. 增加单项工程

C. 扩大设计规模　　D. 满足用户需求

【答案】D

【解析】重大设计变更是指变更对项目实施总工期和里程碑产生影响，或改变工程质量标准、整体设计功能，或增加的费用超出批准的基础设计概算，或增加原批准概算中没有列入的单项工程，或工艺方案变化、扩大设计规模、增加主要工艺设备等改变基础设计范围等原因提出的设计变更。因此 A、B、C 选项属于重大设计变更。D 选项属于一般设计变更。

核心考点二 设计变更程序和要求

施工单位提出设计变更申请的变更程序	（1）施工单位提出变更申请报监理单位审核。 （2）监理工程师或总监理工程师审核技术是否可行、施工难易程度和工期是否增减，造价工程师核算造价影响，审核后报建设单位审批。 （3）建设单位工程师报建设单位项目经理或总经理同意后，通知设计单位。设计单位工程师认可变更方案，进行设计变更，出变更图纸或变更说明。 （4）建设单位将变更图纸或变更说明发至监理工程师，监理工程师发至施工单位
建设单位提出设计变更申请的变更程序	（1）建设单位工程师组织变更论证，总监理工程师论证变更是否技术可行、施工难易程度和对工期影响程度，造价工程师论证变更对造价影响程度。 （2）建设单位工程师将论证结果报项目经理或总经理同意后，通知设计单位。设计单位工程师认可变更方案，进行设计变更，出变更图纸或变更说明。 （3）变更图纸或变更说明由建设单位发至监理工程师，监理工程师发至施工单位

◆考法 1：案例简答题，考查设计变更的程序。

【例题 1·2018 年真题】

背景节选：

施工中，建设单位增加几台小功率排污泵，向项目部下达施工指令，项目部以无设计变更为由拒绝执行。

【问题】建设单位增加排污泵项目部拒绝执行是否正确？指出设计变更的程序。

【参考答案】项目部行为正确；设计变更的程序：建设单位向设计单位提出设计变更，

设计单位进行设计变更，设计变更由设计单位发至监理单位，监理单位将设计变更发至施工单位进行施工。

2H320053　施工技术资料与竣工档案管理

核心考点一　建设工程项目资料的分类

建设工程资料（建设工程文件）	建设工程文件：在工程建设过程中形成的各种形式的信息记录，包括工程准备阶段文件、监理文件、施工文件、竣工图和竣工验收文件
施工文件	施工管理资料、施工技术资料、施工进度及造价资料、施工物资资料、施工记录、施工试验记录及检测报告、施工质量验收记录、竣工验收资料
机电工程项目施工技术资料	（1）施工技术资料是施工资料的重要组成部分。机电工程项目施工技术资料是施工单位用以指导、规范和科学化施工的资料，是施工资料的重要组成部分。 （2）施工技术资料内容。包括施工组织设计、施工方案及危险性较大的分部分项工程专项施工方案、技术交底记录、图纸会审记录、设计交底记录、设计变更文件、工程洽商记录、技术联系（通知单）等

◆考法 1：案例简答或补缺题，考查施工技术资料包括的内容。

【例题 1 · 模拟题】

背景节选：

A 公司从承包商 B 分包某汽车厂涂装车间机电安装工程。在施工全部完成后，A 公司整理了施工过程形成的单位工程施工组织设计、设计变更文件等施工技术资料和其他施工资料，移交给承包方 B，承包方 B 以施工技术资料不全为由拒绝接收。

【问题】A 公司还应移交施工过程中形成的哪些主要施工技术资料？

【参考答案】A 公司还应移交施工过程中形成的：施工方案及专项施工方案、技术交底记录、图纸会审记录、工程洽商记录、技术联系（通知单）等。

核心考点二　机电工程项目竣工档案的主要内容

机电工程项目竣工档案的主要内容	（1）一般施工记录。包括：施工组织设计、（专项）施工方案、技术交底、施工日志。 （2）图纸变更记录。包括：图纸会审记录、设计变更记录、工程洽商记录。 （3）设备、产品及物资质量证明、安装记录。 （4）预检、复检、复测记录。 （5）各种施工记录。 （6）施工试验、检测记录。 （7）质量事故处理记录。 （8）施工质量验收记录。 （9）其他需要向建设单位移交的有关文件和实物照片及音像、光盘等

◆考法 1：案例简答或补缺题，考查机电工程项目竣工档案的主要内容。

【例题 1 · 2015 年真题】

背景节选：

某电力工程公司项目部承接了商务楼的 10kV 变配电工程施工项目。施工中，变配电设备检查、安装、绝缘测试、耐压试验及试运行符合设计要求，变配电设备系统检测满足智能监控要求，工程验收合格。项目部及时整理施工记录等技术资料，将 10kV 变配电工程竣工档案移交给商务楼项目建设单位。

【问题】本工程的竣工档案内容主要有哪些记录?

【参考答案】本工程的竣工档案内容中，主要有一般施工记录、图纸变更记录、设备质量检查及安装记录、施工试验记录和工程质量检验记录。

核心考点三　机电工程项目竣工档案编制、管理要求

竣工文件的编审	竣工文件由施工单位负责编制，监理负责审核
竣工档案按规定分保管期限、密级	保管期限应根据卷内文件的保存价值在永久保管、长期保管、短期保管三种保管期限中选择划定。当同一案卷内有不同保管期限的文件时，该案卷保管期限应从长。密级应在绝密、机密、秘密三个级别中选择划定。当同一案卷内有不同密级的文件时，应以高密级为本卷密级
竣工图章使用	所有竣工图应由施工单位逐张加盖竣工图章。竣工图章中的内容填写、签字应齐全、清楚，不应代签。 （1）竣工图章的基本内容包括："竣工图"字样、施工单位、编制人、审核人、技术负责人、编制日期、监理单位、现场监理、总监。 （2）竣工图章尺寸应为：50mm×80mm。 （3）竣工图章应使用不易褪色的印泥，应盖在图标栏上方空白处
竣工档案的验收与移交	（1）工程档案的编制不得少于两套，一套应由建设单位保管，一套（原件）应移交当地城建档案管理机构保存。 （2）施工单位向建设单位移交工程档案资料时，应编制《工程档案资料移交清单》，双方按清单查阅清点。移交清单一式两份，移交后双方应在移交清单上签字盖章，双方各保存一份存档备查

◆考法1：选择题，考查机电工程项目竣工档案编制、管理要求。

【例题1·2017年真题】关于工程竣工档案编制及移交的要求，正确的有（　　）。

A. 项目竣工档案一般不少于两套　　B. 档案资料原件由建设单位保管

C. 应编制工程档案资料移交清单　　D. 双方应在移交清单上签字盖章

E. 档案资料移交清单需一式三份

【答案】A、C、D

【例题2·2020年真题】竣工图章应盖在（　　）。

A. 图标栏上方空白处　　B. 图纸修改处

C. 图标栏左下角　　D. 设计图标处

【答案】A

2H320060　机电工程施工进度管理

核心考点提纲

- 机电工程施工进度管理
  - 单位工程施工进度计划实施
    - 机电工程施工进度计划表示方法
    - 机电工程进度计划编制的注意要点
    - 单位工程施工进度计划实施前的交底
  - 作业进度计划要求：施工作业进度计划编制要求
  - 施工进度的监测与调整
    - 影响施工计划进度的原因及因素
    - 施工进度的监测分析
    - 施工进度计划调整方法、内容和原则
    - 施工进度控制的主要措施

核心考点可考性提示

核心考点		2023年可考性提示
2H320061 单位工程施工进度计划实施	机电工程施工进度计划表示方法	★★★
	机电工程进度计划编制的注意要点	★
	单位工程施工进度计划实施前的交底	★★
2H320062 作业进度计划要求	施工作业进度计划编制要求	★
2H320063 施工进度的监测与调整	影响施工计划进度的原因及因素	★★
	施工进度的监测分析	★★★
	施工进度计划调整方法、内容和原则	★★★
	施工进度控制的主要措施	★

核心考点剖析

2H320061 单位工程施工进度计划实施

核心考点一 机电工程施工进度计划表示方法

横道图	优点：① 编制方法简单，② 直观清晰，③ 便于实际进度与计划进度比较，④ 便于计算劳动力、机具、材料和资金的需要量。 缺点：一般横道图①不反映工作的逻辑关系，② 不能反映出工作所具有的机动时间，③ 不能明确地反映出关键工作、关键线路和工作时差，④ 不利于施工进度的动态控制。 当项目规模大、工艺关系复杂时，横道图就很难充分体现不同的分部分项工程之间的矛盾，难以适用较大的工程项目进度控制
网络图	优点：① 能够明确表达各项工作之间的逻辑关系。 ② 可以找出关键线路和关键工作，计算出总工期。 ③ 能反映非关键线路中的多余时间（机动时间）。 ④ 能用计算机软件编制和管理

◆考法1：案例简答题，考查横道图的优缺点、网络图的优点。

【例题1·2020年真题】

背景节选：

B公司依据本公司的人力资源现状，编制了照明工程和室内给水排水施工作业进度计划（见下表），工期122d。该计划被A公司否定，要求B公司修改作业进度计划，加快进度。B公司在工作持续时间不变的情况下，将排水、给水管道施工的开始时间提前到6月1日，增加施工人员，使室内给水排水和照明工程按A公司要求完工。

【问题】B公司编制的施工作业进度计划为什么被A公司否定？修改后的作业进度计划工期为多少天？这种表示方式的作业进度计划有哪些欠缺？

【参考答案】（1）被否定的原因：未充分考虑给水排水工程和建筑电气工程之间的逻辑关系，顺序安排不当。

施工作业进度计划

序号	工作内容	6月			7月			8月			9月		
		1	11	21	1	11	21	1	11	21	1	11	21
1	照明管线施工												
2	灯具安装												
3	开关、插座安装												
4	通电、试运行验收												
5	排水、给水管道施工												
6	水泵房设备安装												
7	卫生器具安装												
8	给水排水系统试验、验收												

（2）修改后的作业进度计划工期为 92d。

（3）这种表示方法的欠缺：① 不反映工作的逻辑关系；② 不能反映出工作所具有的机动时间；③ 不能明确地反映出影响工期的关键工作、关键线路和工作时差；④ 不利于施工进度的动态控制。

核心考点二　机电工程进度计划编制的注意要点

进度计划编制时，应考虑哪些因素	（1）保证重点、兼顾一般。 （2）满足连续均衡施工要求。 （3）留出一些后备工程，以便在施工过程中作为平衡调剂使用。 （4）考虑各种不利条件的限制和影响

◆考法 1：案例简答题，考查进度计划编制时应考虑哪些因素？

核心考点三　单位工程施工进度计划实施前的交底

交底内容	（1）明确进度控制重点（关键线路、关键工作）；（2）交代施工用人力资源和物资供应保障情况；（3）确定各专业队组（含分包方的）分工和衔接关系及时间点、介绍；（4）安全技术措施要领；（5）单位工程质量目标
参加交底的人员	有项目负责人、计划人员、调度人员、作业班组人员以及相关的物资供应、安全、质量管理人员

◆考法 1：案例简答或补缺题，考查单位工程进度计划交底有哪些内容？

2H320062　作业进度计划要求

核心考点一　施工作业进度计划编制要求

作业进度计划	（1）施工作业进度计划是对单位工程施工进度计划目标分解后的进度计划，应根据单位工程施工进度计划编制施工作业进度计划。 （2）作业进度计划可按分项工程或工序为单元进行编制，编制前应对施工现场条件、作业面现状、人力资源配备、物资供应状况等做充分了解，并对执行中可能遇到的问题及其解决的途径提出对策，因而作业进度计划是在所有计划中最具有可操作性的计划。

续表

作业进度计划	（3）作业进度计划编制时已充分考虑了工作间的衔接关系和符合工艺规律的逻辑关系，所以宜用横道图进度计划表达。 （4）作业进度计划应具体体现施工顺序安排的合理性，即满足先地下后地上、先深后浅、先干线后支线、先大件后小件等的基本要求。 （5）作业进度计划分为月作业进度计划、旬（周）作业进度计划和日作业进度计划

◆考法1：简答题。考查施工作业进度计划编制要求。

【例题1·2019年真题】

背景节选：

某建设项目由A公司施工总承包，A公司征得业主同意，把变电所及照明工程分包给B公司。

B公司项目部进场后，按公司的施工资源现状，编制了变电所及照明工程施工作业进度计划（见下表），工期需150d，在审批时被A公司否定，要求增加施工人员，优化变电所及照明工程施工作业进度计划，缩短工期。B公司项目部按A公司要求，在工作持续时间不变的情况下，将照明线管施工的开始时间提前到3月1日，变电所和照明工程平行施工。

变电所及照明工程施工作业进度计划

序号	工作内容	持续时间（d）	3月			4月			5月			6月			7月		
			1	11	21	1	11	21	1	11	21	1	11	21	1	11	21
1	变电所施工验收送电	70															
2	照明线管施工	30															
3	照明线管穿线	30															
4	灯具安装	30															
5	开关插座安装	30															
6	通电试灯	10															
7	试运行验收	10															

【问题】

1. B公司项目部编制的施工作业进度计划为什么被A公司否定？优化后的进度计划工期缩短为多少天？

2. B公司项目部在编制施工作业进度计划前，应充分了解哪些内容？

【参考答案】

1.（1）B公司项目部编制的施工作业进度计划被否定的原因：照明工程施工和变电所施工没有先后逻辑关系（可以平行施工）。

（2）优化后的进度计划工期缩短为90d。

【解析】在分析横道图与时间有关的问题时，一定要注意看清每个月份按照30d还是31d考虑？通常情况下，安排进度时按照实际日历考虑，有的月份是30d，有的月份是31d。比如3月份的下旬，是11d，而不是10d。但是该题目在背景中直接告诉我们工期是150d，持续5个月，每个月都按30d考虑。同时，横道图中也能看出这一点来。

这道题和“2H320061 单位工程施工进度计划实施”中，“核心考点一”的例题 1 考法相同，但不同之处在于每个月按多少天考虑。所以关键是遇到问题，看清背景条件。

2. B 公司在编制施工作业进度计划前，应充分了解：（1）施工现场（环境）条件；（2）作业面现状；（3）人力资源配备；（4）物资（设备材料）供应状况。

◆考法 2：分析题，考查施工作业进度计划的编制。

【例题 2 · 2012 年真题】

背景节选：

A 公司从承包商 B 分包某汽车厂涂装车间机电安装工程，合同约定：A 公司施工范围为给水排水系统、照明系统、动力配电系统、变压器等工程；工期 5 个月不变。A 公司按承包方的进度计划编制了单位工程进度计划和施工作业进度计划，经批准后实施。

【问题】A 公司可按什么为单元编制作业进度计划？A 公司应编制哪几项工程的作业进度计划？

【参考答案】A 公司可按分项工程或工序为单元编制作业进度计划。

A 公司应编制以下几项工程的作业进度计划：（1）给水系统工程；（2）排水系统工程；（3）照明系统工程；（4）动力配电系统工程；（5）变压器安装。

2H320063　施工进度的监测与调整

核心考点一　影响施工计划进度的原因及因素

影响施工计划进度的因素	（1）工程资金不落实 建设单位没有给足工程预付款，拖欠工程进度款，影响承包单位的流动资金周转。影响承包单位的材料采购、劳务费的支付，影响施工进度。 （2）施工图纸提供不及时 建设单位对工程提出了新的要求、规范标准的修订、设计单位对设计图纸的变更或施工单位要求施工修改，都会影响施工进度。 （3）气候及周围环境的不利因素 （4）供应商违约 施工过程中需要的工程设备、材料、构配件和施工机具等，不能按计划运抵施工现场，或是运抵施工现场检查时，发现其质量不符合有关标准的要求。 （5）设备、材料价格上涨 在固定总价合同中，碰到设备、材料价格上涨，造成设备、材料采购困难。 （6）四新技术的应用 工程中新材料、新工艺、新技术、新设备的应用，施工人员的技术培训，影响施工进度计划的执行。 （7）施工单位管理能力 例如，施工方法失误造成返工，施工组织管理混乱，处理问题不够及时，各专业分包单位不能如期履行合同等现象都会影响施工进度计划

◆考法 1：选择题，考查影响施工进度计划的因素。

【例题 1 · 2020 年真题】下列影响施工进度的因素中，属于施工单位管理能力的是（　　）。

A. 材料价格的上涨　　B. 安装失误造成返工

C. 新标准技术培训　　D. 施工图纸设计变更

【答案】B

核心考点二 施工进度的监测分析

施工进度偏差对后续工作和总工期影响的分析	1. 进度偏差的工作是否为关键工作 若出现进度偏差的工作位于关键线路上，即该工作为关键工作，将对后续工作和总工期产生影响。 2. 进度偏差是否大于总时差 （1）若工作的进度偏差大于该工作的总时差，此偏差将影响后续工作和总工期。 （2）若工作的进度偏差小于或等于该工作的总时差，此偏差对总工期无影响。 3. 分析进度偏差是否大于自由时差。 （1）若工作的进度偏差大于该工作的自由时差，此偏差对后续工作产生影响。 （2）若工作的进度偏差小于或等于该工作的自由时差，此偏差对后续工作无影响

◆考法 1：案例分析题，双代号网络图中，某工作延误是否影响工期？

【例题 1・考试用书案例 2H320060-1】

背景资料：

某工业项目建设单位通过招标与施工单位签订了施工合同，合同内容包括设备基础、设备钢架（多层）、工艺设备、工业管道和电气仪表安装等。

工程开工前，施工单位按合同约定向建设单位提交了施工进度计划（见下图）。

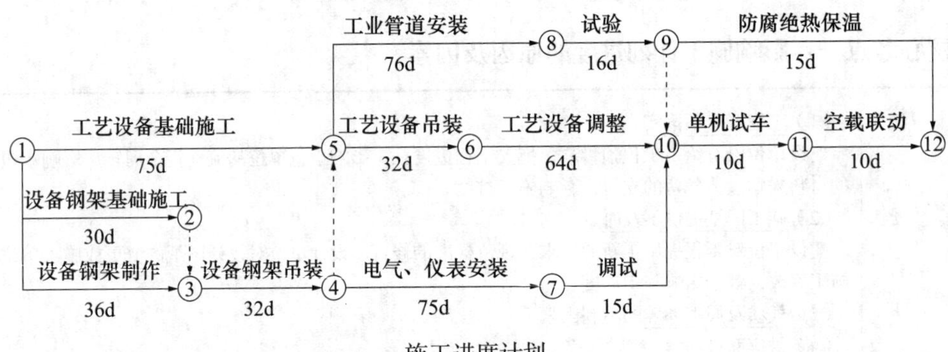

施工进度计划

在施工进度计划中，设备钢架吊装和工艺设备吊装两项工作共用一台塔式起重机，其他工作不使用塔式起重机。经建设单位审核确认，施工单位按该进度计划进场组织施工。

在施工过程中，由于建设单位要求变更设计图纸，致使设备钢架制作工作停工 10d（其他工作持续时间不变），建设单位及时向施工单位发出通知，要求施工单位塔式起重机按原计划进场，调整进度计划，保证该项目按原计划工期完工。

施工单位采取措施将工艺设备调整工作的持续时间压缩 3d，得到建设单位同意。施工单位提出的费用补偿要求如下，但建设单位没有全部认可。

（1）工艺设备调整工作压缩 3d，增加赶工费 10000 元。

（2）塔式起重机闲置 10d 损失费：1600 元 /d（含运行费 300 元 /d）×10d＝46000 元。

（3）设备钢架制作工作停工 10d 造成其他有关机械闲置、人员窝工等综合损失费 15000 元。

【问题】

1. 施工单位按原计划安排塔式起重机在工程开工后最早投入使用的时间是第几天？按原计划，设备钢架吊装与工艺设备吊装工作能否连续作业？说明理由。

2. 说明施工单位调整方案后能保证原计划工期不变的理由。

3. 施工单位提出的 3 项费用补偿要求是否合理？计算建设单位应补偿施工单位的总费用。

【参考答案】

1. 按原计划，塔式起重机在工程开工后第 37 天投入使用；吊装作业不能连续作业；因为设备钢架吊装完成后，工艺设备基础施工尚未完成，还需闲置 7d。

2. 施工单位调整方案后能保证原计划工期不变的理由：虽然设备钢架制作耽误 10d，但有 7d 总时差，采取压缩关键工作（工艺设备调整）3d 后，可实现总工期不变。

3. 施工单位提出的 3 项费用补偿要求：

（1）工艺设备调整工作压缩 3d，增加赶工费 10000 元；要求合理。

（2）塔式起重机闲置 10d 损失费：1600 元 /d（含运行费 300 元 /d）×10d：16000 元；要求不合理。

（3）设备钢架制作工作停工 10d 造成其他有关机械闲置、人员窝工等综合损失费 15000 元；要求合理。

建设单位应补偿施工单位的总费用：10000 +（1600－300）×3 + 15000 = 28900 元

核心考点三　施工进度计划调整方法、内容和原则

调整方法	（1）改变某些工作间的衔接关系。 （2）缩短某些工作的持续时间
调整的内容	包括：施工内容、工程量、起止时间、持续时间、工作关系、资源供应等
调整的原则	调整的对象必须是关键工作，并且该工作有压缩的潜力，同时与其他可压缩对象相比赶工费是最低的

◆考法 1：案例简答题，考查进度计划的调整内容、调整方法。

【例题 1 · 2021 年真题】

背景节选：

在锅炉受热面安装时，由于锅炉受热面炉前水冷壁上段 4 片管排到货延期，导致炉前水冷壁安装进度滞后。为此，项目部及时调整锅炉受热面组合安装的顺序，修改完善锅炉受热面安装施工方案，并紧急协调 15 名施工人员支援锅炉受热面的组合安装工作，对施工人员重新进行分工，明确施工任务和责任，保证了锅炉受热面按期完成。

【问题】炉前水冷壁进度滞后时，采用了哪些加快施工进度的措施？施工进度计划调整的内容有哪些？

【参考答案】（1）炉前水冷壁进度滞后时，采用加快施工进度的组织措施和技术措施。

（2）施工进度计划调整的内容有：施工内容、工程量、起止时间、持续时间、工作关系、资源供应。

◆**考法 2：案例分析题，考查进度计划的调整原则、进度计划的调整方法的使用。**

【例题 2 · 2020 年一级真题】

背景节选：

A 公司承包某商务园区电气工程，工程内容为 10/0.4-LN9731 型变电所、供电线路室内电气。主要设备（三相变压器、开关柜）由建设单位采购，设备已运抵施工现场，其他设备材料由 A 公司采购。A 公司依据施工图、资源配置计划编制了 10/0.4-LN9731 型变电所安装工作的逻辑关系及持续时间图。

10/0.4-LN9731 型变电所安装工作的逻辑关系及持续时间

代号	工作内容	紧前工作	持续时间（d）	可压缩时间（d）
A	基础框架安装		10	3
B	接地干线安装		10	2
C	公桥梁安装	A	8	3
D	变压器安装	AB	10	2
E	开关柜、配电柜安装	AB	15	3
F	电缆敷设	CDE	8	2
G	母线安装	DE	11	2
H	二次线路敷设	E	4	1
I	试验调整	FGH	20	3
J	计量仪表安装	GHI	2	
K	试运行验收	IJ	2	

【问题】按表计算变电所安装计划工期，如果每项工作都按表压缩天数，变电所安装最多可以压缩到多少天？

【参考答案】

（1）变电所安装计划工期为 58d。

（2）如果每项工作都按表压缩天数，变电所安装最多可以压缩到 48d。

核心考点四　施工进度控制的主要措施

组织措施	（1）确定机电工程施工进度目标，建立进度目标控制体系；明确工程现场进度控制人员及其分工；落实各层次的进度控制人员的任务和责任。 （2）建立工程进度报告制度，实施进度计划的检查分析制度。 （3）建立施工进度协调会议制度。 （4）建立机电工程图纸会审、工程变更和设计变更管理制度。 关键词：制度、体系、人员
合同措施	（1）施工前与各分包单位签订施工合同，规定完工日期及不能按期完成的惩罚措施等。 （2）合同中要有专款专用条款，防止因资金问题而影响施工进度。 （3）严格控制合同变更。 （4）在合同中应充分考虑风险因素及其对进度的影响，以及相应的处理方法。 （5）协调合同工期与进度计划之间的关系，保证进度目标的实现。 （6）加强索赔管理，公正地处理索赔。 关键词：合同、索赔、风险

续表

经济措施	（1）在工程预算中考虑加快施工进度所需的资金，编制资金需求计划，满足资金供给，保证施工进度目标所需的工程费用等。 （2）施工中及时办理工程预付款及工程进度款支付手续。 （3）对应急赶工给予优厚的赶工费用，对工期提前给予奖励，对工程延误收取误期损失赔偿金。 关键词：资金、费用、进度款、奖罚
技术措施	（1）为实现计划进度目标，优化施工方案，分析改变施工技术、施工方法和施工机械的可能性。 （2）审查分包单位提交的进度计划，使分包单位能在满足总进度计划的状态下施工。 （3）编制施工进度控制工作细则，指导项目部人员实施进度控制。 （4）采用网络计划技术及其他适用的计划方法，并结合计算机的应用，对机电工程进度实施动态控制。 （5）施工前应加强图纸审查，严格控制随意变更。 关键词：施工方案、工作细则、图纸审查

◆考法1：选择题，区分施工进度控制的主要措施。

【例题1·模拟题】以下属于进度控制组织措施的有（　　）。

A. 建立并实施关于进度的奖惩制度

B. 建立进度协调会议制度

C. 施工前加强图纸审查，严格控制随意变更

D. 建立图纸会审、工程变更和设计变更管理制度

E. 严格控制合同变更

【答案】B、D

【解析】此题有陷阱。A选项虽然有关键词“制度”，但还有关键词“奖惩”，所以属于经济措施。C选项属于技术措施，因为有类似字眼，容易跟D选项搞混。E选项有关键词“合同”，属于合同措施，又容易跟C选项搞混。

2H320070　机电工程施工质量管理

核心考点提纲

- 机电工程施工质量管理
  - 施工质量预控
    - 机电安装工程项目施工过程的质量控制
    - 机电工程施工质量的预控
    - 质量控制点的设置
    - 质量预控方案
  - 施工工序质量检验
    - 现场质量检查的内容和方法
    - 工程项目质量检验的三检制
  - 施工质量问题和质量事故的处理
    - 工程质量事故问题的划分和定义
    - 质量事故处理程序
    - 质量事故处理方式

核心考点可考性提示

核心考点		2023 年可考性提示
2H320071　施工质量预控	机电安装工程项目施工过程的质量控制	★★
	机电工程施工质量的预控	★★
	质量控制点的设置	★★★
	质量预控方案	★★★
2H320072　施工工序质量检验	现场质量检查的内容和方法	★★
	工程项目质量检验的三检制	★★
2H320073　施工质量问题和质量事故的处理	工程质量事故问题的划分和定义	★
	质量事故处理程序	★★★
	质量事故处理方式	★

核心考点剖析

2H320071　施工质量预控

核心考点一　机电安装工程项目施工过程的质量控制

事前控制	是对投入参与施工项目的人、机、料、法、环和资源条件的控制。 （1）施工准备质量控制：包括施工机具、检测器具质量控制；工程设备材料、半成品及构件质量控制；质量保证体系、施工人员资格审查、操作人员培训等管理控制；质量控制系统组织的控制；施工方案、施工计划、施工方法、检验方法审查的控制；工程技术环境监督检查的控制；新工艺、新技术、新材料审查把关控制等。 （2）严格控制图纸会审及技术交底的质量、施工组织设计交底的质量、分项工程技术交底的质量	
事中控制（过程控制）	施工过程质量控制	包括：工序控制；工序之间的交接检查的控制；隐蔽工程质量控制；调试和检测、试验等过程控制
	设备监造控制 中间产品控制	
	分项、分部工程质量验收或评定的控制	
	设计变更、图纸修改、工程洽商、施工变更等的审查控制	
事后控制	（1）竣工质量检验控制。包括联动试车及运行，验收文件审核签认，竣工总验收、总交工。 （2）工程质量评定。包括单位工程、单项工程、整个项目的质量评定。 （3）工程质量文件审核与建档。这是最为重要的质量控制。 （4）回访和保修	

◆考法 1：选择题，区分事前、事中和事后控制。

【例题 1 · 2020 年真题】下列施工质量控制措施，属于事中控制的是（　　）。

A. 检测器具　　　　B. 资格审查

C. 设计变更　　　　D. 试车及运行

【答案】C

【解析】A、B 选项属于事前控制，D 选项属于事后控制。

核心考点二　机电工程施工质量的预控

机电工程项目施工质量策划	（1）确定质量目标。 （2）建立组织机构。 （3）制定项目经理部各级人员、部门的岗位职责。 （4）建立质量保证体系和控制程序。 （5）编制施工组织设计（施工方案）与质量计划。 （6）机电综合管线设计的策划。 当管道交叉时，一般自上而下应为电、风、水管。管道综合排布时应首先考虑风管的标高和走向，但同时要考虑大管径水管的布置。一般布置原则是水管让风管、小管让大管、支管让干管、有压管让无压管
工序质量预控	工序质量控制的方法一般有质量预控、工序分析、质量控制点的设置三种，以质量预控为主。 其中，工序分析的步骤：第一步是用因果分析图法书面分析；第二步进行试验核实，可根据不同的工序用不同的方法，如优选法等；第三步是制定标准进行管理，主要应用系统图法和矩阵图法

◆考法 1：案例简答题，考查施工质量策划（项目经理如何进行质量策划？），或考查工序分析的步骤。

【例题 1・2017 年真题】

背景节选：

某安装公司中标一机床厂的钢结构厂房制作安装及机电安装工程，在编制质量预控措施时，安装公司重点抓住工序质量控制，除设置质量控制点外，还认真地进行工序分析，即严格按照第一步书面分析、第二步试验核实、第三步制定标准的三个步骤，并分别采用各自的分析控制方法，从而有效地控制了工程施工质量。

【问题】工序分析的三个步骤中，分别采用的是哪种分析方法？

【参考答案】第一步：因果分析图法；第二步：优选法；第三步：系统图法（或矩阵图法）。

核心考点三　质量控制点的设置

质量控制点的确定原则	（1）关键工序或环节。 （2）关键工序的关键质量特性。 （3）关键质量特性的关键因素。 （4）施工中的薄弱环节或质量不稳定的工序。 （5）对后续工程（后续工序）施工质量或安全有重大影响的工序、部位或对象。 （6）隐蔽工程。 （7）采用新工艺、新技术、新材料的部位或环节
质量控制点的划分	根据各控制点对工程质量的影响程度，分为 A、B、C 三级。 （1）A 级控制点：影响装置、设备的安全运行、使用功能或运行后出现质量问题时必须停车才可处理或合同协议有特殊要求的质量控制点，必须由施工、监理和业主三方质检人员共同检查确认并签证。 （2）B 级控制点：影响下道工序质量的质量控制点，由施工、监理双方质检人员共同检查确认并签证。 （3）C 级控制点：对工程质量影响较小或运行后出现质量问题可随时处理的次要质量控制点，由施工方质检人员自行检查确认

◆**考法 1：案例分析题，考查质量控制点的划分。**

【例题 1 • 2018 年真题】

背景节选：

A 安装公司承包某通风空调工程的施工，合同约定：冷水机组、冷却塔、水泵和风机盘管等设备由建设单位采购，其他材料及配件由 A 安装公司采购，工程质量达到通风空调工程施工质量验收规范要求。

为保证安装质量，A 安装公司将冷水机组找正等施工工序设置为质量控制点。

【问题】按照质量控制点分级要求，冷水机组找正应属于哪级控制点？应由哪几方质检人员共同检查确认并签证？

【参考答案】按照质量控制点分级要求，冷水机组找正属于 A 级控制点。由施工、监理、业主三方质检人员共同检查确认并签证。

◆**考法 2：案例补缺题，考查质量控制点的确定原则。**

【例题 2 • 2016 年真题】

背景节选：

某安装公司承接了一广场地下商场给水排水、空调、电气和消防系统安装工程。项目部根据安装公司管理手册和程序文件的要求，结合项目实际情况编制了项目质量计划，经审批后实施。项目部根据施工过程中的关键工序，对后续工程施工质量、安全有重大影响的工序，采用新工艺、新技术、新材料的部位等原则，确定了质量控制点为：高、低压配电柜安装，锅炉、冷水机组的设备基础、垫铁敷设，管道焊接和压力试验等。

【问题】项目部还需考虑哪些确定质量控制点的原则？

【参考答案】项目部还需考虑的原则：（1）关键工序的关键质量特性（关键因素）；（2）施工中的薄弱环节；（3）质量不稳定工序；（4）隐蔽工程。

核心考点四　质量预控方案

质量预控方案的内容	一般包括工序名称、可能出现的质量问题、提出质量预控措施等三部分内容

◆**考法 1：案例简答题，质量预控方案包括哪些内容？**

◆**考法 2：案例分析题，编写质量预控方案。**

【例题 1 • 模拟题】

背景节选：

某工程，钢结构制作全部露天作业，作业中雨期来临，工期紧迫，不能停止施工，导致焊接作业产生较大的焊接变形，经 X 射线检测，发现多处焊缝存在气孔、夹渣等超标缺陷，需返工。

【问题】针对该事件，编写一项质量预控方案。

【参考答案】（1）工序名称：钢结构焊接；

（2）可能出现的质量问题：气孔、夹渣等；

（3）提出的质量预控措施：① 搭设防雨棚（采取防雨措施）；② 焊条、焊件烘干；③ 焊条放在保温桶中。

【解析】编写质量预控方案时，“提出的质量预控措施”作答的基本思路：先根据背景线索分析主要的质量影响因素是“人机料法环”中的哪几个，然后针对主要的因素提出控制措施。比如根据本案例的“露天”“雨季”分析主要的影响因素是环（湿度大）、料（雨天材料容易受潮），然后就能编写出相应的预控措施了。

2H320072　施工工序质量检验

核心考点一　现场质量检查的内容和方法

现场质量检查的内容	包括：开工前的检查，工序交接检查，隐蔽工程的检查，停工后复工的检查，分项、分部工程完工后检查，成品保护的检查
现场质量检查的方法	现场质量检查的方法主要有目测法、实测法、试验法等。 （1）目测法。凭借感官进行检查，也称观感质量检验。 （2）实测法。通过实测数据与施工规范、质量验收标准的要求及允许偏差值进行对照，以此判断质量是否符合要求。 （3）试验法。通过必要的试验手段对质量进行判断的检查方法。主要包括：理化试验、无损检测、试压、试车等

◆考法1：选择题，考查现场质量检查的内容和方法。

【例题1·2020年一级真题】机电工程工序质量检查的基本方法不包括（　　）。

A. 试验检验法　　B. 实测检验法

C. 抽样检验法　　D. 感官检验法

【答案】C

◆考法2：案例简答题，考查现场质量检查的内容和方法。

【例题2·2020年真题】

背景节选：

某公司承接某电厂的“超低排放”改造项目，工程内容：脱硫系统改造、新增烟气换热系统及湿式电除尘系统安装。开工前，项目部编制了项目质量计划。质量计划中“现场质量检查”部分的内容包括：开工条件检查、停复工检查和分项分部工程检查。项目技术负责人审查后，认为质量计划中的“现场质量检查”内容不完整，需补充完善。

【问题】质量计划中“现场质量检查”还需要补充哪些内容？

【参考答案】还需要补充：工序交接检查，隐蔽工程的检查，成品保护的检查。

核心考点二　工程项目质量检验的三检制

三检制的含义和作用	“三检制”是指操作人员的“自检”“互检”和专职质量管理人员的“专检”相结合的检验制度。 （1）自检是指由操作人员对自己的施工作业或已完成的分项工程进行自我检验，实施自我控制、自我把关，及时消除异常因素，以防止不合格品进入下道作业。 （2）互检是指操作人员之间对所完成的作业或分项工程进行的相互检查，是对自检的一种复核和确认，起到相互监督的作用。互检的形式可以是同组操作人员之间的相互检验，也可以是班组的质量检查员对本班组操作人员的抽检，同时也可以是下道作业对上道作业的交接检验。 （3）专检是指质量检验员对分部、分项工程进行检验，用以弥补自检、互检的不足
三检制的范围	一般情况下，原材料、半成品、成品的检验以专职检验人员为主，生产过程的各项作业的检验则以施工现场操作人员的自检、互检为主，专职检验人员巡回抽检为辅

◆**考法 1：案例简答题，考查三检制的含义和作用。**

【例题 1 · 2018 年真题】

背景节选：

某安装公司中标了 10 台 5000m^3 拱顶罐安装工程，项目部建立了质量和安全保证体系，组织编制了相应的职业健康安全应急预案，与相关单位完成了设计交底和图纸会审。项目部编制了施工方案，储罐采用倒装法施工。

储罐施工过程中，项目部对罐体质量控制实施了“三检制”，并对储罐罐壁几何尺寸进行了检查，检查内容包括罐壁高度偏差、罐壁垂直度偏差和罐壁焊缝棱角度，检查结果符合标准规范的要求。

【问题】

1. 说明“三检制”的内容。

2. 说明现场储罐罐壁几何尺寸检查的方法。

【参考答案】

1. “三检制”是指操作人员的“自检”“互检”和专职质量管理人员的“专检”相结合的检验制度。

2. 现场储罐质量检查方法是实测法。

【例题 2 · 2014 年真题】在分项工程检验中，专检有什么作用?

【参考答案】专检是指质量检验员对分部、分项工程进行检验，用以弥补自检、互检的不足。

2H320073　施工质量问题和质量事故的处理

核心考点一　工程质量事故问题的划分和定义

质量问题	凡是工程质量不合格，必须进行返修、加固或报废处理，造成直接经济损失不大的（小于 100 万元），未影响安全或功能，未影响工期的为质量问题，由企业自行处理
质量事故	凡是工程质量不合格，必须进行返修、加固或报废处理，造成直接经济损失较大的（≥ 100 万元）为质量事故

◆**考法 1：案例分析题，分析某质量不合格属于质量事故还是质量问题。**

【例题 1 · 2016 年真题】

背景节选：

B 公司派出 I 级无损检测人员进行该项目的无损检测工作，其签发的检测报告显示，一周内有 16 条管道焊缝被其评定为不合格。经项目质量工程师排查，这些不合格焊缝均出自一台整流元件损坏的手工焊焊机。操作该焊机的焊工是一名自动焊焊工，无手工焊资质，未能及时发现焊机的异常情况。经调换焊工，更换焊机，返修焊缝后，重新检测结果为合格。该事件未耽误工期，但造成费用损失 15000 元。

【问题】说明这 16 条缺陷焊缝未判别为质量事故的原因。

【参考答案】未判别为质量事故的原因：经济损失不大（未达到 100 万元损失的界线），

未对项目工期和安全构成影响，属质量问题，由企业自行处理。

核心考点二　质量事故处理程序

质量事故处理程序	（1）事故报告；（2）现场保护；（3）事故调查；（4）撰写质量事故调查报告；（5）事故处理报告
事故报告	工程质量事故发生后，事故现场有关人员应当立即向工程建设单位负责人报告；工程建设单位负责人接到报告后，应于1小时内向事故发生地县级以上人民政府住房和城乡建设主管部门及有关部门报告。 情况紧急时，事故现场有关人员可直接向事故发生地县级以上人民政府住房和城乡建设主管部门报告。 事故报告应包括下列内容： （1）事故发生的时间、地点、工程项目名称、工程各参建单位名称。 （2）事故发生的简要经过、伤亡人数和初步估计的直接经济损失。 （3）事故的初步原因。 （4）事故发生后采取的措施及事故控制情况。 （5）事故报告单位、联系人及联系方式。（比安全事故报告多了此项） （6）其他应当报告的情况
现场保护	质量问题出现后，要做好现场保护。分为两种情况：（1）如焊缝裂纹，不要急于返修，要等到处理结论批准后再处理。（2）对于那些可能会进一步扩大，甚至会发生人、财、物损伤的质量问题，要及时采取应急保护措施
事故调查小组	由项目技术负责人为首组建调查小组，参加人员应是与事故直接相关的专业技术人员、质检员和有经验的技术工人等

◆考法1：选择题，考查事故报告包括的内容。

【例题1·2019年真题】工程质量事故发生后，施工现场有关人员可直接向主管部门报告，报告内容中不包括的是（　　）。

A. 事故发生的原因和事故性质

B. 事故报告单位、联系人及联系方式

C. 事故发生的简要经过、伤亡人数和初步估计的直接经济损失

D. 事故发生的时间、地点、工程项目名称、工程各参建单位名称

【答案】A

◆考法2：案例简答或补缺题，考查质量事故处理程序、事故报告包括的内容、调查小组的组成。

【例题2·2011年真题】

背景节选：

在预制管道时，无损检测工程师发现大量焊口存在超标的密集气孔，情况较为严重，项目部启动了质量事故报告程序，安装公司派出人员与项目部相关人员一起，组成了调查小组，按程序完成了该事故的处理。

【问题】

1. 列出质量事故处理程序的步骤。

2. 安装公司组织的事故调查小组应由谁组织？调查小组的成员有哪些？

【参考答案】

1. 质量事故处理程序为：事故报告、现场保护、事故调查、撰写质量事故调查报告、事故处理报告。

2. 应由项目技术负责人组织。调查小组成员有企业技术质量管理人员、项目技术负责人、与事故直接相关的专业技术人员（专业工程师）、质检人员、施工班组长（队长、工长）。

◆考法 3：案例分析题，考查质量事故处理。

【例题 3 · 2013 年真题】

背景节选：

有 A、B、C、D、E 五家施工单位投标竞争一座排压 8MPa 的天然气加压站工程的承建合同。按评标程序，C 施工单位中标。

C 施工单位经过 5 个月的努力，完成了外输气压缩机的就位、解体清洗和调整；完成了电气自动化仪表工程和管道的连接、热处理、管托管架安装及管道系统的涂漆、保温，随后对管道系统组包试压。

管线与压缩机之间的隔离盲板采用耐油橡胶板。试压过程中橡胶板被水压击穿，外输气压缩机的涡壳进水。C 施工单位按质量事故处理程序，更换了盲板并立即组织人员解体压缩机，清理积水，避免了叶轮和涡壳遭受浸蚀。由于及时调整了后续工作，未造成项目工期延误。

【问题】C 施工单位处理涡壳进水事故的处置是否妥当？说明理由。此项处置属于哪一种质量事故处理方式？

【参考答案】：C 施工单位处置妥当。理由：C 施工单位按质量事故处理程序，对可能引发更大质量事故、扩大损失的质量问题，采取了应急处理措施，避免了事故扩大。此项处置属于返工处理。

【解析】（1）此题的“是否妥当”容易判断错误。其实，从事件发生的后果看是好的，可以判断处置妥当。前半问考查质量事故处理程序中的“现场保护”。

（2）如何区分返工和返修：部分修补或仅更换简单的零部件属于返修；全部更换或重新安装属于返工。

核心考点三　质量事故处理方式

质量事故处理方式	有：返修、返工、限制使用、不作处理、报废处理五种情况
不作处理	对于某些工程质量问题虽然达不到规定的要求或标准，但其情况不严重，对工程的使用和安全影响很小，经过分析、论证和设计单位认可后，可不作专门处理

◆考法 1：选择题，考查质量处理方式。

【例题 1 · 2019 年一级真题】工程质量没有达到设计要求，但经原设计单位核算认可能够满足安全和使用功能的可（　　）。

A. 返修处理　　B. 不作处理

C. 降级使用　　D. 返工处理

【答案】B

◆**考法 2：案例分析题，分析背景采用的是哪种质量事故处理方式，或分析质量事故的处理方式是否正确。**

2H320080　机电工程施工安全管理

核心考点提纲

机电工程施工安全管理
- 施工现场职业健康安全管理要求
  - 职业健康和安全管理实施要点
  - 安全检查
- 施工现场危险源辨识
  - 危险源的种类
  - 危险源的辨识
- 施工安全技术措施
  - 施工安全技术措施的制定
  - 吊装作业的安全技术措施
- 施工安全应急预案
  - 机电工程施工安全事故应急预案
  - 伤亡事故发生时的应急措施
- 施工现场安全事故处理
  - 生产安全事故的等级划分
  - 事故报告

核心考点可考性提示

核心考点		2023 年可考性提示
2H320081　施工现场职业健康安全管理要求	职业健康和安全管理实施要点	★★
	安全检查	★
2H320082　施工现场危险源辨识	危险源的种类（会识别危险源、风险）	★★★
	危险源的辨识	★★
2H320083　施工安全技术措施	施工安全技术措施的制定	★
	吊装作业的安全技术措施	★
2H320084　施工安全应急预案	机电工程施工安全事故应急预案	★★
	伤亡事故发生时的应急措施	★★★
2H320085　施工现场安全事故处理	生产安全事故的等级划分	★
	事故报告	★★★

核心考点剖析

2H320081　施工现场职业健康安全管理要求

核心考点一　职业健康和安全管理实施要点

职业健康安全	（1）职业健康安全是指影响或可能影响工作场所内的员工或其他工作人员（包括临时工和承包方员工）、访问者或任何其他人员的健康安全的条件和因素。 （2）项目经理是职业健康安全管理第一责任人

续表

施工生产安全	（1）工程项目部应建立健全安全生产责任体系，应符合下列要求： ① 项目经理应为工程项目安全生产第一责任人。 ② 总承包单位、专业承包和劳务分包单位应按规定配备项目专职安全生产管理人员。 （2）项目总工程师对本工程项目的安全生产负技术责任。 （3）施工员对所管辖劳务队（或班组）的安全生产负直接领导责任
安全技术交底制度	（1）工长（施工员）进行书面交底后，应保存安全技术交底记录和所有参加交底人员的签字。 （2）交底记录由安全员负责整理归档。 安全技术交底记录一式三份，分别由工长、施工班组和安全员留存

◆考法1：案例简答题，考查施工安全生产责任制。简答安全技术交底的要求。

【例题1·2019年真题】

背景节选：

B公司成立了以项目经理任组长的安全领导小组，设置了安全生产监督管理部门，配齐了专职安全员，制定了各级安全责任制，明确了HSE经理对本项目安全生产负全面责任，项目总工程师对本项目部分安全生产工作和安全生产技术工作负责。

【问题】B公司项目部制定安全生产责任制是否符合规定？写出项目经理和项目总工程师对本项目的安全管理职责。

【参考答案】B公司项目部制定安全生产责任制不符合规定。

项目经理对本项目安全生产负全面领导责任，是安全生产第一责任人。

项目总工程师对本项目安全生产技术负责。

核心考点二　安全检查

职业健康检查的分类	按照劳动者接触的职业病危害因素，职业健康检查分为以下六类： （1）接触粉尘类。 （2）接触化学因素类。 （3）接触物理因素类。 （4）接触生物因素类。 （5）接触放射因素类。 （6）其他类（特殊作业等）
消防安全检查的内容	消防安全检查应包括下列主要内容： （1）可燃物及易燃易爆危险品的管理是否落实。 （2）动火作业的防火措施是否落实。 （3）用火、用电、用气是否存在违章操作，电、气焊及保温防水施工是否执行操作规程。 （4）临时消防设施是否完好有效。 （5）临时消防车道及临时疏散设施是否畅通

◆考法1：案例简答或补缺题，考查职业健康检查的分类、消防安全检查的内容。

2H320082　施工现场危险源辨识

核心考点一　危险源的种类

危险源分类	分为物理危险源、化学危险源、生物危险源、社会心态危险源四大类

续表

危险源分级	高处作业高度在 2m 至 5m 时，称为一级高处作业；高处作业高度在 5m 以上至 15m 时，称为二级高处作业；高处作业高度在 15m 以上至 30m 时，称为三级高处作业；高处作业高度在 30m 以上时，称为特级高处作业。 例如：三级雪天高处作业是指在降雪天气条件下，于 15m 至 30m 作业高度的高处作业
重大危险源	脚手架失稳，造成的坍塌、倒塌；高空作业，造成高处坠落；动火作业，造成火灾、爆炸；化学物品保存不当，造成中毒；用电作业，造成触电；密闭容器内作业，造成窒息、中毒等

◆考法 1：案例分析题，根据工程项目特点，识别风险（危险源）。

【例题 1・2019 年真题】

背景节选：

A 公司在山区峡谷中建设洞内油库，工程内容包括：罐室及 6 台金属油罐、输油管道、铁路装卸油站等建筑与安装工程。A 公司与 B 公司签订了施工总承包合同。

油罐布置在一条主巷道两侧的罐室中，罐室尺寸如下图所示，由支巷道进入罐室，支巷道剖面尺寸为 3.6m×3.9m（宽 × 高），安装操作空间相当狭小，另支巷道毛地面不平坦，运输和吊装困难，且罐室内无通风竖井，必须通过支巷道通风换气。

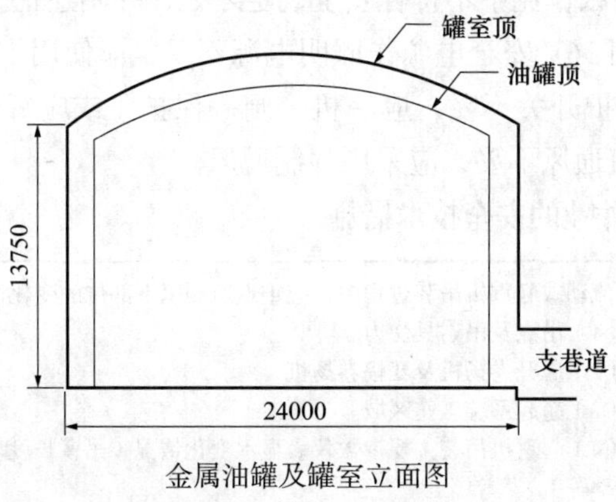

金属油罐及罐室立面图

项目部对现场职业健康安全危险源辨识后，确认存在的危险源有：爆炸、坍塌、受限空间作业、吸入烟雾（尘粒）等。

【问题】本项目金属油罐的制作安装还存在哪些危险源?

【参考答案】本项目金属油罐制作安装还存在的危险源有：（1）临时施工用电；（2）起重（吊装、运输）作业；（3）焊缝射线探伤；（4）不平坦作业场地；（5）弧光辐射；（6）高空坠落（坠物）。

核心考点二　危险源的辨识

危险源的辨别	项目施工危险源辨识常采用"安全检查表"方法
危险源辨识实施要点	（1）危险源辨识 （2）编制危险源清单。 清单在项目初始阶段进行编制。清单的内容一般包括：危险源名称、性质、风险评价和可能的影响后果，需采取的对策或措施

◆**考法 1：案例简答题，考查危险源辨识的方法、危险源清单包括的内容。**

2H320083　施工安全技术措施

核心考点一　施工安全技术措施的制定

施工安全技术措施费	（1）建设工程施工企业以建筑安装工程造价为计提依据。市政公用工程、冶炼工程、机电安装工程、石油化工工程、港口与航道工程、公路工程、通信工程为1.5%。 （2）建设工程施工企业提取的安全费用列入工程造价，在竞标时，不得删减，列入标外管理

◆**考法 1：选择题，考查安全技术措施费的计算。**

◆**考法 2：判断改错题，改正错误的安全技术措施。**

【例题 1 • 2015 年真题】

背景节选：

A 公司在进行罐内环焊缝碳弧气刨清根作业时，采用的安全措施有：36V 安全电源作为罐内照明电源；3 台气刨机分别由 3 个开关控制，并共用一个总漏电保护开关；打开罐体的透光孔、人孔和清扫孔，用自然对流方式通风。经安全检查，存在不符合安全规定之处。

【问题】找出罐内清根作业中不符合安全规定之处，并阐述正确的做法。

【参考答案】（1）用 36V 安全电源作照明电源不妥，应使用 12V 安全电压；（2）3 台气刨机共用一个漏电保护开关不妥，应一机一闸一保护（或应每台使用一个漏电保护开关）；（3）采用自然对流通风不妥，应采用强制通风。

核心考点二　吊装作业的安全技术措施

流动式起重机吊装过程中，应重点监测的部位	流动式起重机吊装过程中，应重点监测以下部位的变化情况： （1）吊点及吊索具受力。 （2）起升卷扬机及变幅卷扬机。 （3）超起系统工作区域。 （4）起重机吊装主要参数仪表显示变化情况（吊臂长度、工作半径、仰角、载荷及负载率等）。 （5）吊装安全距离。 （6）起重机水平度及地基变化情况等

◆**考法 1：案例补缺题，考查流动式起重机吊装过程中，应重点监测的部位。**

2H320084　施工安全应急预案

核心考点一　机电工程施工安全事故应急预案

应急预案体系	生产经营单位的应急预案体系主要由综合应急预案、专项应急预案和现场处置方案组成

◆**考法 1：选择题，考查应急预案体系。**

【例题 1 • 2020 年真题】施工单位应急预案体系组成的文件不包括（　　）。

A. 综合应急预案　　B. 专项应急预案

C. 专项施工方案　　D. 现场处置方案

【答案】C

◆**考法 2：案例简答题，考查应急预案包括哪几种类型？**

核心考点二　伤亡事故发生时的应急措施

伤亡事故发生时的应急措施	（1）立即启动“安全生产事故应急预案”。 （2）首先抢救伤员。 （3）迅速排除险情，采取必要措施防止事故进一步扩大。 （4）保护事故现场。 （5）进行事故调查。认定事实原因已清楚后，现场保护方可解除
“4 到位”	根据《安全生产法》的规定，企业应认真履行安全生产主体责任，做到“4 到位”，即安全投入到位、安全培训到位、基础管理到位、应急救援到位

◆**考法 1：案例简答题，考查伤亡事故发生后应采取哪些措施？简述安全生产“4 到位”的含义。**

2H320085　施工现场安全事故处理

核心考点一　生产安全事故的等级划分

生产安全事故的等级划分	根据生产安全事故造成的人员伤亡或者直接经济损失，生产安全事故一般分 4 个等级：特别重大事故、重大事故、较大事故、一般事故。 详见国务院令〔2007〕第 493 号《生产安全事故报告和调查处理条例》。 （1）特别重大事故。是指造成 30 人以上死亡，或者 100 人以上重伤（包括急性工业中毒，下同），或者 1 亿元以上直接经济损失的事故。 （2）重大事故。是指造成 10 人以上 30 人以下死亡，或者 50 人以上 100 人以下重伤，或者 5000 万元以上 1 亿元以下直接经济损失的事故。 （3）较大事故，是指造成 3 人以上 10 人以下死亡，或者 10 人以上 50 人以下重伤，或者 1000 万元以上 5000 万元以下直接经济损失的事故。 （4）一般事故，是指 3 人以下死亡，或者 10 人以下重伤，或者 1000 万元直接经济损失的事故

◆**考法 1：案例分析题，分析安全生产事故的等级。**

【例题 1·模拟题】

背景节选：

某施工班组利用塔式起重机转运材料构件时，司机操作失误导致吊绳被构筑物挂断，构件高处坠落，造成地面作业人员 2 人重伤，其中 1 人重伤经抢救无效死亡，5 人轻伤。事故发生后，现场有关人员立即向本单位负责人进行了报告。该单位负责人接到报告后，向当地县级以上安全监督管理部门进行了报告。

【问题】该事件中的安全事故属于哪个等级？

【参考答案】该事件为一般事故。因为按照有关法规规定，一般事故是指造成 3 人以下死亡，或 10 人以下重伤，或直接经济损失 1000 万元以下的事故。该事故造成 1 人死亡、1 人重伤、5 人轻伤，所以属于一般事故。

核心考点二　事故报告

事故报告	（1）事故发生后，事故现场有关人员应立即向本单位负责人报告；单位负责人接到报告后，应当于 1 个小时内向事发地县级以上人民政府安全生产监督管理部门和负有安全生产监督管理职责的有关部门报告。

续表

事故报告	（2）情况紧急时，事故现场有关人员可以直接向事发地县级以上人民政府安全生产监督管理部门和负有安全生产监督管理职责的有关部门报告
报告事故的内容	（1）事故发生单位概况。 （2）事故发生的时间、地点以及施工现场情况。 （3）事故的简要经过。 （4）事故已经造成或者可能造成的伤亡人数和初步估计的直接经济损失。 （5）已经采取的措施。 （6）其他应报告的情况

◆考法1：选择题，考查安全事故报告的内容。

【例题1·2020年真题】下列选项中不属于安全事故报告的内容的是（　　）。

A. 事故的初步原因　　B. 事故调查

C. 事故的简要经过　　D. 工程各参建单位

【答案】B

【解析】“质量事故报告”和“安全事故报告”内容几乎一样，可以放在一起记忆。

◆考法2：案例补缺题，补充安全事故报告的内容。

2H320090　机电工程施工现场管理

核心考点提纲

机电工程施工现场管理
- 沟通协调
  - 内部沟通协调
  - 外部沟通协调
- 分包管理：项目部对分包队伍管理的内容
- 现场绿色施工措施
  - 绿色施工要点
  - 绿色施工评价
- 现场文明施工管理：文明施工管理的措施

核心考点可考性提示

核心考点		2023年可考性提示
2H320091　沟通协调	内部沟通协调	★★★
	外部沟通协调	★★★
2H320092　分包管理	项目部对分包队伍管理的内容	★
2H320093　现场绿色施工措施	绿色施工要点	★★★
	绿色施工评价	★
2H320094　现场文明施工管理	文明施工管理的措施	★

核心考点剖析

2H320091 沟通协调

核心考点一 内部沟通协调

内部沟通协调的主要内容	1. 施工进度计划安排的协调 （1）进度计划协调的环节 包括进度计划编排、组织实施、计划检查、计划调整（PDCA）四个环节的循环。 （2）进度计划协调的内容 各专业之间的搭接关系和接口的进度安排、计划实施中相互间协调与配合、设备材料的进场时机等。 2. 施工生产资源配备的协调 3. 工程质量管理的协调 包括工程质量的监督与检查；质量情况的定期通报及奖惩；质量标准产生异议时的沟通与协调；质量让步处理及返工的协调；组织现场样板工程的参观学习及问题工程的现场评议；质量过程的沟通与协调。 4. 施工安全与卫生及环境管理的协调 5. 施工现场的交接与协调 （1）机电与土建、装饰专业的交接与协调。包括预留预埋、预留孔洞、设备基础、机电末端装置与装饰接口位置和形式、作业面交换与交叉作业、临水临电的使用、脚手架使用等。 （2）专业施工顺序与施工工艺的协调。 （3）技术协调。 6. 工程资料的协调
内部沟通协调的主要方法	定期召开协调会；不定期的部门会议或专业会议及座谈会；工作任务目标考核考绩，工作完成情况汇报制度；利用巡检深入班组随时交流与沟通；定期通报现场信息；内部参观典型案例并发动评议；利用工地宣传工具与员工沟通等

◆**考法 1：选择题，考查内部沟通协调的主要内容。**

【例题 1 · 模拟题】下列沟通协调内容中，属于施工进度计划安排协调的是（　　）。

A. 设备材料有序供应　　B. 设备材料进场时机

C. 工程资金合理分配　　D. 施工机具优化配置

【答案】B

【解析】选项 A、C、D 均属于“施工生产资源配备的协调”。

◆**考法 2：案例简答或补缺题，考查内部沟通协调的主要内容、主要方法。**

【例题 2 · 2020 年真题】施工进度计划的协调内容主要有哪些？施工现场的交接协调内容主要有哪些？

【参考答案】（1）施工进度计划的协调内容有：① 各专业之间的搭接关系和接口的进度安排；② 计划实施中相互间协调与配合；③ 设备材料的进场时机。

（2）施工现场的交接协调内容主要有：① 机电与土建、装饰专业的交接与协调；② 专业施工顺序与施工工艺的协调；③ 技术协调。

【例题 3 · 2013 年真题】

背景节选：

事件 2：在施工过程中项目经理仅采用定期召开内部协调会，没有充分利用其他方法和形式加强内部沟通，结果造成施工进度拖延。经过公司内外协调方法和形式的改进，最终使该线路工程顺利完工。

【问题】事件2中，施工单位内容沟通协调还有哪些方法和形式？

【参考答案】还有：不定期的部门或专业会议；座谈会；定期通报；利用巡检深入班组随时沟通；内部参观及评议；利用工地宣传工具。

核心考点二　外部沟通协调

外部沟通协调的主要对象	（1）有直接或间接合同关系的单位 业主（建设单位、管理单位）、监理单位、材料设备供应单位、施工机械出租单位等。 （2）有洽谈协商记录的单位 设计单位、土建单位、其他安装工程承包单位、供水单位、供电单位。 （3）工程监督检查单位 安监、质监、特检、消防、海关（若有引进的设备、材料）、劳动和税务等单位。 （4）经委托的检验、检测、试验单位 （5）项目驻地生活相关单位 居民（村民）、公安、医疗等单位
外部沟通协调的主要内容	（1）与建设单位的沟通与协调 包括：现场临时设施；技术质量标准的对接，技术文件的传递程序；工程综合进度的协商与协调；业主资金的安排与施工方资金的使用；业主提供的设备、材料的交接、验收的操作程序；设备安装质量、重大设备安装方案的确定；合同变更、索赔、签证；现场突发事件的应急处理。 （2）与设备材料供货单位的沟通与协调 包括：交货顺序与交货期；技术标准、技术参数和产品要求的符合性确认；批量材料订购价格；设备或材料质量；相关技术文件、出厂验收资料；现场技术指导等。 （3）与土建单位的沟通与协调 包括：综合施工进度的平衡及进度的衔接与配合；交叉施工的协商与配合；吊装及运输机具、周转材料等相互就近使用与协调；重要设备基础、预埋件、吊装预留孔洞的相互配合与协调；土建施工质量问题的反馈及处理意见的协商；土建工程交付安装时的验收与交接

◆考法1：选择题，考查与外部沟通协调的主要内容。

【例题1·2021年真题】下列沟通协调内容中，属于外部沟通协调的是（　　）。

A. 各专业管线的综合布置　　B. 重大设备安装方案的确定

C. 施工工艺做法技术交底　　D. 施工使用的材料有序供应

【答案】B

【解析】选项A、C、D属于内部沟通协调的内容。选项B属于外部协调中与建设单位沟通协调的内容。

◆考法2：案例分析题，考查与哪些单位进行外部沟通协调。

【例题2·2016年真题】

背景节选：

总承包单位负责工程主材的采购工作。材料及设备从产地陆运至集港码头后，船运至本原油库区的自备码头，然后用汽车运至施工现场。

【问题】总承包单位在材料运输中，需协调哪些单位？

【参考答案】应协调集港区的港务码头管理部门、航道局、陆上运输涉及的交管局、货运公司等单位。

◆考法 3：案例简答或补缺题，考查与供货单位、土建单位沟通协调的内容。

2H320092 分包管理

核心考点一 项目部对分包队伍管理的内容

对分包单位的考核与管理	总承包单位应从资质条件、技术装备、技术管理人员资格以及履约能力等方面对分包单位进行考核与管理，确定满足工程要求的分包单位
协调管理的原则	分包向总承包负责，一切对外有关工程施工活动的联络传递，如向发包单位、设计、监理、监督检查机构等的联络，除经总承包单位授权同意外，均应通过总承包单位进行。（与合同管理思路一致）
对工程分承包单位协调管理的重点	施工进度计划安排、施工问题的协调、甲供物资分配、质量安全制度制定、资金使用调拨、临时设施布置、竣工验收考核、竣工结算编制和工程资料移交等，还有重大质量事故和重大工程安全事故的处理
对劳务分承包单位协调管理的重点	作业计划的安排、作业面的调整、施工物资的供给、质量管理制度和安全管理制度的执行、劳务费用的支付、分项工程的验收及其资料的形成和生活设施的安排

◆考法 1：选择题，区分项目部对工程分包单位和劳务分包单位管理重点的不同之处。

【例题 1・2021 年真题】项目部对劳务分包单位协调管理的重点是（　　）。

A. 施工进度安排　　B. 质量安全制度制定

C. 工程资料移交　　D. 作业计划的安排

【答案】D

【解析】结合工程实际，对“劳务分包单位”和“工程分包单位”协调管理的重点，在用词上是有区别的。选项 A 与 D 虽然都是“计划的安排”，但劳务分包单位的是“作业计划”。选项 B，劳务分包单位是“质量安全制度执行”，而工程分包单位是“质量安全制度制定”。

◆考法 2：案例题，简答总承包单位对分包单位从哪些方面进行考核与管理？利用协调管理的原则，分析分包单位的行为是否正确。

2H320093 现场绿色施工措施

核心考点一 绿色施工要点

绿色施工的组成（内容）		绿色施工总体上由绿色施工管理、环境保护、节材与材料资源利用、节水与水资源利用、节能与能源利用、节地与施工用地保护六个方面组成
绿色施工管理		绿色施工管理包括组织管理、规划管理、实施管理、评价管理和人员安全与健康管理五个方面
环境保护	扬尘控制	（1）运送土方、垃圾、设备及建筑材料等时，不应污损道路。运输容易散落、飞扬、流漏的物料的车辆，应采取措施封闭严密。施工现场出口应设置洗车设施，保持开出现场车辆的清洁。 （2）现场道路、加工区、材料堆放区宜及时进行地面硬化。 （3）土方作业阶段，采取洒水、覆盖等措施，达到作业区目测扬尘高度小于 1.5m，不扩散到场区外
	噪声控制	（1）在施工场界对噪声进行实时监测与控制，现场噪声排放不得超过国家标准的规定。（夜间不超过 55dB） （2）使用低噪声、低振动的机具，采取隔音与隔振措施

续表

环境保护	光污染控制	（1）电焊作业采取遮挡措施，避免电焊弧光外泄。 （2）夜间室外照明灯加设灯罩，透光方向集中在施工范围。
	水污染控制	（1）在施工现场应针对不同的污水，设置相应的处理设施。 （2）污水排放应委托有资质的单位进行废水水质检测，提供相应的污水检测报告。 （3）保护地下水环境。采用隔水性能好的边坡支护技术。 （4）化学品等有毒材料、油料的储存地，应有严格的隔水层设计，做好渗漏液收集和处理
	土壤保护	（1）保护地表环境，防止土壤流失。因施工造成的裸土及时覆盖。 （2）污水处理设施等不发生堵塞、渗漏、溢出等现象。 （3）油漆、绝缘脂和易产生粉尘的材料等应妥善保管，对现场地面造成污染及时清理。 （4）有毒有害废弃物应回收后交有资质的单位处理，不能作为建筑垃圾外运。 （5）施工后应恢复施工活动破坏的植被

◆考法 1：选择题，考查绿色施工管理的内容；环境保护的控制措施。

【例题 1 · 2020 年真题】下列绿色施工环境保护措施中，属于扬尘控制的是（　　）。

A. 对建筑垃圾进行分类　　B. 施工现场出口设置洗车槽

C. 防腐保温材料妥善保管　　D. 施工后恢复被破坏的植被

【答案】B

【解析】选项 A 属于建筑垃圾控制。选项 C、D 属于土壤保护。

◆考法 2：案例简答题，考查环境保护的控制措施。

【例题 2 · 2018 年真题】

背景节选：

施工单位在组织土方开挖、余土外运时，开挖现场、厂外临时堆土及运输道路上经常是尘土飞扬，运送土方的汽车也存在漏土现象。

【问题】在土方开挖施工过程中，需要采取哪些环境保护措施？

【参考答案】

（1）土方开挖施工时应采取洒水、覆盖、围挡等措施。

（2）余土外运时，运送土方的车辆必须采取封闭严密的措施，施工现场进出口设洗车装置，保证开出施工现场的车辆清洁。

核心考点二　绿色施工评价

评价指标	评价指标按其重要性和难易程度可分为以下三类：控制项、一般项、优选项。
评价组织	（1）单位工程绿色施工评价应由建设单位组织，项目部和监理单位参加。 （2）单位工程施工阶段评价应由监理单位组织，建设单位和项目部参加。 （3）单位工程施工批次评价应由施工单位组织，建设单位和监理单位参加

◆考法 1：选择题，考查绿色施工评价指标、评价组织。

【例题 1 · 模拟题】单位工程施工阶段评价应由（　　）组织。

A. 建设单位　　B. 监理单位

C. 施工单位　　D. 设计单位

【答案】B

◆考法 2：案例简答题，考查绿色施工评价指标、评价组织。

2H320094 现场文明施工管理

核心考点一 文明施工管理的措施

施工现场通道及安全防护措施	（1）消防通道必须建成环形或足以能满足消防车回车条件，且宽度不小于 3.5m。 （2）高 2m 以上平台必须安装护栏。 （3）所有吊装区必须设立警戒线，并用隔离布带隔离，标识明显。 （4）所有高处作业必须挂安全网，做安全护栏，并设置踢脚板防止坠物，靠人行道和马路一侧要用安全网封闭。 （5）施工通道处应有必要的照明设施
材料管理措施	（1）钢材按规格、型号、种类分别整齐码放在垫木上，并与土壤隔离，标识醒目清楚。 （2）材料库房和堆场应配备必要的消防器材。 （3）易燃易爆及有毒有害物品应专人管理并单独存放，并应做好警告标识，与生活区和施工区保持规定安全距离
临时用电管理措施	（1）配电系统和施工机具采用可靠的接地保护，配电箱和控制箱均设两级漏电保护。 （2）电动机具电源线压接牢固，绝缘完好，无乱拉、扯、压、砸现象；电焊机一、二次线防护齐全，焊把线双线到位，无破损
场容管理措施	（1）为使大型设备进出方便，大门以设立电动折叠门为宜。 （2）施工现场围墙、围挡的高度不低于 1.8m

◆考法 1：案例分析题，考查文明施工管理的措施。

【例题 1·模拟题】

背景节选：

A 施工单位中标一冶炼厂扩建工程，工程材料及设备都由建设单位采购。项目部采取如下方案：

（1）施工路面做了硬化处理，施工现场不做排水设施。

（2）临时设施按规划图布置，其中消防道路路面宽度为 3m；围墙用高 1.5m 的铁栏杆制作；喷砂和钢结构制作均为露天作业。

（3）因钢结构制作占用部分工程用地，故要求钢结构制作实施每天三班倒作业。

临时设施规划图如下：

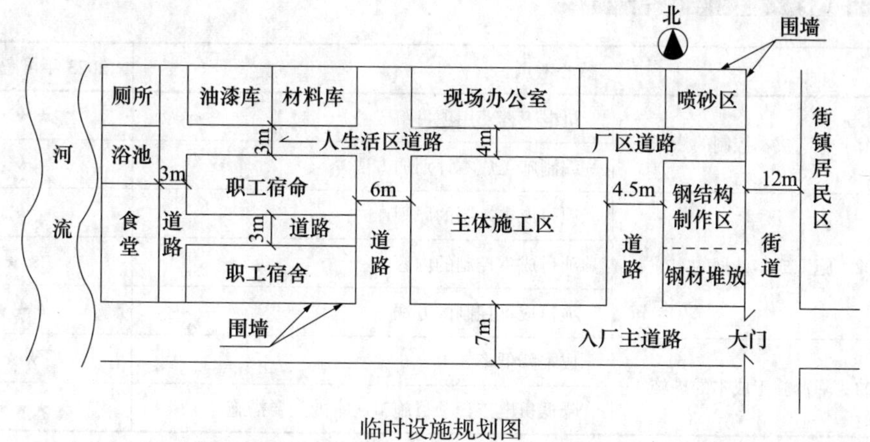

临时设施规划图

【问题】

1. 生活区的哪些设施布局存在安全隐患？说明原因。应怎样处理？

2. 哪些设施布局将会对环境产生污染？请简述理由。

3. 若生活区发生火灾，消防存在哪些问题？

4. 本案例中，项目部采取的方案中还存在哪些问题？请简述理由。

【参考答案】

1. 油漆库，因为油漆属易燃物品，万一发生意外，因离材料库和职工宿舍过近，将会产生严重后果。应远离材料库和生活区单独存放，严格管理。

2.（1）厕所、浴池、食堂，离河流太近，污水排入河中造成水污染。（2）喷砂场地，因为是露天喷砂，且常刮西北风，居民区又较近且在下风处，喷砂产生的大量粉尘将会对居民区产生空气污染。（3）钢结构制作场，因距居民区较近，铁栏杆围墙不隔音、不遮光，又有夜间施工，会给居民造成噪声和光污染。

3.（1）消防道路过窄只有3m，应在3.5m以上。（2）消防道路是死胡同，应为通道。

4.（1）无排水设施不对，雨水少不等于不下雨，加之施工用水也需排水设施。（2）围墙过矮，应在1.8m以上，且围墙不应用铁栏杆。

2H320100　机电工程施工成本管理

核心考点提纲

- 机电工程施工成本管理
  - 施工成本控制的依据
    - 机电工程费用项目组成
    - 编制施工成本计划的方法
  - 施工成本计划的实施
    - 项目成本控制的原则
    - 项目成本控制的内容
    - 项目成本控制的方法
  - 降低施工成本的措施
    - 成本降低率
    - 降低机电工程项目施工成本的主要措施

核心考点可考性提示

核心考点		2023年可考性提示
2H320101　施工成本控制的依据	机电工程费用项目组成	★★★
	编制施工成本计划的方法	★
2H320102　施工成本计划的实施	项目成本控制的原则	★
	项目成本控制的内容	★★
	项目成本控制的方法	★★★
2H320103　降低施工成本的措施	成本降低率	★★
	降低机电工程项目施工成本的主要措施	★★★

核心考点剖析

2H320101　施工成本控制的依据

核心考点一　机电工程费用项目组成

按工程费用组成划分	建筑安装工程费包括：人工费、材料费、机械费、企业管理费、利润、规费、税金（工料机管利规税）
按工程量清单组成划分	建筑安装工程费包括：分部分项工程费、措施项目费、其他项目费、规费、税金。 1. 分部分项工程费 由人工费、材料费、机械费、企业管理费和利润构成。 2. 措施项目费 由施工技术措施项目费和施工组织措施项目费构成。 （1）施工技术措施项目费 施工技术措施项目费，包括大型机械设备进出场及安拆费、脚手架工程费、专业工程施工技术措施项目费、其他施工技术措施费。 （2）施工组织措施项目费 施工组织措施项目费，包括安全文明施工费（如：环境保护费、文明施工费、安全施工费、临时设施费）、提前竣工增加费、二次搬运费、冬雨期施工增加费、行车（行人）干扰增加费、特殊地区施工增加费。 3. 其他项目费 其他项目费包括暂列金额、暂估价、计日工、总承包服务费、专业工程结算价、索赔与现场签证费、优质工程增加费等

◆考法 1：选择题，考查机电工程费用项目组成。

【例题 1 · 2020 年真题】下列施工组织措施项目费中不属于安全文明施工费的是（　　）。

A. 提前竣工增加费用　　B. 冬雨期施工增加费

C. 行车（行人）干扰增加费　　D. 优质工程增加费

【答案】C

【解析】安全文明施工费包括：环境保护费、文明施工费、安全施工费、临时设施费。选项 A、B 中的提前竣工增加费用、冬雨期施工增加费属于“施工组织措施项目费”，但不属于“安全文明施工费”，选项 D 中的优质工程增加费属于“其他项目费”。

◆考法 2：计算题，计算建筑安装工程费。

【例题 2 · 模拟题】

背景节选：

安装公司总承包了新建机械厂的通风与空调工程，总工期为 6 个月。其中分部分项工程量清单计价合计为 536 万元，措施项目清单计价合计 60 万元，其他项目清单计价合计 15 万元。取费费率为：规费费率 4.85%，税率 3.56%。

【问题】计算该工程的工程总造价。

【参考答案】工程造价＝分部分项工程费＋措施项目费＋其他项目费＋规费＋税金＝（536 ＋ 60 ＋ 15）＋（536 ＋ 60 ＋ 15）×4.85% ＋（536 ＋ 60 ＋ 15）×（1 ＋ 4.85%）×3.56% ＝ 663.44 万元

核心考点二　编制施工成本计划的方法

编制施工成本计划的方法	（1）按成本构成编制成本计划的方法。 （2）按项目结构编制成本计划的方法。 （3）按工程实施阶段编制成本计划的方法

◆考法 1：选择题，考查机电工程费用项目组成。

【例题 1・2019 年真题】在编制项目施工成本计划时，不采用的方法是（　　）。

A. 按项目工序成本编制成本计划的方法　B. 按成本构成编制成本计划的方法

C. 按工程实施阶段编制成本计划的方法　D. 按项目结构编制成本计划的方法

【答案】A

2H320102　施工成本计划的实施

核心考点一　项目成本控制的原则

项目成本控制的原则	施工成本控制应遵循成本最低化原则、全面成本控制原则、动态控制原则、责权利相结合的原则

◆考法 1：简答题，例：项目成本控制时要考虑哪些原则？

核心考点二　项目成本控制的内容

投标阶段	根据工程概况和招标文件，结合企业技术装备水平和建筑市场进行成本预测，根据竞争对手的情况提出投标决策意见。以投标报价为依据确定项目的成本目标，并下达给现场施工项目部。（关键词：成本预测、成本目标）
施工准备阶段	（1）制定科学先进、经济合理的施工方案。 （2）编制明细而具体的成本计划，并按照部门、施工队和班组的分工进行分解。 （3）编制间接费用预算，并进行明细分解
施工阶段	（1）加强施工任务单和限额领料单的管理。 （2）将施工任务单和限额领料单的结算资料与施工预算进行核对分析。 （3）正确计算月度成本，分析月度预算成本与实际成本的差异。 （4）在月度成本核算的基础上实行责任成本核算。 （5）经常检查对外经济合同的履行情况，不符合要求时，应根据合同规定向对方索赔；对缺乏履约能力的单位，要采取断然措施，立即中止合同。 （6）定期检查各责任部门和责任者的成本控制情况。 （7）加强施工过程中信息收集，为项目签证及后期结算提供强有力的依据
竣工验收阶段	（1）精心安排，干净利落地完成工程竣工收尾工作。 （2）重视竣工验收工作，顺利交付使用。 （3）及时办理工程结算
工程保修阶段	提出保修计划（包括费用计划），以此作为控制保修费用的依据

◆考法 1：选择题，考查各阶段项目成本控制的内容。

【例题 1・2020 年真题】机电工程项目成本控制的方法中，属于施工准备阶段控制的是（　　）。

A. 成本差异分析　　B. 施工成本核算

C. 优化施工方案　　D. 注意工程变更

【答案】B

【解析】选项 A、C、D 都属于施工阶段成本控制的内容。

核心考点三　项目成本控制的方法

项目成本控制的方法	（1）以施工图控制成本。 （2）安装工程费的动态控制。 （3）工期成本的动态控制。 （4）施工成本偏差控制：实际偏差＝计划成本－实际成本
人工成本的控制	加强劳动定额管理，提高劳动生产率，降低工程耗用人工工日。 （1）制定先进合理的企业内部劳动定额，严格执行劳动定额。 （2）加强技术培训，提高工人技术水平和熟练操作程度，提高作业工效。 （3）实行弹性需求的劳务管理制度
材料成本的控制	（1）加强材料采购成本的管理，从量差和价差两个方面控制。 （2）加强材料消耗的管理，从限额发料和现场消耗两个方面控制
施工机具费的控制	（1）按施工方案和施工技术措施中规定的机种和数量安排使用。 （2）提高施工机械的利用率和完好率。 （3）严格控制对外租赁施工机械，严格控制机械设备进出场时间

◆考法 1：选择题，考查人工成本的控制、材料成本的控制、机具费的控制等。

【例题 1·模拟题】机电工程施工成本控制中，属于施工机械成本控制措施的是（　　）。

A. 加强技术培训　　B. 控制采购成本

C. 采用限额领料　　D. 优化施工方案

【答案】D

【解析】A 选项属于人工成本控制措施；B、C 选项属于材料成本控制措施。因此正确选项是 D 选项。

◆考法 2：简答题，考查项目成本控制的方法、人工成本的控制、材料成本的控制等。

【例题 2·2017 年真题】

背景节选：

在项目施工成本控制中，安装公司采用了“施工成本偏差控制”法。实施过程中，计划成本是 9285 万元，预算成本是 9290 万元，实际成本是 9230 万元，施工成本控制取得了较好的效果。

【问题】列式计算本工程施工成本的实际偏差。并简述项目成本控制的常用方法还有哪些?

【参考答案】实际偏差＝计划成本－实际成本＝ 9285－9230 ＝ 55 万元

常用的成本控制方法还有：以施工图控制成本（或人、材、机费用静态控制），安装工程费动态控制，工期成本动态控制。

2H320103　降低施工成本的措施

核心考点一　成本降低率

成本降低率	成本降低率＝（计划成本－实际成本）/ 计划成本

◆**考法 1：计算题：计算成本降低率。**

【例题 1 · 模拟题】

背景资料：

某安装公司承包一酒店机电安装工程，建筑工程由某建筑公司承包。工程内容包括建筑电气、建筑给水排水及通风空调工程等，合同造价为 2900 万元，主要设备（变压器、配电柜、空调机组、水泵、控制柜等）由建设单位采购，其他设备、材料均由安装公司采购。

经安装公司成本管理部门测算，下达给项目部考核成本为 2500 万元。项目部按照内部签订的承包合同要求，结合工程技术特点以及项目部人员、设备等资源状况，按照现行建筑安装工程费用进行分析测算，确定项目的计划成本为 2400 万元。

项目部进场后，根据工程特点，采取各项有效措施降低项目成本，控制人工费用、材料费用和机械费用，强调项目的合同管理，重点是对降低项目成本各项经济措施得以有效实施，项目成本降低率达 6%，取得较好的经济效益。

【问题】

本工程项目的实际成本是多少？

【参考答案】

成本降低率＝（计划成本－实际成本）/ 计划成本

实际成本＝计划成本－计划成本 × 成本降低率

＝ 2400－2400×6%

＝ 2256 万元

核心考点二　降低机电工程项目施工成本的主要措施

组织措施	（1）组建强有力的工程项目部，配备经验丰富、能力强的项目经理。 （2）项目部应将成本责任分解落实到各个岗位、落实到专人，形成一个分工明确、责任到人的成本管理责任体系。 （3）确定合理的工作流程
技术措施	（1）制定先进合理的施工方案和施工工艺。 （2）积极推广应用新技术。 （3）加强技术、质量检验
经济措施	控制人工费用、材料费用、机械费用、间接费及其他直接费的措施
合同措施	（1）选用适当的合同结构模式。 （2）合同风险防控。 （3）全过程的合同控制

◆**考法 1：选择题，考查降低机电工程项目施工成本的主要措施。**

【例题 1 · 2018 年真题】降低项目施工成本的组织措施有（　　）。

A. 将成本责任分解到各岗位　　B. 选择最佳施工方案

C. 确定合理的工作流程　　D. 制订资金使用计划

E. 采取必要的风险对策

【答案】A、C

【解析】B 选项属于技术措施，D 选项属于经济措施，E 选项属于合同措施。

◆考法 2：简答题，例：降低机电工程项目施工成本的合同措施有哪些？

2H320110　机电工程项目试运行管理

核心考点提纲

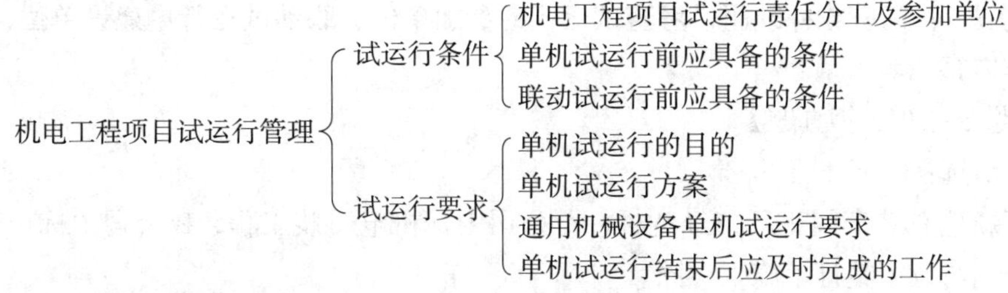

核心考点可考性提示

	核心考点	2023 年可考性提示
2H320111　试运行条件	机电工程项目试运行责任分工及参加单位	★★★
	单机试运行前应具备的条件	★
	联动试运行前应具备的条件	★
2H320112　试运行要求	单机试运行的目的	★★
	单机试运行方案	★★★
	通用机械设备单机试运行要求	★★★
	单机试运行结束后应及时完成的工作	★

核心考点剖析

2H320111　试运行条件

核心考点一　机电工程项目试运行责任分工及参加单位

单机试运行	（1）单机试运行由施工单位负责。工作内容包括：负责编制完成试运行方案，并报建设单位、监理审批；组织实施试运行操作，做好测试、记录。 （2）参加单位：施工单位、监理单位、设计单位、建设单位、重要机械设备的生产厂家
联动试运行	（1）由建设单位（业主）组织、指挥。建设单位工作内容包括：负责及时提供各种资源，审批联动试运行方案；选用和组织试运行操作人员；实施试运行操作。 （2）调试单位的工作内容：编制联动试运行方案、按照批准后的联动试运行方案指挥联动试运行。 （3）施工单位工作内容。包括：负责岗位操作的监护，处理试运行过程中机器、设备、管道、电气、自动控制等系统出现的问题并进行技术指导。（关键词：岗位监护、处理问题、技术指导） （4）联动试运行参加单位：建设单位、生产单位、施工单位以及总承包单位（若该工程实行总承包）、设计单位、监理单位、重要机械设备的生产厂家
负荷试运行	（1）由建设单位（业主）负责组织、协调和指挥。 （2）除合同另有规定外，负荷试运行方案由建设单位组织生产部门和设计单位、总承包／施工单位共同编制

◆考法 1：选择题，考查试运行的行责任分工及参加单位。

【例题 1 · 2020 年真题】联合调试试运转中，负责监护岗位操作的单位是（　　）。

A. 设备厂家　　B. 建设单位

C. 施工单位　　D. 监理单位

【答案】C

◆考法 2：简答或补缺题，考查试运行的参加单位、联动试运行中建设单位、施工单位的工作内容。

【例题 2 · 2012 年真题】

背景节选：

某厂新建总装车间工程，经竞标，A 公司中标机电安装工程，B 公司中标土建工程，两公司分别与业主签订了施工合同。

A 公司中标后，考虑工期紧，劳动力资源不足，征得业主同意，经资格审查和招标，决定将其中的空压站设备（由建设单位供货）安装工程分包给 C 公司。

在编制了试运行方案并获总承包单位批准后，C 公司通知 B 公司、业主和监理公司到场，即开始空压机单机试运行，监理公司不同意。

【问题】单机试运行方案还应报哪个单位批准？试运行前 C 公司还应通知哪些人员到场？

【参考答案】试运行方案还应报建设单位或监理单位批准后实施；试运行前 C 公司还应通知 A 公司、设计单位、空压机的生产厂家到场。

核心考点二　单机试运行前应具备的条件

单机试运行前应具备的条件	1. 有关分项工程验收合格 2. 施工过程资料齐全 包括： （1）各种产品的合格证书或复验报告。 （2）施工记录、隐蔽工程记录和各种检验、试验合格文件。 （3）与单机试运行相关的电气和仪表调校合格资料等。 3. 资源条件已满足 4. 技术措施已到位 （1）润滑、液压、冷却、水、气（汽）和电气等系统符合系统单独调试和主机联合调试的要求。 （2）编制的试运行方案或试运行操作规程已经批准。 5. 准备工作已完成 （1）试运行组织已经建立，操作人员经培训、考试合格，熟悉试运行方案和操作规程，能正确操作。记录表格齐全，保修人员就位。 （2）对人身或机械设备可能造成损伤的部位，相应的安全实施和安全防护装置设置完善。 （3）试运行机械设备周围的环境清扫干净，不应有粉尘和较大的噪声。 （4）消防道路畅通，消防设施的配置符合要求

◆考法 1：案例补缺或改错题，考查单机试运行前要具备的条件。

【例题 1 · 2012 年真题】

背景节选：

某厂新建总装车间工程，经竞标，A 公司中标机电安装工程，B 公司中标土建工程，两公司分别与业主签订了施工合同。

A公司中标后，考虑工期紧，劳动力资源不足，征得业主同意，经资格审查和招标，决定将其中的空压站设备（由建设单位供货）安装工程分包给C公司。在施工过程中发生了以下事件：

事件1：C公司在空压机安装完成后，单机试运行前做了如下工作：试运行范围内的工程已按设计和有关规范要求全部完成；提供了产品合格证明书、施工记录、空压机段间管道耐压试验和清洗合格资料、压力表和安全阀的送检合格证明材料，空压机和冷却泵电气、仪表已调试完毕；建立了试运行组织，试运行操作人员已经过技术培训；试运行所需的冷却水有充分保证；测试仪表、工具、记录表格齐全。在编制了试运行方案并获总承包单位批准后，C公司通知B公司、业主和监理公司到场，即开始单机试运行，监理公司不同意。

【问题】

1. 事件1中，单机试运行前的准备工作有哪些不足？

2. 单机试运行方案还应报哪个单位批准？试运行前C公司还应通知哪些人员到场？

【参考答案】

1. 不足之处：

（1）相关资料和文件不全（缺少电气和仪表调试合格资料）。

（2）A公司审核后的试运行方案还应报监理单位或业主审批。

（3）操作人员应经过培训学习，考试合格，熟悉试运行方案和操作方法，能正确操作。

（4）试运行所需的资源配置（燃料、动力、仪表气源等）应全部保证。

（5）保修人员应就位。

2. 单机试运行方案还应经监理单位或业主（建设单位）批准，试运行前C公司还应通知设计单位、设备厂家的人员到场。

核心考点三　联动试运行前应具备的条件

联动试运行前应具备的条件	1. 工程质量验收合格 2. 工程中间交接已完成 “三查四定”（三查：查设计漏项、未完工程、工程质量隐患；四定：对查出的问题定任务、定人员、定时间、定措施）的问题整改消缺完毕，遗留尾项已处理完。 3. 单机试运行全部合格 4. 工艺系统试验合格 5. 技术管理要求已完成 （1）试运行方案和生产操作规程已经批准。 （2）工厂的生产管理机构已经建立，各级岗位责任制已经制定，有关生产记录报表已配备。 （3）试运行组织已经建立，参加试运行人员已通过生产安全考试合格。 （4）试运行方案中规定的工艺指标、报警及联锁整定值已确认并下达。 6. 资源条件已满足 7. 准备工作已完成

◆考法1：选择题，考查“三查四定”。

【例题1·模拟题】以下不属于三查内容的是（　　）。

A. 查设计漏项　　　　　　　　　　　　B. 查工程安全隐患

C. 查未完工程　　　　　　　　　　　　D. 查工程质量隐患

【答案】B

◆考法 2：案例改错题，考查联动试运行前要具备的条件。

【例题 2·模拟题】

背景节选：

某施工单位承包的机电安装单项工程办理了中间交接手续，进入联动试运行阶段。施工单位按要求进行了准备，试运行前进行检查并确认：（1）已编制了试运行方案和操作规程；（2）建立了试运行须知，参加试运行人员已熟知运行工艺和安全操作规程。工程及资源环境的其余条件均一满足要求。

【问题】指出试运行前检查并确认的两个条件中存在的不足。

【参考答案】第（1）条件中：试运行方案和操作规程还应经过批准。

第（2）条件中：试运行参加人员还应通过安全生产考试（或持证上岗）。

2H320112　试运行要求

核心考点一　单机试运行的目的

单机试运行的目的	单机试运行主要考核单台设备的机械性能，检验机械设备的制造质量、安装质量和设备性能等是否符合规范和设计要求

◆考法 1：案例简答题，考查单机试运行的目的。

核心考点二　单机试运行方案

单机试运行方案的编审	试运行方案由施工项目总工程师组织编制，经施工企业总工程师审定，报建设单位或监理单位批准后实施

◆考法 1：选择题，考查试运行方案的编制、审核、批准的程序。

【例题 1·2020 年真题】单机试运行方案由项目总工程师组织编制后，审定人是（　　）。

A. 项目经理　　　　　　　　　　　　B. 企业总工程师

C. 建设单位负责人　　　　　　　　　D. 总监理工程师

【答案】B

◆考法 2：案例简答或改错题，考查试运行方案的编制、审核、批准的程序。

【例题 2·2015 年真题】

背景节选：

安装工程公司项目部总工程师组织编写了加热炉、燃油泵等动力设备的单机试运行方案，报建设单位进行了审批，按照试运行方案，安装工程公司项目部组织了单机试运行和联动试运行。

【问题】指出安装工程公司项目部组织试运行的不妥之处，并予以纠正。

【参考答案】（1）安装工程公司项目部总工程师组织编写单机试运行方案直接报建设单位不妥；

纠正：安装工程公司项目部总工程师组织编写的单机试运行方案，应先报安装工程公司总工程师审定后，再报建设单位批准后实施。

（2）安装工程公司项目部组织联动试运行不妥；

纠正：按联动试运行责任分工，应由建设单位组织、指挥联动试运行。

核心考点三　通用机械设备单机试运行要求

泵	1. 泵试运转基本要求 （1）试运转的介质宜采用清水；当泵输送介质不是清水时，应按介质的密度、比重折算为清水进行试运转，流量不应小于额定值的 20%。 （2）润滑油不得有渗漏和雾状喷油；轴承、轴承箱和油池润滑油的温升不应超过环境温度 40℃；滑动轴承的温度不应大于 70℃；滚动轴承的温度不应大于 80℃。 （3）泵试运转时，各固定连接部位不应有松动；各运动部件运转应正常，无异常声响和摩擦；附属系统的运转应正常；管道连接应牢固、无渗漏。 （4）泵在额定工况下连续试运转时间不应少于 30min（< 50kW 的泵）。 （5）系统在试运转中应检查下列各项，并应做好记录。 ① 润滑油的压力、温度和各部分供回油情况； ② 吸入和排出介质的温度、压力； ③ 冷却水的供回水情况； ④ 各轴承的温度、振动； ⑤ 电动机的电流、电压、温度。 2. 泵试运转 （1）机械密封的泄漏量不应大于 5mL/h，高压锅炉给水泵机械密封的泄漏量不应大于 10mL/h。填料密封的泄漏量应符合规定，且温升应正常。 （2）低温泵不得在节流情况下运转。 3. 停泵 （1）离心泵应关闭泵的入口阀门，待泵冷却后应再依次关闭附属系统的阀门。 （2）高温泵停机后应每隔 20～30min 盘车半圈，并应直到泵体温度降至 50℃为止。 （3）低温泵停机，当无特殊要求时，泵内应经常充满液体；吸入阀和排出阀应保持常开状态。 （4）输送易结晶、凝固、沉淀等介质的泵，停泵后，应防止堵塞，并应及时用清水或其他介质冲洗泵和管道。 （5）应放净泵内积存的液体
起重机	（1）起重机空载试运转 （2）起重机静载试运转 ① 起重机应停放在厂房柱子处。 ② 将小车停在起重机的主梁跨中或有效悬臂处，无冲击地起升额定起重量 1.25 倍的荷载距地面 100～200mm 处，悬吊停留 10min 后，应无失稳现象。 ③ 主梁经检验有永久变形时，应重复试验，但不得超过 3 次。 ④ 小车卸载后开到跨端或支腿处，检测起重机主梁的实有上拱度或悬臂实有上翘度，其值不应小于：$0.7S/1000$（S 为起重机的跨度，单位：mm）。 （3）起重机动载试运转 ① 各机构的动载试运转应分别进行。 ② 各机构的动载试运转应在全行程上进行；试验荷载应为额定起重量的 1.1 倍；累计起动及运行时间，电动的起重机不应少于 1h，手动的起重机不应少于 10min

◆考法 1：选择题，考查通用机械设备单机试运行要求。

【例题 1 · 2019 年真题】关于 30kW 水泵单机试运转的说法，正确的是（　　）。

A. 连续试运转时间应为 15min　　B. 试运转的介质宜采用清水

C. 滑动轴承温度不应大于 80℃　　D. 滚动轴承温度不应大于 90℃

【答案】B

【解析】当泵的轴功率＜ 50kW 时，连续单机试运转时间应为 30min。因此 A 选项错误。单机试运转的介质宜采用清水，因此 B 选项正确。泵进行单机试运转时，轴承、轴承箱和油池润滑油的温升不应超过环境温度 40℃；滑动轴承的温度不应大于 70℃；滚动轴承的温度不应大于 80℃。因此，C、D 选项错误。

◆考法 2：案例题，考查泵单机试运行的要求、停泵的要求。

【例题 2 · 模拟题】离心泵试运行时，应检测哪些项目？

【参考答案】离心泵试运行时，应检测：机械密封泄漏量、填料密封泄漏量、温升、振动、噪声等。

核心考点四　单机试运行结束后应及时完成的工作

单机试运行结束后应及时完成的工作	（1）切断电源和其他动力源。 （2）放气、排水、排污和防锈涂油。 （3）对蓄势器和蓄势腔及机械设备内剩余压力卸压。 （4）对润滑剂的清洁度进行检查，清洗过滤器；必要时更换新的润滑剂。 （5）拆除试运行中的临时装置和恢复拆卸的设备部件及附属装置。对设备几何精度进行必要的复查，各紧固部件复紧。 （6）清理和清扫现场，将机械设备盖上防护罩。 （7）整理试运行的各项记录。试运行合格后由参加单位在规定的表格上共同签字确认

◆考法 1：补缺题，补充单机试运行结束后还应完成的工作。

【例题 1 · 2010 年真题】

背景节选：

某东北管道加压泵站扩建，新增两台离心式增压泵。两台增压泵安装属于该扩建工程的机械设备安装分部工程。

经过 80 天的努力，机组于 12 月中旬顺利完成单机试运行。单机试行结束后，项目经理安排人员完成了卸压、卸荷、管线复位、润滑油清洁度检查、更换润滑油过滤器滤芯、整理试运行记录。

【问题】背景资料中，单机试运行结束后，还应及时完成哪些工作？

【参考答案】还应及时完成的工作：（1）切断动力源（电源）；（2）排气、排污、排水；（3）重查同轴度（或复查安装精度）；（4）复紧紧固件；（5）注意设备本体的防冻。

2H320120　机电工程施工结算与竣工验收

核心考点提纲

- 机电工程施工结算与竣工验收
  - 施工结算规定的应用
    - 竣工结算编制依据
    - 工程进度款的结算方式
  - 竣工验收工作程序和要求
    - 工程交付竣工验收的分类
    - 竣工验收必备文件
    - 竣工工程技术资料

核心考点可考性提示

核心考点		2023 年可考性提示
2H320121　施工结算规定的应用	竣工结算编制依据	★
	工程进度款的结算方式	★
2H320122　竣工验收工作程序和要求	工程交付竣工验收的分类	★★
	竣工验收必备文件	★
	竣工工程技术资料	★★★

核心考点剖析

2H320121　施工结算规定的应用

核心考点一　竣工结算编制依据

竣工结算编制依据	（1）工程合同（包括补充协议）。 （2）计价规范。 （3）已确认的工程量、结算合同价款及追加或扣减的合同价款。 （4）投标文件（包含已标价工程量清单）。 （5）建设工程设计文件及相关资料。 （6）其他依据

◆考法 1：案例简答题，考查竣工结算编制依据。

核心考点二　工程进度款的结算方式

工程进度款的结算方式	一般工程进度款的结算方式包括定期结算、分段结算、竣工后一次性结算、目标结算、约定结算、结算双方约定的其他结算方式

◆考法 1：案例简答题，考查工程进度款的结算方式。

【例题 1·2021 年真题】

背景节选：

某市财政拨款建设一综合性三甲医院，其中通风空调工程采用电子方式公开招标。

最终某施工单位中标，签订了施工承包合同，采用固定总价合同，签约合同价 3000 万元（含暂列金额 100 万元）。合同约定：工程的主要设备由建设单位限定品牌，施工单位组织采购，预付款 20%；工程价款结算总额的 3% 作为质量保修金。

工程竣工结算时，经审核预付款已经全部抵扣完成，设计变更增加费用 80 万元，暂列金额无其他使用。

【问题】计算本工程质量保修金的金额，本工程进度价款的结算方式有哪几种方式？

【参考答案】（1）质量保修金的金额为：（3000－100＋80）×3%＝89.4 万元。

（2）结算方式包括定期结算、分段结算、竣工后一次性结算、目标结算、约定结算、结算双方约定的其他结算方式。

2H320122　竣工验收工作程序和要求

核心考点一　工程交付竣工验收的分类

按建设项目达到竣工验收条件的验收方式划分	（1）项目中间验收。 （2）单项工程竣工验收。 （3）全部工程竣工验收：验收准备、预验收和正式验收三个阶段
按相关专业的管理要求划分	机电工程专项验收： （1）消防验收。 （2）人防设施验收。 （3）环境保护验收。 （4）防雷设施验收。 （5）卫生防疫检测

◆考法 1：案例简答题，考查机电工程专项验收包括的内容。

核心考点二　竣工验收必备文件

竣工验收必备文件	（1）按设计文件和合同约定的各项施工内容已经施工完毕。 （2）主管部门审批、修改、调整的文件；有效的验收规范及质量验收标准齐全。 （3）完整并经核定的工程竣工资料。 （4）有勘察、设计、施工、监理等单位签署确认的工程质量合格文件。 （5）工程中使用的主要材料和构配件的进场证明及现场检验报告。 （6）施工单位签署的工程保修书

◆考法 1：案例简答或补缺题，考查竣工验收必备文件（竣工验收必备条件）。

核心考点三　竣工工程技术资料

竣工工程技术资料	（1）工程前期及竣工文件材料。 （2）工程项目合格证，施工试验报告。 （3）施工记录资料。包括图纸会审记录、设计变更单、隐蔽工程验收记录；定位放线记录；质量事故处理报告及记录；特种设备安装检验及验收检验报告；分项工程使用功能检测记录等。 （4）单位工程、分部工程、分项工程质量验收记录。 （5）竣工图

◆考法 1：选择题，考查竣工技术资料中的施工记录资料。

【例题 1 · 2018 年真题】下列竣工技术资料中，属于施工记录资料的有（　　）。

A. 竣工图　　B. 图纸会审记录

C. 质量事故处理报告及记录　　D. 隐蔽工程验收记录

E. 单位工程质量验收记录

【答案】B、C、D

◆考法 2：案例补缺题，考查竣工技术资料中的施工记录资料。

【例题 2 · 2015 年真题】

背景节选：

安装工程公司项目部向建设单位提交的竣工工程施工记录资料有：图纸会审记录、设计变更单、隐蔽工程验收记录；焊缝的无损检测记录；质量事故处理报告及记录。建设单位认为：安装工程公司项目部提交的施工记录资料不全，要求安装工程公司项目部完善、补充，安装工程公司项目部全部整改补充后，建设单位同意该工程组织竣工验收。

【问题】安装工程公司项目部应补充哪些施工记录资料？

【参考答案】应该补充以下施工记录资料：（1）定位放线记录；（2）特种设备安装检验及验收检验报告；（3）分项工程使用功能检测记录。

2H320130 机电工程保修与回访

核心考点提纲

机电工程保修与回访
- 保修的实施
  - 保修的责任范围
  - 保修期限
  - 保修工作程序
- 回访的实施：工程回访的方式

核心考点可考性提示

核心考点		2023 年可考性提示
2H320131 保修的实施	保修的责任范围	★★
	保修期限	★★★
	保修工作程序	★
2H320132 回访的实施	工程回访的方式	★

核心考点剖析

2H320131 保修的实施

核心考点一 保修的责任范围

保修的责任范围	（1）质量问题确实是由于施工单位的施工责任或施工质量不良造成的，施工单位负责修理并承担修理费用。 （2）质量问题是由双方的责任造成的，应协商解决，商定各自的经济责任，由施工单位负责修理。 （3）质量问题是由于建设单位提供的设备、材料等质量不良造成的，应由建设单位承担修理费用，施工单位协助修理。 （4）质量问题是因建设单位（用户）责任，修理费用或者重建费用由建设单位负担

◆考法 1：分析题，分析保修期间的责任范围。

【例题 1·模拟题】

背景节选：

某公司商场的机电安装工程，由业主通过公开招标方式确定具有机电安装工程总承包一级资质的 A 单位承包，同时将制冷站的空调所用的制冷燃气溴化锂机组、电气、管道等分包给具有专业施工资质和压力管道安装许可证的B单位负责安装，设备由业主提供。该制冷燃气溴化锂机组是新产品设备。在与A单位签订的施工合同中明确规定A单位为总承包单位，B单位为分包单位。该工程于2009年3月开工，2010年4月竣工验收；2010年5月1日正式营业。B分包单位于2010年12月改制合并，总承包单位未组织过工程回访。

【问题】

1. 2011年7月，业主发现制冷站内制冷管道多处漏水影响制冷功能，责任方是谁？费用由谁承担？

2. 制冷站内制冷管道漏水，业主向总承包单位提出，立即派人修理。总承包单位说分包的施工单位已改制合并无法安排，这种做法是否正确？为什么？

【参考答案】

1. 制冷管道多处漏水影响制冷功能，属于安装质量问题。按《建设工程质量管理条例》工程质量保修的规定，责任方是总承包单位，费用应由总承包单位承担。

2. 这种做法不正确。按《建设工程质量管理条例》工程质量保修的规定和发包方与承包方的合同约定，与业主签订合同的是总承包单位。总承包方应对分包方及分包方工程施工进行全过程的管理，所以分包方的安装质量问题，应由总承包方负责。

核心考点二　保修期限

保修期限	根据《建设工程质量管理条例》规定，建设工程在正常使用条件下的最低保修期限为： （1）建设工程的保修期自竣工验收合格之日起计算。 （2）电气管线、给水排水管道、设备安装工程保修期为2年。 （3）供热和供冷系统为2个供暖期或供冷期。 （4）其他项目的保修期由发包方与承包方约定。 根据《建筑工程五方责任主体项目负责人质量终身责任追究暂行办法》的规定，参与新建、扩建、改建的建筑工程的建设单位项目负责人、勘察单位项目负责人、设计单位项目负责人、施工单位项目经理、监理单位总监理工程师等，按照国家法律法规和有关规定，在工程设计使用年限内对工程质量承担相应责任，称为建筑工程五方责任主体项目负责人质量终身责任

◆考法1：案例分析题，考查最低保修期限。

【例题1·2013年真题】

背景节选：

A施工单位于2009年5月承接某科研单位办公楼机电安装项目，合同约定保修期为一年。

2011年4月，由建设单位组织对建筑智能化系统进行了验收；项目于2011年5月整体通过验收。

2012年7月，计算机中心空调水管上的平衡调节阀出现故障，3～5层计算机中心机房不制冷，建设单位通知A施工单位进行维修，A施工单位承担了维修任务，更换了平衡调节阀，但以保修期满为由，要求建设单位承担维修费用。

【问题】A施工单位要求建设单位承担维修费用是否合理？说明理由。

【参考答案】不合理。理由是：A施工单位与建设单位虽然有合同约定，但该约定显然违背了《建设工程质量管理条例》规定，与供热和供冷系统保修期规定为 2 个采暖期或 2 个供冷期不符，是无效的约定。

核心考点三　保修工作程序

保修工作程序	（1）在工程竣工验收的同时，由施工单位向建设单位发送机电安装工程保修证书。 （2）检查修理。 （3）保修工程验收
保修证书的内容	工程简况，设备使用管理要求，保修范围和内容，保修期限，保修情况记录（空白），保修说明，保修单位名称、地址、电话、联系人等

◆考法 1：案例简答题，简述保修工作程序。补缺保修证书的内容。

2H320132　回访的实施

核心考点一　工程回访的方式

工程回访的方式	（1）季节性回访。 冬季回访：如冬季回访锅炉房及采暖系统运行情况。 夏季回访：如夏季回访通风空调制冷系统运行情况。 （2）技术性回访。 主要了解在工程施工过程中所采用的新材料、新技术、新工艺、新设备等的技术性能和使用后的效果，发现问题及时加以补救和解决；便于总结经验，获取科学依据，不断改进完善，为进一步推广创造条件。 （3）保修期满前的回访。一般是在保修即将届满前进行回访。 （4）信息传递方式回访。采用邮件、电话、传真或电子信箱等。 （5）座谈会方式回访。 （6）巡回式回访

◆考法 1：案例简答或分析题，考查回访方式、技术性回访的作用。

本章经典真题及预测题

2H320010　机电工程施工招标投标管理

1. 下列大型基础设施、公用事业等关系社会公共利益、公共安全的项目，必须招标的具体范围包括（　　）。

A. 估价 300 万元的城市轨道交通施工单项合同

B. 估价在 100 万元的电信枢纽项目重要材料采购合同

C. 估价 80 万元的水利工程设计服务合同

D. 估价 50 万元的电力工程勘察服务合同

2. 关于招标过程中设定的投标限价，说法正确的是（　　）。

A. 招标人可以在招标文件中明确最低投标限价

B. 招标人设有最高投标限价的，应当在招标文件中明确最高投标限价

C. 招标人可以自行决定是否设置投标限价

D. 招标人设置的投标限价必须保密

E. 招标文件中可以明确最高投标限价的计算方法

3.【2014 年真题】背景节选：某中型机电安装工程项目，招标文件明确规定，投标人必须具备机电工程总承包二级施工资质，工程报价采用综合单位报价。经资格预审后，共有 A、B、C、D、E 五家公司参与了投标。投标过程中，A 公司提前一天递交了投标书；B 公司在前一天递交了投标书后，在截止投标前 10 分钟，又递交了修改报价的资料；D 公司在标书密封时未按要求加盖法定代表人印章；E 公司未按招标文件要求的格式报价。经评标委员会评定，建设单位确认，最终 C 公司中标，按合同范本与建设单位签订了施工合同。

【问题】招标投标中，哪些单位的投标书属于无效标书？此次招标投标工作是否有效？说明理由。

4. 背景节选：国家某重点工程氧化铝生产基地二期工程项目采用采购及施工总承包（PC）方式，总承包方对 6 种 40 台高压容器进行设备采购招标。为力求采购工作的规范、权威和公正，总承包商成立了 8 人组成的评标委员会，包括压力容器和焊接专家 2 名、业主代表 3 名、银行投资人 1 人、上级主管部门 2 人。评标委员会对供货商的投标文件进行了符合性审查，并经过详细评审确定中标候选人顺序，最终确定中标人。

【问题】评标委员会组成是否符合要求？为什么？

2H320020 机电工程施工合同管理

1.【2021 年真题】进行合同分析时，价格分析的重点内容包括合同价格、计价方法和（　　）。

A. 工程范围　　B. 工期要求

C. 合同变更　　D. 价格补偿条件

2. 下列工程项目索赔中，属于按索赔目的分类的有（　　）。

A. 工期索赔　　B. 费用索赔

C. 延期索赔　　D. 施工加速索赔

E. 道义索赔

3.【2014 年真题】背景节选：某安装公司承接一条生产线的机电安装工程，范围包括工艺线设备、管道、电气安装和一座 35kV 变电站施工（含室外电缆敷设）。合同明确工艺设备、钢材、电缆由业主提供。

工程开工后，由于多个项目同时抢工，施工人员和机具紧张，安装公司项目部将工程按工艺线设备、管道、电气专业分包给三个有一定经验的施工队伍。

【问题】安装公司将工程分包应经谁同意？工程的哪些部分不允许分包？

4.【2012 年真题】背景节选：某施工单位中标一厂房机电安装工程。施工期间，因车间变电所土建工程延迟 7d 移交，A 公司虽然及时调整了高低压配电柜安装工作（紧后工作，总时差 5d）的施工，但仍然导致后面的电缆敷设工作（关键工作）延误 2d，造成 50 名安装工人窝工，窝工工资 200 元 / 工日。该工程的土建和安装施工网络计划图已经业主和监理公司批准。A 公司向业主递交了索赔报告。

【问题】应索赔的工期和费用分别是多少？

2H320030　机电工程施工组织设计

1. 【2018 年一级真题】多个施工方案进行经济合理性比较时，其内容包括（　　）。

A. 资金时间价值　　B. 技术效率

C. 实施的安全性　　D. 对环境影响的损失

E. 综合性价比

2. 以下应编制临时用电施工组织设计的有（　　）。

A. 施工现场临时用电设备有 3 台　　B. 施工现场临时用电设备总容量是 30kW

C. 施工现场临时用电设备有 5 台　　D. 施工现场临时用电电工有 5 人

E. 施工现场临时用电设备总容量是 50kW

3. 单位工程施工组织设计由（　　）审批。

A. 施工单位技术负责人　　B. 施工单位项目负责人

C. 施工单位项目技术负责人　　D. 施工单位负责人

4. 超危大工程专家论证内容包括（　　）。

A. 专项施工方案内容是否完整、可行

B. 专项施工方案成本是否合理

C. 专项施工方案计算书和验算依据、施工图是否符合有关标准规范

D. 专项施工方案是否满足现场实际情况，并能够确保施工质量

E. 专项施工方案是否采用了新技术

5. 【2020 年真题】背景节选：某安装公司承包某热电联产项目的机电安装工程，主要设备材料（如母线槽等）由施工单位采购。合同签订后，安装公司履行相关开工手续，编制了施工方案及各分项工程施工程序。施工方案内容主要包括：工程概况、编制依据、施工准备、质量安全保证措施。

【问题】安装公司编制的施工方案还应包括哪些内容？

2H320040　机电工程施工资源管理

1. 关于机电工程无损检测人员的说法，正确的是（　　）。

A. 无损检测Ⅰ级人员可签发检测报告

B. 无损检测Ⅰ级人员可评定检测结果

C. 无损检测Ⅱ级人员可审核检测报告

D. 无损检测Ⅲ级人员可根据标准编制无损检测工艺

2. 在项目部现场“八大员”配备中，需要根据项目专业情况配备的施工管理人员有（　　）。

A. 安全员　　B. 施工员

C. 材料员　　D. 资料员

E. 质量员

3. 材料进场时，项目部进行材料数量和质量验收的依据有（　　）。

A. 送料凭证　　B. 进料计划

C. 施工图纸　　D. 用料计划

E. 质量保证书

4.【2009 年真题】背景节选：某施工单位承包一套燃油加热炉安装的单位工程，包括加热炉、燃油供应系统、钢结构、工艺管线、电气动力与照明、自动控制、辅助系统等分部工程。燃油泵的进口管道焊缝要求 100% 射线检测。

【问题】该项目部应配备哪些特种作业人员？

5.【2010 年真题】背景节选：在设备配管过程中，项目经理安排了 4 名持有压力管道手工电弧焊合格证的焊工（已中断焊接工作 165d）充实到配管作业中，加快了管道线配管进度。

【问题】说明项目经理安排 4 名焊工上岗符合规定的理由？

6.【2020 年真题】材料进场时应根据哪些文件进行材料数量和质量的验收？要求复检的材料应有什么报告？

2H320050　机电工程施工技术管理

1.【2021 年真题】建设工程竣工验收时，审核竣工文件的单位是（　　）。

A. 施工单位　　B. 监理单位

C. 建设单位　　D. 设计单位

2. 对本专业负责人、技术管理人员、施工班组长及施工骨干人员进行技术交底属于（　　）。

A. 设计交底　　B. 项目总体交底

C. 单位工程技术交底　　D. 分部分项工程技术交底

3. 特种设备施工技术交底的组织者是（　　）。

A. 项目安全负责人　　B. 项目技术负责人

C. 项目质量工程师　　D. 项目专业工程师

4. 重要的技术交底，编制完成后应由（　　）审核或批准。

A. 项目安全负责人　　B. 项目技术负责人

C. 项目质量工程师　　D. 项目专业工程师

5. 编制竣工图时，关于竣工图章使用的说法，正确的有（　　）。

A. 竣工图章应盖在发生变更的竣工图上

B. 加盖竣工图章应使用不易褪色的印泥

C. 没有发生变更的图纸不加盖竣工图章

D. 竣工图章应盖在图纸发生更改的地方

E. 竣工图章盖在竣工图图标栏上方的空白处

6. 背景资料：A 安装公司承包某能源中心的机电安装工程，在热水管道施工中，按施工图设计位置施工，碰到其他管线，使热水管道施工受阻，项目部向设计单位提出设计变更，要求改变热水管道的走向，结果使水泵及管道工程拖延。

【问题】请问该事件中承包单位如何才能修改图纸？

2H320060 机电工程施工进度管理

1.【2020年真题】下列施工进度控制措施中不属于组织措施的是（　　）。

A. 建立目标控制体系　　B. 建立施工进度协调会议

C. 满足资金供给　　D. 明确进度控制人员

2.【2019年真题】下列因素中，会导致施工图纸提供不及时的因素是（　　）。

A. 拖欠工程进度款　　B. 规范标准的修订

C. 现场的管控能力　　D. 新施工技术交底

3. 作业进度计划以（　　）为单元编制。

A. 单项工程　　B. 单位工程

C. 分部工程　　D. 分项工程

4.【2022年真题】

背景节选：

A公司中标一升压站安装工程项目，因项目地处偏远地区，升压站安装前需建设施工临时用电工程。A公司将临时用电工程分包给B公司施工，临时用电工程内容：电力变压器（10/0.4kV）、配电箱安装，架空线路（电杆、导线及附件）施工。

A公司要求尽快完成施工临时用电工程，B公司编制了施工临时用电工程作业进度计划（见下表），计划工期30d。在审批时被监理公司否定，要求重新编制。B公司在工作持续时间不变的情况下，将导线架设调整至电杆组立完成后进行，修改了作业进度计划。

施工临时用电工程作业进度计划

序号	工作内容	开始时间	结束时间	持续时间	4月					
					1	6	11	16	21	26
1	施工准备	4.1	4.3	3d						
2	电力变压器、配电箱安装	4.4	4.8	5d						
3	电杆组立	4.4	4.23	20d						
4	导线架设	4.4	4.23	20d						
5	线路试验	4.24	4.28	5d						
6	验收	4.29	4.30	2d						

【问题】施工临时用电工程作业进度计划（上表）为什么被监理公司否定？修改后的作业进度计划工期需多少天？

5.【2011年一级真题】

背景资料：某安装公司分包一商务楼（1～5层为商场，6～30层为办公楼）的变配电工程。工程的主要设备（三相干式电力变压器、手车式开关柜和抽屉式配电柜）由业主采购，设备已运达施工现场。其他设备、材料由安装公司采购，合同工期为60d，并约定提前1d奖励5万元人民币，延迟1d罚款5万元人民币。

安装公司项目部进场后，依据合同、施工图、验收规范及总承包的进度计划，编制了变配电工程的施工方案、进度计划、劳动力计划和计划费用。项目部施工准备工作用去了5d。当正式施工时，因商场需提前送电，业主要求变配电工程提前5d竣工。项目部按工作持续时间和计划费用（见下表）分析，在关键工作上，以最小的赶工增加费用，在试验调整工作前赶出了5d。

代号	工作内容	紧前工作	持续时间（d）	计划费用（万元）	可压缩时间（d）	压缩单位时间增加费用（万元/d）
A	基础框架安装	—	10	10	3	1
B	接地干线安装	—	10	5	2	1
C	桥架安装	A	8	15	3	0.8
D	变压器安装	A、B	10	8	2	1.5
E	开关柜配电柜安装	A、B	13	32	3	1.5
F	电缆敷设	C、D、E	8	90	2	2
G	母线槽安装	D、E	10	80	—	—
H	二次线路敷设	E	4	4	1	1
I	试验调整	F、G、H	20	30	3	1.5
J	计量仪表安装	H	2	4	—	—
K	检查验收	I、J	2	2	—	—

进入试验调整工作时，发现有2台变压器线圈因施工中保管不当受潮，干燥处理用去了3d，并增加费用3万元，项目部又赶工3d。变配电工程最终按业主要求提前5d竣工，验收合格后，资料整理齐全，准备归档。

【问题】

1. 项目部在哪几项工作上赶工了？并分别列出其赶工天数和增加的费用。

2. 原计划施工费用多少？赶工后实际施工费用多少？

2H320070　机电工程施工质量管理

1.【2020年真题】下列施工质量控制行为中，属于事中控制的是（　　）。

A. 施工资格审查　　B. 施工方案审批

C. 检验方法审查　　D. 施工变更审查

2. 工序分析的步骤中，第一步中采用的方法是（　　），进行书面分析。

A. 因果分析图法　　B. 排列图法

C. 系统图法　　D. 优选法

3. 工序质量控制的方法包括（　　）。

A. 工序分析　　B. 质量控制点设置

C. 质量预控　　D. 质量验收

E. 检测过程

4. 质量事故报告应包括下列内容（　　）。

A. 事故发生的时间、地点　　B. 事故发生的简要经过

C. 事故项目有关质量检测报告　　D. 事故发生的原因和事故性质

E. 初步估计的直接经济损失

5. 以下属于施工单位质量事故调查小组参加人员的有（　　）。

A. 单位技术负责人　　B. 质检员

C. 专业技术负责人　　D. 施工员

E. 有经验的技术工人

6.【2015 年真题】背景节选：某电力工程公司项目部承接了商务楼的 10kV 变配电工程施工项目，工程主要设备布置见 10kV 变配电设备布置图，变配电设备运行状态通过监控柜实施智能监控。

项目部依据验收规范和施工图编制了变配电工程的施工方案，设备二次搬运及安装程序是：高压开关柜→变压器→低压配电柜→计量、监控柜。方案中，项目部将开关柜等基础框架安装的水平度偏差设置为 B 级质量控制点，电力变压器等高压电器的交接试验设置为 A 级质量控制点，保证变配电设备施工质量达到验收规范要求。

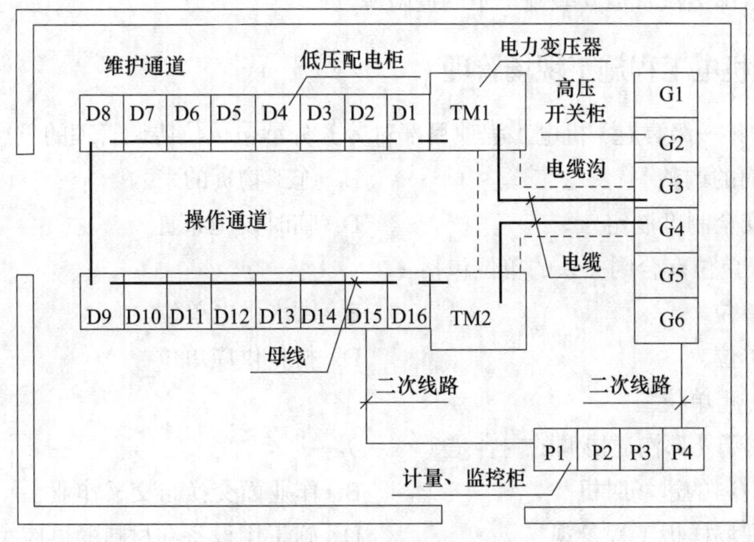

10kV 变配电设备布置图

【问题】分别说明项目部将电力变压器交接试验设置为 A 级质量控制点和基础框架水平度偏差设置为 B 级质量控制点的理由。

2H320080　机电工程施工安全管理

1. 设备安装项目经理部专职职业卫生管理人员，应根据（　　）配备。

A. 建筑面积配备　　B. 总造价

C. 作业人数　　D. 工程量

2. 危险源的构成要素不包括（　　）。

A. 潜在危险性　　B. 存在条件

C. 触发因素　　D. 事故隐患

3. 下列危险源中，属于重大危险源的是（　　）。

A. 运送变压器车单侧轮胎陷入泥坑　　B. 汽车起重机支腿下方地耐力不详

C. 临建暂存焊接检测的 γ 射线源　　D. 不锈钢酸洗槽存放酸液 10d

4. 项目施工危险源辨识常采用（　　）。

A. 直观经验法　　B. 安全检查表法

C. 作业条件危险性评价法　　D. 预先危险分析法

5.【2022 年真题】

背景节选：

某安装企业承接某工业企业工艺用蒸汽管道安装工程。蒸汽管道从锅炉房到工艺车间架空敷设，管道中心高度 5.5m。主要工程量为 ϕ219×9mm 无缝钢管（材质为 20 号钢）约 900m，各类阀门（包括电动阀门）、流量计、安全附件等共 90 套（件），补偿方式为方形补偿器。工作内容：管道运输、管道切割、坡口打磨、焊接及压力试验。不包括管道防腐绝热，无损检测由第三方负责。为方便施工，在管道下方搭设施工脚手架。

【问题】指出蒸汽管道安装施工中的危险源。

2H320090　机电工程施工现场管理

1.【2017 年一级真题】机电工程项目部对劳务分承包单位协调管理的重点是（　　）。

A. 作业面的调整　　B. 施工物资的采购

C. 质量安全制度制定　　D. 临时设施布置

2. 与施工单位有合同关系的单位包括（　　）。

A. 设计单位　　B. 供水供电单位

C. 消防单位　　D. 材料供应单位

E. 机械出租单位

3. 下列属于外部沟通协调的内容是（　　）。

A. 设备材料的进场时机　　B. 作业面交换与交叉作业

C. 组织现场样板工程参观　　D. 施工用设备和材料的供应

4. 绿色施工管理的主要内容包括（　　）。

A. 组织管理　　B. 咨询管理

C. 规划管理　　D. 设计管理

E. 评价管理

5. 绿色施工的土壤保护措施包括（　　）。

A. 因施工造成的裸土应及时覆盖

B. 现场道路、加工区、材料堆放区宜及时进行地面硬化

C. 采用隔水性能好的边坡支护技术

D. 污水处理设施等不发生堵塞、渗漏、溢出等现象

E. 施工后应恢复施工活动破坏的植被

6. 施工组织设计中，合理安排施工顺序、工作面，以减少作业区域的机具数量，相邻作业区充分利用共有的机具资源，属于绿色施工“四节一环保”中的（　　）。

A. 节材与材料资源利用　　B. 节水与水资源利用

C. 节能与能源利用　　D. 节地与施工用地保护

7. 绿色施工评价中，单位工程绿色施工评价应由（　　）组织。

A. 建设单位　　B. 施工单位

C. 监理单位　　D. 政府主管部门

8.【2021年真题】背景节选：某施工单位承包新建风电项目的35kV升压站和35kV架空线路。根据线路设计，架空线路需跨越铁路，升压站内设置一台35kV的油浸式变压器。施工项目部及生活营地设置在某行政村旁，项目都进场后，未经铁路部门许可，占用铁路用地存放施工设备，受到铁路部门处罚，停工处理。造成了工期延误。

为保证合同工期，项目部组织人员连夜加班进行管母线安装，采用大型照明灯，增配电焊机、切割机等机具，期间因扰民被投诉，项目部整改后完成施工，但造成了工期延误。

【问题】

1. 项目部在设置生活营地时需要与哪些部门沟通协调？

2. 在降低噪声和控制光污染方面，项目部应采取哪些措施？

9. 背景节选：某综合大楼位于市区，由于工期较紧，施工总承包单位安排了钢结构构件进场和焊接作业夜间施工，因噪声扰民被投诉，当地有关部门查处时，实测施工场界噪声值为75dB。

【问题】写出施工总承包单位组织夜间施工的正确做法。

2H320100　机电工程施工成本管理

1.【2017年真题】降低机电工程项目成本的合同措施不包括（　　）。

A. 建立成本管理责任体系　　B. 选择适当的合同结构模式

C. 必要的合同风险防控对策　　D. 全过程的合同控制

2.【2016年真题】机电工程项目在施工阶段成本控制的内容是（　　）。

A. 结合企业技术水平和建筑市场进行成本预测

B. 制定技术先进和经济合理的施工方案

C. 编制施工费用预算并进行明细分解

D. 加强施工任务单和限额领料单的管理

3. 机电工程项目成本控制中，在施工准备阶段项目成本的控制要点包括（　　）。

A. 确定成本目标　　B. 优化施工方案

C. 编制成本计划　　D. 计算实际成本

E. 成本差异分析

4. 机电工程施工成本控制中，属于施工机械成本控制措施的是（　　）。

A. 加强技术培训　　B. 控制采购成本

C. 采用限额领料　　D. 优化施工方案

5. 下列属于其他项目费的有（　　）。

A. 暂列金额　　B. 社会保险费

C. 总承包服务费　　D. 临时设施费

E. 索赔与现场签证费

6. 以下属于施工组织措施项目费的有（　　）。

A. 脚手架工程费　　B. 提前竣工增加费

C. 行车干扰增加费　　D. 优质工程增加费

E. 特殊地区施工增加费

2H320110　机电工程项目试运行管理

1.【2019 年一级真题】离心式给水泵在试运转后，不需要做的工作是（　　）。

A. 关闭泵的入口阀门　　B. 关闭附属系统阀门

C. 用清水冲洗离心泵　　D. 放净泵内积存液体

2. 联合试运行中，施工单位的工作内容包括（　　）。

A. 编制联动试运行方案　　B. 实施试运行操作

C. 负责岗位操作的监护　　D. 进行技术指导

E. 及时提供各种资源

3. 单机试运行方案由（　　）编制，经（　　）审定，报建设单位或监理单位批准后实施。

A. 企业总工程师，项目总工程师　　B. 项目专业工程师，项目总工程师

C. 项目总工程师，企业总工程师　　D. 项目专业工程师，企业总工程师

4. 关于 30kW 水泵单机试运行的说法，正确的是（　　）。

A. 试运转的介质必须采用清水　　B. 流量不应小于额定值的 20%

C. 连续试运转时间不应少于 15min　　D. 滚动轴承温度不应大于 70℃

5. 起重机的静载试验应符合的规定包括（　　）。

A. 将小车停在起重机的主梁跨中或有效悬臂处

B. 无冲击地起升额定起重量 1.5 倍的荷载

C. 主梁有永久变形时，起重机静载试验失效

D. 起重机主梁不得有上拱度

2H320120　机电工程施工结算与竣工验收

1. 竣工结算编制依据包括（　　）。

A. 工程单价　　B. 计价规范

C. 设备单价　　D. 工程合同

E. 投标文件

2. 工程计价的依据包括（　　）。

A. 工程单价　　B. 计价规范

C. 设备单价　　D. 工程合同

E. 投标文件

3. 机电工程专项验收的内容包括（　　）。

A. 消防　　B. 环保

C. 人防　　D. 供电

E. 照明

4. 施工记录资料不包括（　　）。

A. 图纸会审记录　　B. 设计变更单

C. 安全事故处理记录　　D. 隐蔽工程验收记录

2H320130　机电工程保修与回访

1. 在保修期内，建设工程质量是由于建设单位提供的设备、材料等质量不良造成的，应由（　　）。

A. 施工单位承担修理费用和负责修理

B. 双方商定各自经济责任，施工单位负责修理

C. 设计单位承担修理费用，施工单位协助修理

D. 建设单位承担修理费用，施工单位协助修理

2. 根据《建设工程质量管理条例》规定，保修期最低 2 年的工程是（　　）。

A. 地基基础　　B. 电气管线

C. 供热系统　　D. 屋面防水

3. 关于机电安装工程最低保修期规定的说法，正确的是（　　）。

A. 保修期自竣工验收合格之日起计算　　B. 设备安装工程的保修期为 3 年

C. 供热工程的保修期应为 1 个供暖期　　D. 给水排水管道工程保修期为 5 年

4. 察看机电安装工程投入生产后的运转情况，属于（　　）回访方式。

A. 技术性回访　　B. 巡回式回访

C. 座谈会回访　　D. 信息传递回访

经典真题及预测题答案及解析

2H320010　机电工程施工招标投标管理

1. 【答案】A

【解析】B 选项属于材料采购合同，200 万元以上必须招标；C、D 选项属于服务采购

合同，100 万元以上必须招标。

2. 【答案】B、C、E

【解析】招标人不得规定最低投标限价，A 选项错误；标底必须保密，应当在招标文件中明确最高投标限价或者最高投标限价的计算方法，D 选项错误。

3. 【参考答案】（1）D 公司在标书密封时未按要求加盖法定代表人印章，属于无效标书。因为无单位盖章和法定代表人签字或盖章的为无效标书。

（2）E 公司未按招标文件要求的格式报价，未能在实质上响应招标文件，属于无效标书。

（3）此次招标有效。因为：有效标书在三家以上，符合《招标投标法》的规定。

4. 【参考答案】不符合要求。因为根据《招标投标法》的规定：

（1）成员应为 5 人以上的单数，不应是偶数（8 人）。

（2）技术、经济方面的专家不应少于成员总数的三分之二，该委员会未达到要求。

2H320020 机电工程施工合同管理

1. 【答案】D

【解析】合同分析的重点内容如下：

（1）合同的法律基础、承包人的主要责任，工程范围，发包人的责任。

（2）合同价格，计价方法和价格补偿条件。

（3）工期要求和顺延及其惩罚条款，工程受干扰的法律后果，合同双方的违约责任。

（4）合同变更方式，工程验收方法，索赔程序和争执的解决等。

2. 【答案】A、B

【解析】选项 C、D 是按照索赔发生的原因分；选项 E 是按索赔的合同依据分。

3. 【参考答案】工程分包应经业主（建设单位）同意，工程的工艺线设备（主体部分或关键性工作）不允许分包。

4. 【参考答案】工期索赔：2d；费用索赔 = 2×50×200 = 20000 元。

2H320030 机电工程施工组织设计

1. 【答案】A、D、E

【解析】经济合理性比较的内容：（1）比较各方案的一次性投资总额。（2）比较各方案的资金时间价值。因此 A 选项正确。（3）比较各方案对环境影响的损失。因此 D 选项正确。（4）比较各方案总产值中剔除劳动力与资金对产值增长的贡献。（5）比较各方案对工程进度时间及其费用影响的大小。（6）比较各方案综合性价比。因此 E 选项正确。B、C 选项属于技术先进性比较。

2. 【答案】C、E

【解析】施工现场临时用电设备在 5 台及以上或设备总容量在 50kW 及以上者，应编制临时用电施工组织设计。

3. 【答案】A

【解析】施工组织总设计应由总承包单位技术负责人审批；单位工程施工组织设计应由施工单位技术负责人或技术负责人授权的技术人员审批；专项工程施工组织设计（施工方案）应由项目技术负责人审批；重大施工方案应由施工单位技术部门组织相关专家评审，施工单位技术负责人批准。

4.【答案】A、C

【解析】D错在“并能够确保施工质量”，正确的是“并能够确保施工安全”。

5.【参考答案】安装公司编制的施工方案内容还应包括：施工安排（部署）、施工进度计划、资源配置计划、施工方法、工艺要求。

2H320040　机电工程施工资源管理

1.【答案】D

【解析】选项A，无损检测Ⅱ级人员可签发检测报告；选项B，无损检测Ⅱ级人员可评定检测结果；选项C，无损检测Ⅲ级人员可审核检测报告。

2.【答案】B、E

【解析】施工员、质量员要根据项目专业情况配备，安全员要根据项目大小配备。

3.【答案】A、B、E

【解析】在材料进场时必须根据进料计划、送料凭证、质量保证书或产品合格证，进行材料的数量和质量验收。

4.【参考答案】该项目部应配备焊工、起重工、电工、场内运输工（叉车工）、架子工、探伤工等特种作业人员。

5.【参考答案】理由：该4名焊工属持证上岗，证件在有效期内（中断焊接作业时间不超过6个月），不需要重新考试，安排上岗符合规定。

6.【参考答案】（1）在材料进场时必须根据进料计划、送料凭证、质量保证书或产品合格证，进行材料的数量和质量验收。

（2）要求复检的材料应有取样送检证明报告。

2H320050　机电工程施工技术管理

1.【答案】B

【解析】竣工文件由施工单位负责编制，监理单位负责审核。

2.【答案】C

【解析】单位工程技术交底（或专业交底）：项目技术负责人对本专业范围内的负责人、技术管理人员、施工班组长及施工骨干人员进行技术交底。

3.【答案】C

4.【答案】B

【解析】重大工程和公司重点监控项目技术交底由分（子）公司技术质量副经理负责组织；一般项目技术交底由项目部技术负责人组织；单位工程的技术交底由项目技术负责任人组织；分部分项工程的技术交底由专业技术负责人或施工员组织；专项方案由编制人

员或者项目技术负责人向施工现场管理人员进行方案交底；特种设备施工的技术交底由项目质量保证工程师组织。对于重要的技术交底，其交底内容编制完成后应由项目技术负责人审核或批准。

5.【答案】B、E

【解析】所有竣工图应由施工单位逐张加盖竣工图章，当施工图没有变更时，可直接在施工图上加盖竣工图章形成竣工图。A选项、C选项错误。竣工图章应使用不易褪色的印泥，应盖在图标栏上方空白处。D选项错误。

6.【参考答案】发现设计有问题，承包商应按照程序提出设计变更，修改图纸：（1）承包商提出变更申请报监理（总监）。（2）监理（总监）审核技术是否可行，报建设单位工程师。（3）建设单位工程师报建设单位项目经理同意后，通知设计单位工程师，若认可变更方案，进行设计变更，出变更图纸或变更说明。（4）建设单位将变更图纸或变更说明发至监理工程师，监理工程师签字确认后发至承包商。

2H320060 机电工程施工进度管理

1.【答案】C

【解析】C选项属于施工进度控制的经济措施。

2.【答案】B

【解析】影响施工计划进度的因素：工程资金不落实，施工图纸提供不及时，气候及周围环境的不利因素，供应商违约，设备、材料价格上涨，四新技术的应用，施工单位管理能力。其中，规范标准的修订会导致施工图纸提供不及时，拖欠工程进度款会导致工程资金不落实，现场的管控能力会影响施工单位管理能力，新施工技术交底会影响施工进度计划的执行。因此B选项正确。

3.【答案】D

【解析】作业进度计划可按分项工程或工序为单元进行编制。

4.【参考答案】施工临时用电工程作业进度计划被监理公司否定原因：电杆组立和导线架设同时进行，不能保证架空线路的施工质量。修改后的作业进度计划工期为50d。

5.【参考答案】

1. 基础框架安装赶工2d，增加费用 $1\times2=2$ 万元；

接地干线安装赶工2d，增加费用 $1\times2=2$ 万元；

开关柜配电柜安装赶工3d，增加费用 $1.5\times3=4.5$ 万元；

试验调整赶工3d，增加费用 $1.5\times3=4.5$ 万元。

【解析】该题考查进度计划的调整原则。（1）根据调整原则中“调整的对象必须是关键工作”。从后往前推，利用“平行工作中，持续时间最长的是关键工作”技巧，找到关键工作有：A、B（并列）、E、G、I、K。（2）根据调整原则中“该工作必须有压缩余地”，排除没有压缩余地的关键工作G、J。（3）根据调整原则中“赶工费最低”，选择正确的赶工工作。

2. 计划费用 $10+5+15+8+32+90+80+4+30+4+2=280$ 万元；

实际施工费用 280－（5×5）＋（4.5 ＋ 2 ＋ 2 ＋ 4.5）＋ 3 ＝ 271 万元。

2H320070　机电工程施工质量管理

1.【答案】D

【解析】选项 A、B、C 都属于事前控制。

2.【答案】A

【解析】工序分析的步骤：第一步是用因果分析图法书面分析；第二步进行试验核实，可根据不同的工序用不同的方法，如优选法等；第三步是制定标准进行管理，主要应用系统图法和矩阵图法。

3.【答案】A、B、C

【解析】工序质量控制的方法一般有质量预控、工序分析、质量控制点的设置三种，以质量预控为主。

4.【答案】A、B、E

【解析】选项 C、D 属于质量事故调查报告的内容。

5.【答案】B、C、E

【解析】质量事故调查小组由项目技术负责人为首组建调查小组，参加人员应是与事故直接相关的专业技术人员、质检员和有经验的技术工人等。

6.【参考答案】项目部将电力变压器交接试验设置为 A 级质量控制点的理由：电力变压器交接试验如果达不到规范要求，将影响变配电设备的安全运行和正常送电（或使用功能）；基础框架水平度偏差设置为 B 级质量控制点的理由：基础框架水平度偏差超过规范规定，会影响柜体安装质量（或下道工序质量）。

2H320080　机电工程施工安全管理

1.【答案】B

【解析】项目经理部应根据施工规模配备专职职业卫生管理人员，建筑工程、装饰工程按建筑面积配备；土木工程、线路管道、设备安装按照总造价配备；分包单位应根据作业人数配备专职或兼职职业卫生管理人员。

2.【答案】D

【解析】危险源应由三个要素构成：潜在危险性、存在条件和触发因素。

3.【答案】C

【解析】重大危险源是指长期的或者临时的生产、搬运、使用或者储存危险品，且危险品的数量等于或者超过临界量的单元（包括场所和设施）。管道焊缝检测用 γ 射线源是超过临界量的危险品，暴露安全防护区外或失盗都会伤害一定范围人群。选项 A、B 是危险源的“有害因素”，而不是危险源；选项 D 不属于超过临界量的危险品。

4.【答案】B

【解析】项目施工危险源辨识常采用“安全检查表”方法。

5.【参考答案】管道安装过程中的危险源有：高空作业、管道搬运、管道切割、管道焊接、坡口打磨、脚手架作业。

【解析】此类题按多答不扣分原则作答。多利用案例背景。

2H320090　机电工程施工现场管理

1.【答案】A

【解析】作业面的调整是劳务分承包单位协调管理的重点，A 选项说法正确；选项 C、D 属于项目部对工程分承包单位的协调管理的重点；选项 B 正确表述应为施工物资的供给。因此本题正确选项为 A。

2.【答案】D、E

【解析】有直接或间接合同关系的单位：业主（建设单位、管理单位）、监理单位、材料设备供应单位、施工机械出租单位等。选项 A、B 属于有洽谈协商记录的单位。选项 C 属于工程监督检查单位。

3.【答案】D

【解析】选项 A 属于内部沟通协调的“进度计划的交接与协调”；选项 C 属于内部沟通协调的“工程质量管理的协调”；选项 D 属于外部沟通协调中“与设备材料供货单位的沟通与协调”。

4.【答案】A、C、E

【解析】绿色施工管理包括组织管理、规划管理、实施管理、评价管理和人员安全与健康管理五个方面。

5.【答案】A、D、E

【解析】选项 B 属于扬尘污染的控制措施；选项 C 属于水污染的控制措施。

6.【答案】C

【解析】“四节一环保”的技术要点内容特别多，适合出单选题。要求能抓住关键词，区分所给技术要点属于“节材、节能、节水、节地”中的哪一项。比如此题中的“机具资源”是关键词。

7.【答案】A

【解析】绿色施工评价组织：

（1）单位工程绿色施工评价应由建设单位组织，项目部和监理单位参加。

（2）单位工程施工阶段评价应由监理单位组织，建设单位和项目部参加。

（3）单位工程施工批次评价应由施工单位组织，建设单位和监理单位参加。

8.【参考答案】

1. 需要与居民（村民）、公安、医疗、电力等部门协调。

2. 噪声与光污染控制：

（1）在施工场界对噪声进行实时监测与控制，现场噪声排放不得超过国家标准《建筑施工场界环境噪声排放标准》GB 12523—2011 的规定。

（2）尽量使用低噪声、低振动的机具，采取隔声与隔振措施。

光污染控制：

（1）夜间电焊作业应采取遮挡措施，避免电焊弧光外泄。

（2）大型照明灯应控制照射角度，防止强光外泄。

9.【参考答案】夜间施工会对周围居民造成噪声和光污染，因此正确做法是采取一定的防范措施：

（1）提前向周边居民通报，通过告示告知居民，并取得谅解。

（2）噪声方面：在施工场界对噪声进行实时监测与控制，现场噪声排放不得超过国家有关标准的规定，噪声控制在55db以下。尽量使用低噪声、低振动的机具，采取隔声与隔振措施。

（3）光污染方面：夜间室外照明灯加设灯罩，透光方向集中在施工范围；电焊作业采取遮挡措施，避免电焊弧光外泄。

2H320100　机电工程施工成本管理

1.【答案】A

【解析】降低项目成本的合同措施有：（1）选择适当的合同结构模式。（2）必要的合同风险防控对策。（3）全过程的合同控制。因此本题正确选项为A。A选项属于组织措施。

2.【答案】D

【解析】A选项属于投标阶段的成本控制，B、C选项属于施工准备阶段的成本控制。因此本题正确选项为D。

3.【答案】B、C

【解析】施工准备阶段成本控制的内容包括：（1）制定科学先进、经济合理的施工方案。（2）编制明细而具体的成本计划，并按照部门、施工队和班组的分工进行分解。（3）编制间接费用预算，并进行明细分解。A选项属于投标阶段成本控制内容；D、E选项属于施工阶段成本控制内容。所以本题正确选项是B、C。

4.【答案】D

【解析】施工机具费的控制措施：按施工方案和施工技术措施中规定的机种和数量安排使用；提高施工机械的利用率和完好率；严格控制对外租赁施工机械，严格控制机械设备进出场时间。A选项属于人工成本控制措施；B、C选项属于材料成本控制措施。因此正确选项是D选项。

5.【答案】A、C、E

【解析】其他项目费包括暂列金额、暂估价、计日工、总承包服务费、专业工程结算价、索赔与现场签证费、优质工程增加费等。选项B属于规费；选项D属于措施项目费。

6.【答案】B、C、E

【解析】施工组织措施项目费，包括安全文明施工费（如：环境保护费、文明施工费、安全施工费、临时设施费）、提前竣工增加费、二次搬运费、冬雨期施工增加费、行车（行人）干扰增加费、特殊地区施工增加费。选项A属于施工技术措施项目费；选项D属于其他项目费。

2H320110 机电工程项目试运行管理

1.【答案】C

【解析】离心泵试运转后，应关闭泵的入口阀门，待泵冷却后再依次关闭附属系统的阀门；输送易结晶、凝固、沉淀等介质的泵，停泵后应防止堵塞，并及时用清水或其他介质冲洗泵和管道；放净泵内积存的液体。离心式给水泵输送的介质为水，因此不需用清水冲洗离心泵。

2.【答案】C、D

【解析】施工单位工作内容包括：负责岗位操作的监护，处理试运行过程中机器、设备、管道、电气、自动控制等系统出现的问题并进行技术指导。选项 A 属于调试单位的工作内容；选项 B、E 属于建设单位的工作内容。

3.【答案】C

【解析】单机试运行方案由施工项目总工程师组织编制，经施工企业总工程师审定，报建设单位或监理单位批准后实施。

4.【答案】B

【解析】试运转的介质宜采用清水；当泵输送介质不是清水时，应按介质的密度、比重折算为清水进行试运转，流量不应小于额定值的 20%；电流不得超过电动机的额定电流。润滑油不得有渗漏和雾状喷油；轴承、轴承箱和油池润滑油的温升不应超过环境温度 40℃，滑动轴承的温度不应大于 70℃；滚动轴承的温度不应大于 80℃。

5.【答案】A

【解析】起重机静载试运转：（1）将小车停在起重机的主梁跨中或有效悬臂处，无冲击地起升额定起重量 1.25 倍的荷载距地面 100～200mm 处，悬吊停留 10min 后，应无失稳现象。（2）主梁经检验有永久变形时，应重复试验，但不得超过 3 次。（3）小车卸载后开到跨端或支腿处，检测起重机主梁的实有上拱度或悬臂实有上翘度，其值不应小于：$0.7S/1000$。

2H320120 机电工程施工结算与竣工验收

1.【答案】B、D、E

【解析】竣工结算编制依据包括：（1）工程合同（包括补充协议）；（2）计价规范；（3）已确认的工程量、结算合同价款及追加或扣减的合同价款；（4）投标文件（包含已标价工程量清单）；（5）建设工程设计文件及相关资料；（6）其他依据。

2.【答案】A、C

【解析】工程计价的依据：（1）分部分项工程量。包括项目建议书、可行性研究报告、设计文件等。（2）人工、材料、机械等实物消耗量。包括投资估算指标、概算定额、预算定额等。（3）工程单价。包括人工单价、材料价格和机械台班费等。（4）设备单价。包括设备原价、设备运杂费、进口设备关税等。（5）施工组织措施费、间接费和工程建设其他费用。主要是相关的费用定额和指标。（6）政府规定的税费。（7）物价指数和工程造价指数。

注意与上一道题的对比，很容易混淆。

3.【答案】A、B、C

【解析】机电工程专项验收包括：（1）消防验收。（2）人防设施验收。（3）环境保护验收。（4）防雷设施验收。（5）卫生防疫检测。

4.【答案】C

【解析】施工记录资料。包括图纸会审记录、设计变更单、隐蔽工程验收记录；定位放线记录；质量事故处理报告及记录；特种设备安装检验及验收检验报告；分项工程使用功能检测记录等。

2H320130 机电工程保修与回访

1.【答案】D

【解析】质量问题是由于建设单位提供的设备、材料等质量不良造成的，应由建设单位承担修理费用，施工单位协助修理。

2.【答案】B

【解析】电气管线、给水排水管道、设备安装工程保修期为 2 年。

3.【答案】A

【解析】本题考核的是工程的最低保修期。设备安装工程的最低保修期为 2 年，因此 B 选项说法错误。供暖管道的最低保修期为 2 个供暖期，因此 C 选项说法错误。给水排水管道工程的最低保修期为 2 年，因此 D 选项说法错误。

4.【答案】B

【解析】（1）信息传递方式回访。采用邮件、电话、传真或电子信箱等。

（2）座谈会方式回访。由建设单位组织座谈会或意见听取会。

（3）巡回式回访。察看机电安装工程使用或投入生产后的运转情况。

2H330000　机电工程项目施工相关法规与标准

微信扫一扫
查看更多考点视频

本章考情分析

本章在考试中可能出现的题型有单项选择题、多项选择题、案例题，选择题5道左右，案例题一般考查1～2小问，总分值在15分左右。考生需要重点掌握的是：特种设备安全法、施工质量验收。

2020—2022年度真题考点分值分布

命题点	2022年			2021年			2020年		
	单选题	多选题	案例题	单选题	多选题	案例题	单选题	多选题	案例题
2H331010　计量的相关规定		2			2		1		
2H331020　建设用电及施工的相关规定		2			2		1		
2H331030　特种设备的相关规定		2	5		2	4	1		5
2H332010　工业安装工程施工质量验收统一要求		2			2		1		
2H332020　建筑安装工程施工质量验收统一要求		2			2		1		
合计	0	10	5	0	10	4	5	0	5
	15			14			10		

本章核心考点分析

2H331000　机电工程项目施工相关法律规定

2H331010　计量的相关规定

核心考点提纲

- 计量的相关规定
  - 施工计量器具使用的管理规定
    - 施工计量器具管理范围
    - 施工计量器具使用的管理规定
    - 施工计量器具检定相关知识
  - 施工现场计量器具的管理程序
    - 确定计量器具的选择原则
    - 分类管理计量器具
    - 项目部对计量器具的管理

核心考点可考性提示

核心考点		2023 年可考性提示
2H331011　施工计量器具使用的管理规定	施工计量器具管理范围	★★
	施工计量器具使用的管理规定	★
	施工计量器具检定相关知识	★
2H331012　施工现场计量器具的管理程序	确定计量器具的选择原则	★
	分类管理计量器具	★★★
	项目部对计量器具的管理	★★

核心考点剖析

2H331011　施工计量器具使用的管理规定

核心考点一　施工计量器具管理范围

强制检定	定义	强制检定是指计量标准器具与工作计量器具必须按检定周期送由法定或授权的计量检定机构检定。
	范围	（1）社会公用计量标准器具。 （2）部门和企业、事业单位使用的最高计量标准器具。 （3）用于贸易结算、安全防护、医疗卫生、环境监测的计量器具
非强制检定	定义	非强制检定的计量器具可由使用单位依法自行定期检定，本单位不能检定的，由有权开展量值传递工作的计量检定机构进行检定
施工计量器具检定范畴		（1）列入《中华人民共和国强制检定的工作计量器具目录》（以下简称《强检目录》）的在施工过程使用的工作计量器具。如用于安全防护的压力表、电能表（单相、三相）、测量互感器（电压互感器、电流互感器）、绝缘电阻测量仪、接地电阻测量仪、声级计等。 （2）施工单位建立的最高计量标准器具。 （3）列入《中华人民共和国依法管理的计量器具目录》的计量器具。如电压表、电流表、欧姆表、相位表等

◆考法 1：选择题，考查施工计量器具检定范畴。

【例题 1·2014 年真题】下列施工计量器具中，属于强制性检定范畴的是（　　）。

A. 声级计　　B. 超声波测厚仪

C. 压力表　　D. 垂直检测尺

【答案】A

核心考点二　施工计量器具使用的管理规定

施工计量器具使用的管理规定	（1）对属于强制检定范围的计量器具应定期进行强制检定，未按照规定申请检定或者检定不合格的，企业不得使用。 （2）非强制检定计量器具的检定周期，由企业根据计量器具的实际使用情况，本着科学、经济和量值准确的原则自行确定。 （3）非经国务院计量行政部门批准，任何单位和个人不得拆卸、改装计量基准，或者自行中断其计量检定工作。

续表

施工计量器具使用的管理规定	（4）企业、事业单位计量标准器具（简称计量标准）的使用，必须具备下列条件： ①经计量检定合格。 ②具有正常工作所需要的环境条件。 ③具有称职的保存、维护、使用人员。 ④具有完善的管理制度

◆考法1：选择题，考查施工计量器具使用的管理规定。

【例题1·2020年真题】关于施工计量器具使用管理的说法，错误的是（　　）。

A. 属于强制检定的应按周期进行检定

B. 企业应建立完善的计量器具管理制度

C. 任何单位和个人不得擅自拆卸、改装计量基准

D. 强制检定周期可根据企业实际使用情况来确定

【答案】D

【例题2·2021年真题】关于声级计的使用要求，正确的有（　　）。

A. 选用的量程和精度应满足噪声检测要求

B. 送所属企业的计量管理部门校准或校验

C. 定期送法定或授权的计量检定机构检定

D. 经验货和验证合格后即可发放使用测量

E. 必须具有计量检定证书或计量检定标记

【答案】A、C、E

【解析】这是一道综合选择题。声级计属于强制检定计量器具，可本着就地就近原则，送法定或者授权的计量检定机构"检定"，选项A、C正确，B错误。

对属于强制检定范围的计量器具应定期进行强制检定，未按照规定申请检定或者检定不合格的，企业不得使用，选项D错误。

所选用的计量器具和测量设备，必须具有计量检定证书或计量检定标记。选项E正确。

核心考点三　施工计量器具检定相关知识

计量器具检定印、证包括的内容	（1）检定证书：证明计量器具已经过检定，并符合相关法定要求的文件。 （2）不合格通知书（检定结果通知书）：说明计量器具被发现不符合或不再符合相关法定要求的文件。 （3）检定标记：施加于测量仪器上证明其已经检定并符合要求的标记。 （4）封印标记：用于防止对测量仪器进行任何未经授权的修改、再调整或拆除部件等的标记

◆考法1：选择题，考查计量检定印、证包括的内容。

【例题1·模拟题】计量器具经检定机构检定后出具的（　　）是证明计量器具不符合有关法定要求的文件。

A. 检定证书　　　　B. 检定结果通知书

C. 漆封印　　　　D. 钳印

【答案】B

2H331012　施工现场计量器具的管理程序

核心考点一　确定计量器具的选择原则

确定计量器具的选择原则	（1）应与所承揽的工程项目的内容、检测要求以及所确定的施工方法和检测方法相适应。例如，检测器具的测量极限误差必须小于或等于被测对象所能允许的测量极限误差。 （2）所选用的计量器具和测量设备，必须具有计量检定证书或计量检定标记。 （3）所选用的计量器具和测量设备，在技术上是适用的，操作培训是较容易的，坚实耐用易于携带，检定地点在工程所在地附近的，使用时其比对物质和信号源易于保证。尽量不选尚未建立检定规程的测量器具

◆考法 1：选择题，考查确定计量器具的选择原则。

【例题 1 · 模拟题】关于计量器具使用的说法，不正确的是（　　）。

A. 尽量不选尚未建立检定规程的测量器具

B. 所选用的计量器具，必须具有计量检定证书或计量检定标记

C. 检测器具的测量极限误差必须大于被测对象所能允许的测量极限误差

D. 强制检定与非强制检定均属于施工计量器具检定范畴

【答案】C

【解析】检测器具的测量极限误差必须小于或等于被测对象所能允许的测量极限误差。

核心考点二　分类管理计量器具

类别	范围、管理办法
A 类计量器具	范围：（1）施工企业最高计量标准器具和用于量值传递的工作计量器具。例如，一级平晶、零级刀口尺、水平仪检具、直角尺检具、百分尺检具、百分表检具、千分表检具、自准直仪、立式光学计、标准活塞式压力计等。（关键词：检具） （2）列入国家强制检定目录的工作计量器具。例如，用于安全防护的压力表、电能表、接地电阻测量仪、声级计等。 管理办法：送法定或者授权的计量检定机构，定期检定
B 类计量器具	范围：用于工艺控制、质量检测及物资管理的计量器具。例如，卡尺、千分尺、百分表、千分表、水平仪、直角尺、塞尺、水准仪、经纬仪、测厚仪；温度计、温度指示调节仪；压力表、测力计、转速表、砝码、硬度计、万能材料试验机、天平；电压表、电流表、欧姆表、电功率表、功率因数表；电桥、电阻箱、检流计、万用表、标准电信号发生器；示波器、阻抗图示仪、电位差计、分光光度计等。 管理办法：可由所属企业计量管理部门定期检定校准。企业计量管理部门无权检定的项目，可送交法定或者授权的计量检定机构检定
C 类计量器具	范围：（1）计量性能稳定，量值不易改变，低值易耗且使用要求精度不高的计量器具。如钢直尺、弯尺、5m 以下的钢卷尺等。 （2）与设备配套，平时不允许拆装指示用计量器具。如电压表、电流表、压力表等。 （3）非标准计量器具。如垂直检测尺、游标塞尺、对角检测尺、内外角检测尺等。 管理办法：对新购入的 C 类计量器具，经库管员验货、验证合格后即可发放使用。对使用中的 C 类计量器具，由计量管理人员到现场巡视，发现损坏的及时更换。 平时加强计量器具维护保养，随坏随换，保证计量器具处于良好工作状态。定期送所属企业计量管理部门校准或校验

◆**考法1：选择题，考查分类管理计量器具。**

【例题1·2017年真题】下列计量器具中，不属于A类计量器具的是（　　）。

A. 直角尺检具　　B. 千分表

C. 立式光学计　　D. X射线探伤机

【答案】B

【解析】千分表属于B类计量器具。因此本题正确选项为B。

【例题2·2021年真题】下列计量器具中，属于C类的有（　　）。

A. 3m钢卷尺　　B. 500mm直角尺

C. 千分表　　D. 150mm钢直尺

E. 15mm游标塞尺

【答案】A、D、E

【解析】选项B、C均属于B类器具。

◆**考法2：案例分析题，考查分类管理计量器具。**

【例题3·2019年真题】

背景节选：

B公司按施工组织设计配置的计量器具有：钢直尺、10m钢卷尺、直角尺等，并自制了样板和样杆，满足了油罐本体及金属结构的制作安装质量控制要求。

【问题】自制的样板属于哪类计量器具？使用前应经过哪些工序确认？

【参考答案】自制的样板属于C类计量器具。B公司在使用自制的样板前，应经过校准，复验确认。

核心考点三　项目部对计量器具的管理

施工现场计量器具的使用要求	（1）工程开工前，项目部应根据项目质量计划、施工组织设计、施工方案对检测设备的精度要求和生产需要，编制《计量检测设备配备计划书》。 （2）施工现场使用的计量器具，无论是企业自有的、租用的或是由建设方提供的，均需按照建立的管理制度进行管理。 （3）使用计量器具前，应检查其是否完好，若不在检定周期内、检定标识不清或封存的，视为不合格的计量检测设备，不得使用。每次使用前，应对计量检测设备进行校准对零检查后，方可开始计量测试。 （4）项目经理部必须设专（兼）职计量管理员对施工使用的计量器具进行现场跟踪管理。 工作内容包括： ①建立现场使用计量器具台账。 ②负责现场使用计量器具周期送检。 ③负责现场巡视计量器具的完好状态
施工现场计量器具的保管、维护和保养制度	1. 计量器具的验货、验证。例如，新购入的钢卷尺必须有CMC计量器具生产许可证标志及批准生产编号；备有出厂合格证；钢卷尺的尺盒或尺带上有标明制造厂（或厂商）、全长和型号；尺带两边必须平滑，不得有锋口或毛刺，分度线均匀明晰，不得有垂线现象，尺盒应无残缺等。 2. 对租用的或由“甲方”（建设方或总承包方）提供的计量器具，应附带该设备的有效期内检定合格印、证方可以使用。如不具备时，该设备必须经过检定，证明合格后才能使用，记入“施工用检测设备登记表”，并注“租用”或“甲供”标记。

续表

施工现场计量器具的保管、维护和保养制度	3. 计量检测设备应有明显的"合格""禁用""封存"等标志，标明计量器具所处的状态。 （1）合格：为周检或一次性检定能满足质量检测、检验和试验要求的精度。 （2）禁用：经检定不合格或使用中严重损坏、缺损的。 （3）封存：根据使用频率及生产经营情况，暂停使用的。封存的计量器具重新启用时，必须经检定合格后，方可使用

◆考法 1：多项选择题，考查施工现场计量器具的使用要求。

【例题 1·2013 年真题】施工现场使用的计量器具，项目经理部必须设专（兼）职计量管理员进行跟踪管理，包括（　　）的计量器具。

A. 向外单位租用　　B. 法定计量检定机构

C. 施工单位自有　　D. 有相应资质检测单位

E. 由建设单位提供

【答案】A、C、E

◆考法 2：案例简答题，考查施工计量器具使用的管理规定。

【例题 2·2019 年真题】

背景节选：

事件 1：现场作业人员使用的经纬仪检定合格证超过有效期，电气试验人员使用的兆欧表检定合格证丢失，项目部计量管理员对施工使用的计量器具没有进行跟踪管理。

【问题】事件 1 中，项目部计量管理员的管理是否合格？简述项目部计量管理员的工作内容。

【参考答案】事件 1 中，项目部计量管理员的管理不合格。

项目部专职计量管理员的工作内容包括：

（1）建立现场计量器具台账；

（2）负责现场计量器具周期送检；

（3）现场巡视计量器具完好状态。

2H331020　建设用电及施工的相关规定

核心考点提纲

建设用电及施工的相关规定
- 建设用电的规定
  - 用电手续的规定
  - 用电计量装置及其规定
  - 用电安全规定
  - 临时用电的安全管理
- 电力设施保护区施工作业的规定
  - 电力设施保护范围和保护区
  - 电力设施保护范围和保护区内规定

核心考点可考性提示

核心考点		2023年可考性提示
2H331021　建设用电的规定	用电手续的规定	★★
	用电计量装置及其规定	★
	用电安全规定	★
	临时用电的安全管理	★★★
2H331022　电力设施保护区施工作业的规定	电力设施保护范围和保护区	★★
	电力设施保护范围和保护区内规定	★★

核心考点剖析

2H331021　建设用电的规定

核心考点一　用电手续的规定

用电手续的规定	申请新装用电、临时用电、增加用电容量、变更用电和终止用电，应当依照规定的程序办理手续。 （1）新装、增容与变更用电规定 用户申请新装或增加用电时，应向供电企业提供用电工程项目批准的文件及有关的用电资料。包括用电地点、电力用途、用电性质、用电设备、用电设备清单、用电负荷、保安电力、用电规划等，并依照供电企业规定如实填写用电申请书及办理所需手续。 （2）用户办理用电手续的规定 如果工程项目地处偏僻，虽用电申请已受理，但自电网引入的线路施工和通电尚需一段时日，而工程又急需开工，则总承包单位通常是用自备电源（如柴油发电机组）先行解决用电问题。此时，总承包单位要告知供电部门并征得同意，同时要妥善采取安全技术措施，防止自备电源误入市政电网

◆考法1：选择题，考查用电手续的办理。

【例题1·2021年真题】企业申请新装用电时，应向供电部门提供的资料包括（　　）。

A. 用电负荷　　B. 用电性质

C. 用电设备　　D. 用电规划

E. 用电方法

【答案】A、B、C、D

◆考法2：案例分析题，考查用电手续的办理。

【例题2·2011年真题】背景节选：该变电站地处偏僻地区，施工时暂无电源供给，为加快施工进度，该公司自行采用自备电源组织了施工。

【问题】纠正该公司擅自采用备用电源施工的错误做法。

【参考答案】按《电力法》的规定，正确的做法是：承包单位（该公司）要告知供电部门，并征得同意（许可），采取安全技术措施后方可施工。

核心考点二　用电计量装置及其规定

用电计量装置使用规定	（1）用电计量装置的量值指示是电费结算的主要依据，依照有关法规规定，该装置属于强制检定范畴，应由省级计量行政主管部门依法授权的检定机构进行检定合格，方为有效。 （2）用电计量装置的设计应征得当地供电部门认可，施工单位应严格按施工设计图纸进行安装，并符合相关现行国家标准或规范。安装完毕应由供电部门检查确认。 （3）供电企业在新装、换装及现场校验后应对用电计量装置加封，并请用户在工作凭证上签章
用电计量与电费计收规定	用电计量装置原则上应装在供电设施的产权分界处。如产权分界处不适宜装表的，对专线供电的高压用户，可在供电变压器出口装表计量；对公用线路供电的高压用户，可在用户受电装置的低压侧计量

◆**考法1：选择题，考查用电计量装置的使用和计收规定。**

【例题1·2015年真题】下列有关用电计量装置的规定，说法正确的是（　　）。

A. 用电计量装置的设计应征得检定机构的许可

B. 用电计量装置必须装在供电设施的产权分界处

C. 用电计量装置属于非强制检定范畴

D. 现场校验后的用电计量装置应加封

【答案】D

【解析】A选项不正确，应征得供电部门的许可；B选项不正确，是“原则上”装在产权分界处，而不是“必须”；C选项不正确，属于强制检定。

核心考点三　用电安全规定

用电安全规定	施工单位在施工过程中应遵守用电安全规定，不允许有以下行为： （1）擅自改变用电类别。 （2）擅自超过合同约定的容量用电。 （3）擅自超过计划分配的用电指标。 （4）擅自使用已经在供电企业办理暂停使用手续的电力设备，或者擅自启用已经被供电企业查封的电力设备。 （5）擅自迁移、更动或者擅自操作供电企业的用电计量装置、电力负荷控制装置、供电设施以及约定由供电企业调度的用户受电设备。 （6）未经供电企业许可，擅自引入、供出电源或者将自备电源擅自并网

◆**考法1：选择题，考查用电安全规定。**

【例题1·模拟题】建造师在施工过程中应遵守用电安全规定，不允许（　　）。

A. 改变用电类别

B. 减少合同约定的容量用电

C. 减少计划分配的用电指标

D. 擅自使用已经在供电企业办理暂停使用手续的电力设备

【答案】D

【解析】A选项错误，不允许“擅自”改变用电类别，并不是不允许改变用电类别。

核心考点四　临时用电的安全管理

准用程序	（1）施工单位应编制施工现场“临时用电施工组织设计”，并协助业主向当地电业部门申报用电方案。 （2）进行临时用电设备、材料的采购和施工。 （3）对临时用电项目进行检查、验收，并向供电部门申请送电。 （4）经供电部门检查、验收和试验，同意送电后送电开通

续表

临时用电施工组织设计编制	（1）临时用电应编制临时用电施工组织设计，或编制安全用电技术措施和电气防火措施。 （2）临时用电施工组织设计应由电气技术人员编制，项目部技术负责人审核，经相关部门审核并经具有法人资质的企业技术负责人批准后实施
检查验收	（1）临时用电工程必须由持证电工施工。临时用电工程安装完毕后，由安全部门组织检查验收，参加人员有主管临时用电安全的项目部领导、有关技术人员、施工现场主管人员、临时用电施工组织设计编制人员、电工班长及安全员。必要时请主管部门代表和业主的代表参加。 （2）检查情况应做好记录，并要由相关人员签字确认。 （3）临时用电工程应定期检查。施工现场每月一次，基层公司每季度一次。基层公司检查时，应复测接地电阻值，对不安全因素，必须及时处理，并应履行复查验收手续。 （4）临时用电安全技术档案应由主管现场的电气技术人员建立与管理
临时用电安全技术要求	（1）临时用电工程专用的电源中心点直接接地的220V/380V三相四线制低压电力系统，必须符合下列规定：采用三级配电系统，采用TN-S接零保护系统，采用二级漏电保护系统。 （2）在施工现场专用变压器供电的TN-S接零保护系统中，电气设备的金属外壳必须与保护零线PE连接。 （3）在施工现场与外电线路共用同一供电系统时，电气设备的接地、接零保护必须与原系统一致。 （4）PE线材质与相线应相同。 （5）PE线上严禁装设开关或熔断器，严禁通过工作电流，且严禁断线。 （6）TN-S系统中，PE线必须在配电室、总配电箱等处重复接地，接地电阻不应大于10Ω。 （7）配电柜或配电线路停电维修时，应挂地线，并悬挂“禁止合闸、有人工作”停电标志牌。停送电必须由专人负责。 （8）配电箱的电器安装板上必须分设N线端子板和PE线端子板，N线端子板必须与金属电器安装板绝缘，PE线端子板必须与金属电器安装板做电气连接。 （9）两级漏电保护器的额定动作电流和额定动作时间应合理配合，使之具有分级分段保护功能。未经开关箱的漏电保护开关的额定动作电流不应大于30mA，额定动作时间不应大于0.1s。 （10）电缆线路应采用埋地或架空敷设，严禁沿地面明设

◆**考法1：选择题，考查临时用电的安全管理。**

【例题1·2020年真题】TN-S系统中关于接地的说法，正确的是（　　）。

A. PE线上装设开关和熔断器　　B. 配电箱内PE线与N线可共用汇流排

C. 总配电箱不重复接地　　D. 设备外壳必须与PE线连接

【答案】D

【解析】PE线上严禁装设开关或熔断器，A选项错误；配电箱的电器安装板上必须分设N线端子板和PE线端子板，B选项错误；PE线必须在配电室、总配电箱等处重复接地，C选项错误。

【例题2·2021年真题】关于临时用电检查验收的说法，正确的有（　　）。

A. 临时用电工程必须由电气技术员施工

B. 临时用电工程安装完毕后，由质量部门组织检查验收

C. 检查情况应做好记录，并要由相关人员签字确认

D. 临时用电安全技术档案应由资料员建立与管理

E. 临时用电工程定期检查

【答案】C、E

【解析】临时用电工程必须由持证电工施工。临时用电工程安装完毕后，由安全部门

组织检查验收，选项 A、B 错误。临时用电安全技术档案应由主管现场的电气技术人员建立与管理，选项 D 错误。

2H331022 电力设施保护区施工作业的规定

核心考点一 电力设施保护范围和保护区

架空电力线路保护区：新建架空电力线路导线边线向外侧水平延伸并垂直于地面所形成的两平行面内的区域。

电压（kV）	各级电压导线的边线延伸距离（m）
1～10	5
35～110	10
154～330	15
500	20

◆考法 1：选择题，考查架空电力线路保护区。

【例题 1·2018 年一级真题】35kV 架空电力线缆保护区范围是导线边缘向外侧延伸的距离为（　　）。

A. 3m　　B. 5m

C. 10m　　D. 15m

【答案】C

核心考点二 电力设施保护范围和保护区内规定

电力设施保护范围和保护区内作业准许规定	电力设施周围挖掘作业的规定 （1）不得取土的范围。为了防止架空电力线路杆塔基础遭到破坏，根据各电压等级确定杆塔周围禁止取土的范围。35kV 的为禁止取土的范围 4m；110～220kV 的为禁止取土的范围 5m；330～500kV 的为禁止取土的范围 8m。 （2）取土的坡度。为了防止将杆塔基础掏空或垂直取土的现象发生，取土后所形成的坡面与地平线之间的夹角，一般不得大于 45°，特殊情况由县级以上地方电力主管部门另定。例如，沙地取土时，坡度应当更小一些
电力设施保护区内或附近施工作业的要求	1. 认真进行图纸会审 2. 编制施工方案 （1）发生在电力设施保护区内安装作业，主要是开挖地下管沟和大件吊装或卸载，以及爆破作业等。因此，制定施工方案前先要摸清周边电力设施的实情，如地下电缆的位置和标高，空中架空线路的高度和电压等级，爆破点距离和电力设施的距离等，然后编制施工方案。 （2）在编制施工方案时，尽量邀请电力管理部门或电力设施管理部门派员参加，以便方案更加切实可行。 （3）在施工方案中应专门制定保护电力设施的安全技术措施，并写明要求。在作业时请电力设施的管理部门派员监管。 （4）施工方案编制完成报经电力管理部门批准后执行

◆考法 1：选择题，考查电力设施保护范围和保护区内规定。

【例题 1·2015 年一级真题】110kV 的杆塔周围禁止取土的范围是（　　）。

A. 3m　　B. 4m

C. 5m　　　　D. 8m

【答案】C

【例题 2 • 2013 年真题】施工单位在电缆保护区实施爆破作业时，制定爆破施工方案应（　　）。

A. 邀请地方建设管理部门参与　　　　B. 报当地电力管理部门批准

C. 及时与地下电缆管理部门沟通　　　　D. 邀请地下电缆管理部门派员参加

【答案】B

【解析】选项 A、C 不正确，考试用书中根本就没有提到过；选项 D 貌似正确，但要注意原话是说“尽量邀请电力管理部门或电力设施管理部门派员参加”；“最符合题意”的选项只能是 B。

2H331030　特种设备的相关规定

核心考点提纲

- 特种设备的相关规定
  - 特种设备的法定范围
    - 特种设备的定义
    - 特种设备种类
  - 特种设备制造、安装改造及维修的规定
    - 特种设备制造、安装、改造、修理单位的资质许可
    - 特种设备制造、安装、改造、修理单位应当具备的条件
    - 特种设备的开工许可
    - 特种设备安装要求
    - 特种设备出厂（竣工）要求
    - 关于撬装式承压设备系统或机械设备系统的使用登记（新增）
    - 违反特种设备许可制度的法律责任及规定的处罚

核心考点可考性提示

核心考点			2023 年可考性提示
2H331031　特种设备的法定范围	特种设备的定义		★
	特种设备种类		★★★
2H331032　特种设备制造、安装改造及维修的规定	特种设备制造、安装、改造、修理单位的资质许可		★
	特种设备的生产要求	特种设备制造、安装、改造、修理单位应当具备的条件	★★★
		特种设备的开工许可	★★
		特种设备安装要求	★★
		特种设备出厂（竣工）要求	★
	关于撬装式承压设备系统或机械设备系统的使用登记（新增）		★
	违反特种设备许可制度的法律责任及规定的处罚		★

核心考点剖析

2H331031 特种设备的法定范围

核心考点一 特种设备的定义

定义	特种设备是指对人身和财产安全有较大危险性的锅炉、压力容器（含气瓶）、压力管道、电梯、起重机械、客运索道、大型游乐设施、场（厂）内专用机动车辆，以及法律、行政法规规定的其他特种设备

◆**考法1：选择题，考查特种设备的种类和范围。**

【例题1·2014年真题】下列设备中，属于特种设备的是（　　）。

A. 风机　　B. 水泵

C. 压缩机　　D. 储气罐

【答案】D

【解析】储气罐属于"压力容器"。

核心考点二 特种设备种类

压力容器	类别	（1）包括：固定式压力容器、移动式压力容器、气瓶、氧舱。 （2）根据危险程度，压力容器划分为Ⅰ、Ⅱ、Ⅲ类，其中超高压容器划分为第Ⅲ类压力容器
	范围	压力容器的范围包括压力容器本体、安全附件及仪表
压力管道	类别	按照国家《特种设备目录》，压力管道分为长输管道、公用管道和工业管道三类。 （1）长输（油气）管道，是指在产地、储存库、使用单位之间的用于输送（油气）商品介质的管道。 （2）公用管道，是指城市或者乡镇范围内的用于公用事业或者民用的燃气管道和热力管道。 （3）工业管道，是指企业、事业单位所属的用于输送工艺介质的工艺管道、公用工程管道及其他辅助管道。包括火力发电厂用于输送蒸汽、汽水两相介质的动力管道；工业制冷系统中输送制冷剂介质的制冷管道
	范围	压力管道范围包括管道组成件、管道支撑件、连接接头、管道安全保护装置
起重机械	范围	（1）额定起重量大于或者等于0.5t的升降机；（2）额定起重量大于或者等于3t，且提升高度大于或者等于2m的起重机；（3）层数大于或者等于2层的机械式停车设备
安全附件		纳入《特种设备目录》的安全附件品种包括安全阀、爆破片装置、紧急切断阀、气瓶阀门

◆**考法1：选择题，考查特种设备的种类。**

【例题1·2021年一级真题】根据《特种设备生产单位许可目录》，工业管道可分为（　　）。

A. 长输管道　　B. 燃气管道

C. 制冷管道　　D. 动力管道

E. 热力管道

【答案】C、D

◆**考法2：案例分析题，考查特种设备的种类。**

【例题2·2020年真题】

背景节选：

某新建工业项目的循环冷却水泵站由某安装公司承建，泵站为半地下式钢筋混凝土结构，水泵泵组设计为三用一备，设计的一台 2t×6m 单梁桥式起重机用于泵组设备的检修吊装。

安装公司在起重机安装完成、验收合格后，整理起重机竣工资料。向监理工程师申请报验时，监理工程师认为竣工资料中缺少特种设备安装告知及监督检验等资料，要求安装公司补齐。

【问题】在起重机竣工资料报验时，监理工程师的做法是否正确？说明理由。

【参考答案】不正确。本题中的单梁桥式起重机额定起重量为 2t，小于起重机械范围规定的额定起重量大于或者等于 3t 的规定，该起重机不属于特种设备，不需要安装告知和监督检验。

2H331032　特种设备制造、安装改造及维修的规定

核心考点一　特种设备制造、安装、改造、修理单位的资质许可（承压类特种设备安装、修理、改造）

承压类特种设备安装、修理、改造	（1）长输管道安装（GA1、GA2）许可由总局实施。 （2）锅炉安装（含修理、改造）（A、B）、公用管道安装（GB1、GB2）、工业管道安装（GC1、GC2、GCD）的许可由省级市场监督管理部门实施。 （3）固定式压力容器安装不单独进行许可，各类气瓶充装无需许可。 （4）压力容器制造单位可以设计、安装与其制造级别相同的压力容器和与该级别压力容器相连接的工业管道（易燃易爆有毒介质除外，且不受长度、直径限制）；任一级别安装资格的锅炉安装单位或压力管道安装单位均可进行压力容器安装。 （5）压力容器改造和重大修理由取得相应级别制造许可的单位进行，不单独进行许可

锅炉安装许可参数级别

许可参数	许可范围	备注
A	额定出口压力大于 2.5MPa 的蒸汽和热水锅炉	A 级覆盖 B 级。A 级锅炉安装覆盖 GC2、GCD 级压力管道安装
B	额定出口压力小于等于 2.5MPa 的蒸汽和热水锅炉；有机热载体锅炉	B 级锅炉安装覆盖 GC2 级压力管道安装

压力管道安装许可参数级别

许可级别	许可范围	备注
GA1	（1）设计压力大于或等于 4.0MPa（表压，下同）的长输输气管道。 （2）设计压力大于或等于 6.3MPa 的长输输油管道	GA1 级覆盖 GA2
GA2	GA1 级以外的长输管道	—
GB1	燃气管道	—
GB2	热力管道	—
GC1	（1）输送毒性程度为急性毒性类别 1 介质、急性毒性类别 2 气体介质和工作温度高于其标准沸点的急性毒性类别 2 液体介质的工业管道。	GC1 级、GCD 级覆盖 GC2 级

续表

许可级别	许可范围	备注
GC1	（2）输送火灾危险性为甲、乙类可燃气体或者甲类可燃液体（包括液化烃），并且设计压力大于或者等于 4.0MPa 的工艺管道。 （3）输送流体介质，并且设计压力大于或等于 10.0MPa，或者设计压力大于或者等于 4.0MPa 且设计温度高于或者等于 400℃的工艺管道	GC1 级、GCD 级覆盖 GC2 级
GC2	（1）GC1 级以外的工艺管道。 （2）制冷管道	—
GCD	动力管道	—

◆考法 1：选择题，考查承压类特种设备安装、修理、改造。

【例题 1 · 2021 年真题】关于压力容器许可制度的说法，正确的有（　　）。

A. 固定式压力容器不单独许可
B. 各类气瓶安装无需许可
C. 压力容器改造需单独许可
D. 压力容器重大修理需单独许可
E. A1 级可覆盖 A2 级、D 级

【答案】A、B、E

【解析】压力容器改造和重大修理由取得相应级别制造许可的单位进行，不单独进行许可。选项 C、D 错误。E 选项的描述符合当年版本的考试用书，但和最新版考试用书描述不一致。

◆考法 2：案例分析题，考查压力管道安装许可级别。

【例题 2 · 2019 年真题】

背景节选：

A 公司在山区峡谷中建设洞内油库，工程内容包括：罐室及 6 台金属油罐、输油管道、铁路装卸油站等建筑与安装工程。A 公司与 B 公司签订了施工总承包合同，B 公司拟与 C 公司签订输油管道安装工程施工专业分包合同，A 公司不同意 B 公司分包给 C 公司，认为 C 公司具有的 GB、GC1 级压力管道安装许可项目不能满足要求。

【问题】A 公司不同意 B 公司与 C 公司拟签施工专业分包合同是否妥当？说明理由。

【参考答案】A 公司不同意 B 公司与 C 公司拟签施工专业分包合同妥当。

理由：按照规定，本项目输油管道属于压力管道中的长输管道类别，需要具有 GA1、GA2 级资质，而 C 公司只具有的 GB、GC1 级压力管道安装许可项目不能满足要求。

核心考点二　特种设备制造、安装、改造、修理单位应当具备的条件

特种设备制造、安装、改造、修理单位应当具备的条件	1. 具有法定资质。 2. 具有与许可范围相适应的资源条件，并满足生产需要。 其具体资源条件要求有： （1）人员；（2）工作场所；（3）设备设施；（4）技术资料；（5）法规标准。 3. 建立并且有效实施与许可范围相适应的质量保证体系。 4. 具备保障特种设备安全性能的技术能力

◆**考法1：案例简答题，考查特种设备安装单位应具备哪些条件，应具备哪些资源条件要求。**

核心考点三　特种设备的开工许可

告知依据	《特种设备安全法》第二十三条规定：特种设备安装、改造、修理的施工单位应当在施工前将拟进行的特种设备安装、改造、修理情况书面告知直辖市或者设区的市级特种设备安全监督管理部门
告知的规定	（1）告知性质：施工告知不是行政许可，施工单位告知后即可施工。 （2）告知方式：施工单位可以采用派人送达、挂号邮寄或特快专递、网上告知、传真、电子邮件等方式进行安装改造维修告知。 （3）施工单位应填写《特种设备安装改造维修告知单》，应符合下列要求： 《特种设备安装改造维修告知单》应按每台设备填写；施工单位应提供特种设备许可证书复印件（加盖单位公章）
长输管道安装告知	承担跨省长输管道安装的安装单位，应当向国家市场监督管理总局履行告知手续；承担省内跨市长输管道安装的安装单位，应当向省级质量技术监督部门履行告知手续

◆**考法1：选择题，考查特种设备的开工许可。**

【例题1·模拟题】关于跨省长输管道的开工告知，说法正确的是（　　）。

A. 施工告知属于行政许可　　B. 告知不允许采用电子邮件方式

C. 告知单应按每台设备填写　　D. 应向省级质量技术监督部门告知

【答案】C

【解析】施工告知不是行政许可，A选项错误；告知方式有派人送达、挂号邮寄或特快专递、网上告知、传真、电子邮件等，B选项错误；跨省长输管道安装应当向国家市场监督管理总局履行告知手续，D选项错误。

核心考点四　特种设备安装要求

锅炉	（1）锅炉到货后，应检查锅炉生产的许可证明、随机技术、质量文件必须符合国家规定；设备零部件齐全无损坏。 （2）施工中按质量保证手册和与检验检测机构的约定，接受对锅炉各工序和监检点进行质量检验。锅炉烘炉、煮炉、试运转完成后，应请监督检验部门验收。 （3）锅炉出厂时，必须附有与安全有关的技术资料，至少包括：锅炉图样；受压元件的强度计算书或计算结果的汇总表；锅炉质量证明书（包括产品合格证、金属材料证明、焊接质量证明和水（耐）压试验证明等）；安全阀排放量的计算书或计算结果汇总表；锅炉安装说明书和使用说明书；受压元件与设计文件不符的变更资料等
压力容器	压力容器的出厂技术文件和资料包括：竣工图样；产品合格证、产品质量证明文件及产品铭牌的拓印件或复印件；压力容器监督检验证书；压力容器安全技术监察规程规定的设计文件，如强度计算书等
电梯	电梯制造单位委托其他单位进行电梯安装、改造、修理的，应当对其安装、改造、修理活动进行安全指导和监控，并按照《安全技术规范》的要求对电梯进行校验和调试。电梯制造单位对校验和调试的结果、电梯安全性能负责

◆**考法1：选择题，考查特种设备的生产与施工要求。**

【例题1·2013年真题】关于特种设备的制造安装要求，错误的说法是（　　）。

A. 现场制作压力容器须按压力容器质保手册的规定进行，并接受安全监察部门的监督检查

B. 电梯安装结束经自检后，应提请国家特种设备安全监察部门核准的检验检测机构进行检验

C. 承揽特种设备工程前，应取得特种设备安装、改造、维修活动的资格

D. 锅炉施工中按质量保证手册和与锅炉安装监察部门的约定，接受对锅炉各工序和监检点进行质量检验

【答案】B

【解析】电梯安装结束经自检后，应先由制造单位负责校验和调试，然后再提请国家特种设备安全监察部门核准的检验检测机构进行检验。

◆考法 2：案例简答或补缺题，考查锅炉、压力容器的出厂技术资料。

【例题 2 • 2022 年真题】

背景节选：

锅炉到达现场后，安装公司、监理单位和建设单位共同进行了进场验收。锅炉厂家提供的随机文件包含：锅炉图样（总图、安装图、主要受压部件图），锅炉质量证明书（产品合格证、金属材料证明、焊接质量证明书及水压试验证明），锅炉安装和使用说明书，受压元件与原设计不符的变更资料。安装公司认为锅炉出厂资料不齐全，要求锅炉生产厂家补充与安全有关的技术资料。

【问题】锅炉按出厂形式分为哪几类？锅炉生产厂家还应补充哪些与安全有关的技术资料？

【参考答案】（1）锅炉按出厂形式分为：整装锅炉，散装锅炉。

（2）锅炉生产厂家还应补充与安全有关的技术资料：受压元件的强度计算书（计算结果汇总表），安全阀的排放量计算书（计算结果汇总表）。

核心考点五　特种设备出厂（竣工）要求

特种设备出厂（竣工）要求	（1）特种设备出厂时，应当随附安全技术规范要求的设计文件、产品质量合格证明、安装及使用维护保养说明、监督检验证明等相关技术资料和文件。 （2）特种设备安装、改造及重大修理过程中及竣工后，应当经相关检验机构监督检查，未经检验或检验不合格者，不得交付使用。安装、改造、修理的施工单位应当在验收后 30 日内将相关技术资料和文件移交特种设备使用单位。特种设备使用单位应当将其存入该特种设备的安全技术档案。移交的安全技术档案应当至少包括以下内容： ① 特种设备的设计文件、产品质量合格证明、安装及使用维护保养说明、监督检验证明等相关技术资料和文件，以及安装技术文件和资料。 ② 高耗能特种设备的能效测试报告

◆考法 1：案例题，简答特种设备的出厂技术资料。分析特种设备竣工后的要求。

【例题 1 • 2018 年一级真题】

背景节选：

在工程竣工验收中，A 公司以监理工程师未在有争议的现场费用签证单上签字为由，直至工程竣工验收 50d 后，才把锅炉的相关技术资料和文件移交给建设单位。

【问题】在工程竣工验收中，A公司的做法是否正确？说明理由。

【参考答案】在工程竣工验收中，A公司的做法不正确。

理由：根据《特种设备安全法》的有关规定，特种设备的安装竣工后，安装施工单位应当在验收后30日内将相关技术资料和文件移交特种设备使用单位。

核心考点六　关于撬装式承压设备系统或机械设备系统的使用登记（以下简称“设备系统”）的使用登记

设备系统的使用登记	（1）安装在“设备系统”上的压力容器和压力管道，应当由具有相应资质的单位设计、制造，并依据相应安全技术规范要求经过制造监督检验。 （2）包含压力容器或压力管道的“设备系统”（如解体安装的压缩机等），其制造单位应当持有①相应级别的压力容器制造许可证、②压力管道元件制造许可证或压力管道安装许可证、③系统经过制造监督检验。 （3）“设备系统”中的压力管道可作为压力容器附属装置一并按照压力容器办理使用登记；只有压力管道的，按照压力管道办理使用登记。 （4）“设备系统”由使用单位直接申请办理使用登记，不需要办理压力容器或压力管道安装告知和安装监督检验

◆**考法1：案例分析题，考查撬装式承压设备系统或机械设备系统（以下简称“设备系统”）的使用登记。**

例：解体安装的压缩机，对其制作单位有何要求？是否需要安装告知？

核心考点七　违反特种设备许可制度的法律责任及规定的处罚

施工前未履行“书面告知”手续的法律责任及处罚	违反《特种设备安全法》规定，特种设备安装、改造、修理的施工单位在施工前未书面告知负责特种设备安全监督管理的部门即行施工的，责令限期改正；逾期未改正的，处1万元以上10万元以下罚款

◆**考法1：案例简答题，考查未履行书面的告知手续，如何处罚。**

2H332000　机电工程项目施工相关标准

2H332010　工业安装工程施工质量验收统一要求

核心考点提纲

工业安装工程施工质量验收统一要求
- 工业安装工程施工质量验收的项目划分和验收程序：工业安装工程施工质量验收的划分
- 工业安装工程施工质量验收的组织与合格规定
  - 工业安装工程施工质量验收的程序及组织
  - 施工质量的验收
  - 工程质量管理检查记录

核心考点可考性提示

核心考点		2023年可考性提示
2H332011　工业安装工程施工质量验收的项目划分和验收程序	工业安装工程施工质量验收的划分	★★★

续表

核心考点		2023 年可考性提示
2H332012 工业安装工程施工质量验收的组织与合格规定	工业安装工程施工质量验收的程序及组织	★★
	施工质量的验收	★★★
	工程质量管理检查记录	★

核心考点剖析

2H332011 工业安装工程施工质量验收的项目划分和验收程序

核心考点一 工业安装工程施工质量验收的划分

项目	划分原则
工业安装工程施工质量验收应划分为单位工程、分部工程和分项工程。 其中土建工程、钢结构工程、防腐蚀工程、绝热工程和炉窑砌筑工程可根据相应标准划分检验批	
单位工程	单位工程应按区域、装置或工业厂房、车间（工号）进行划分。 （1）较大的单位工程可划分为若干个子单位工程。 （2）当一个专业工程规模较大，具有独立施工条件或独立使用功能时，也可单独构成单位工程或子单位工程。 （3）具有独立施工条件或使用功能的专业安装工程，允许单独划分为一个或若干个子单位工程，如工程量大、施工工期长的大型裂解炉、汽轮机等设备工程
分部工程	分部工程应按土建、钢结构、设备、管道、电气、自动化仪表、防腐蚀、绝热和炉窑砌筑专业划分
分项工程	1. 设备工程 （1）设备工程分项工程按设备的台（套）或机组划分。 （2）大型、特殊的设备安装工程可单独构成单位（子单位）工程或划分为若干个分部工程，其分项工程可按工序划分。 2. 管道工程 （1）分项工程应按管道介质、级别或材质进行划分。 （2）当管道工程具有独立施工条件或使用功能时，可构成一个单位（子单位）工程。 3. 电气工程 （1）分项工程应按电气设备或电气线路进行划分。 （2）当电气安装工程具有独立施工条件或使用功能时，可构成一个单位（子单位）工程。 较大的电气安装工程，如变电装置（大型变电所）可划分为单位（子单位）工程，便于施工验收。 4. 自动化仪表工程的分项工程应按仪表类别和安装试验工序划分。 5. 炉窑砌筑工程 （1）检验批应按部位、层数、施工段或膨胀缝进行划分。 （2）分项工程应按炉窑结构组成或区段进行划分。 如高炉炉底、炉缸等，转化炉辐射段、过渡段和对流段等。当炉窑砌体工程量小于 $100m^3$ 时，可将一座（台）炉窑作为一个分项工程。 （3）分部工程应按炉窑的座（台）进行划分。 （4）一个独立生产系统或大型的炉窑砌筑工程可划分为一个单位工程

◆考法 1：选择题，考查分项、分部、单位工程的项目划分原则。

【例题 1 · 2022 年真题】工业安装电气工程中，分项工程划分的依据有（　　）。

A. 电气设备　　B. 电气线路

C. 安装工序　　D. 电压等级

E. 安装部位

【答案】A、B

◆考法 2：案例分析题，考查工业安装工程施工质量验收的划分。

【例题 2·2018 年一级真题】

背景节选：

A 公司承担某炼化项目的硫磺回收装置施工总承包任务，其中烟气脱硫系统包含的烟囱由外筒和内筒组成，外筒为钢筋混凝土筒壁，高度 145m；内筒为等直径自立式双管钢筒，高 150m。内筒与外筒之间有 8 层钢结构平台，每层间由钢梯连接，钢结构平台安装标高，如下图所示。

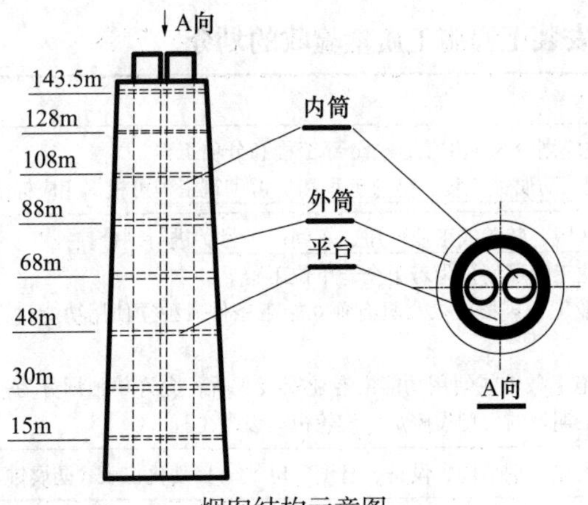

烟囱结构示意图

钢筒制造、检验和验收按《钢制焊接常压容器》的规定进行。钢筒材质为 S31603 ＋ Q345C。钢筒外壁基层表面，除锈达到 Sa2.5 级进行防腐；裙座以上外保温，裙座以下设内、外防火层。

A 公司与 B 公司签订了烟囱钢结构平台及钢梯分包合同；与 C 公司签订了钢筒分段现场制造及安装分包合同；与 D 公司签订了钢筒防腐保温绝热分包合同。

施工前，A 公司依据《建筑工程施工质量验收统一标准》和《工业安装工程质量检验评定统一标准》的规定，对烟囱工程进行了分部、分项工程的划分，并通过了建设单位的批准。

【问题】烟囱工程按验收统一标准可划分为哪几个分部工程?

【参考答案】烟囱工程按验收统一标准可划分的分部工程有：

（1）平台及梯子钢结构安装分部工程；

（2）烟囱内筒设备安装分部工程；

（3）内筒外壁防腐蚀分部工程；

（4）内筒绝热分部工程。

2H332012　工业安装工程施工质量验收的组织与合格规定

核心考点一　工业安装工程施工质量验收的程序及组织

项目	质量验收的程序及组织（谁组织哪些人进行验收）

续表

验收程序	工业安装工程施工质量验收应按检验项目（检验批）、分项工程、分部工程、单位工程顺序逐级进行验收
检验批、分项工程	在施工单位自检合格的基础上，由建设单位专业工程师（监理工程师）组织施工单位（总承包单位）项目专业工程师进行验收，并应填写验收记录
分部工程	在各分项工程验收合格的基础上，由建设单位质量技术负责人（总监理工程师）组织监理、设计、施工等有关单位质量技术负责人进行验收，并应填写验收记录
单位工程	在各分部工程验收合格的基础上，由建设单位项目负责人组织监理、设计、施工单位等项目负责人及质量技术负责人进行验收，并应填写验收记录
工程分包施工验收	当工程由分包单位施工时，其总承包单位应对工程质量全面负责，并由总承包单位报验

◆考法 1：案例简答题，考查施工质量验收的组织。

【例题 1・2010 年真题】按照建筑工程项目划分标准，该通风空调系统应划分为图书馆工程的什么工程？该工程施工质量验收程序是什么？

【参考答案】该通风空调系统应划为图书馆工程的分部工程，其施工质量验收程序是：检验批验收→分项工程验收→分部工程验收。由建设单位质量技术负责人（总监）组织监理、设计、施工等单位质量技术负责人进行验收。

◆考法 2：案例改错题，考查施工质量验收的组织。

【例题 2・模拟题】

背景节选：

某公司以 PC 方式总承包一大型机电工程，总承包单位直接承担全厂机电设备采购及全厂关键设备的安装调试，将其他工程分包给具备相应资质的分包单位承担。

单位工程完工后，由建设单位组织总承包单位、设计单位共同进行了质量验收评定并签字。

【问题】

1. 指出单位工程验收评定的成员构成存在哪些缺陷。

2. 工程验评后，分包单位应做哪些工作？

【参考答案】

1. 验收评定的单位缺监理单位、分包单位。

2. 分包单位应整理分包工程的交工技术资料，并移交给总包单位。

核心考点二　当检验项目（检验批）的质量不符合相应专业质量验收标准的规定时的处理

当检验项目（检验批）的质量不符合相应专业质量验收标准的规定时的处理	应按下列规定进行处理： （1）经返工或返修的检验项目（检验批），应重新进行验收。 （2）经有资质的检测机构检测鉴定能够达到设计要求的检验项目（检验批），应予以验收。 （3）经有资质的检测机构检测鉴定达不到设计要求，但经原设计单位核算认可能够满足安全和使用功能的检验项目（检验批），可予以验收。 （4）经返修或加固处理的分项、分部（子分部）工程，虽然改变了几何尺寸但仍能满足安全和使用要求，可按技术处理方案和协商文件的要求予以验收

◆**考法 1：选择题，考查当检验项目（检验批）的质量不符合相应专业质量验收标准的规定时的处理。**

【例题 1 · 模拟题】经有资质的检测机构检测鉴定达不到设计要求，但经原设计单位核算认可能够满足安全和使用功能的检验项目（检验批），应（　　）。

A. 予以验收　　B. 严禁验收

C. 协商验收　　D. 专项验收

【答案】A

◆**考法 2：案例简答题，考查分项工程、分部工程、单位工程质量验收合格的规定；考查当检验项目（检验批）的质量不符合相应专业质量验收标准的规定时的处理。**

【例题 2 · 2020 年一级真题】

背景节选：

检查金属风管制作质量时，监理工程师对少量风管的板材拼接有十字形接缝提出整改要求。安装公司进行了返修和加固，风管加固后外形尺寸改变但仍能满足安全使用要求，验收合格。

【问题】监理工程师提出整改要求是否正确？说明理由。加固后的风管可按什么文件进行验收？

【参考答案】监理工程师提出整改要求正确。风管板材拼接不得有十字形接缝，接缝应错开。加固后的风管可按技术方案和协商文件进行验收。

核心考点三　工程质量管理检查记录

工程质量管理检查记录	（1）施工现场质量管理检查记录。 （2）分项工程质量验收记录。 （3）分部（子分部）工程质量验收记录。 （4）单位（子单位）工程质量验收记录。 （5）单位（子单位）工程质量控制资料检查记录

◆**考法 1：案例简答题，考查工程质量管理检查记录有哪些？**

2H332020　建筑安装工程施工质量验收统一要求

本目与工业安装工程施工质量验收统一要求的很多知识点是一致的，所以重点是关注二者不一样的地方。

核心考点提纲

- 建筑安装工程施工质量验收统一要求
  - 建筑安装工程施工质量验收的项目划分和验收程序：
    - 建筑工程施工质量验收的项目划分
  - 建筑安装工程施工质量验收的组织与合格规定
    - 检验批的施工质量验收合格的规定
    - 分项、分部、单位工程施工质量验收合格的规定

核心考点可考性提示

核心考点		2023 年可考性提示
2H332021　建筑安装工程施工质量验收的项目划分和验收程序	建筑工程施工质量验收的项目划分	★
2H332022　建筑安装工程施工质量验收的组织与合格规定	检验批的施工质量验收合格的规定	★★
	分项、分部、单位工程施工质量验收合格的规定	★★★

核心考点剖析

2H332021　建筑安装工程施工质量验收的项目划分和验收程序

核心考点一　建筑工程施工质量验收的项目划分

单位工程	具备独立施工条件并能形成独立使用功能的建筑物及构筑物为一个单位工程。对于规模较大的单位工程，可将其中能形成独立使用功能的部分定为一个子单位工程
分部工程	按专业性质、工程部位确定。建筑安装工程按《建筑工程施工质量验收统一标准》GB 50300—2013 可划分为 6 个分部工程，分别是：建筑给水排水及供暖工程、通风与空调工程、建筑电气工程、智能建筑工程、建筑节能工程和电梯工程
分项工程	按主要工种、材料、施工工艺、用途、种类及设备类别进行划分。分项工程可由一个或若干检验批组成
检验批	可根据施工及质量控制和专业验收需要，按工程量、楼层、施工段、变形缝进行划分

◆**考法 1：选择题，考查建筑工程项目验收划分。**

【例题 1 · 2014 年真题】建筑安装工程的分项工程可按（　　）划分。

A. 专业性质　　B. 施工工艺

C. 施工程序　　D. 建筑部位

【答案】B

【例题 2 · 模拟题】建筑安装工程分部工程划分的原则是（　　）。

A. 按主要工种、材料来确定　　B. 按设备类别来确定

C. 按专业性质、建筑部位来确定　　D. 按施工工艺来确定

【答案】C

2H332022　建筑安装工程施工质量验收的组织与合格规定

核心考点一　检验批的施工质量验收合格的规定

检验批验收合格的规定	（1）主控项目和一般项目的质量经抽样检验合格。 （2）具有完整的施工操作依据、质量检查记录
主控项目	主控项目是保证工程安全和使用功能的重要检验项目，是对安全、卫生、环境保护和公共利益起决定性作用的检验项目，是确定该检验批主要性能的项目，因此必须全部符合有关专业工程验收规范的规定。例如，管道的压力试验、风管系统的严密性检验、电气的绝缘与接地测试等均是主控项目
一般项目	一般项目是除主控项目以外的检验项目，可以允许有偏差的项目

◆**考法1：选择题，考查主控项目和一般项目。**

【例题1·模拟题】建筑安装工程检验批主控项目有（　　）。

A. 对卫生、环境保护有较大影响的检验项目

B. 确定该检验批主要性能的项目

C. 无法定量采用定性的项目

D. 管道的压力试验

E. 保证安全和使用功能的重要检验项目

【答案】B、D、E

【解析】A选项不正确，是"起决定性作用"的项目，而不仅仅是"有较大影响"的项目；C选项不正确，书上没有该说法。

【例题2·2018年一级真题】排水管道的安装中，属于主控项目的是（　　）。

A. 灌水试验

B. 防火套管的安装

C. 生活污水的坡度

D. 排水管支架间距

E. 清理去污

【答案】A、B、C

【解析】此类题型主要是根据主控项目的定义，进行分析。凡影响安全和功能的是主控项目。

核心考点二　分项、分部、单位工程施工质量验收合格的规定

分项工程	（1）分项工程所含的检验批质量均应验收合格。 （2）分项工程所含检验批的质量验收记录应完整
分部工程	（1）分部（子分部）工程所含分项工程的质量均应验收合格。 （2）质量控制资料应完整。 （3）设备安装工程有关安全、节能、环境保护和主要使用功能的抽样检测结果应符合相应规定。 （4）观感质量验收应符合要求
单位工程	（1）单位（子单位）工程所含分部（子分部）工程的质量均应验收合格。 （2）质量控制资料应完整。 （3）涉及安全、节能、环境保护和使用功能的分部工程应进行检验资料的复查。不仅要全面检查其完整性（不得有漏项缺项），而且对分部工程验收时补充进行的见证抽样检验报告也要复核。 （4）对主要使用功能还须进行抽查。使用功能的检查是对建筑工程和设备安装工程最终质量的综合检验，也是用户最为关心的内容。 （5）由参加验收的各方人员共同进行观感质量检查，共同决定是否通过验收

◆**考法1：选择题，考查分部、单位工程施工质量验收合格的规定**

【例题1·2017年真题】关于工程质量竣工验收中检查的说法，错误的是（　　）。

A. 涉及使用功能的分部工程应进行检验资料的复查

B. 分部工程验收时补充的见证抽样检验报告要复核

C. 安全检查是对设备安装工程最终质量的综合检验

D. 参加验收的各方人员共同决定观感质量是否通过验收

【答案】C

【解析】使用功能的检查是对建筑工程和设备安装工程最终质量的综合检验，也是用户最为关心的内容。因此本题正确选项为 C。

【例题 2 • 2016 年真题】建筑安装单位工程质量验收时，对涉及安全、节能、环境保护的分部工程，应进行（　　）。

A. 检验资料的复查　　B. 见证抽样

C. 抽样检测　　D. 全面检测

【答案】A

【解析】涉及安全、节能、环境保护和使用功能的分部工程应进行检验资料的复查。不仅要全面检查其完整性（不得有漏项缺项），而且对分部工程验收时补充进行的见证抽样检验报告也要复核。因此本题正确选项为 A。

◆考法 2：案例简答或补缺题，考查分项、分部、单位工程施工质量验收合格的规定。

【例题 3 • 2018 年一级真题】

背景节选：

某项目机电工程由某安装公司承接，该项目地上 10 层、地下 2 层。工程范围主要是防雷接地装置、变配电室、机房设备和室内电气系统等的安装。

在工程验收时还对开关等设备进行抽样检验，主要使用功能符合相应规定。

【问题】在工程验收时的抽样检验，还有哪些要求应符合相关规定？

【参考答案】在工程验收时的抽样检验，还有下列要求应符合相应规定：（1）接地安全。（2）节能。（3）环境保护。

本章经典真题及预测题

2H331010　计量的相关规定

1. 【2022 年真题】下列钢卷尺中，应办理报废手续的有（　　）。

A. 尺盒上制造厂标记磨损　　B. 尺带的分度线不清楚

C. 尺盒的表面有油渍污染　　D. 尺带表面大面积氧化

E. 尺带两边有锋口及毛刺

2. 【2012 年真题】根据《计量器具分类管理办法》的规定，属于 A 类计量器具的是（　　）。

A. 兆欧表　　B. 千分尺

C. 水准仪　　D. 超声波测厚仪

3. 下列施工计量器具中，属于强制性检定范畴的是（　　）。

A. 电压表　　B. 电流表

C. 相位表　　D. 电能表

4. 企业、事业单位使用计量标准器具（简称计量标准）必须具备的条件有（　　）。

A. 必须经计量检定合格　　B. 具有正常工作所需要的环境条件

C. 具有称职的企业管理人员

D. 具有充足的资金投入

E. 具有完善的管理制度

5. 工程开工前，项目部编制“计量检测设备配备计划书”的依据是（　　）。

A. 施工组织设计

B. 施工方案

C. 作业指导书

D. 项目质量计划

E. 计量检测设备使用说明书

6. 项目经理部必须设专（兼）职计量管理员对施工使用的计量器具进行管理的工作内容包括（　　）。

A. 负责现场使用计量器具的周期检定

B. 负责现场使用计量器具周期送检

C. 建立现场使用计量器具台账

D. 负责使用现场的计量器具

E. 负责现场巡视计量器具的完好状态

7. 标志标明“封存”字样的计量器具，所处的状态是（　　）。

A. 根据使用频率暂停使用的

B. 已经到期检定暂未检定的

C. 经检定不合格的

D. 有缺陷暂不能使用的

8. 用于工艺控制、质量检测的周期检定计量器具是（　　）。

A. 百分表检具

B. 接地电阻测量仪

C. 万用表

D. 样板

2H331020　建设用电及施工的相关规定

1. 申请（　　）时，应当依照规定的程序办理手续。

A. 新装用电

B. 终止用电

C. 临时用电

D. 变更用电

E. 减少用电容量

2. 供电企业在新装、换装及现场检验后应对用电计量装置（　　）。

A. 送电

B. 启封

C. 计量

D. 加封

3. 临时用电的准用程序中包括：① 编制施工现场临时用电施工组织设计，并协助业主向当地电业部门申报用电方案；② 经电业部门检查、验收和试验，同意送电后送电开通；③ 对施工项目进行检查、验收，向电业部门提供相关资料，申请送电；④进行临时用电设备、材料的采购和施工。其正确的准用程序是（　　）。

A. ①→③→④→②

B. ③→④→①→②

C. ①→④→③→②

D. ④→③→①→②

4. 临时用电施工组织设计应由电气技术人员编制，（　　）审核，经相关部门审核并经具有法人资质的企业技术负责人批准后实施。

A. 单位技术负责人

B. 项目部技术负责人

C. 项目经理

D. 监理工程师

5. 关于临时用电的施工和检查验收，说法错误的是（　　）。

A. 必须由持证电工施工
B. 安装完毕后由安全部门组织检查验收
C. 施工现场每月定期检查一次
D. 基层公司检查时，应复测绝缘电阻值

6. 关于临时用电安全技术要求，说法正确的是（　　）。
A. PE 线材质与相线应相同
B. 工作电流必须通过 PE 线
C. PE 线上应装设熔断器
D. PE 线端子板必须与金属电器安装板绝缘

7. 220kV 架空电力线缆保护区范围是导线边缘向外侧延伸的距离为（　　）。
A. 5m
B. 10m
C. 15m
D. 20m

8. 按架空电力线路保护区内取土规定，220kV 杆塔周围禁止取土的范围是（　　）。
A. 4m
B. 5m
C. 6m
D. 8m

9. 背景资料：施工现场临时用电计量的电能表，经地级市授权的计量检定机构检定合格，供电部门检查后，提出电能表不准使用，要求重新检定。

【问题】检定合格的电能表为什么不能使用?

2H331030　特种设备的相关规定

1.【2022年B卷真题】特种设备安装、改造单位应当具备的资源条件中，包括（　　）。
A. 作业人员
B. 内审报告
C. 技术资料
D. 检测仪器
E. 法规标准

2. 按照国家《特种设备目录》，公用管道分为燃气管道和（　　）。
A. 供水管道
B. 热力管道
C. 污水管道
D. 动力管道

3. 产地储存库与使用单位之间的油气管道属于（　　）。
A. 动力管道
B. 工业管道
C. 公用管道
D. 长输管道

4. 以下可以覆盖 GC2 级压力管道安装的许可有（　　）。
A. GC1 级管道
B. GA1 级管道
C. GCD 级管道
D. A 级锅炉
E. B 级锅炉

5. 关于承压类特种设备安装、修理、改造的资质许可，说法错误的是（　　）。
A. 固定式压力容器安装应单独进行许可
B. 压力容器的重大修理不单独进行许可
C. 任一级别安装资格的锅炉安装单位均可进行压力容器安装
D. 任一级别安装资格的压力管道安装单位均可进行压力容器安装

6. 特种设备的告知方式不包括（　　）。

A. 邮寄

B. 电子邮件

C. 电话

D. 网上告知

7. 电梯的（　　）对电梯安全性能负责。

A. 制造单位

B. 施工单位

C. 使用单位

D. 维护单位

8. 特种设备安装竣工后，施工单位应当在验收后（　　）内将相关技术资料和文件移交特种设备使用单位。

A. 10 日

B. 15 日

C. 30 日

D. 60 日

9. 关于特种设备的开工告知，下列说法不正确的有（　　）。

A. 告知属于强制性规定

B. 情况紧急的，先施工后告知

C. 告知属于行政许可

D. 可进行网上告知

E. 未履行告知的，处 1 万元以上 15 万元以下罚款

2H332010　工业安装工程施工质量验收统一要求

1.【2021 年真题】下列关于工业安装工程施工质量验收的说法，正确的有（　　）。

A. 工业安装工程施工质量验收应在施工单位自行检验合格的基础上进行

B. 分部工程的质量验收由建设单位项目负责人组织相关单位人员参加

C. 隐蔽工程在隐蔽前应经有关单位验收合格，并签署验收记录后方可继续施工

D. 经加固处理后能满足安全和使用要求的分项、分部工程可按技术处理方案和协商文件验收

E. 分项工程质量验收时，所含检验批中有一项不合格则该分项工程不合格

2. 关于工业设备安装工程划分的说法，错误的是（　　）。

A. 分项工程应按设备的台（套）、机组划分

B. 同一个单位工程中的设备安装工程，可划分为一个分部工程

C. 大型设备安装工程，可单独构成单位工程

D. 大型设备安装工程的分项工程不能按工序划分

3. 当炉窑砌体工程量小于 $100m^3$ 时，可将一座（台）炉窑作为一个（　　）。

A. 分项工程

B. 分部工程

C. 子分部工程

D. 单位工程

4. 分部工程应由（　　）组织进行验收，并应填写验收记录。

A. 监理工程师

B. 施工单位质量技术负责人

C. 建设单位负责人

D. 建设单位质量技术负责人

5. 单位工程应由（　　）组织进行验收。

A. 总监理工程师

B. 建设单位项目负责人

C. 监理工程师

D. 建设单位负责人

6. 虽然检测测定达不到设计要求，但经原设计单位核算认可能满足结构安全和使用功能的检验项目可（　　）。

A. 验收通过　　B. 采取一定措施后让步接受

C. 协商通过　　D. 先试用，确认可靠后验收通过

7. 经返修或加固处理的分项、分部工程，虽然改变外形尺寸但仍能满足安全使用要求，可按（　　）和协商文件进行以验收。

A. 设计图纸　　B. 设计变更

C. 技术方案　　D. 合同文件

8.【2008 年真题】背景节选：某施工单位中标中型炼钢厂的连铸安装工程项目。施工单位及时组建了项目部，项目部在组织施工过程中有以下情况：

情况一：项目部按工业安装工程质量验评项目划分规定对安装工程项目进行了划分，其中有连铸安装工程、机械设备安装工程、蒸汽排除风机安装工程、电气安装工程、自动化仪表安装工程等。

【问题】按质量验评规定，指出情况一中所列项目哪些属单位工程？哪些属分部工程和分项工程？

2H332020　建筑安装工程施工质量验收统一要求

1.【2021 年真题】下列属于建筑安装分项工程划分依据的有（　　）。

A. 主要工种　　B. 施工工艺

C. 工程量　　D. 设备类别

E. 施工段

2. 按《建筑工程施工质量验收统一标准》GB 50300—2013，下列属于分部工程的有（　　）。

A. 建筑电气工程　　B. 消防工程

C. 建筑节能工程　　D. 电梯工程

E. 送风系统

3.【2021 年真题】下列建筑安装工程检验批的质量验收项目中，属于主控项目的是（　　）。

A. 母线槽的绝缘电阻值　　B. 卫生器具安装的水平度

C. 空调水管的支架间距　　D. 金属风管的严密性检验

E. 风机盘管排水管坡度

4. 下列分项工程质量验收中，属于一般项目的是（　　）。

A. 风管系统测定　　B. 阀门压力试验

C. 灯具垂直偏差　　D. 管道焊接材料

5.【2022 年真题】下列建筑安装工程检验批的质量验收项目中，宜选用全数检验的有（　　）。

A. 母线槽的金属外壳保护接地　　B. 屋顶排风机的防护网安装

C. 电力电缆金属支架保护接地　　　　D. 主干管上闸阀的强度试验

E. 超重灯具悬吊装置强度试验

经典真题及预测题答案及解析

2H331010　计量的相关规定

1.【答案】B、D、E

【解析】钢卷尺的尺盒或尺带上有标明制造厂（或厂商）、全长和型号；尺带两边必须平滑，不得有锋口或毛刺，分度线均匀明晰，不得有垂线现象，尺盒应无残缺等。

2.【答案】A

【解析】选项 B、C、D 均属于 B 类器具。

3.【答案】D

【解析】列入《强检目录》的计量器具：如用于安全防护的压力表、电能表（单相、三相）、测量互感器（电压互感器、电流互感器）、绝缘电阻测量仪、接地电阻测量仪、声级计等。

4.【答案】A、B、E

【解析】C 选项不正确，应具有称职的保存、维护、使用人员。

5.【答案】A、B、D

【解析】工程开工前，项目部应根据项目质量计划、施工组织设计、施工方案对检测设备的精度要求和生产需要，编制《计量检测设备配备计划书》。

6.【答案】B、C、E

【解析】注意 A、B 选项的区别，是负责"送检"，而不是由计量管理员自己检定。

7.【答案】A

【解析】计量检测设备应有明显的"合格""禁用""封存"等标志，标明计量器具所处的状态。封存：根据使用频率及生产经营情况，暂停使用的。

8.【答案】C

【解析】用于工艺控制、质量检测及物资管理的计量器具是 B 类器具。选项 A、B 均属于 A 类器具，选项 D 属于 C 类器具。

2H331020　建设用电及施工的相关规定

1.【答案】A、B、C、D

【解析】申请新装用电、临时用电、增加用电容量、变更用电和终止用电，应当依照规定的程序办理手续。

2.【答案】D

【解析】供电企业在新装、换装及现场校验后应对用电计量装置加封，并请用户在工作凭证上签章。

3.【答案】C

4.【答案】B

【解析】临时用电施工组织设计应由电气技术人员编制，项目部技术负责人审核，经相关部门审核并经具有法人资质的企业技术负责人批准后实施。

5.【答案】D

【解析】基层公司检查时，应复测接地电阻值。

6.【答案】A

【解析】PE 线上严禁装设开关或熔断器，严禁通过工作电流，且严禁断线，所以选项 B、C 错误；配电箱的电器安装板上必须分设 N 线端子板和 PE 线端子板，N 线端子板必须与金属电器安装板绝缘，PE 线端子板必须与金属电器安装板做电气连接，所以选项 D 错误。

7.【答案】C

【解析】电压等级 154～330kV 的架空线路，保护区的范围是导线边缘向外侧延伸的距离为 15m。

8.【答案】B

【解析】35kV 的为禁止取土的范围 4m；110～220kV 的为禁止取土的范围 5m；330～500kV 的为禁止取土的范围 8m。

9.【参考答案】理由：电能表属于强制检定范畴，必须经省级计量行政主管部门授权的检定机构进行检定，合格后才准使用。

2H331030 特种设备的相关规定

1.【答案】A、C、D、E

【解析】特种设备制造、安装、改造、修理单位应当具备的具体资源条件有：（1）人员；（2）工作场所；（3）设备设施；（4）技术资料；（5）法规标准。

2.【答案】B

【解析】公用管道，是指城市或者乡镇范围内的用于公用事业或者民用的燃气管道和热力管道。“动力管道”属于“工业管道”。

3.【答案】D

【解析】长输（油气）管道，是指在产地、储存库、使用单位之间的用于输送（油气）商品介质的管道。

4.【答案】A、C、D、E

【解析】A 级锅炉安装覆盖 GC2 级、GCD 级压力管道安装。B 级锅炉安装覆盖 GC2 级压力管道安装。GC1 级、GCD 级压力管道安装覆盖 GC2 级。

5.【答案】A

【解析】固定式压力容器安装不单独进行许可。

6.【答案】C

【解析】告知方式：施工单位可以采用派人送达、挂号邮寄或特快专递、网上告知、传真、电子邮件等方式进行安装改造维修告知。

7.【答案】A

【解析】电梯制造单位对校验和调试的结果、电梯安全性能负责。

8.【答案】C

【解析】安装、改造、修理的施工单位应当在验收后30日内将相关技术资料和文件移交特种设备使用单位。

9.【答案】B、C、E

【解析】告知是强制性规定，必须告知后方可施工，B选项错误；施工告知不是行政许可，施工单位告知后即可施工，C选项错误；未履行告知手续的，责令限期改正；逾期未改正的，处1万元以上10万元以下罚款，E选项错误。

2H332010 工业安装工程施工质量验收统一要求

1.【答案】A、C、D、E

【解析】分部工程应在各分项工程验收合格的基础上，由施工单位（总承包单位）向建设单位（监理单位）提出报验申请，由建设单位质量技术负责人（总监理工程师）组织监理、设计、施工等有关单位质量技术负责人进行验收。B选项错在“建设单位项目负责人”。

2.【答案】D

【解析】大型、特殊的设备安装工程可单独构成单位（子单位）工程或划分为若干个分部工程，其分项工程可按工序划分。

3.【答案】A

【解析】当炉窑砌体工程量小于$100m^3$时，可将一座（台）炉窑作为一个分项工程。

4.【答案】D

【解析】分部工程应在各分项工程验收合格的基础上，由建设单位质量技术负责人（总监理工程师）组织监理、设计、施工等有关单位质量技术负责人进行验收，并应填写验收记录。

5.【答案】B

【解析】单位工程应在各分部工程验收合格的基础上，由建设单位项目负责人组织监理、设计、施工单位等项目负责人及质量技术负责人进行验收。

6.【答案】A

【解析】经有资质的检测机构检测鉴定达不到设计要求，但经原设计单位核算认可能够满足安全和使用功能的检验项目（检验批），可予以验收。

7.【答案】C

【解析】经返修或加固处理的分项、分部（子分部）工程，虽然改变了几何尺寸但仍能满足安全和使用要求，可按技术处理方案和协商文件的要求予以验收。

8.【参考答案】连铸安装工程属单位工程，机械设备安装属分部工程，电气安装属分部工程，自动化仪表安排属分部工程，蒸汽排除风机安装属分项工程。

2H332020　建筑安装工程施工质量验收统一要求

1.【答案】A、B、D

【解析】分项工程的划分应按主要工种、材料、施工工艺、用途、种类及设备类别进行划分。检验批可按工程量、楼层、施工段、变形缝进行划分。选项 C、E 属于检验批的划分依据。

2.【答案】A、C、D

【解析】建筑安装工程按《建筑工程施工质量验收统一标准》GB 50300—2013 可划分为 6 个分部工程，分别是：建筑给水排水及供暖工程、通风与空调工程、建筑电气工程、智能建筑工程、建筑节能工程和电梯工程。消防工程属于专项验收工程；送风系统是“通风与空调工程”中的一个子分部工程。

3.【答案】A、D

【解析】主控项目是保证工程安全和使用功能的重要检验项目，是对安全、卫生、环境保护和公共利益起决定性作用的检验项目，是确定该检验批主要性能的项目，因此必须全部符合有关专业工程验收规范的规定。例如，管道的压力试验、风管系统的严密性检验、电气的绝缘与接地测试等均是主控项目。根据主控项目的定义，“母线槽的绝缘电阻”“金属风管的严密性试验”是对“安全”起决定性作用的检验项目，所以属于主控项目。

4.【答案】C

【解析】一般项目是除主控项目以外的检验项目，可以允许有偏差的项目。

5.【答案】A、B、D、E

【解析】检验批质量检验评定的抽样方案，可根据检验项目的特点进行选择，对于检验项目的计量、计数检验，可分为全数检验和抽样检验两大类。对于重要的检验项目，可采用简易快速的非破损检验方法时，宜选用全数检验。选项 C 中“支架的保护接地”与其他选项相比，不属于重要的检验项目。

近年真题篇

2022年度全国二级建造师执业资格考试试卷

微信扫一扫
查看本年真题解析课

一、单项选择题（共20题，每题1分。每题的备选项中，只有1个最符合题意）

1. 下列设备中，其安装基础不需设置沉降观测点的是（　　）。

A. 汽轮发电机　　B. 大型锻压机

C. 透平压缩机　　D. 80m^{3}储油罐

2. 电气设备安全防范措施中的“五防联锁”内容不包括（　　）。

A. 防止误合断路器　　B. 防止手动合闸试验

C. 防止带电挂地线　　D. 防止误入带电间隔

3. 关于燃气管道泄漏性试验的要求，正确的是（　　）。

A. 应在压力试验前进行　　B. 试验介质宜为自来水

C. 可与试运行一起进行　　D. 应一次达到试验压力

4. 风力发电设备安装程序中，塔筒安装的紧后工序是（　　）。

A. 机舱安装　　B. 发电机安装

C. 叶轮安装　　D. 电器柜安装

5. 下列气柜中，属于低压湿式气柜的是（　　）。

A. 多边形稀油密封气柜　　B. 橡胶膜密封气柜

C. 圆筒形稀油密封气柜　　D. 多节直升式气柜

6. 关于温度取源部件安装位置的说法，正确的是（　　）。

A. 宜选在阀门等阻力部件处　　B. 宜选在介质流速呈死角处

C. 不宜选在振动较大的地方　　D. 不宜选在温度变化灵敏处

7. 下列防腐蚀涂装前的表面处理中，属于机械处理的是（　　）。

A. 喷砂处理　　B. 喷淋脱脂

C. 浸泡脱脂　　D. 转化处理

8. 关于建筑管道安装的说法，正确的是（　　）。

A. 室内管道应先安装塑料管道后安装钢制管道

B. 金属排水管道的卡箍不能固定在承重结构上

C. 饮用水水箱的溢流管可与污水管道直接连接

D. 低温热水辐射供暖系统的埋地盘管不应有接头

9. 额定电压为380V电动机的绝缘电阻检查，其检查数量应抽查（　　）。

A. 10%　　B. 20%

C. 50%　　D. 100%

10. 下列风管中，进行严密性试验时应符合中压风管规定的是（　　）。

A. 排风风管　　B. 变风量空调的风管

C. 新风风管　　D. N1 级洁净空调风管

11. 在安全技术防范系统中，报警探测器的调试检测内容不包括（　　）。

A. 灵敏度　　B. 防拆保护

C. 误报警　　D. 报警优先

12. 关于火灾自动报警系统施工技术的要求，错误的是（　　）。

A. 端子箱和模块箱宜设置在弱电间　　B. 设备外壳接地可采用铜芯绝缘线

C. 应进行整体联动控制功能的调试　　D. 不同电压的线路可设于同一管内

13. 下列电梯部件中，出厂文件不需要型式检验证书复印件的是（　　）。

A. 选层器　　B. 安全钳

C. 限速器　　D. 缓冲器

14. 关于招标过程中设置投标限价的说法，错误的是（　　）。

A. 招标文件中应当明确最低投标限价　　B. 招标人自行决定是否设置投标限价

C. 招标人设置的投标限价只能有一个　　D. 招标人可明确最高限价的计算方法

15. 承包人的工程索赔正式文件不包括（　　）。

A. 批复的索赔意向书　　B. 进度款支付证书

C. 合同条款修改指令　　D. 工程的设计变更

16. 下列照明光源中，施工现场临时照明宜优先选用的是（　　）。

A. 金卤灯　　B. 白炽灯

C. LED 灯　　D. 荧光灯

17. 建筑安装工程措施费中，施工组织措施项目费不包括（　　）。

A. 安全文明施工费　　B. 提前竣工增加费

C. 机械设备安拆费　　D. 雨季施工增加费

18. 机电工程单机试运行前，组织编制试运行方案的人员是（　　）。

A. 项目总工程师　　B. 企业总工程师

C. 项目总负责人　　D. 专业技术人员

19. 机电工程的专项验收不包括（　　）。

A. 环境保护验收　　B. 人防设施验收

C. 景观照明验收　　D. 防雷设施验收

20. 在保修期内进行技术性回访时，组织座谈会的单位是（　　）。

A. 设计单位　　B. 施工单位

C. 监理单位　　D. 建设单位

二、多项选择题（共 10 题，每题 2 分。每题的备选项中，有 2 个或 2 个以上符合题意，至少有 1 个错项。错选，本题不得分；少选，所选的每个选项得 0.5 分）

21. 下列管材中，可用于饮用水管道的有（　　）。

A. 铝塑复合管　　B. 丁烯管

C. 硬聚氯乙烯管　　D. 塑复铜管
E. 无规共聚聚丙烯管
22. 下列石油化工设备中，属于分离设备的有（　　）。
A. 过滤器　　B. 缓冲器
C. 洗涤器　　D. 集油器
E. 反应器
23. 进行管道工程测量时，可作为管线起点的有（　　）。
A. 给水管道的水源处　　B. 排水管道下游出水口
C. 煤气管道的用气点　　D. 排水管道上游进水口
E. 热力管道的供气点
24. 起重时的吊装载荷包括（　　）。
A. 吊车臂重　　B. 设备重量
C. 索具重量　　D. 吊具重量
E. 吊装配重
25. 下列焊缝中，属于按空间位置形式分类的有（　　）。
A. 角焊缝　　B. 平焊缝
C. 横焊缝　　D. 立焊缝
E. 仰焊缝
26. 下列钢卷尺中，应办理报废手续的有（　　）。
A. 尺盒上制造厂标记磨损　　B. 尺带的分度线不清楚
C. 尺盒的表面有油渍污染　　D. 尺带表面大面积氧化
E. 尺带两边有锋口及毛刺
27. 下列情况中，应变更用电合同的有（　　）。
A. 改变供电电压等级　　B. 临时更换大容量电力变压器
C. 改变用电单位名称　　D. 暂时停止部分受电设备用电
E. 增加三级供配电箱
28. 纳入《特种设备目录》的安全附件的品种有（　　）。
A. 减压阀　　B. 水力控制阀
C. 气瓶阀门　　D. 紧急切断阀
E. 爆破片装置
29. 工业安装电气工程中，分项工程划分的依据有（　　）。
A. 电气设备　　B. 电气线路
C. 安装工序　　D. 电压等级
E. 安装部位
30. 下列建筑安装工程检验批的质量验收项目中，宜选用全数检验的有（　　）。
A. 母线槽的金属外壳保护接地　　B. 屋顶排风机的防护网安装
C. 电力电缆金属支架保护接地　　D. 主干管上闸阀的强度试验

E. 超重灯具悬吊装置强度试验

三、实务操作和案例分析题（共4题，每题20分）

（一）

【背景资料】

某科技公司的数据中心机电采购及安装分包工程采用电子招标，邀请行业内有类似工程经验的A、B、C、D、E五家单位投标。工程采用固定总价合同，在合同专用条款中约定：镀锌钢板的价格随市场波动时，风管（镀锌钢板）制作安装的工程量清单综合单价中，调整期价格与基期价格之比涨幅率在±5%以内不予调整；超过±5%时，只对超出部分进行调整。工程预付款100万元，工程质量保修金为90万元。

投标过程中，E单位在投标截止前一个小时，突然提交总价降低5%的修改标书。最终经公开评审，B单位中标，合同价3000万元（含甲供设备暂估价200万元），其中风管（镀锌钢板）制作安装的工程量清单综合单价为600元/m^2，工程量为10000m^2。

建设单位按约定支付了工程预付款，施工开始后，镀锌钢板的市场价格上涨，其风管制作安装的工程量清单调整期综合单价为648元/m^2，该项合同价款予以调整，设计变更调增价款为50万元。

施工过程中，消防排烟系统设计工作压力750Pa，排烟风管采用角钢法兰连接，现场排烟防火阀及风管安装见下图，监理单位在工程质量验评时，对排烟防火阀的安装和排烟风管法兰连接工艺提出整改要求。

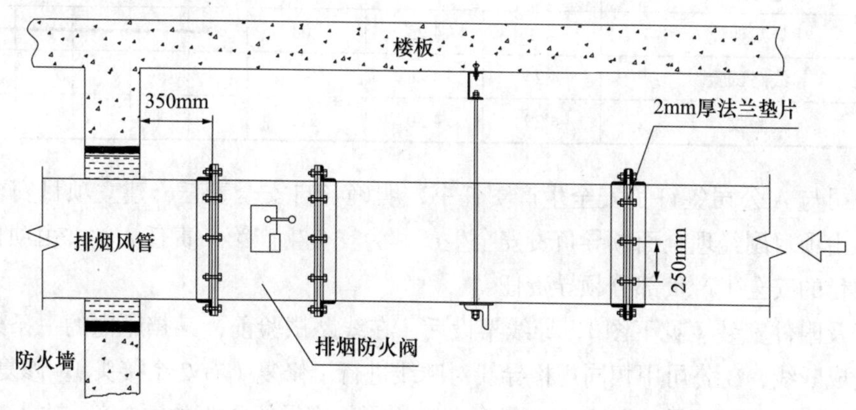

排烟防火阀及风管安装示意图

数据中心F2层变配电室的某一段金属梯架全长45m，并敷设一条扁钢接地保护导体，监理单位对金属梯架与接地保护导体的连接部位进行了重点检查，以确保金属梯架的可靠接地。

工程竣工后，B单位按期提交了工程竣工结算书。

【问题】

1. E单位突然降价的投标做法是否违规？请说明理由。

2. 请写出图中排烟防火阀安装和排烟风管法兰连接的正确要求。

3. 变配电室的金属梯架应至少设置多少个与接地保护导体的连接点？分别写出连接点的位置。

4. 请计算说明风管制作安装工程的合同价款予以调整的理由。该合同价款调整金额是多少？如不考虑其他合同价款的变化，请计算本工程竣工结算价款是多少？

（二）

【背景资料】

A 公司中标一升压站安装工程项目，因项目地处偏远地区，升压站安装前需建设施工临时用电工程。A 公司将临时用电工程分包给 B 公司施工，临时用电工程内容：电力变压器（10/0.4kV）、配电箱安装，架空线路（电杆、导线及附件）施工。

A 公司要求尽快完成施工临时用电工程，B 公司编制了施工临时用电工程作业进度计划（见下表），计划工期 30d。在审批时被监理公司否定，要求重新编制。B 公司在工作持续时间不变的情况下，将导线架设调整至电杆组立完成后进行，修改了作业进度计划。

施工临时用电工程作业进度计划

序号	工作内容	开始时间	结束时间	持续时间	4月					
					1	6	11	16	21	26
1	施工准备	4.1	4.3	3d						
2	电力变压器、配电箱安装	4.4	4.8	5d						
3	电杆组立	4.4	4.23	20d						
4	导线架设	4.4	4.23	20d						
5	线路试验	4.24	4.28	5d						
6	验收	4.29	4.30	2d						

B 公司与 A 公司签订了安全生产责任书，明确各自安全责任，建立项目安全生产责任体系，由项目副经理全面领导负责安全生产，为安全生产第一责任人；并由项目总工程师对本项目的安全生产负部分领导责任。

电杆及附件安装（见下图）、导线架设后，在线路试验前，某档距内的一条架空导线因事故造成断线，B 公司用相同规格导线对断线进行了修复（有 2 个接头）。修复后检查，接头处机械强度只有原导线的 80%，接触电阻为同长度导线电阻的 1.5 倍，被 A 公司要求返工，B 公司对断线进行返工修复，施工临时用电工程验收合格。

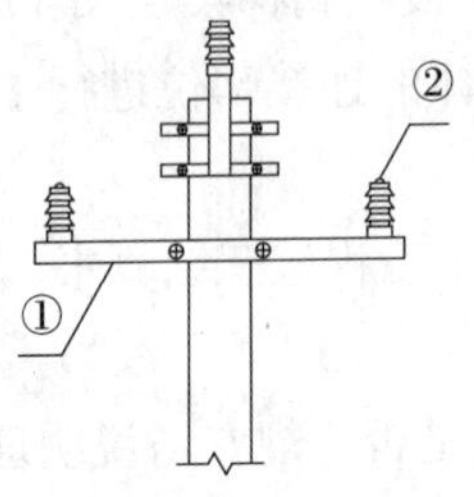

电杆及附件安装示意图

【问题】

1. 施工临时用电工程作业进度计划为什么被监理公司否定？修改后的作业进度计划工期需多少天？

2. B 公司制定的安全生产责任体系中有哪些不妥？说明理由。

3. 本工程的架空导线在断线后的返工修复应达到哪些技术要求？

4. 说明图中①、②部件的名称。有什么作用？

(三)

【背景资料】

A 公司承接一地下停车库的机电安装工程，工程内容包括：给水排水、建筑电气、消防工程等。经建设单位同意，A 公司将消防工程分包给了 B 公司，并对 B 公司在资质条件、人员配备方面进行了考核和管理。

自动喷水灭火系统中的直立式喷洒头运到施工现场，经外观检查后，立即与消防管道同时进行了安装，直立式喷洒头安装见下图，施工过程中被监理工程师叫停，要求整改。

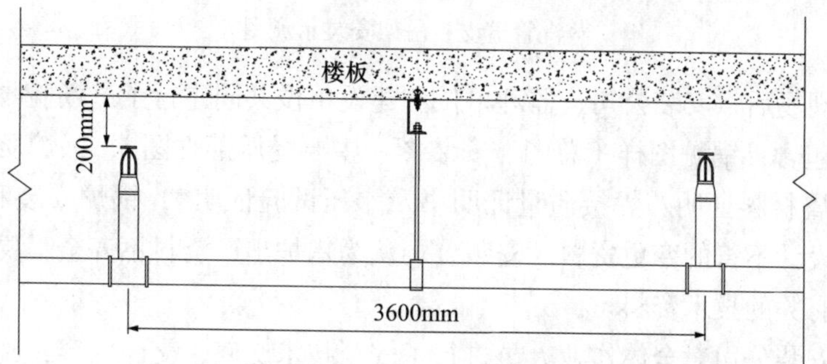

喷洒头安装示意图

B 公司整改后，对自动喷水灭火系统进行了通水调试，调试项目包括水源测试、报警阀调试、联动试验，在验收时被监理工程师要求补充调试项目。

该停车库项目在竣工验收合格 12 个月后才投入使用，投入使用 12 个月后，消防管道漏水，建设单位要求 A 公司进行维修。

【问题】

1. A 公司对 B 公司进行考核和管理的内容还有哪些？

2. 说明自动喷水灭火系统安装中被监理工程师要求整改的原因。

3. 自动喷水灭火系统的调试还应补充哪些项目？

4. 消防管道维修是否在保修期内？说明理由。维修费用应由谁承担？

(四)

【背景资料】

安装公司承接某工业厂房蒸汽系统安装，系统热源来自两台蒸汽锅炉，锅炉单台额定蒸发量 12t/h，锅炉出口蒸汽压力 1.0MPa，蒸汽温度 195℃。蒸汽主管采用 ϕ219×6mm

无缝钢管，安装高度 $H + 3.2m$，管道采用 70mm 厚岩棉保温，蒸汽主管全部采用氩弧焊焊接。

安装公司进场后，编制了施工组织设计和施工方案。在蒸汽管道支、吊架安装（见下图）设计交底时，监理工程师要求修改滑动支架高度、吊架的吊点安装位置。

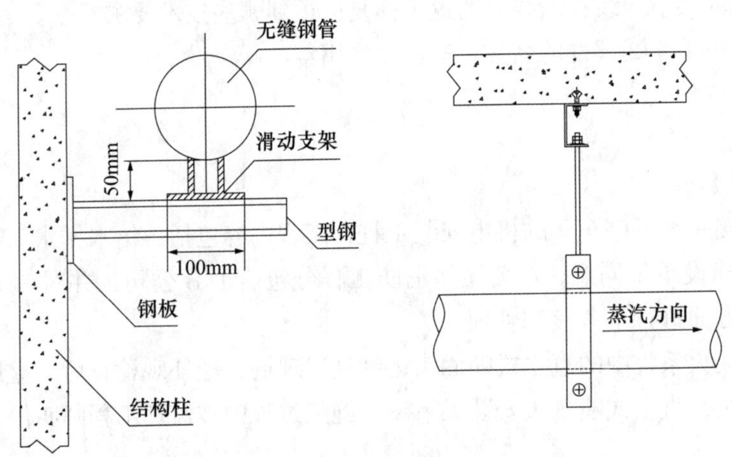

蒸汽管道支、吊架安装示意图

锅炉到达现场后，安装公司、监理单位和建设单位共同进行了进场验收。锅炉厂家提供的随机文件包含：锅炉图样（总图、安装图、主要受压部件图），锅炉质量证明书（产品合格证、金属材料证明、焊接质量证明书及水压试验证明），锅炉安装和使用说明书，受压元件与原设计不符的变更资料。安装公司认为锅炉出厂资料不齐全，要求锅炉生产厂家补充与安全有关的技术资料。

施工前，安装公司对全体作业人员进行了安全技术交底，交底内容：施工项目的作业特点和危险点，针对危险点的具体预防措施，作业中应遵守的操作规程和注意事项。所有参加人员在交底书上签字，并将安全技术交底记录整理归档为一式两份，分别由安全员、施工班组留存。

安装公司将蒸汽主管的焊接改为底层采用氩弧焊，面层采用电弧焊，经设计同意后立即进入施工。但被监理工程师叫停，要求安装公司修改施工组织设计，并审批后方能施工。

【问题】

1. 图中的滑动支架高度及吊点的安装位置应如何修改？

2. 锅炉按出厂形式分为哪几类？锅炉生产厂家还应补充哪些与安全有关的技术资料？

3. 安全技术交底还应补充哪些内容？安全技术交底记录整理归档有何不妥？

4. 监理工程师要求修改施工组织设计是否合理？为什么？

参考答案

一、单项选择题

1. D	2. B	3. C	4. A	5. D
6. C	7. A	8. D	9. C	10. B
11. D	12. D	13. A	14. A	15. B
16. C	17. C	18. A	19. C	20. D

二、多项选择题

21. A、B、D、E	22. A、B、C、D	23. A、B、E	24. B、C、D
25. B、C、D、E	26. B、D、E	27. A、B、C、D	28. C、D、E
29. A、B	30. A、B、D、E		

三、实务操作和案例分析题

（一）

1. E 单位突然降价的投标做法不违规。

理由：E 单位是在投标截止时间前递交的修改文件，符合《招标投标法》的规定，E 单位的投标行为不是违规，而是一种投标策略。

2. 排烟防火阀安装和排烟风管法兰连接的正确要求：

（1）排烟防火阀距防火墙的表面应不大于 200mm；

（2）排烟防火阀宜设置独立支、吊架；

（3）排烟风管法兰连接的螺栓间距应不大于 150mm；

（4）排烟风管法兰垫片的厚度应不小于 3mm。

3. 变配电室的金属梯架应至少设置 3 个与接地保护导体的连接点。连接点的位置分别是起始端、中间端和终点端。

4.（1）风管（镀锌钢板）制作安装的工程量清单综合单价的变化：

（648－600）÷600 ＝ 8% ＞ 5%，按合同规定应予以调整。

风管（镀锌钢板）制作安装工程的合同价款调整金额：

（8%－5%）×600×10000 ＝ 18 万元

（2）工程竣工结算价款＝合同价款＋施工过程中调整预算或合同价款调整数额－预付及已结算工程价款－质量保证金＝（3000－200）＋ 18 ＋ 50－100－90 ＝ 2678 万元

（二）

1. 施工临时用电工程作业进度计划被监理公司否定原因：电杆组立和导线架设同时进行，不能保证架空线路的施工质量。修改后的作业进度计划工期为 50d。

2. 不妥一：由项目副经理全面领导负责安全生产，是安全生产第一责任人。项目经理应为安全生产第一责任人。

不妥二：项目总工程师对本项目的安全生产负部分领导责任。项目总工程师应对项目的安全生产负技术责任。

3. 本工程的架空导线在断线后的返工修复技术要求：

（1）架空导线断线后的导线连接只能有一个接头；

（2）导线连接处的机械强度不应低于导线强度的 95%；

（3）导线连接的接触电阻不应超过同长度导线电阻的 1.2 倍。

4. ① 是横担。作用：固定绝缘子，固定开关设备（避雷器等）。

② 是绝缘子。作用：支持固定导线，承受导线的垂直荷重（水平拉力）。

（三）

1. A 公司对 B 公司进行考核和管理的内容还有：技术装备、技术管理人员资格和履约能力。

2. 自动喷水灭火系统安装中被监理工程师要求整改的原因：

喷洒头安装前未进行密封性能试验；

喷洒头安装前管道未进行试压冲洗；

喷洒头距楼板的间距 200mm 不符合规范，应为 75～150mm。

3. 自动喷水灭火系统的调试还应补充：消防水泵调试、稳压泵调试、排水设施调试。

4. 消防管道维修不在保修期内。保修期自竣工验收合格之日起计算，消防管道保修期为 2 年。维修费用应由建设单位承担。

（四）

1. 图中的滑动支架高度及吊点的安装位置修改：

（1）滑动支架高度应大于绝热层厚度（＞ 70mm）。

（2）吊点的安装位置应反向偏移，吊杆反向偏移量为位移值的 1/2。

2.（1）锅炉按出厂形式分为：整装锅炉，散装锅炉。

（2）锅炉生产厂家还应补充与安全有关的技术资料：受压元件的强度计算书（计算结果汇总表），安全阀的排放量计算书（计算结果汇总表）。

3.（1）安全技术交底还应补充：工程项目的分部分项概况，发现事故隐患应采取的措施。

（2）安全技术交底记录整理归档不妥：安全技术交底记录数量不足（一式三份），还应由工长留存一份。

4. 监理工程师要求修改施工组织设计合理。因为蒸汽主管的焊接改为底层采用氩弧焊，面层采用电弧焊是主要施工方法重大调整（设计发生重大变化），所以施工组织设计应进行修改。

2021年度全国二级建造师执业资格考试试卷

一、单项选择题（共20题，每题1分。每题的备选项中，只有1个最符合题意）

1. 对开式滑动轴承的安装工作不包括（　　）。

A. 胀套　　B. 清洗

C. 刮研　　D. 检查

2. 新建供电系统，逐级送电的顺序是（　　）。

A. 先高压后低压、先干线后支线　　B. 先高压后低压、先支线后干线

C. 先低压后高压、先干线后支线　　D. 先低压后高压、先支线后干线

3. 关于管道安装后需要静电接地的说法，正确的是（　　）。

A. 每对法兰必须设置导线跨接　　B. 静电接地线应采用螺栓连接

C. 跨接引线与不锈钢管道直连　　D. 静电接地安装后应进行测试

4. 锅炉受热面组件采用直立式组合的优点是（　　）。

A. 组合场面积大　　B. 便于组件吊装

C. 钢材耗用量小　　D. 安全状况较好

5. 下列工序中，不属于工业钢结构一般安装程序的是（　　）。

A. 部件加工　　B. 构件检查

C. 基础复查　　D. 钢柱安装

6. 关于超声波物位计的安装要求，错误的是（　　）。

A. 应安装在进料口的上方　　B. 传感器宜垂直于物料表面

C. 信号波束角内不应有遮挡物　　D. 物料最高物位不应进入仪表盲区

7. 涂料进场验收时，供料方提供的产品质量证明文件不包括（　　）。

A. 产品检测方法　　B. 技术鉴定文件

C. 涂装工艺要求　　D. 材料检测报告

8. 在室外排水管道施工程序中，防腐施工的紧前工作是（　　）。

A. 系统清洗　　B. 系统通水试验

C. 管道安装　　D. 系统闭水试验

9. 关于三相四孔插座接线要求的说法，正确的是（　　）。

A. 保护接地导体接在下孔　　B. 同一场所的插座接线相序一致

C. 接地导体在插座间串联　　D. 相线利用插座的端子转接供电

10. 空调绝热材料进场见证取样的复验性能中不包括（　　）。

A. 热阻　　B. 氧指数

C. 密度　　D. 吸水率

11. 下列参数中，不属于会议灯光系统要求检测的是（　　）。

A. 照度　　B. 色温

C. 光源　　D. 显色指数

12. 自动喷水灭火系统的闭式喷头在安装前应进行（　　）。

A. 喷洒性能试验　　B. 强度性能试验

C. 耐温性能试验　　D. 密封性能试验

13. 液压电梯的组成系统中不包括（　　）。

A. 曳引系统　　B. 泵站系统

C. 导向系统　　D. 控制系统

14. 下列社会资本投资的公用设施项目中，必须招标的是（　　）。

A. 单项施工合同估算价 900 万元的城市轨道交通工程

B. 合同估算价 100 万元的公路项目重要材料采购服务

C. 合同估算价 80 万元的水利工程设计服务

D. 合同估算价 50 万元的电力工程勘察服务

15. 下列条件中，不属于机电工程索赔成立的前提条件是（　　）。

A. 已造成承包商工程项目成本的额外支出

B. 承包商按规定时限提交索赔意向和报告

C. 承包商履约过程中发现合同的管理漏洞

D. 造成工期损失的原因不是承包商的责任

16. 下列情况中，不需要修改或补充施工组织设计的是（　　）。

A. 工程设计有重大变更　　B. 各项管理目标有重大变化

C. 施工班组有重大调整　　D. 主要施工方法有重大调整

17. 施工机具按类型和性能参数的选择原则中不包括（　　）。

A. 满足工程需要　　B. 保证质量要求

C. 施工方案需要　　D. 装备规划要求

18. 建设工程竣工验收时，审核竣工文件的单位是（　　）。

A. 施工单位　　B. 监理单位

C. 建设单位　　D. 设计单位

19. 下列沟通协调内容中，属于外部沟通协调的是（　　）。

A. 各专业管线的综合布置　　B. 重大设备安装方案的确定

C. 施工工艺做法技术交底　　D. 施工使用的材料有序供应

20. 建筑安装工程进度款支付的申请内容中不包括（　　）。

A. 已支付的合同价款　　B. 本月完成的合同价款

C. 已签订的预算价款　　D. 本月返还的预付价款

二、多项选择题（共10题，每题2分。每题的备选项中，有2个或2个以上符合题意，至少有1个错项。错选，本题不得分；少选，所选的每个选项得0.5分）

21. 下列材料中，不属于有机绝缘材料的有（　　）。

A. 云母　　B. 石棉

C. 硫磺　　D. 橡胶

E. 矿物油

22. 动力式压缩机按结构形式和工作原理可分为（　　）。

A. 轴流式压缩机　　B. 容积式压缩机

C. 离心式压缩机　　D. 往复式压缩机

E. 混流式压缩机

23. 管道工程施工测量的准备工作应包括（　　）。

A. 勘察施工现场　　B. 绘制施测草图

C. 确定施测精度　　D. 设置沉降观测点

E. 测设施工控制桩

24. 关于起重卸扣的使用要求，正确的有（　　）。

A. 按额定负荷标记选用　　B. 无标记的不得使用

C. 可用焊接的方法修补　　D. 永久变形后应报废

E. 只应承受纵向的拉力

25. 关于焊接操作要求的说法，正确的有（　　）。

A. 定位焊缝不得熔入正式焊缝　　B. 不得在焊接坡口内试验电流

C. 盖面焊道不得锤击消除应力　　D. 焊机电流表未校验不得使用

E. 焊接中断时应控制冷却速度

26. 关于声级计的使用要求，正确的有（　　）。

A. 选用的量程和精度应满足噪声检测要求

B. 送所属企业的计量管理部门校准或校验

C. 定期送法定或授权的计量检定机构检定

D. 经验货和验证合格后即可发放使用测量

E. 必须具有计量检定证书或计量检定标记

27. 企业申请新装用电时，应向供电部门提供的资料包括（　　）。

A. 用电负荷　　B. 用电性质

C. 用电设备　　D. 用电规划

E. 用电方法

28. 关于压力容器许可制度的说法，正确的有（　　）。

A. 固定式压力容器不单独许可　　B. 各类气瓶安装无需许可

C. 压力容器改造需单独许可　　D. 压力容器重大修理需单独许可

E. A1级可覆盖A2级、D级

29. 关于工业安装工程质量验收的说法，正确的有（　　）。

A. 质量检验数量应符合验收标准　　B. 隐蔽工程应在隐蔽前验收合格

C. 单位工程的验收由监理单位组织　　D. 质量验收前施工单位应自检合格

E. 分包工程的质量验收由分包单位申报

30. 下列建筑安装工程检验批的质量验收项目中，属于主控项目的是（　　）。

A. 母线槽的绝缘电阻值　　B. 卫生器具安装的水平度

C. 空调水管的支架间距　　D. 金属风管的严密性检验

E. 风机盘管排水管坡度

三、实务操作和案例分析题（共4题，每题20分）

（一）

【背景资料】

某市财政拨款建设一综合性三甲医院，其中通风空调工程采用电子方式公开招标。某外省施工单位在电子招标投标交易平台注册登记，当下载招标文件时，被告知外省施工单位需提前报名、审核通过后方可参与投标。

最终该施工单位中标，签订了施工承包合同，采用固定总价合同，签约合同价3000万元（含暂列金额100万元）。合同约定：工程的主要设备由建设单位限定品牌，施工单位组织采购，预付款20%；工程价款结算总额的3%作为质量保修金。

500台同厂家的风机盘管机组进入施工现场后，按不考虑产品节能认证等情况，施工单位抽取了一定数量的风机盘管机组进行了节能复验，复验的性能参数包括机组的供冷量、供热量和水阻力等。

排烟风机进场报验后，安装就位于屋顶的混凝土基础上，风机与基础之间安装橡胶减振垫，设备与排烟风管之间采用长度200mm的普通帆布短管连接（见下图）。监理单位在验收过程中，发现排烟风机的上述做法不合格，要求施工单位整改。

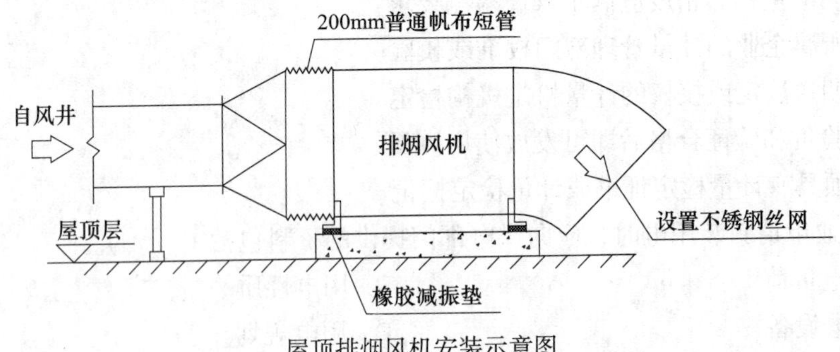

屋顶排烟风机安装示意图

工程竣工结算时，经审核预付款已全部抵扣完成，设计变更增加费用80万元，暂列金额无其他使用。

【问题】

1. 要求外省施工单位需提前审核通过后方可参与投标是否合理？说明理由。

2. 风机盘管机组的现场节能复验应在什么时点进行？还应复验哪些性能参数？复验

数量最少选取多少台？

3. 指出图中屋顶排烟风机安装的不合格项。应怎么纠正？

4. 计算本工程质量保修金的金额。本工程进度价款的结算方式可以有哪几种方式？

（二）

【背景资料】

某施工单位承包一新建风电项目的35kV升压站和35kV架空线路，根据线路设计，架空线路需跨越铁路，升压站内设置一台35kV的油浸式变压器。施工单位项目部及生活营地设置在某行政村旁，项目部进场后，未经铁路部门许可，占用铁路用地存放施工设备，受到铁路部门处罚，停工处理，造成了工期延误。

设计交底后，项目部依据批准的施工组织设计和施工方案，逐级进行了交底。但在变压器管母线安装时，发现母线出线柜出口与变压器接口不在同一直线上，导致管母线无法安装。经核实，是因变压器基础位置与站内道路冲突，土建设计师已对变压器基础进行了位置变更，但电气设计师未及时跟进电气图纸修改，管母线仍按原设计图供货，经协调，管母线返厂加工处理。为保证合同工期，项目部组织人员连夜加班，进行管母线安装，采用大型照明灯，增配电焊机、切割机等机具，期间因扰民被投诉，项目部整改后完成施工，但造成了工期延误。

升压站安装完成后，进行了变压器交接试验，试验内容见下表，监理认为试验内容不全，项目部补充了交接试验项目，通过验收。

变压器交接试验内容

序号	试验内容	试验部位
1	吸收比	绕组
2	变比测试	绕组
3	组别测试	绕组
4	绝缘电阻	绕组、铁芯及夹件
5	介质损耗因数	绕组连同套管
6	非纯瓷套管试验	套管

【问题】

1. 项目部在设置生活营地时需要与哪些部门沟通协调？

2. 在降低噪声和控制光污染方面项目部应采取哪些措施？

3. 变压器交接试验还应补充哪些项目？

4. 造成本工程工期延误的原因有哪些？

（三）

【背景资料】

某安装公司中标一机电工程项目，承包内容有工艺设备及管道工程、暖通工程、电气工程和给水排水工程。安装公司项目部进场后，进行了成本分析，并将计划成本向施工人员进行交底；依据施工总进度计划，组织施工，合理安排人员、材料、机械等，使工程按合同要求进行。

在工艺设备运输及吊装前，施工员向施工班组进行技术交底，交底内容包含施工时间、工艺设备安装位置、安装质量标准、质量通病及预防办法等。

在设备机房施工期间，现场监理工程师发现某工艺管道取源部件的安装位置如下图所示，认为该安装位置不符合规范要求，要求项目部整改。

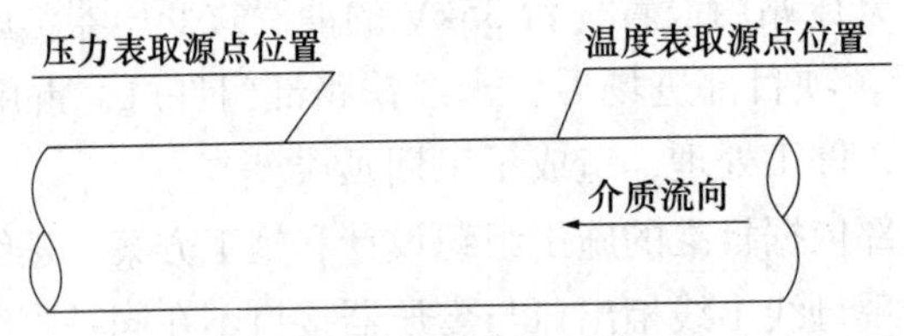

取源部件安装位置示意图

施工期间，露天水平管道绝热施工验收合格后，进行金属薄钢板保护层施工时，施工人员未严格按照技术交底文件施工，水平管道纵向接缝不符合规范规定，被责令改正。

在工程竣工验收后，项目部进行了成本分析，数据收集如下表所示。

成本分析数据表

序号	分部工程名称	实际发生成本（万元）	成本降低率（%）
1	暖通工程	450	10
2	电气工程	345	−15
3	给水排水工程	300	25
4	工艺设备及管道工程	597	0.5

【问题】

1. 工艺设备施工技术交底中，还应增加哪些施工质量要求？

2. 图中气体管道压力表与温度表取源部件位置是否正确？说明理由。蒸汽管道的压力表取压点安装方位有何要求？

3. 管道绝热按用途可分为哪几种类型？水平管道金属保护层的纵向接缝应如何搭接？

4. 列式计算本工程的计划成本及项目总成本降低率。

（四）

【背景资料】

某安装公司总承包某项目气体处理装置工程，业主已将其划分为一个单位工程，包括土建工程、设备工程、管道工程等分部工程。其核心设备的气体压缩机为分体供货现场安装，气体处理装置厂房为钢结构，厂房内安装 2 台额定吊装重量为 30/5t 桥式起重机（见下图）。

安装公司编制了压缩机吊装专项施工方案，计划在厂房封闭和桥式起重机安装完成后，进行气体压缩机的吊装；自重30t以上的压缩机部件采取两台桥式起重机抬吊工艺，其余部件采用单台桥式起重机吊装。安装公司组织了吊装专项施工方案的专家论证，专家组要求完善方案审核、审查及签字手续后，进行了方案论证。

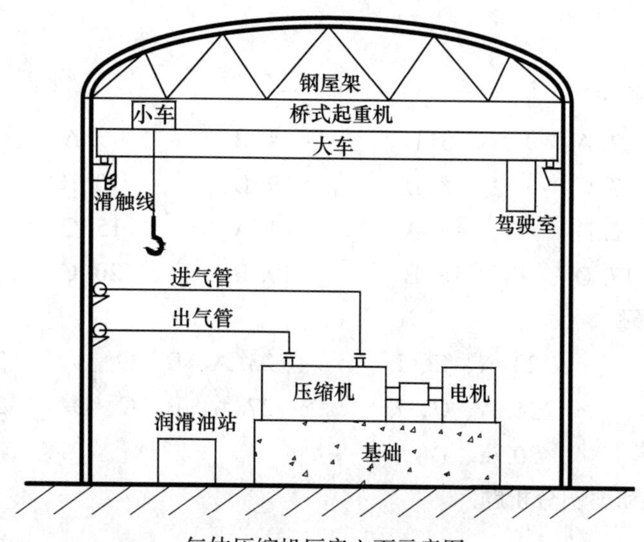

气体压缩机厂房立面示意图

专项施工方案审批通过后，安装公司对施工人员进行方案交底，在压缩机底座吊装固定后，进行压缩机部件的组装调整，重点是压缩机轴瓦、轴承等运动部件的间隙进行调整和压紧调整等，保证了压缩机安装质量。

在压缩机试运行阶段，安装公司向监理提交了单机试运行申请，监理工程师经查验后，提出压缩机还不具备单机试运行条件，因安装公司除润滑油系统循环清洗合格外，还有其他设备、系统均未进行调试。安装公司完成调试后，压缩机单机试运行验收合格。

【问题】

1. 气体处理装置工程还有哪些分部工程？

2. 分别写出气体压缩机吊装专项施工方案的审核及审查人员。方案实施的现场监督应是哪个人员？

3. 依据解体设备安装一般程序，压缩机固定后在试运转前有哪些工序？压缩机的装配精度包括哪些方面？

4. 压缩机单机试运行前还应完成哪些设备及系统的调试？

参考答案

一、单项选择题

1. A	2. A	3. D	4. B	5. A
6. A	7. C	8. D	9. B	10. B
11. C	12. D	13. A	14. A	15. C
16. C	17. D	18. B	19. B	20. C

二、多项选择题

21. A、B、C	22. A、C、E	23. A、B、C	24. A、B、D、E
25. B、C、D	26. A、C、E	27. A、B、C、D	28. A、B、E
29. A、B、D	30. A、D		

三、实务操作和案例分析题

（一）

1. 不合理。理由：任何单位和个人不得在电子招标投标活动中设置前置条件（投标报名、审核通过）限制投标人下载招标文件。

2. 风机盘管机组应在进场时（安装前）进行节能复验，复验还应对其风量、功率及噪声等性能参数进行复验，复验数量最少选取：500×2% = 10台。

3. 图中的屋顶排烟风机安装的不合格项：

（1）不应设置橡胶减振垫（减振装置）；

（2）排烟风机与风管之间不能采用普通的帆布短管连接。

纠正措施：

（1）取消橡胶减振垫（减振装置，或设置弹簧减振器）；

（2）排烟风机与风管采用直接连接（或不燃柔性短管连接）。

4. 工程价款结算总额＝合同价款＋施工过程中合同价款调整数额

＝（3000－100）＋ 80 ＝ 2980万元

工程质量保修金＝ 2980×3% ＝ 89.4万元

进度价款的结算方式主要有：定期结算（按月结算）、分段结算、竣工后一次性结算、目标结算、约定结算方式。

（二）

1. 设置生活营地时，项目部需要与乡政府（村委会）、公安、医疗、电力管理部门沟通协调。

2. 在降低噪声和控制光污染方面，项目部应采取的措施：切割设备增加隔音罩

（隔声措施），采取隔振措施；照明灯具控制照射角度，照明灯和电焊机采取遮挡措施。

3. 变压器交接试验还应补充的项目：绝缘油试验，绕组连同套管交流耐压试验，绕组连同套管直流电阻测量。

4. 造成工期延误的原因：设计单位图纸修改不及时，施工单位施工现场协调不好，施工措施（施工方法）不当。

（三）

1. 工艺设备施工技术交底中，还应增加的施工质量要求：工艺设备吊装运输的质量保证措施，检验、试验和质量检查验收评级依据。

2. 不正确。理由：压力取源部件应安装在温度取源部件的上游侧。

蒸汽管道的压力表取压点安装方位要求：在管道的上半部（下半部与管道水平中心线成 0° ～45° 夹角内）。

3. 管道绝热按用途分为：保温、保冷、加热保护。

水平管道的金属保护层纵向接缝应采取顺水搭接（上搭下）。

4. 暖通工程：

计划成本＝实际成本 /（1－成本降低率）＝ 450/（1－10%）＝ 500 万元

电气工程：

计划成本＝实际成本 /（1－成本降低率）＝ 345/［1－（−15%）］＝ 300 万元

给水排水工程：

计划成本＝实际成本 /（1－成本降低率）＝ 300/（1－25%）＝ 400 万元

工艺设备及管道工程：

计划成本＝实际成本 /（1－成本降低率）＝ 597/（1－0.5%）＝ 600 万元

总成本降低率＝（计划成本－实际成本）/ 计划成本＝［（500 ＋ 300 ＋ 400 ＋ 600）－（450 ＋ 345 ＋ 300 ＋ 597）］/（500 ＋ 300 ＋ 400 ＋ 600）＝ 6%

（四）

1. 气体处理装置工程还有的分部工程：钢结构工程、防腐蚀工程、电气工程、自动化仪表工程。

2. 气体压缩机吊装专项方案审核人员应是安装公司技术负责人，审查人员是总监理工程师；方案实施的现场监督应是安装公司该项目专职安全管理员。

3. 依据解体设备安装一般程序，压缩机固定后在试运转前的工序有：零部件清洗、装配、设备加油。

压缩机的装配精度包括：各运动部件相对运动精度、配合面之间的配合精度和接触质量。

4. 压缩机单机试运行前，还应完成驱动装置、电机、冷却系统电气系统、控制系统的调试。

模拟预测篇

模拟预测试卷一

学习遇上问题？
扫码在线答疑

一、单项选择题（共 20 题，每题 1 分。每题的备选项中，只有 1 个最符合题意）

1. 关于中心标板的埋设形式，下列说法错误的是（　　）。

A. 用一段长度为 150～200mm 的钢轨埋设在基础表面

B. 用 100mm×50mm 的槽钢埋设在跨越沟道的凹下处

C. 用 150～200mm 的工字钢埋设在基础边缘 50～80mm 处

D. 用一段 50mm×50mm 的角钢埋设在基础中心处

2. 关于焊接环境，下列说法错误的是（　　）。

A. 热熔焊机和电熔焊机正常的工作范围为 −10℃至＋40℃

B. 当手工电弧焊风速超过 8m/s 时，应采取挡风措施

C. 当气体保护焊风速超过 2m/s 时，应采取挡风措施

D. 焊接作业区的相对湿度不得大于 80%

3. 关于对开式滑动轴承装配，说法错误的是（　　）。

A. 轴瓦的刮研一般先刮上瓦，后刮下瓦

B. 轴颈与轴瓦的顶间隙可用压铅法检查

C. 轴颈与轴瓦的侧间隙采用塞尺进行测量

D. 对受轴向负荷的轴承还应检查轴向间隙

4. 关于电缆直埋敷设要求，说法正确的是（　　）。

A. 电缆穿越农田时，埋深应不小于 0.7m

B. 电缆同沟时，交叉距离不小于 100mm

C. 电缆敷设后应铺设 100mm 厚的细沙

D. 直埋电缆接头处应设托板托置固定

5. 管道系统与动设备最终连接时，应在联轴器上架设（　　）监视动设备的位移。

A. 经纬仪　　B. 水准仪

C. 兆欧表　　D. 百分表

6. 凝汽器组装完毕后，汽侧应进行灌水试验，灌水试验合格标准表达正确的是（　　）。

A. 灌水高度宜在汽封洼窝以上 100mm，维持 24h 应无渗漏

B. 灌水高度宜在汽封洼窝以上 100mm，维持 12h 应无渗漏

C. 灌水高度宜在汽封洼窝以下 100mm，维持 24h 应无渗漏

D. 灌水高度宜在汽封洼窝以下 100mm，维持 12h 应无渗漏

7. 输送蒸汽的铜管上安装压力取源部件时，错误的是（　　）。

A. 采用机械加工的方法开孔

B. 取源部件安装完毕后，应与设备和管道同时进行压力试验

C. 应安装在温度取源部件的上游侧

D. 取样点必须在管道上半部与水平中心线成 0°～45° 夹角范围内

8. 关于设备保冷层施工技术要求，说法正确的是（　　）。

A. 层厚大于 100mm 时分两层或多层逐层施工

B. 硬质保冷层的拼缝宽度不应大于 2mm

C. 当设计无要求时，支吊架可不必保冷

D. 施工后的保冷层不得覆盖设备铭牌

9. 工业炉烘炉阶段的主要工作不包括（　　）。

A. 制订工业炉的烘炉计划　　B. 准备烘炉用的工机具和材料

C. 控制烘炉成本　　D. 确认烘炉曲线

10. 金属导管与保护导体的连接检查，应按每个检验批的导管连接头总数（　　），且不得少于 1 处。

A. 抽查 5%　　B. 抽查 10%

C. 抽查 20%　　D. 100% 检查

11. 符合曳引式电梯工程施工技术要求的是（　　）。

A. 当轿厢完全压在缓冲器上时，随行电缆应与底坑面相接触

B. 电梯井道内应设置 220V 的永久性照明

C. 电气安全装置的导体对地绝缘电阻不得小于 0.5MΩ

D. 瞬时式安全钳的轿厢应载有均匀分布的 125% 额定载重量

12. 下列大型基础设施、公用事业等关系社会公共利益、公共安全的项目，必须招标的具体范围包括（　　）。

A. 估价 3000 万元的城市轨道交通施工单项合同

B. 估价在 100 万元的电信枢纽项目重要材料采购合同

C. 估价 80 万元的水利工程设计服务合同

D. 估价 50 万元的电力工程勘察服务合同

13. 索赔处理过程中，首先应（　　）。

A. 准备资料　　B. 意向通知

C. 索赔双方谈判　　D. 编写索赔报告

14. 属于超危大工程的是（　　）。

A. 起重量为 50t 的桥式起重机安装工程　　B. 跨度 24m 的钢结构制作安装工程

C. 基础高度 100m 的塔式起重机安装　　D. 跨度 40m 的索膜结构工程

15. 以下工作超出Ⅱ级无损检测人员资质范围的是（　　）。

A. 独立进行检测操作　　B. 编制一般的无损检测程序

C. 解释检测结果　　D. 签发检测报告

16. 高处作业高度在 5m 以上至 15m 时，称为（　　）。

A. 一级高处作业　　B. 二级高处作业

C. 三级高处作业　　D. 四级高处作业

17. 在现场平面布置中，施工现场仓库、加工厂、作业棚等尽量靠近已有交通路线，缩短运输距离，属于绿色施工“四节一环保”中的（　　）。

A. 节能与能源利用　　B. 节水与水资源利用

C. 节材与材料资源利用　　D. 节地与施工用地保护

18. 泵试运转结束后停泵时，说法错误的是（　　）。

A. 先关闭附属系统的阀门，再关闭泵的入口阀门

B. 高温泵停机后应每隔 20～30min 盘车半圈，直到泵体温度降至 50℃为止

C. 低温泵停机，泵内应经常充满液体

D. 输送易结晶介质的泵，应及时用清水冲洗泵和管道

19. 下列属于 B 类器具的是（　　）。

A. 用于安全防护的压力表　　B. 塞尺

C. 5m 以下的钢卷尺　　D. 直角尺检具

20. 临时用电安全技术要求中，说法错误的是（　　）。

A. PE 线材质应与相线材质相同

B. PE 线上严禁通过工作电流

C. TN-S 系统中，PE 线不得在总配电箱处重复接地

D. PE 线端子板必须与金属电器安装板做电气连接

二、多项选择题（共 10 题，每题 2 分。每题的备选项中，有 2 个或 2 个以上符合题意，至少有 1 个错项。错选，本题不得分；少选，所选的每个选项得 0.5 分）

21. 关于铁素体耐热钢的特点，说法正确的有（　　）。

A. 较高的高温强度　　B. 良好的抗氧化性

C. 耐高温、气体腐蚀能力强　　D. 室温脆性较大

E. 焊接性能较差

22. 以下属于无挠性牵引件输送设备的有（　　）。

A. 螺旋输送机　　B. 振动输送机

C. 板式输送机　　D. 斗式提升机

E. 气力输送机

23. 关于千斤顶的使用要求，说法正确的有（　　）。

A. 通常应在千斤顶底座下垫以木板或钢板，以加大承压面积

B. 千斤顶头部与被顶物之间可垫以铝板等材料，以增加摩擦

C. 千斤顶使用过程中，不得调整保险垫块的高度

D. 当数台千斤顶同时并用时，应使每台千斤顶所承受的载荷均小于其额定荷载的 75%

E. 千斤顶应在允许的顶升高度内工作，不得顶出红色警示线，否则应停止顶升操作

24. 容器说明书包括的内容有（　　）。

A. 主要零部件材料的化学成分和力学性能

B. 无损检测结果

C. 压力试验结果

D. 容器特性

E. 容器热处理状态

25. 坡度不应小于 5‰ 的供暖管道有（　　）。

A. 汽、水同向流动的热水供暖管道　　B. 汽、水同向流动的蒸汽管道

C. 汽、水逆向流动的热水供暖管道　　D. 汽、水逆向流动的蒸汽管道

E. 凝结水管道

26. 关于风管制作的技术要点，正确的有（　　）。

A. 复合材料风管的覆面材料必须为不燃材料

B. 设计无规定时，镀锌钢板板材的镀锌层厚度不应低于 $80g/m^2$

C. 风管与风管连接采用咬口连接、法兰连接等

D. 一般板厚小于等于 1.5mm 的金属板材采用咬口连接

E. 板厚大于 1.5mm 的风管采用电焊、氩弧焊等方法

27. 公共广播系统检测时，应重点关注的检测参数有（　　）。

A. 声场不均匀度　　B. 漏出声衰减

C. 播放警示信号　　D. 设备信噪比

E. 警报的响应时间

28. 下列设备安装时，可以采用橡胶减振装置的有（　　）。

A. 冷水机组　　B. 防排烟风机

C. 空调机组　　D. 屋面冷却塔

E. 消防水泵

29. 特种设备安装改造维修告知方式有（　　）。

A. 挂号邮寄　　B. 网上告知

C. 派人送达　　D. 电话告知

E. 电子邮件

30. 经返修或加固处理的分项、分部（子分部）工程，虽然改变了几何尺寸但仍能满足安全和使用要求，可按（　　）的要求予以验收。

A. 工程合同　　B. 技术处理方案

C. 专项施工方案　　D. 协商文件

E. 国家标准

三、实务操作和案例分析题（共 4 题，每题 20 分）

（一）

【背景资料】

某安装公司承接一大型商场的空调工程。工程内容有：空调风管、空调供回水，开式冷却水等系统的钢制管道与设备施工，管材及配件由安装公司采购。设备有：离心式双工况冷水机组 2 台，螺杆式基载冷水机组 2 台，24 台内融冰钢制蓄冰盘管，146 台组合式新

风机组，均由建设单位采购。

项目部进场后，编制了空调工程的施工技术方案，主要包括施工工艺与方法、质量技术要求和安全要求等，方案的重点是隐蔽工程施工、冷水机组吊装、空调水管的法兰焊接、空调管道的安装及试压、空调机组调试与试运行等操作要求。

质检员在巡视中发现空调供水管的施工质量（见下图）不符合规范要求，通知施工作业人员整改。

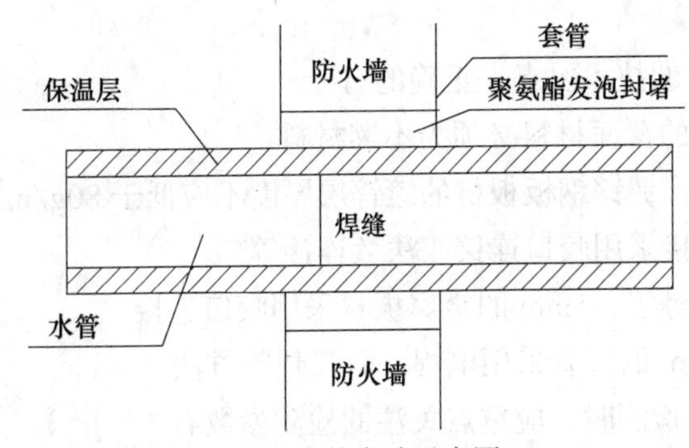

空调供水管穿墙示意图

空调供水管及开式冷却水系统施工完成后，项目部进行了强度和严密性试验，施工图中注明空调供水管的工作压力为1.3MPa，开式冷却水系统工作压力为0.9MPa。

在试验过程中，发现空调供水管个别法兰连接和焊缝处有渗漏现象，施工人员进行返修后，重新试验未发现渗漏。

【问题】

1. 空调工程的施工技术方案编制后应如何组织实施交底？重要项目的技术交底文件应由哪个施工管理人员审批？

2. 图中存在的错误有哪些？如何整改？

3. 计算空调供水管和开式冷却水的试验压力。试验压力最低不应小于多少MPa？

4. 试验中发现有渗漏现象时，有哪些禁止的操作？

（二）

【背景资料】

某施工单位中标某大型商业广场（地下3层为车库、1～6层为商业用房、7～28层为办公用房），中标价2.2亿，工期300d，工程内容为配电、照明、通风空调、管道、设备安装等。主要设备：冷水机组、配电柜、水泵、阀门均为建设单位指定产品，施工单位采购，其余设备、材料由施工单位自行采购。

施工现场临时用电计量的电能表，经地级市授权的计量检定机构检定合格，供电部门检查后，提出电能表不准使用，要求重新检定。

施工期间，当地发生地震，造成工期延误20d，项目部应建设单位要求，为防止损失扩大，直接投入抢险费用50万元；外用工因待遇低而怠工，造成工期延误3d；在调试时，因运营单位技术人员误操作，造成冷水机组的冷凝器损坏，回厂修复，直接经济损失

20 万元，工期延误 40d。

项目部在给水系统试压后，仍用试压用水（氯离子含量为 30ppm）对不锈钢管道进行冲洗；在系统试运行正常后，工程于 2015 年 9 月竣工验收。2017 年 4 月给水系统的部分阀门漏水，施工单位以阀门是建设单位指定的产品为由拒绝维修，但被建设单位否定，施工单位派出人员对阀门进行了维修。

【问题】

1. 项目部编制的质量预控方案包括哪些内容？

2. 检定合格的电能表为什么不能使用？应急预案分为哪几种类型？

3. 计算本工程可以索赔的工期及费用。

4. 项目部采用的试压及冲洗用水是否合格？说明理由。说明建设单位否定施工单位拒绝阀门维修的理由。

（三）

【背景资料】

某制氧工程机电安装项目进行公开招标，并在相关媒体发布了招标公告和资格预审报告。公告中明确说明了承包商报名时间及提供的资料，工程概况，投标人需提供的标书费用、押金、投标保函的要求，投标人获取和送达标书的方式、地点和起止时间，开标日期、时间和地点等。招标过程中发生下列事件：

事件 1：评标委员会由招标办组建，由招标办和建设单位各一位领导、一名建设单位项目负责人和随机抽选的两名工程技术人员组成。

事件 2：开评标过程中，五家投标单位，有两家因时间紧未完成标书而弃权，一家在截止投标时间后 10 分钟递交标书，得到建设单位的谅解，最终三家投标单位经评审由一家施工单位中标。

事件 3：由于安装单位基础验收时，未认真对地脚螺栓孔进行验收，设备安装时地脚螺栓无法正确安装。

事件 4：有两台制氧机出现振动大、噪声大、电动机端部发热等异常现象。经调查发现，制氧机的钢垫铁有移位和松动，电动机与制氧机的联轴器同轴度超差。

【问题】

1. 说明事件 1 评标委员会组成是否合理。

2. 根据事件 2 的内容，说明本次招标投标工作是否有效。

3. 说明事件 3 中，基础验收时对地脚螺栓预留孔检查验收的内容。

4. 按制氧机安装质量问题调查结果，分别指出发生质量问题可能的主要原因。

（四）

【背景资料】

A 公司承包某项目的机电工程，工程内容：建筑给水排水、建筑电气工程和通风空调工程等。工程主要设备（电力变压器、配电柜、空调机组、控制柜和水泵等）由业主采购；

其他设备和材料（灯具、风口、阀门、管材、线缆等）由 A 公司采购。A 公司经业主同意后，将给水排水及照明工程分包给 B 公司施工。A 公司项目部进场后，依据项目施工总进度计划和施工方案，制订设备、材料采购计划，并及时订立采购合同。

材料采购计划涵盖施工全过程，与施工进度合理搭接。在材料送达施工现场时，施工人员按验收工作的规定，对设备、材料进行验收，还对重要的器件进行复检，均符合设计要求。

B 公司依据本公司的人力资源现状，编制了照明工程和给水排水施工作业进度计划（见下表），被 A 公司项目部否定，要求 B 公司修改作业进度计划，加快进度。B 公司在工作持续时间不变的情况下，将排水、给水管道施工的开始时间移到 6 月 1 日，同时增加施工人员，使给水排水和照明工程按 A 公司要求同时开工。

照明工程和给水排水施工作业进度计划

序号	工作内容	6月			7月			8月			9月		
		1	11	21	1	11	21	1	11	21	1	11	21
1	照明管线施工	——	——	——	——								
2	灯具安装					——							
3	开关、插座安装					——	——						
4	通电、试运行验收							——					
5	排水、给水管道施工					——	——	——	——				
6	水泵房设备安装							——	——	——			
7	卫生器具安装										——	——	
8	给水排水系统试验、验收												——

在工程施工质量验收中，A 公司项目部指出照明工程中的非镀锌钢导管的接地跨接存在质量问题（见下图），要求 B 公司组织施工人员进行整改。

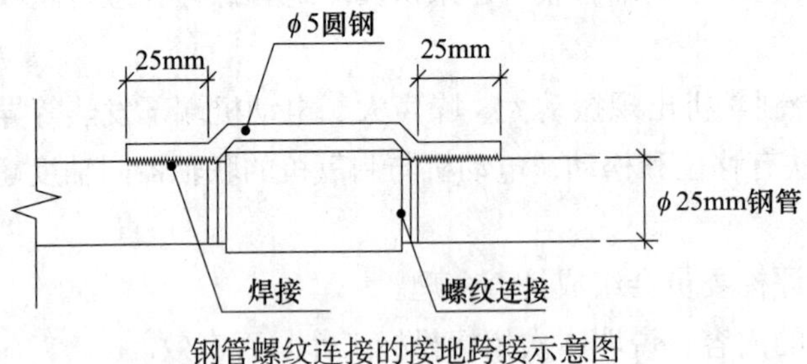

钢管螺纹连接的接地跨接示意图

同时，发现接地干线搭接不符合施工质量验收规定要求，监理工程师对 40×4 镀锌扁钢的焊接搭接（见下图）提出整改要求，B 公司项目部返工后，通过验收。

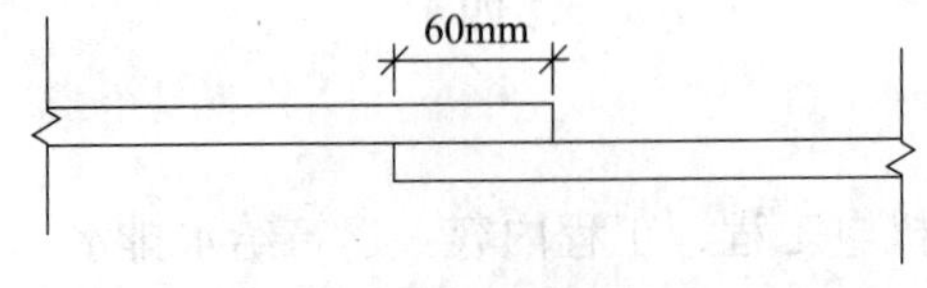

镀锌扁钢的焊接搭接

【问题】

1. 在履行材料采购合同中，材料交付时应把握好哪些环节？

2. 材料进场时应根据哪些文件进行材料数量和质量的验收？要求复检的材料应有什么报告？

3. B 公司编制的施工作业进度计划为什么被 A 公司项目部否定？

4. 图中的非镀锌钢导管的接地跨接存在哪些错误？写出规范要求的做法。

5. 画出 40×4 镀锌扁钢正确的焊接搭接方式。扁钢需要多少面焊接？

参考答案

一、单项选择题

1. D	2. D	3. A	4. C	5. D
6. C	7. D	8. B	9. C	10. B
11. C	12. A	13. B	14. A	15. C
16. B	17. D	18. A	19. B	20. C

二、多项选择题

21. B、C、D、E	22. A、B、E	23. A、B、E	24. D、E
25. C、D	26. A、B、E	27. A、B、D	28. A、C、D、E
29. A、B、C、E	30. B、D		

三、实务操作和案例分析题

（一）

1.（1）空调工程的施工技术方案编制后应按照下列程序组织实施交底：①组织实施交底应在作业前进行，并②分层次展开，直至交底到施工操作人员，并③有书面交底资料。

（2）重要项目的技术交底文件，应由项目技术负责人审批。

2. 图中存在的错误有：

（1）错误：空调供水管保温层与套管四周的缝隙封堵使用的聚氨酯发泡可燃。

整改：空调供水管保温层与套管四周的缝隙封堵应使用不燃材料。

（2）错误：穿墙套管内的管道有焊缝接口。

整改：调整管道焊缝接口位置。

3.（1）空调供水管的试验压力：1.3 + 0.5 = 1.8MPa。

冷却水管的试验压力：0.9×1.5 = 1.35MPa。

（2）试验压力最低不应小于0.6MPa。

4. 试验过程中，管道出现渗漏时严禁下列操作：

（1）严禁带压紧固螺栓。

（2）严禁带压补焊。

（3）严禁带压修理。

（二）

1. 质量预控方案包括：（1）工序名称；（2）可能出现的质量问题；（3）质量预控措施。

2.（1）检定合格的电能表不能使用的理由：电能表属于强制检定范畴，必须经省级计量行政主管部门授权的检定机构进行检定，合格后才准使用。

（2）应急预案分为：① 综合应急预案；② 专项应急预案；③ 现场处置方案。

3. 本工程可以索赔的工期及费用计算如下：

（1）本工程可以索赔的工期=（20 + 40）d = 60d。

（2）本工程可以索赔的费用=（50 + 20）万元= 70 万元。

4.（1）项目部采用的试压及冲洗用水是否合格的判断及理由如下：

① 判断：项目部采用的试压及冲洗用水不合格。

② 理由：不锈钢管道的试压及冲洗用水的氯离子含量要小于 25ppm。

（2）建设单位否定施工单位拒绝阀门维修的理由：

① 阀门虽为建设单位指定产品，但阀门合同的签订及采购是施工单位（质量责任主体）。

② 工程还处于质保期内，施工单位应该无条件维修。

（三）

1. 评标委员会组成不合理。理由：

（1）人员组成不合理，评委中专家应从专家库中随机抽选，且应有经济方面专家。

（2）构成比例不合理，评标委员会中技术、经济等方面的专家不得少于成员总数的三分之二，此次招标仅为五分之二。

2. 本次招标投标无效。

因为：事件 2 中，一家投标单位截止时间之后递交标书，属于无效标书。因此，有效标书只有 2 家。有效标书少于 3 家，故本次招标投标无效，应重新招标。

3. 基础验收时对地脚螺栓孔重点应检查：（1）孔的中心位置；（2）深度；（3）孔壁铅垂度。

4.（1）垫铁移位和松动的可能原因：

① 操作违反规范要求；② 垫铁与基础间接触不好；③ 垫铁间点焊不牢；④ 灌浆时固定垫铁的方法不对。

（2）联轴器同轴度超差的可能原因：

① 操作违反规范要求；② 测量仪表不准；③ 测量方法不对；④ 测量数据计算错误（测量人员操作误差大）。

（四）

1. 在履行材料采购合同中，材料交付时应把握好的环节有：

（1）交货检验依据。

（2）产品数量验收。

（3）产品质量检验。

（4）采购合同变更。

2.（1）材料进场时，应根据：① 进料计划、② 送料凭证、③ 质量保证书（或产品合格证）进行材料数量和质量验收。

（2）要求复检的材料应有：取样送检证明报告。

3. 被 A 公司项目部否定的原因：照明工程和给水排水工程施工没有逻辑关系（照明工程和给水排水工程可以同时施工）。

4. 图中的非镀锌钢导管的接地跨接存在的错误和规范要求的做法：保护联结导体圆钢直径 5mm 错误，规范要求是圆钢直径不应小于 6mm；圆钢搭接长度 25mm 错误，规范要求是搭接长度不应小于 36mm（圆钢直径的 6 倍）。

5.（1）画图：

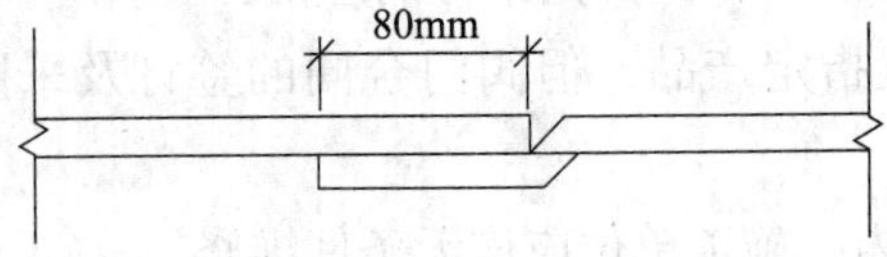

（2）扁钢与扁钢搭接至少三面施焊。

学习遇上问题？
扫码在线答疑

模拟预测试卷二

一、单项选择题（共 20 题，每题 1 分。每题的备选项中，只有 1 个最符合题意）

1. 异步电动机与直流电动机相比，其缺点是（　　）。

A. 结构复杂　　B. 功率因数不高

C. 价格较贵　　D. 启动性能较差

2. 用于高塔体、高塔架安装过程中同心度的测量控制的测量仪器是（　　）。

A. 激光平面仪　　B. 激光水准仪

C. 激光准直仪　　D. 激光经纬仪

3. 下列关于履带起重机的使用要求的说法，错误的是（　　）。

A. 应测试吊车工作位置的地面耐压力　　B. 司机应持《特种作业人员操作证》

C. 进场检验应包括定期检验报告　　D. 允许负载行走

4. 根据《铝制焊接容器》JB/T 4734—2002，铝制容器焊接方法宜采用（　　）。

A. 气焊　　B. 焊条电弧焊

C. 熔化极氩弧焊　　D. CO_2 气体保护焊

5. 下列垫铁设置不符合规定的是（　　）。

A. 相邻两组垫铁间的距离为 800mm

B. 放置平垫铁时，厚的宜放在中间，薄的宜放在下面

C. 5 块垫铁为一组

D. 垫铁的厚度 3mm

6. 架空线路导线连接正确的是（　　）。

A. 其接触电阻不应超过同长度导线电阻的 1.2 倍

B. 导线连接处机械强度不应低于导线强度的 70%

C. 在任一档距内的每条导线可以有两个接头

D. 不同截面的导线可以直接连接

7. 工业管道系统做气压试验时，关于试验压力的取值，说法正确的是（　　）。

A. 取设计压力的 1.5 倍

B. 取设计压力的 1.5 倍，且不少于 0.4MPa

C. 取工作压力的 1.2 倍，且不少于 0.6MPa

D. 取设计压力的 1.15 倍

8. 关于仪表试验，下列说法正确的是（　　）。

A. 用于仪表校准和试验的标准仪器仪表，其基本误差的绝对值不宜超过被校准仪表基本误差绝对值的 1/2

B. 在选择试验用的标准仪器仪表时，至少应保证其准确度比被校准仪表高一个等级

C. 电源设备的带电部分与金属外壳之间的绝缘电阻，当采用 500V 兆欧表测量时，不应小于 0.5MΩ

D. 现场不具备模拟被测变量信号的回路，应在其可模拟输入信号的最后端输入信号进行回路试验

9. 下列关于捆扎法施工的说法，错误的是（　　）。

A. 不得采用螺旋式缠绕捆扎　　B. 每块绝热制品上的捆扎件不得少于两道

C. 双层或多层绝热制品应逐层捆扎　　D. 钉钩位置不得布置在制品的拼缝处

10. 关于烘炉，下列说法错误的（　　）。

A. 烘完炉体后烘烟囱烟道

B. 在生产流程有关的机电设备单机试运转合格后烘炉

C. 按烘炉曲线烘炉

D. 烘炉期间，可以调节拉杆螺母

11. 管道穿过楼板时，套管设置正确的是（　　）。

A. 必须设置金属套管

B. 安装在卫生间的套管，其顶部应高出装饰地面 20mm

C. 套管底部应与楼板底面相平

D. 套管与管道之间缝隙宜用 PVC 材料填实

12. 下列自动扶梯故障中，必须通过安全触点电路来完成开关断开的是（　　）。

A. 无控制电压　　B. 接地故障

C. 电路过载　　D. 踏板下陷

13. 下列情况中，不需要修改或补充施工组织设计的是（　　）。

A. 工程设计有重大修改　　B. 主要资源配置有重大调整

C. 施工班组有重大调整　　D. 主要施工方法有重大调整

14. 在项目部现场“八大员”配备中，需要根据项目专业情况配备的施工管理人员是（　　）。

A. 安全员　　B. 质量员

C. 材料员　　D. 资料员

15. 特种设备施工技术交底的交底人是（　　）。

A. 项目安全负责人　　B. 项目技术负责人

C. 项目质保工程师　　D. 专业技术负责人

16. 以下不属于与土建单位沟通协调内容的是（　　）。

A. 交叉施工的协商与配合

B. 周转材料等相互就近使用与协调

C. 预埋件、吊装预留孔洞的相互配合与协调

D. 现场临时设施、技术质量标准的对接

17. 下列项目成本控制内容，属于施工阶段的是（　　）。

A. 制定合理的施工方案　　B. 实行责任成本核算

C. 编制详细的成本计划　　　　　　　　　D. 确定项目成本目标

18. 下列进度控制措施中，属于经济措施的是（　　）。

A. 明确工程现场进度控制人员及其分工

B. 合同中要有专款专用条款，防止因资金问题而影响施工进度

C. 施工中及时办理工程预付款

D. 施工前应加强图纸审查，严格控制随意变更

19. 关于电力设施周围挖掘作业的规定，下列说法错误的是（　　）。

A. 110kV 的架空线路杆塔周围禁止取土范围为 4m

B. 220kV 的架空线路杆塔周围禁止取土范围为 5m

C. 330kV 的架空线路杆塔周围禁止取土范围为 8m

D. 取土后的坡面与地平线之间的夹角，一般不得大于 45°

20.（　　）的检查是对建筑工程和设备安装工程最终质量的综合检验，也是用户最关心的内容。

A. 安全　　　　　　　　　　　　　　B. 节能

C. 使用功能　　　　　　　　　　　　D. 环境保护

二、多项选择题（共 10 题，每题 2 分。每题的备选项中，有 2 个或 2 个以上符合题意，至少有 1 个错项。错选，本题不得分；少选，所选的每个选项得 0.5 分）

21. 以下属于金属材料物理性能的有（　　）。

A. 塑性　　　　　　　　　　　　　　B. 磁性

C. 密度　　　　　　　　　　　　　　D. 强度

E. 电导率

22. 发电机定子吊装通常采用的方案有（　　）。

A. 液压提升装置吊装　　　　　　　　B. 专用吊架吊装

C. 行车改装系统吊装　　　　　　　　D. 两台跑车吊装

E. 平衡重法吊装

23. 下列关于压力容器焊接试件要求的说法中，正确的有（　　）。

A. 分段到现场进行焊接的压力容器免做焊接试件

B. 施焊压力容器的焊工，方可焊接相应的焊接试件

C. 试件检测不合格，允许返修或避开缺陷部位截取试样

D. 圆筒形压力容器的焊接试板应设在筒节纵焊缝的延长部位

E. 现场组焊的每台球形储罐应制作至少一块焊接试件

24. 下列灯具中，需要与保护导体连接的有（　　）。

A. 离地 5m 的 Ⅰ 类灯具　　　　　　　B. 采用 36V 供电的灯具

C. 地下一层的 Ⅱ 类灯具　　　　　　　D. 等电位联结的灯具

E. 采取电气隔离的灯具

25. 风管系统的支、吊架不宜设置在（　　）处。

A. 风口　　　　　　　　　　　　　　B. 消声器

C. 阀门　　　　　　　　　　　　　　D. 检查门

E. 自控装置

26. 关于视频信号传输的同轴线缆，下列说法正确的有（　　）。

A. 同轴电缆中间最多允许有一个接头

B. 室外电缆宜选用外导体内径为 7mm 的同轴电缆

C. 室内线路可选用外导体内径为 5mm 的同轴电缆

D. 机房设备间的连接，可选用 3mm 的同轴电缆

E. 电梯轿厢的视频同轴电缆需用电梯专用电缆

27. 自动喷水灭火系统的调试包括（　　）。

A. 水源调试　　　　　　　　　　　　B. 稳压泵调试

C. 报警阀调试　　　　　　　　　　　D. 水压试验

E. 联动试验

28. 工程开工前，项目部编制“计量检测设备配备计划书”的依据有（　　）。

A. 施工组织设计　　　　　　　　　　B. 计量检测设备使用说明书

C. 作业指导书　　　　　　　　　　　D. 质量计划

E. 施工方案

29. 以下可以覆盖 GC2 级压力管道安装许可的有（　　）。

A. GC1 级压力管道许可　　　　　　　B. A 级锅炉许可

C. GA1 级压力管道许可　　　　　　　D. B 级锅炉许可

E. GCD 级压力管道许可

30. 下列检验项目中，属于主控项目的有（　　）。

A. 管道压力试验　　　　　　　　　　B. 漏风量测试

C. 给水配件接口　　　　　　　　　　D. 电梯试运行

E. 风管吊架间距

三、实务操作和案例分析题（共 4 题，每题 20 分）

（一）

【背景资料】

A 公司承包某商务园区电气工程，工程内容：10/0.4kV 变电所、供电线路、室内电气等。主要设备（油浸电力变压器、开关柜等）由建设单位采购，设备已运抵施工现场。其他设备、材料由 A 公司采购，A 公司依据施工图和资源配置计划编制了 10/0.4kV 变电所安装工作的逻辑关系及持续时间（见下表）。

10/0.4kV 变电所安装工作的逻辑关系及持续时间

代号	工作内容	紧前工作	持续时间（d）	可压缩时间（d）
A	基础框架安装	—	10	3
B	接地干线安装	—	10	2

续表

代号	工作内容	紧前工作	持续时间（d）	可压缩时间（d）
C	桥架安装	A	8	3
D	变压器安装	A、B	10	2
E	开关柜、配电柜安装	A、B	15	3
F	电缆敷设	C、D、E	8	2
G	母线安装	D、E	11	2
H	二次线路敷设	E	4	1
I	试验、调整	F、G、H	20	3
J	计量仪表安装	G、H	2	—
K	试运行验收	I、J	2	—

A公司项目部从与土建、装饰专业的交接、专业施工顺序与施工工艺、技术等方面进行施工现场的交接与协调。A公司检查电缆型号规格、绝缘电阻和绝缘试验均符合要求，在电缆排管检查合格后，按施工图进行电缆敷设，供电线路按设计要求完成。

变电所设备安装后，变压器及高压电器进行了交接试验。油浸电力变压器的交接试验内容包括：测量绕组连同套管的直流电阻，测量铁芯及夹件的绝缘电阻，检查三相变压器组别，非纯瓷套管试验，测量绕组连同套管的介质损耗因数。因试验内容不全，被监理工程师要求整改。

在工程验收时还对开关等设备进行抽样检验，主要使用功能符合相应规定。

【问题】

1. 按上表计算变电所安装的计划工期。如果每项工作都按上表压缩天数，其工期能压缩到多少天？

2. 专业施工顺序与施工工艺的协调包括哪些方面？10kV电力电缆应做哪些试验？

3. 变压器的交接试验还应包括哪些内容？绝缘电阻的测量应使用哪种仪表？

4. 在工程验收时的抽样检验，还有哪些要求应符合相关规定？

（二）

【背景资料】

某煤炭企业，为充分利用自己的资源优势，经合法的报批程序，在自己一大型煤矿附近建设一座大型火力发电厂，用施工总承包的方式进行邀请招标投标。由于涉及电力行业，业主邀请A、B等五家具有电力一级施工总承包资质的企业参加投标。因为设计施工图纸尚未提交业主，招标报价是按初步设计估算的各专业工程量和各投标商自报的单价计算投标工程总价，单价和总价同时列表填报。工程结算以实际发生工程量乘以中标单价进行。该工程招标控制价4000万元，招标文件中明确要求投标人提交100万元投标保证金。

B单位虽有资格，但除煤粉制备车间业绩较好外，其他业绩均不如其他单位，经分析对手，估计报价总价相差不多。为确保中标，在临投标前半小时，B 单位突然降价，比其他单位低出许多，但仍在成本范围内。

投标后经评委对技术标、商务标综合评分，A 单位中标。

合同签订后，A 单位经业主同意，将煤粉制备车间的钢结构制安和机电安装工程以 A 单位投标时的报价单价并以单价包干形式收取 5% 管理费分包给了 B 单位，并签订了分包合同。B 单位在磨煤球磨机安装时，在未进行设备基础验收的情况下，即依照土建所划的纵横中心线进行设备安装。

【问题】

1. 该机电工程可否采用邀请招标方式？说明理由。投标保证金金额是否符合规定？说明理由。

2. 本案例 A 单位在标书编制和报价时宜采用哪些策略？

3. A 单位把煤粉制备系统的钢结构制作安装及机电设备安装工程分包给 B 单位是否合理？为什么？

4. 请对 B 单位安装球磨机的程序和方法予以纠正。

（三）

【背景资料】

某机电工程公司通过招标承包了一火力发电厂工程，工程内容有锅炉、汽轮机、发电机、输煤机、水处理和辅机等设备。施工单位与建设单位签订合同后，编制了该工程的施工组织设计和施工方案。工程开工前，施工单位向监理工程师提交了工程安装主要施工进度计划（如下图所示，单位：d），满足合同工期的要求并获业主批准。

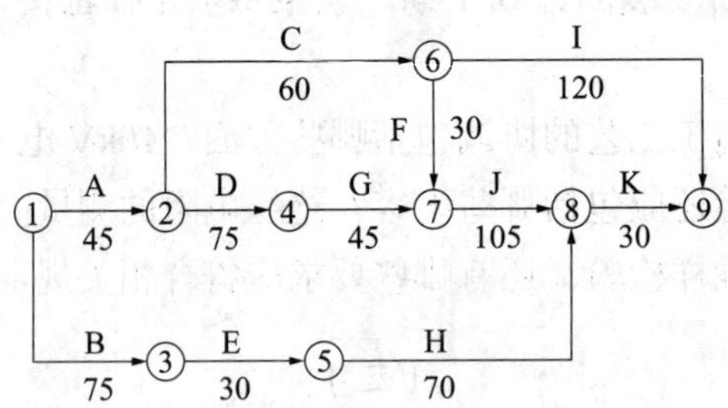

工程安装主要施工进度计划

在施工进度计划中，因为工作 E 和 G 需吊装载荷基本相同，所以租赁了同一台塔式起重机安装，并计划定在第 76 天进场。在塔式起重机施工前，由施工单位组织编制了吊装专项施工方案，并经审核签字后组织了实施。

锅炉主吊为塔式起重机，汽机间设备用桥式起重机吊装，焊接要进行工艺评定。

发电机定子到场后，施工单位按照施工作业文件要求，采用液压提升装置将定子吊装就位，发电机转子到场后，根据施工作业文件及厂家技术文件要求，进行了发电机转子穿装前的气密性试验，重点检查了转子密封情况，试验合格后，将转子穿装就位。

该工程安装完毕后，施工单位在组织汽轮机单机试运转中发现，在轴系对轮中心找正过程中，轴系联结时的复找存在一定的误差，导致设备运行噪声过大，经再次复找后满足了要求。

【问题】

1. 在原计划中如果先工作 E 后工作 G 组织吊装，塔式起重机应安排在第几天投入使用可使其不闲置？说明理由。

2. 施工单位还应编制哪些主要施工方案？焊接工艺评定应形成哪些评定资料？

3. 发电机转子穿装常用方法有哪些？

4. 汽轮机轴系对轮中心找正除轴系联结时的复找外还包括哪些找正？

（四）

【背景资料】

A 公司承包某项目的机电安装工程，工程主要内容有：建筑给水排水、建筑电气工程、通风空调工程和建筑智能化工程等。合同约定：电力变压器、空调机组、配电柜、控制柜和水泵等设备由业主采购；阀门、灯具、风口、管材、电线电缆等由 A 公司采购。

A 公司项目部进场后，项目技术负责人根据单位工程施工组织设计、工程设计文件、设备说明书和上级交底内容等资料拟定技术交底大纲，对相关人员进行了专业交底。

第一批阀门（见下表）按计划到达施工现场时，A 公司项目部组织人员对阀门开箱检查，并按规范要求进行了强度和严密性试验，在设备及管道安装后的试验调试中，主干管上起切断作用的 DN400 及 DN300 阀门和其他管线阀门均无漏水，工程质量验收合格。

阀门规格数量

规格	DN400	DN300	DN250	DN200	DN150	DN125	DN100
闸阀	4	8	26	24			
球阀					48	62	84
碟阀			16	26	12		
合计	4	8	42	50	60	62	84

通风空调工程施工中，严格按照设计及规范要求，进行了冷冻水、冷却水、冷凝水系统管道以及制冷剂管道的施工及试验。

在工程施工质量验收时，监理人员指出单相三孔插座的接线存在质量问题（见下图），要求施工人员返工，返工后质量验收合格。

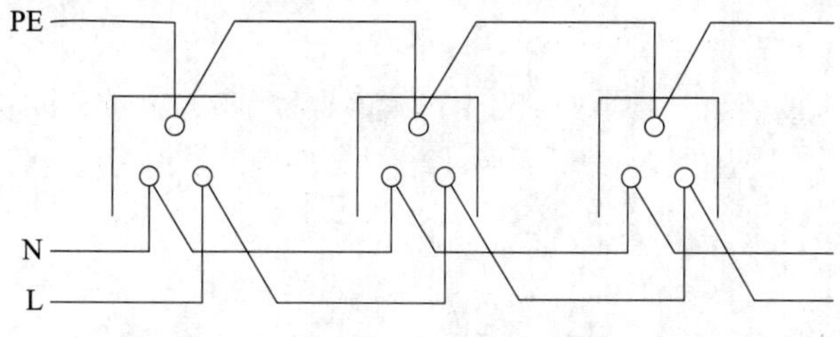

单相三孔插座接线示意图

【问题】

1. 专业交底应向哪些人员交底？

2. 第一批进场阀门按规范要求最少应抽查多少个阀门进行强度和严密性试验？强度和严密性试验压力应分别为公称压力的多少倍？

3. 空调冷凝水管道的坡度宜取多少？冷凝水管道系统及制冷剂管道系统应分别做哪些试验？

4. 图中，单相三孔插座的接线存在哪些问题？在使用中会有哪些不良后果？

参考答案

一、单项选择题

1. D	2. C	3. B	4. C	5. B
6. A	7. D	8. B	9. D	10. B
11. C	12. D	13. C	14. B	15. C
16. D	17. B	18. C	19. A	20. C

二、多项选择题

21. B、C、E	22. A、B、C	23. B、C、D	24. A、D
25. A、C、D、E	26. C、D、E	27. A、B、C、E	28. A、D、E
29. A、B、D、E	30. A、B、D		

三、实务操作和案例分析题

（一）

1.（1）变电所安装的计划工期是 58d。

（2）如果每项工作都按表中压缩天数，其工期能压缩到 48d。

【解析】（1）找关键工作的方法：利用表格中的"紧前工作"，从后往前推。紧前工作中，"持续时间"最长的属于关键工作。以本题为例，从后往前推，没有平行工作的 K 是关键工作，K 的紧前有 I、K，这二者中，持续时间最长的 I 是关键工作。I、J 的紧前工作有 F、G、H，这三者中，持续时间最长的 G 是关键工作。F、G、H 的紧前工作有 C、D、E，这三者中，持续时间最长的 E 是关键工作。C、D、E 的紧前有 A、B，这二者持续时间一样长，所以都是关键工作（并列的关键工作）。最终，本题的关键工作有：A、B（并列）、E、G、I、K。所以计划工期为 58d。

（2）根据赶工原则：赶工的对象必须是关键工作，该工作要有压缩潜力，与其他可压缩的工作相比赶工费最低。本题应在关键工作 A、B、E、G、I 上压缩，A、B 并列，只能压缩 2d，E 可压缩 3d，G 可压缩 2d，I 可压缩 3d，所以工期共计可压缩 10d。所以工期能压缩到 48d。

2.（1）专业施工顺序与施工工艺的协调包括：机电综合管线排布、工艺流程、施工工序等。

（2）10kV 电力电缆敷设前应做：交流耐压试验或直流耐压试验、泄漏电流测试。

3.（1）变压器的交接试验还应包括：绝缘油试验，测量绕组的绝缘电阻，测量绕组的吸收比，检查所有分接的变比，交流耐压试验。

（2）绝缘电阻测量应使用兆欧表（摇表）。

4. 在工程验收时的抽样检验，还有下列要求应符合相应规定：

（1）接地安全；（2）节能；（3）环境保护。

（二）

1.（1）该工程可以采用邀请招标。理由：因为该工程不使用国有资金，不属于依法必须招标的项目范围。

（2）投标保证金不符合要求。招标控制价为 4000 万，投标保证金额不得超过招标控制价的 2%，即最高为 80 万。

2.（1）A 单位在技术标编制时，除响应招标文件的要求外，还应重点突出以下几点：① 突出本单位在发电机组施工中独特的技术优势；② 突出业绩丰厚的施工经验优势；③ 突出近三年曾两次获得鲁班奖的工程质量优势；④ 突出施工方案对质量、工期、安全及环境保护的描述。

（2）在商务报价中应采取：不平衡报价法。

【解析】煤粉制备钢结构厂房宜采用低报价，发电机房单价宜适当偏高，一些辅助车间及打算分包的次要工程，单价可适当降低。

采取以上不平衡报价方法，总价不会显得偏高，可赢得评委和业主好感，且自己经济利益不受损失。

3.（1）A 单位把煤粉制备系统的钢结构制作安装及机电设备安装工程分包给 B 单位合理。

（2）因为：B 单位资质满足要求，且有这项工作的业绩；是经业主同意的；非主体工程；价格对 A 单位也有利。

4.（1）未进行设备基础验收即进行设备安装不符合程序，基础验收合格后才能进行设备安装。

（2）依照土建所划的纵横中心线进行设备安装不符合规定，应按工艺布置图并依据相关建筑物轴线、边缘线、标高线，划定设备安装的基准线和基准点。

（三）

1. 塔式起重机应安排在第 91 天上班时（第 90 天下班时）投入使用。

理由：因为 G 工作是关键工作，必须在第 121 天（45 + 75 + 1）开始；只要能保证 E 和 G 连续施工，就能使塔式起重机不闲置；E 工作是非关键工作，利用其总时差，可以安排在第 121 天完工，所以 E 工作合理的开始时间是第 91 天（121−30），即第 91 天安排塔式起重机入场可使其不闲置。

2. 施工单位应编制锅炉吊装方案、汽轮发电机组吊装方案、焊接方案、试运行方案。焊接工艺评定资料有《预焊接工艺规程》《焊接工艺评定报告》，并制定《焊工作业指导书》。

3. 发电机转子穿装常用方法有：滑道式方法、接轴的方法、用后轴承座作平衡重的方法、用两台跑车的方法。

4. 汽轮机轴系对轮中心找正还包括：轴系初找；凝汽器灌水至运行重量后的复找；

气缸扣盖前的复找；基础二次灌浆前的复找；基础二次灌浆后的复找。

（四）

1. 专业交底就是单位工程技术交底，应向以下人员交底：

① 本专业范围内的负责人，② 技术管理人员，③ 施工班组长，④ 施工骨干人员等。

2.（1）第一批进场的阀门按规范要求最少应抽查 46 个进行强度和严密性试验。

（2）强度试验压力为公称压力的 1. 5 倍；严密性试验压力为公称压力的 1.1 倍。

3.（1）空调冷凝水管道的坡度宜大于或等于 8‰。

（2）冷凝水管道系统应做通水试验。

（3）制冷剂管道系统应做气密性试验和抽真空试验。

4.（1）图中，单相三孔插座接线存在的问题：

1）保护接地导体（PE）在插座之间串联连接。

2）相线及中性导体（N）利用插座本体的接线端子转接供电。

（2）在使用中的不良后果：

1）如果保护接地线在插座端子处虚接或断开会使故障点之后的插座失去保护接地功能。

2）相线及中性导体在插座端子处虚接或断开会使故障点之后的插座失去供电功能。